ŒUVRES

DE LAGRANGE,

PUBLIÉES PAR LES SOINS

DE M. J.-A. SERRET,

SOUS LES AUSPICES DE

M. LE MINISTRE DE L'INSTRUCTION PUBLIQUE.

TOME DIXIÈME.

PARIS,

GAUTHIER-VILLARS, IMPRIMEUR-LIBRAIRE

DE L'ÉCOLE POLYTECHNIQUE, DU BUREAU DES LONGITUDES,

SUCCESSEUR DE MALLET-BACHELIER,

Quai des Grands-Augustins, 55.

M DCCC LXXXIV

ŒUVRES

DE LAGRANGE.

PARIS. — IMPRIMERIE DE GAUTHIER-VILLARS, SUCCESSEUR DE MALLET-BACHELIER,
Quai des Augustins, 55.

ŒUVRES

DE LAGRANGE,

PUBLIÉES PAR LES SOINS

DE M. J.-A. SERRET,

SOUS LES AUSPICES DE

M. LE MINISTRE DE L'INSTRUCTION PUBLIQUE.

TOME DIXIÈME.

PARIS,

GAUTHIER-VILLARS, IMPRIMEUR-LIBRAIRE

DE L'ÉCOLE POLYTECHNIQUE, DU BUREAU DES LONGITUDES,

SUCCESSEUR DE MALLET-BACHELIER,

Quai des Augustins, 55.

—

M DCCC LXXXIV

CINQUIÈME SECTION.

(SUITE.)

OUVRAGES DIDACTIQUES.

LEÇONS

SUR LE

CALCUL DES FONCTIONS.

TROISIÈME ÉDITION

RÉIMPRIMÉE

D'APRÈS LA DEUXIÈME ÉDITION DE 1806.

LEÇONS

SUR

LE CALCUL

DES FONCTIONS,

NOUVELLE ÉDITION,

revue, corrigée et augmentée par l'Auteur.

A PARIS,

Chez Courcier, Impr.-Libraire pour les Mathématiques,
quai des Augustins, n° 57.

AN 1806.

AVERTISSEMENT.

Les Leçons suivantes, (*) destinées à servir de commentaire et de supplément à la première Partie de la *Théorie des fonctions analytiques,* offrent un cours d'Analyse sur cette partie du calcul qu'on nomme communément *infinitésimale* ou *transcendante,* et qui n'est proprement que le Calcul des fonctions.

Ceux qui ont étudié le Calcul différentiel pourront se former, dans ces Leçons, des notions simples et exactes de ce Calcul; ils y trouveront aussi des formules et des méthodes nouvelles, ou qui n'ont pas encore été présentées avec toute la clarté et la généralité qu'on pourrait désirer.

Dans cette nouvelle Édition, on a retouché plusieurs endroits pour y mettre plus de clarté et de simplicité, et on a inséré différentes additions dont les principales se trouvent dans les Leçons dix-huitième, vingt et unième et vingt-deuxième. Cette dernière contient un traité complet du Calcul des variations.

(*) Les Leçons I à XIX ont été professées à l'École Polytechnique, pendant l'an VII (1799), par Lagrange, qui les a fait paraître dans le tome X de la nouvelle édition des *Séances des Écoles Normales,* an IX (1801), en y ajoutant une XXe Leçon.

Ces vingt Leçons ont été réimprimées dans le XIIe Cahier du *Journal de l'École Polytechnique,* an XII (1804).

Lagrange a publié, en un volume in-8° (1806), une deuxième édition contenant deux Leçons nouvelles (XXIe et XXIIe), qui ont été reproduites ultérieurement dans le XIVe Cahier du *Journal de l'École Polytechnique* (1808).

(*Note de l'Éditeur.*)

LEÇONS

SUR LE

CALCUL DES FONCTIONS.

LEÇON PREMIÈRE.

SUR L'OBJET DU CALCUL DES FONCTIONS ET SUR LES FONCTIONS EN GÉNÉRAL.

Le Calcul des fonctions a le même objet que le Calcul différentiel pris dans le sens le plus étendu, mais il n'est point sujet aux difficultés qui se rencontrent dans les principes et dans la marche ordinaire de ce Calcul : il sert de plus à lier le Calcul différentiel immédiatement à l'Algèbre, dont on peut dire qu'il a fait jusqu'à présent une science séparée.

On connaît les difficultés qu'offre la supposition des infiniment petits, sur laquelle Leibnitz a fondé le Calcul différentiel. Pour les éviter, Euler regarde les différentielles comme nulles, ce qui réduit leur rapport à l'expression zéro divisé par zéro, laquelle ne présente aucune idée.

Maclaurin et d'Alembert emploient la considération des limites et regardent le rapport des différentielles comme la limite du rapport des différences finies, lorsque ces différences deviennent nulles.

Cette manière de représenter les quantités différentielles ne fait que reculer la difficulté; car, en dernière analyse, le rapport des différences évanouissantes se réduit encore à celui de zéro à zéro.

D'ailleurs on peut observer que c'est improprement qu'on applique le mot connu de limite à ce que devient une expression analytique lorsqu'on y fait évanouir certaines quantités, parce que ces limites, après avoir décru jusqu'à zéro, pourraient encore devenir négatives. De même qu'en Géométrie, on ne peut pas dire à la rigueur que la sous-tangente soit la limite des sous-sécantes, parce que rien n'empêche la sous-sécante de croître encore lorsqu'elle est devenue sous-tangente.

Les véritables limites, suivant les notions des anciens, sont des quantités qu'on ne peut passer, quoiqu'on puisse s'en approcher aussi près que l'on veut; telle est, par exemple, la circonférence du cercle à l'égard des polygones inscrit et circonscrit, parce que, quelque grand que devienne le nombre des côtés, jamais le polygone intérieur ne sortira du cercle, ni l'extérieur n'y entrera. Ainsi les asymptotes sont de véritables limites des courbes auxquelles elles appartiennent, etc.

Au reste je ne disconviens pas qu'on ne puisse, par la considération des limites envisagées d'une manière particulière, démontrer rigoureusement les principes du Calcul différentiel, comme Maclaurin, d'Alembert et plusieurs auteurs après eux l'ont fait. Mais l'espèce de métaphysique que l'on est obligé d'y employer est sinon contraire, du moins étrangère à l'esprit de l'Analyse qui ne doit avoir d'autre métaphysique que celle qui consiste dans les premiers principes et dans les premières opérations fondamentales du calcul.

A l'égard de la méthode des fluxions, il est vrai qu'on ne peut considérer les fluxions que comme les vitesses avec lesquelles les grandeurs varient, et y faire abstraction de toute idée mécanique; mais la détermination analytique de ces vitesses dépend aussi, dans cette méthode, de la considération des quantités petites ou évanouissantes; elle est par conséquent sujette aux mêmes difficultés que le Calcul différentiel.

Quand on approfondit ces différentes méthodes ou plutôt ces différentes manières d'envisager la même méthode, on trouve qu'elles n'ont d'autre but que de donner le moyen d'obtenir séparément les premiers termes du développement d'une fonction, en les détachant et les isolant, pour ainsi dire, du reste de la série, parce que tous les problèmes dont la solution exige le Calcul différentiel dépendent uniquement de ces premiers termes. Et l'on peut dire qu'on remplissait cet objet sans presque se douter que ce fût là le seul but des opérations du calcul qu'on employait.

La considération des courbes avait fait naître la méthode des infiniment petits, qu'on a ensuite transformée en méthode des évanouissants ou des limites, et la considération du mouvement avait fait naître celle des fluxions. On a transporté dans l'Analyse les principes qui résultaient de ces considérations; et l'on n'a pas vu d'abord, ou du moins il ne paraît pas qu'on ait vu que les problèmes qui dépendent de ces méthodes, envisagés analytiquement, se réduisent simplement à la recherche des fonctions dérivées qui forment les premiers termes du développement des fonctions données, ou à la recherche inverse des fonctions primitives par les fonctions dérivées.

Newton avait bien remarqué dans sa première solution du problème sur la courbe décrite par un corps grave, dans un milieu résistant, que ce problème devait se résoudre par les premiers termes de la série de l'ordonnée; mais il se trompa dans l'application de ce principe, et dans sa seconde solution il employa purement la méthode différentielle, en considérant les différences de quatre ordonnées successives; et, quoiqu'il ait laissé subsister le passage où il dit que le problème se résoudra par les premiers termes de la série, on voit que ce passage n'a plus de rapport immédiat à ce qui précède ni à ce qui suit.

Il est donc plus naturel et plus simple de considérer immédiatement le développement des fonctions, sans employer le circuit métaphysique des infiniment petits ou des limites; et c'est ramener le Calcul différentiel à une origine purement algébrique, que de le faire dépendre uniquement de ce développement.

Mais, à la naissance du Calcul différentiel, on n'avait pas encore une idée assez étendue de ce qu'on entend par fonction.

Les premiers analystes n'avaient employé ce mot que pour désigner les différentes puissances d'une même quantité; on en a ensuite étendu la signification à toute quantité formée d'une manière quelconque d'une autre quantité; et il est aujourd'hui généralement adopté pour exprimer que la valeur d'une quantité dépend, suivant une loi donnée, d'une ou de plusieurs autres quantités données.

Sous ce point de vue on doit regarder l'Algèbre comme la science des fonctions; il est aisé de voir que la résolution des équations ne consiste, en général, qu'à trouver les valeurs des quantités inconnues en fonctions déterminées des quantités connues. Ces fonctions représentent alors les différentes opérations qu'il faut faire sur les quantités connues pour obtenir les valeurs de celles que l'on cherche, et elles ne sont proprement que le dernier résultat du calcul.

Mais, en Algèbre, on ne considère les fonctions qu'autant qu'elles résultent des opérations de l'Arithmétique, généralisées et transportées aux lettres, au lieu que, dans le Calcul des fonctions proprement dit, on considère les fonctions qui résultent de l'opération algébrique du développement en série lorsqu'on attribue à une ou à plusieurs quantités de la fonction des accroissements indéterminés.

Le développement des fonctions, envisagé d'une manière générale, donne naissance aux fonctions dérivées de différents ordres; et, l'algorithme de ces fonctions une fois trouvé, on peut les considérer en elles-mêmes et indépendamment des séries d'où elles résultent. Ainsi, une fonction donnée étant regardée comme primitive, on peut en déduire par des règles simples et uniformes d'autres fonctions que j'appelle *dérivées*; et, lorsqu'on a une équation quelconque entre plusieurs variables, on peut passer successivement aux équations dérivées, et remonter de celles-ci aux équations primitives. Ces transformations répondent aux différentiations et aux intégrations; mais, dans la théorie des fonctions, elles ne dépendent que d'opérations purement algébriques, fondées sur les simples principes du calcul.

Les fonctions dérivées se présentent naturellement dans la Géométrie, lorsqu'on considère les aires, les tangentes, les rayons osculateurs, etc.; et dans la Mécanique, lorsqu'on considère les vitesses et les forces. Si l'on regarde, par exemple, l'aire d'une courbe comme fonction de l'abscisse, l'ordonnée en est la première fonction dérivée ou fonction prime ; le rapport de l'ordonnée à la sous-tangente est exprimé par la fonction prime de l'ordonnée, et par conséquent par la seconde fonction dérivée ou fonction seconde de l'aire ; le rayon osculateur dépend des deux premières fonctions dérivées de l'ordonnée, et ainsi de suite. De même, en regardant l'espace parcouru comme fonction du temps, la vitesse en est la fonction prime et la force accélératrice en est la fonction seconde. Ce n'est peut-être pas un des moindres avantages du Calcul des fonctions de fournir, pour ces éléments de la Géométrie des courbes et de la Mécanique, des expressions aussi simples et intelligibles que le sont les expressions algébriques des puissances et des racines.

Lorsqu'on envisage une fonction relativement à une des quantités qui la composent, on fait abstraction de la valeur de cette quantité, et l'on ne considère que la manière dont elle est combinée avec elle-même et avec les autres quantités. Ainsi la fonction est censée demeurer la même, tandis que cette quantité varie d'une manière quelconque, pourvu que les autres quantités avec lesquelles elle est mêlée demeurent constantes : ce qui introduit naturellement, par rapport aux fonctions, la distinction des quantités en variables et constantes.

Dans l'Algèbre ordinaire, on distingue simplement les quantités en connues et inconnues, et l'on a coutume de désigner les unes par les premières lettres de l'alphabet, et les autres par les dernières. L'application de l'Algèbre à la théorie des courbes a fait d'abord distinguer les quantités qui entrent dans l'équation d'une courbe en données, telles que les axes, les paramètres, etc., et en indéterminées, telles que les coordonnées. Depuis on a envisagé ces mêmes quantités sous l'aspect plus naturel de constantes et de variables ; et la considération des fonctions porte naturellement à regarder sous ce même point de vue les différentes quantités qui les composent.

Nous appellerons donc simplement *fonction d'une ou de plusieurs quantités* toute expression de calcul dans laquelle ces quantités entreront d'une manière quelconque, mêlées ou non avec d'autres quantités regardées comme ayant des valeurs données et invariables, tandis que les quantités de la fonction sont censées pouvoir recevoir toutes les valeurs possibles.

Nous désignerons ordinairement les variables des fonctions par les dernières lettres de l'alphabet $x, y, \ldots$, et les constantes par les premières $a, b, c, \ldots$. Et, pour marquer une fonction d'une variable, nous ferons simplement précéder cette variable de la lettre caractéristique f ou F. Ainsi $f(x)$ désignera une fonction de x; $f(x^2)$, $f(a+bx), \ldots$ désigneront des fonctions de x^2, de $a+bx, \ldots$.

Pour marquer une fonction de deux variables indépendantes comme x, y, nous écrirons $f(x, y)$, et ainsi des autres. Lorsque nous voudrons employer d'autres caractéristiques, nous aurons soin d'en avertir.

Si deux fonctions de deux variables différentes x, y, c'est-à-dire l'une de x et l'autre de y, sont composées de la même manière et avec les mêmes constantes, ces fonctions seront pareilles et pourront être désignées dans un même calcul par la même caractéristique; ainsi $f(x)$ et $f(y)$ seront deux fonctions pareilles qui deviendront identiques en faisant $y = x$. Mais si, les deux fonctions étant composées de la même manière, les constantes qu'elles contiennent sont différentes, alors on ne pourra plus, généralement parlant, les représenter par la même caractéristique dans le cours d'un même calcul. Cependant, si les deux fonctions ne diffèrent, par exemple, que par la valeur d'une constante, qui serait a dans l'une et b dans l'autre, on pourra encore les désigner par la même caractéristique, en les représentant par $f(x, a)$ et $f(y, b)$, comme des fonctions pareilles de x, a et de y, b. Ainsi, dans ce cas, les quantités a et b entreront aussi dans l'expression de la fonction, parce que, quoique constantes dans chaque fonction, elles peuvent être regardées comme variables d'une fonction à l'autre.

Nous n'entrerons ici dans aucun détail sur les différentes formes des fonctions; mais nous allons considérer la dérivation des fonctions les unes des autres, dans laquelle consiste proprement le Calcul des fonctions.

LEÇON DEUXIÈME.

SUR LE DÉVELOPPEMENT D'UNE FONCTION D'UNE VARIABLE, LORSQU'ON ATTRIBUE
UN ACCROISSEMENT A CETTE VARIABLE. LOI GÉNÉRALE DE CE DÉVELOPPEMENT.
ORIGINE DES FONCTIONS DÉRIVÉES. DIFFÉRENTS ORDRES DE CES FONCTIONS.
LEUR NOTATION.

Considérons une fonction $f(x)$ d'une variable quelconque x. Si à la place de x on substitue $x + i$, i étant une quantité quelconque indéterminée, elle deviendra $f(x + i)$, et, par la théorie des séries, on pourra la développer en une suite de cette forme

$$f(x) + ip + i^2 q + i^3 r + \ldots,$$

dans laquelle les quantités p, q, r, ..., coefficients des puissances de i, seront de nouvelles fonctions de x, dérivées de la fonction primitive $f(x)$, et indépendantes de la quantité i.

Il est clair que la forme des fonctions p, q, r, ... dépendra uniquement de celle de la fonction donnée $f(x)$, et l'on déterminera aisément ces fonctions, dans les cas particuliers, par les règles de l'Algèbre ordinaire, en développant la fonction dans une série ordonnée suivant les puissances de i.

Cette dérivation des fonctions est une opération plus générale que l'élévation aux puissances et l'extraction des racines, et les principaux problèmes d'Analyse, de Géométrie et de Mécanique en dépendent, comme on l'a montré dans la *Théorie des fonctions analytiques*.

Mais, pour ne rien avancer gratuitement, nous commencerons par examiner la forme même de la série qui doit résulter du développement de toute fonction $f(x)$, lorsqu'on y substitue $x + i$ au lieu de x,

et que nous supposons ne devoir contenir que des puissances entières
et positives de i. Cette supposition se vérifie en effet par le développement des différentes fonctions connues ; mais personne, que je sache,
n'avait cherché à le démontrer *a priori*, ce qui me paraît néanmoins
d'autant plus nécessaire qu'il y a des cas particuliers où elle peut ne
pas avoir lieu.

Je vais d'abord démontrer que, dans la série qui résulte du développement d'une fonction $f(x+i)$, il ne peut se trouver aucune puissance
fractionnaire de i, à moins qu'on ne donne à x des valeurs particulières.

En effet, il est clair que les radicaux de i ne pourraient venir que
des radicaux renfermés dans la fonction même $f(x)$, et il est clair, en
même temps, que la substitution de $x+i$ au lieu de x ne pourrait ni
augmenter ni diminuer le nombre des radicaux, ni en changer la nature, tant que x et i seront des quantités indéterminées. D'un autre
côté, on sait, par la théorie des équations, que tout radical a autant de
valeurs différentes, ni plus ni moins, qu'il y a d'unités dans son exposant, et que toute fonction irrationnelle a par conséquent autant de
valeurs différentes qu'on peut faire de combinaisons des différentes
valeurs des radicaux qu'elle renferme. Donc, si le développement de
la fonction $f(x+i)$ pouvait contenir un terme de la forme $u i^{\frac{m}{n}}$, la fonction $f(x)$ serait nécessairement irrationnelle, et aurait par conséquent
un certain nombre de valeurs différentes, qui serait le même pour la
fonction $f(x+i)$, ainsi que pour son développement. Mais ce développement étant représenté par la série

$$f(x)+pi+qi^2+\ldots+u i^{\frac{m}{n}}+\ldots,$$

chaque valeur de $f(x)$ se combinerait avec chacune des valeurs du radical $\sqrt[n]{i^m}$; de sorte que la fonction $f(x+i)$ développée aurait plus de
valeurs différentes que la même fonction non développée, ce qui est
absurde.

Cette démonstration est générale et rigoureuse, tant que x et i demeurent indéterminés. Elle cesserait de l'être, si l'on donnait à x des valeurs déterminées ; car il serait possible que ces valeurs détruisissent quelques radicaux dans $f(x)$, qui pourraient néanmoins subsister dans $f(x+i)$. Nous examinerons à part ces sortes de cas et les conséquences qui en résultent.

Nous venons de voir que le développement de la fonction $f(x+i)$ ne saurait contenir en général des puissances fractionnaires de i ; il est facile de voir aussi qu'il ne pourra contenir non plus des puissances négatives de i.

Car, si parmi les termes de ce développement il y en avait un de la forme $\frac{r}{i^m}$, m étant un entier positif, en faisant $i=0$, ce terme deviendrait infini ; donc la fonction $f(x+i)$ devrait devenir infinie lorsque $i=0$; par conséquent, il faudrait que $f(x)$ devînt infinie, ce qui ne peut avoir lieu que pour des valeurs particulières de x.

Nous sommes donc assurés que, $f(x)$ exprimant une fonction quelconque de x, la fonction $f(x+i)$ peut, généralement parlant, se développer en une série de cette forme

$$f(x) + ip + i^2 q + i^3 r + i^4 s + \ldots,$$

dans laquelle p, q, r, ... seront de nouvelles fonctions de x, dérivées de la fonction primitive $f(x)$.

Quoique la forme de ces fonctions dérivées dépende essentiellement de celle de la fonction primitive, il règne néanmoins entre elles une loi générale que nous allons exposer.

Supposons que l'indéterminée x soit changée en $x+o$, o étant une quantité quelconque indéterminée, et indépendante de i, il est visible que la fonction $f(x+i)$ deviendra $f(x+i+o)$; et l'on voit en même temps que l'on aurait le même résultat, si l'on mettait, dans $f(x+i)$, $i+o$ à la place de i. Donc aussi le résultat sera le même, soit qu'on substitue $i+o$ à la place de i, ou $x+o$ à la place de x dans la série $f(x)+ip+i^2 q+i^3 r+\ldots$, qu'on suppose égale à la fonction $f(x+i)$.

La substitution de $i+o$ au lieu de i, dans cette série, donnera

$$f(x) + (i+o)p + (i+o)^2 q + (i+o)^3 r + \ldots,$$

savoir, en développant les puissances de $i + o$, et n'écrivant, pour abréger, que les deux premiers termes de chaque puissance, parce que la comparaison de ces termes suffit pour notre objet,

$$f(x) + ip + i^2 q + i^3 r + i^4 s + \ldots + op + 2\,ioq + 3\,i^2 or + 4\,i^3 os + \ldots$$

Pour faire maintenant la substitution de $x + o$ au lieu de x dans la même série, nous observons que, puisque la fonction $f(x)$ devient $f(x) + ip + \ldots$, lorsqu'on change x en $x + i$, elle deviendra $f(x) + op + \ldots$, en y changeant x en $x + o$. De même, si $p + ip' + \ldots$, $q + iq' + \ldots$, $r + ir' + \ldots$ sont ce que deviennent les fonctions p, q, r, … lorsqu'on y substitue $x + i$ au lieu de x, et qu'on les développe suivant les puissances de i, on aura, en changeant i en o,

$$p + op' + \ldots, \quad q + oq' + \ldots, \quad r + or' + \ldots, \quad \ldots,$$

pour les développements des mêmes fonctions après la substitution de $x + o$ au lieu de x.

Donc, par cette substitution, la série $f(x) + ip + i^2 q + \ldots$ deviendra, en omettant les termes qui contiendraient le carré et les puissances plus hautes de o,

$$f(x) + ip + i^2 q + i^3 r + i^4 s + \ldots + op + iop' + i^2 oq' + i^3 or' + \ldots.$$

Ce résultat doit être identique avec le précédent, indépendamment des valeurs de i et de o qui peuvent être quelconques; il faudra donc que les termes affectés des mêmes puissances et produits de i et o soient identiques en particulier. Ainsi on aura les équations identiques

$$2q = p', \quad 3r = q', \quad 4s = r', \quad \ldots;$$

d'où l'on tire

$$q = \tfrac{1}{2}p', \quad r = \tfrac{1}{3}q', \quad s = \tfrac{1}{4}r', \quad \ldots.$$

Dénotons en général par $f'(x)$ la fonction p, dérivée de la fonction $f(x)$, en mettant un accent à la caractéristique f, pour indiquer la dérivation de la fonction. Dénotons de même par $f''(x)$ la fonction dérivée de la fonction $f'(x)$, en ajoutant un accent à la caractéristique f' de la fonction $f'(x)$ d'où elle est dérivée. Dénotons pareillement par $f'''(x)$ la fonction dérivée de $f''(x)$, et ainsi de suite.

Ces fonctions $f'(x)$, $f''(x)$, $f'''(x)$, ... ne seront autre chose que les coefficients de i dans les premiers termes des développements des fonctions $f(x + i)$, $f'(x + i)$, $f''(x + i)$, ...

On aura ainsi $p = f'(x)$, et comme p' est la fonction dérivée de p, on aura $p' = f''(x)$, et, par conséquent, $q = \frac{1}{2} f''(x)$. Ensuite, q' étant la fonction dérivée de q, on aura $q' = \frac{1}{2} f'''(x)$, et, par conséquent, $r = \frac{1}{2.3} f'''(x)$, et ainsi de suite.

Donc, substituant ces expressions dans la série

$$f(x) + ip + i^2 q + i^3 r + \cdots,$$

qui est le développement de $f(x + i)$, on aura cette formule fondamentale

$$f(x + i) = f(x) + i f'(x) + \frac{i^2}{2} f''(x) + \frac{i^3}{2.3} f'''(x) + \frac{i^4}{2.3.4} f^{\mathrm{iv}}(x) + \cdots.$$

Cette expression du développement de $f(x + i)$ a l'avantage de faire voir comment les termes de la série dépendent les uns des autres, et surtout comment, lorsqu'on sait former la première fonction dérivée d'une fonction primitive quelconque, on peut former toutes les fonctions dérivées que la série renferme.

Nous appellerons la fonction $f(x)$ *fonction primitive*, par rapport aux fonctions $f'(x)$, $f''(x)$, ..., qui en dérivent; et nous appellerons celles-ci *fonctions dérivées*, par rapport à celle-là. Nous nommerons de plus la fonction dérivée $f'(x)$, *première fonction dérivée*, ou *fonction dérivée du premier ordre*, ou simplement *fonction prime*; la fonction $f''(x)$, dérivée de celle-ci, *seconde fonction dérivée*, ou *fonction dérivée du second ordre*, ou simplement *fonction seconde*; la fonction $f'''(x)$, dérivée de la précédente, *troisième fonction dérivée*, ou *fonction dérivée du troisième ordre*, ou simplement *fonction tierce*, et ainsi de suite.

Mais nous entendrons toujours par *fonction dérivée* simplement la première fonction dérivée, et par *fonction primitive* celle d'où elle est censée dérivée. Nous leur donnerons aussi quelquefois, pour plus de simplicité, le simple nom de *dérivées* ou de *primitives*.

Si la fonction primitive n'est pas représentée par la caractéristique f, mais par une autre variable, comme lorsqu'on suppose y fonction de x, donnée par une équation quelconque entre x et y, alors on pourra dénoter de même ses fonctions dérivées par des accents ou traits appliqués à la lettre y, et les appeler simplement y *prime*, y *seconde*, y *tierce*, etc.

Ainsi, y étant regardée comme une fonction quelconque de x, ses fonctions dérivées seront représentées par $y', y'', y''', \ldots$; de sorte que, y étant la fonction primitive, y' sera sa fonction dérivée du premier ordre, ou fonction prime, y'' sera la fonction dérivée du second ordre ou fonction seconde, etc., et on les nommera y *prime*, y *seconde*, etc.

De cette manière, x devenant $x + i$, la valeur de y deviendra

$$y + i y' + \frac{i^2}{2} y'' + \frac{i^3}{2.3} y''' + \ldots.$$

En général, si l'on a une expression quelconque en $x, y, \ldots$, on pourra désigner ses fonctions dérivées par des traits appliqués à la même expression renfermée entre deux parenthèses. Ainsi

$$\left(\frac{a + bx + cy}{d + ex + gy} \right)'$$

représentera la première fonction dérivée de l'expression

$$\frac{a + bx + cy}{d + ex + gy},$$

et

$$\left(\frac{a + bx + cy}{d + ex + gy} \right)''$$

représentera la seconde fonction dérivée de la même expression, et ainsi de suite.

Et, si l'on a une fonction de plusieurs variables, $x, y, \ldots$, exprimée en général par $f(x, y, \ldots)$, on dénotera ses fonctions dérivées relatives à toutes ces variables, en appliquant un, deux, $\ldots$ traits à la caracristique f; ainsi $f'(x, y, ...)$ dénotera sa fonction prime, $f''(x, y, ...)$ sa fonction seconde, etc.

Quoique les fonctions dérivées doivent leur origine au développement de la fonction primitive lorsqu'on augmente la variable d'une quantité quelconque i, on voit qu'elles sont indépendantes de cette même quantité qui ne sert, pour ainsi dire, que comme un outil pour former ces fonctions. Ainsi, dès qu'on aura trouvé, par la considération du premier terme du développement, des règles générales pour passer d'une fonction primitive à la fonction dérivée, on pourra faire abstraction de tout développement, et regarder la dérivation des fonctions comme une nouvelle opération d'Algèbre plus générale et d'une beaucoup plus grande étendue que l'élévation aux puissances.

Ceux qui savent le Calcul différentiel n'auront pas de peine à se convaincre que les fonctions dérivées $f'(x), f''(x), ..., y', y'', ...$ reviennent aux quantités qu'on désigne dans ce Calcul par

$$\frac{df(x)}{dx}, \quad \frac{d^2 f(x)}{dx^2}, \quad ..., \quad \text{ou} \quad \frac{dy}{dx}, \quad \frac{d^2 y}{dx^2}, \quad ...,$$

et ainsi des autres expressions semblables.

LEÇON TROISIÈME.

FONCTIONS DÉRIVÉES DES PUISSANCES. DÉVELOPPEMENT D'UNE PUISSANCE
QUELCONQUE D'UN BINÔME.

Puisque toute fonction dérivée du premier ordre $f'(x)$ n'est autre
chose que le coefficient de i dans le développement de la fonction primitive $f(x)$, après la substitution de $x + i$ à la place de x, il s'ensuit
que la recherche de la fonction dérivée d'une puissance quelconque x^m
se réduit à trouver le terme affecté de i dans le développement de la
puissance $(x + i)^m$ suivant les puissances de i.

Lorsque l'exposant m est un nombre quelconque entier ou fractionnaire, positif ou négatif, on démontre facilement, par les premières
opérations de l'Algèbre, que les deux premiers termes de la puissance
m du binôme $x + i$ sont $x^m + m x^{m-1} i$; ainsi, lorsque $f(x) = x^m$ ou
$= A x^m$, A étant un coefficient quelconque, on aura

$$f'(x) = m A x^{m-1},$$

m étant un nombre quelconque rationnel.

Comme tout nombre irrationnel peut être renfermé entre des limites
rationnelles aussi resserrées que l'on veut, on en pourrait conclure
tout de suite la vérité du résultat précédent pour une valeur quelconque irrationnelle de m, puisqu'on peut, en resserrant les limites,
diminuer l'erreur à volonté. Mais, comme il est plutôt question ici de
la forme même de la fonction dérivée que de sa valeur absolue dans
chaque cas particulier, nous croyons, pour ne rien laisser à désirer sur

cette proposition fondamentale, devoir en donner une démonstration aussi générale que rigoureuse.

Puisque

$$(x + i)^m = x^m \left(1 + \frac{i}{x}\right)^m$$

par les règles de l'Algèbre, si l'on fait pour abréger $\frac{i}{x} = \omega$, il s'agira de trouver le coefficient de ω dans le développement de $(1 + \omega)^m$, quel que soit l'exposant m. Or, quel que puisse être ce coefficient, comme il doit être indépendant de ω, il est clair qu'il ne peut être qu'une fonction de m, puisque l'expression $(1 + \omega)^m$ ne contient que les deux indéterminées ω et m. On pourra donc le représenter en général par $F(m)$, la caractéristique F désignant une fonction déterminée, mais inconnue. Ainsi, comme en faisant ω nul, la quantité $(1 + \omega)^m$ devient $1^m = 1$, on aura

$$(1 + \omega)^m = 1 + \omega\, F(m) + \ldots$$

On aura donc aussi, pour un autre exposant quelconque n,

$$(1 + \omega)^n = 1 + \omega\, F(n) + \ldots$$

Multipliant ensemble ces deux équations, on aura

$$(1 + \omega)^{m+n} = 1 + \omega\, [F(m) + F(n)] + \ldots$$

Car la théorie des puissances repose uniquement sur ce principe que $a^m a^n = a^{m+n}$, quelles que soient les quantités a, m, n, et l'on peut même dire que c'est dans ce principe que consiste l'essence des puissances, lorsque les exposants ne peuvent être exprimés par des nombres.

Ainsi $F(m) + F(n)$ sera le coefficient de ω dans le développement de la puissance $(1 + \omega)^{m+n}$. Mais ce coefficient doit être représenté par $F(m + n)$, puisque la fonction $(1 + \omega)^m$ devient $(1 + \omega)^{m+n}$, en y substituant $m + n$ pour m. Donc il faudra que la fonction désignée par la caractéristique F soit telle que l'on ait

$$F(m + n) = F(m) + F(n),$$

m et n étant des quantités quelconques.

Pour trouver d'une manière générale la forme de la fonction d'après cette condition, je supposerai que la quantité m soit changée en $m + i$, et que la quantité n le soit en $n - i$, i étant quelconque; alors la fonction $F(m + n)$ demeurera la même, et les fonctions $F(m)$, $F(n)$ deviendront

$$F(m + i), \quad F(n - i);$$

donc l'équation précédente donnera

$$F(m) + F(n) = F(m + i) + F(n - i).$$

Or, par le développement, la fonction

$$F(m + i)$$

devient

$$F(m) + i\,F'(m) + \frac{i^2}{2}\,F''(m) + \dots,$$

comme on l'a vu plus haut; et la fonction $F(n - i)$ deviendra de même, en prenant i négativement,

$$F(n) - i\,F'(n) + \frac{i^2}{2}\,F''(n) - \dots;$$

donc l'équation précédente se réduira à celle-ci

$$i\,[F'(m) - F'(n)] + \frac{i^2}{2}\,[F''(m) + F''(n)] + \dots = 0,$$

laquelle devant avoir lieu quelle que soit la valeur de i, on aura nécessairement

$$F'(m) - F'(n) = 0, \quad F''(m) + F''(n) = 0, \quad \dots$$

La première de ces conditions donne

$$F'(m) = F'(n),$$

d'où l'on conclut d'abord que la valeur de la fonction $F(m)$ doit être indépendante de la variable m, puisqu'elle demeure la même en changeant la valeur de cette variable, et qu'ainsi cette valeur doit être constante relativement à la même variable.

On aura donc

$$F'(m) = a,$$

a étant une constante; et cette valeur de $F'(m)$ satisfera aux autres conditions, puisqu'on aura

$$F''(m) = 0, \quad F'''(m) = 0, \quad \ldots, .$$

et de même

$$F''(n) = 0, \quad F'''(n) = 0, \quad \ldots.$$

Tout se réduit donc à trouver la valeur de la fonction primitive $F(m)$, d'après la fonction dérivée

$$F'(m) = a.$$

Or il est facile de voir que $F(m)$ ne peut être que de la forme $am + b$, b étant une constante arbitraire; car on peut se convaincre qu'il n'y a que cette expression qui puisse donner a pour sa fonction dérivée.

On peut d'ailleurs le démontrer directement comme il suit : puisqu'on a en général

$$F(m + i) = F(m) + i\,F'(m) + \frac{i^2}{2}\,F''(m) + \ldots,$$

on aura, dans le cas présent,

$$F'(m) = a, \quad F''(m) = 0, \quad F'''(m) = 0, \ldots,$$
$$F(m + i) = F(m) + ai,$$

et, comme i peut être une quantité quelconque, si l'on fait $i = -m$, alors la quantité $m + i$ deviendra zéro; donc la valeur de $F(m + i)$ sera indépendante de m; elle sera par conséquent égale à une constante b. On aura ainsi

$$b = F(m) - am,$$

d'où

$$F(m) = am + b.$$

Substituant cette valeur de $F(m)$, on aura en général

$$(1 + \omega)^m = 1 + (am + b)\omega + \ldots,$$

quelle que soit la valeur de m, a et b étant des constantes indépendantes de m, dont la valeur doit se déterminer par la considération de quelques cas particuliers.

Pour cela, on fera d'abord $m = 0$, et l'on aura

$$1 = 1 + b\omega + \ldots,$$

donc $b = 0$. On fera ensuite $m = 1$, et l'on aura

$$1 + \omega = 1 + a\omega + \ldots;$$

donc $a = 1$.

D'où l'on conclura enfin

$$(1 + \omega)^m = 1 + m\omega + \ldots.$$

Donc, puisque

$$(x + i)^m = x^m (1 + \omega)^m,$$

ω étant $= \dfrac{i}{x}$, on aura

$$A(x + i)^m = A x^m + A m x^{m-1} i + \ldots,$$

quel que soit le nombre m, de sorte que la fonction dérivée de $A x^m$ sera de $A m x^{m-1}$, comme nous l'avons trouvée d'abord pour le cas de m rationnel.

La démonstration précédente ne laisse rien à désirer pour la rigueur et la généralité. Elle ne dépend que des fonctions dérivées de la forme la plus simple, et fournit, dès le commencement, un exemple remarquable de leur usage dans l'Analyse.

On peut donc établir pour règle générale que *la fonction dérivée d'une puissance quelconque d'une variable est égale à la puissance d'un degré moindre d'une unité de la même variable, multipliée par l'exposant de la puissance donnée.*

De là et de la loi du développement des fonctions résulte une démonstration aussi simple que générale, et peut-être la seule rigoureuse qu'on ait encore donnée de la formule du binôme pour un exposant quelconque.

En effet, puisqu'on vient de trouver que

$$F(x) = A x^m,$$

donne

$$F'(x) = m\,A\,x^{m-1},$$

on aura de même, en prenant la fonction dérivée de cette dernière quantité,

$$F''(x) = m(m-1)\,A\,x^{m-2},$$

et, par la même raison, on aura, en prenant de nouveau la fonction dérivée,

$$F'''(x) = m(m-1)(m-2)\,A\,x^{m-3},$$

et ainsi de suite.

Donc, puisqu'on a trouvé, en général,

$$f(x+i) = f(x) + i f'(x) + \frac{i^2}{2} f''(x) + \frac{i^3}{2.3} f'''(x) + \ldots,$$

on aura, pour le cas de $f(x) = x^m$, la série

$$(x+i)^m = x^m + m x^{m-1} i + \frac{m(m-1)}{2} x^{m-2} i^2 + \frac{m(m-1)(m-2)}{2.3} x^{m-3} i^3 + \ldots$$

Si l'on divise toute l'équation par x^m, et qu'on y mette ensuite i à la place de $\frac{i}{x}$, on aura

$$(1+i)^m = 1 + mi + \frac{m(m-1)}{2} i^2 + \frac{m(m-1)(m-2)}{2.3} i^3 + \ldots$$

Cette formule résulte de la précédente en y faisant $x = 1$; mais il n'aurait pas été rigoureux de l'en déduire de cette manière, puisqu'on a déjà remarqué que le développement de la fonction $f(x+i)$ en puissances entières de i peut cesser d'être exact dans des cas particuliers de la valeur de x.

Si maintenant on multiplie l'équation précédente par a^m, et qu'on y substitue ensuite b à la place de ai, on aura

$$(a+b)^m = a^m + m a^{m-1} b + \frac{m(m-1)}{2} a^{m-2} b^2 + \ldots,$$

quelques valeurs qu'on attribue aux quantités a, b, m.

La méthode, que nous avons employée plus haut pour trouver direc-

X. 4

tement la fonction primitive d'une quantité constante, peut être appliquée à d'autres cas. En effet, si dans la formule générale

$$f(x+i) = f(x) + i f'(x) + \frac{i^2}{2} f''(x) + \ldots$$

on fait

$$i = -x,$$

la fonction $f(x+i)$ deviendra indépendante de x, et sera par conséquent égale à une constante b, laquelle sera proprement la valeur de $f(x)$ lorsque $x = 0$. On aura donc ainsi

$$b = f(x) - x f'(x) + \frac{x^2}{2} f''(x) - \ldots,$$

d'où l'on tire

$$f(x) = b + x f'(x) - \frac{x^2}{2} f''(x) + \ldots.$$

Si maintenant $f'(x) = a$, on aura

$$f''(x) = 0, \quad f'''(x) = 0, \quad \ldots;$$

donc

$$f(x) = b + ax.$$

Si $f'(x) = ax$, on aura

$$f''(x) = a, \quad f'''(x) = 0, \quad f^{iv}(x) = 0, \quad \ldots;$$

donc

$$f(x) = b + ax^2 - \frac{ax^2}{2} = b + \frac{ax^2}{2}.$$

Si $f'(x) = ax^2$, on aura

$$f''(x) = 2ax, \quad f'''(x) = 2a, \quad f^{iv}(x) = 0, \quad f^{v}(x) = 0, \quad \ldots;$$

donc

$$f(x) = b + ax^3 - ax^3 + \frac{ax^3}{3} = b + \frac{ax^3}{3},$$

et ainsi de suite.

En général, si $f'(x) = ax^n$, on aura, en prenant les fonctions dérivées,

$$f''(x) = nax^{n-1}, \quad f'''(x) = n(n-1)ax^{n-2}, \quad \ldots;$$

donc, substituant ces valeurs,

$$f(x) = b + a x^{n+1} \left[1 - \frac{n}{2} + \frac{n(n-1)}{2.3} - \frac{n(n-1)(n-2)}{2.3.4} + \cdots \right].$$

Or on a, par le développement,

$$(1-1)^{n+1} = 1 - (n+1) + \frac{(n+1)n}{2} - \frac{(n+1)n(n-1)}{2.3} + \ldots = 0;$$

donc

$$(n+1) \left[1 - \frac{n}{2} + \frac{n(n-1)}{2.3} - \cdots \right] = 1,$$

et, par conséquent,

$$1 - \frac{n}{2} + \frac{n(n-1)}{2.3} - \frac{n(n-1)(n-2)}{2.3.4} + \cdots = \frac{1}{n+1},$$

quel que soit le nombre n; donc on aura

$$f(x) = \frac{a x^{n+1}}{n+1} + b.$$

En effet, la fonction dérivée de cette quantité sera, par la règle générale,

$$\frac{a(n+1)x^n}{n+1} = a x^n,$$

la constante b ayant zéro pour fonction dérivée.

LEÇON QUATRIÈME.

FONCTIONS DÉRIVÉES DES QUANTITÉS EXPONENTIELLES ET LOGARITHMIQUES.
DÉVELOPPEMENT DE CES QUANTITÉS EN SÉRIES.

La fonction x^m, dans laquelle x est la variable et m est une constante, conduit naturellement à la considération de la fonction a^x, dans laquelle la variable est x, et où a est une constante. Ces sortes de quantités s'appellent *exponentielles,* parce qu'elles ne varient qu'à raison de l'exposant.

Pour trouver la fonction dérivée de a^x, il n'y aura, suivant le principe général, qu'à substituer $x + i$ à la place de x, et développer suivant les puissances de i; le coefficient du terme affecté de i sera la fonction cherchée.

Cette substitution donne la fonction

$$a^{x+i} = a^x a^i.$$

Supposons $a = 1 + b$, on aura

$$a^i = (1 + b)^i,$$

et, par la formule générale démontrée précédemment, on aura

$$a^i = (1 + b)^i = 1 + ib + \frac{i(i-1)}{2} b^2 + \frac{i(i-1)(i-2)}{2.3} b^3 + \dots.$$

En ordonnant les termes de cette série suivant les puissances de i, il est facile de voir que les deux premiers termes du développement de a^i seront

$$1 + \left(b - \frac{b^2}{2} + \frac{b^3}{3} - \frac{b^4}{4} + \dots \right) i.$$

Soit, pour abréger,

$$c = b - \frac{b^2}{2} + \frac{b^3}{3} - \frac{b^4}{4} + \ldots = a - 1 - \frac{(a-1)^2}{2} + \frac{(a-1)^3}{3} - \cdots;$$

on aura donc $1 + ci$ pour les deux premiers termes du développement de a^i; par conséquent, en multipliant par a^x, on aura $a^x + ca^x i$ pour les deux premiers termes du développement de a^{x+i}. Donc ca^x, coefficient de i, sera la fonction dérivée de a^x.

Le coefficient c dépend, comme l'on voit, de la quantité a, qui est comme la base de l'exponentielle, et l'on nomme communément ce coefficient le *module*.

On peut ainsi établir cette règle, que *la fonction dérivée d'une quantité exponentielle est égale à cette exponentielle multipliée par un coefficient constant qui dépend de la base de l'exponentielle, et qu'on nomme le* module.

Puisque la dérivée de a^x est ca^x, la dérivée de celle-ci sera $c^2 a^x$, et la dérivée de cette dernière sera de même $c^3 a^x$, et ainsi de suite.

Ainsi, en faisant $f(x) = a^x$, on aura

$$f'(x) = ca^x, \quad f''(x) = c^2 a^x, \quad \ldots$$

Donc, substituant ces valeurs dans le développement de $f(x+i)$, on aura

$$a^{x+i} = a^x + ca^x i + \frac{c^2}{2} a^x i^2 + \frac{c^3}{2.3} a^x i^3 + \ldots,$$

et, divisant par a^x,

$$a^i = 1 + ci + \frac{c^2 i^2}{2} + \frac{c^3 i^3}{2.3} + \cdots.$$

C'est la série dont nous n'avions trouvé ci-dessus que les deux premiers termes. Elle peut servir, comme l'on voit, à réduire toute puissance en une série ordonnée suivant les puissances de son exposant.

On peut par cette série déterminer directement la valeur de a en c. En faisant $i = 1$, on aura

$$a = 1 + c + \frac{c^2}{2} + \frac{c^3}{2.3} + \cdots.$$

Et, lorsque $c = 1$, la valeur de a se trouvera exprimée par la série très simple

$$2 + \frac{1}{2} + \frac{1}{2.3} + \frac{1}{2.3.4} + \cdots,$$

dont la valeur est

$$2,718281828459\ldots.$$

C'est le nombre qu'on désigne ordinairement par e, et qui est par conséquent la base des exponentielles dont le module est l'unité.

Ainsi, en faisant $f(x) = e^x$, on aura simplement $f'(x) = e^x$, $f''(x) = e^x$, ..., et conséquemment

$$e^i = 1 + i + \frac{i^2}{2} + \frac{i^3}{2.3} + \frac{i^4}{2.3.4} + \cdots.$$

Si, dans l'équation trouvée ci-dessus

$$a^i = 1 + ci + \frac{c^2 i^2}{2} + \cdots,$$

on fait $i = \frac{1}{c}$, on aura

$$a^{\frac{1}{c}} = 1 + 1 + \frac{1}{2} + \frac{1}{2.3} + \ldots = e.$$

Ainsi l'on a entre les trois constantes a, c et e la relation

$$a^{\frac{1}{c}} = e,$$

d'où l'on tire

$$a = e^c.$$

Cette équation donne aussi

$$\frac{1}{a} = e^{-c},$$

d'où l'on voit qu'en prenant c négatif, a se change en $\frac{1}{a}$; ainsi, en faisant ces changements dans l'équation

$$c = a - 1 - \frac{(a-1)^2}{2} + \frac{(a-1)^3}{3} - \cdots,$$

donnée ci-dessus, on aura

$$c = \frac{a-1}{a} + \frac{(a-1)^2}{2a^2} + \frac{(a-1)^3}{3a^3} + \cdots$$

Cette série est plus propre que la précédente à donner la valeur de c, lorsque a est un nombre plus grand que l'unité.

En faisant $a = 10$, on a

$$c = 0,9 + \frac{(0,9)^2}{2} + \frac{(0,9)^3}{3} + \cdots;$$

et l'on trouvera, par le calcul,

$$c = 2,30258\,50929\,94\ldots$$

On peut exprimer toute quantité variable par une constante élevée à une puissance variable; alors l'exposant de cette puissance devient une fonction de la même quantité, et cette fonction est, dans le sens le plus général, le *logarithme* de la quantité proposée. D'où l'on voit que les fonctions logarithmiques ne sont proprement que les réciproques des fonctions exponentielles.

Nous dénotons, en général, les logarithmes d'une quantité par le mot log, mis en avant de cette quantité en forme de caractéristique. Ainsi $\log x$ exprimera le logarithme ou la fonction logarithmique de x, et cette fonction sera donnée par l'équation $x = a^{\log x}$, où a, base de l'exponentielle, sera en même temps la base du système logarithmique.

Pour trouver maintenant la fonction dérivée de $\log x$, on fera, en général,

$$f(x) = \log x,$$

ce qui donnera $x = a^{f(x)}$, et, mettant $x + i$ à la place de x, on aura

$$x + i = a^{f(x+i)},$$

équation qui doit être identique, et avoir lieu par conséquent, quelle que soit la valeur de i. Or, par le développement, on a

$$f(x + i) = f(x) + i f'(x) + \frac{i^2}{2} f''(x) + \ldots = f(x) + \omega,$$

en posant

$$\omega = i f'(x) + \frac{i^2}{2} f''(x) + \ldots;$$

donc, faisant cette substitution, on aura

$$x + i = a^{f(x)+\omega} = a^{f(x)} a^\omega = x a^\omega,$$

et, divisant par x,

$$1 + \frac{i}{x} = a^\omega.$$

Or, par la formule trouvée ci-dessus, on a, en général,

$$a^\omega = 1 + c\omega + \frac{c^2 \omega^2}{2} + \cdots;$$

donc on aura

$$1 + \frac{i}{x} = 1 + c\omega + \frac{c^2 \omega^2}{2} + \cdots.$$

Donc, remettant pour ω sa valeur, et ordonnant les termes suivant les puissances de i, on aura cette équation identique

$$\frac{i}{x} = i c f'(x) + \frac{i^2}{2} \left[c^2 [f'(x)]^2 + c f''(x) \right] + \ldots,$$

et la comparaison des termes donnera d'abord

$$\frac{1}{x} = c f'(x),$$

d'où l'on tire

$$f'(x) = \frac{1}{c x}.$$

La comparaison des autres termes donnera les valeurs de $f''(x)$, $f'''(x)$, ...; mais il est plus simple de les déduire successivement de celle de $f'(x)$.

La constante c dépend de la base a du système logarithmique, par les mêmes formules que nous avons trouvées plus haut; relativement aux logarithmes, elle s'appelle le *module* du système logarithmique.

De là résulte cette règle générale, que *la fonction dérivée du loga-*

rithme d'une variable est égale à l'unité divisée par cette variable multi-pliée par le module du système logarithmique.

Puisque

$$f(x) = \log x \quad \text{donne} \quad f'(x) = \frac{1}{cx},$$

en prenant successivement les fonctions dérivées, d'après la règle générale des puissances, on aura

$$f''(x) = -\frac{1}{cx^2}, \quad f'''(x) = \frac{2}{cx^3}, \quad \cdots;$$

donc, si l'on fait ces substitutions dans le développement de $f(x+i)$, on aura la série

$$\log x + \frac{i}{cx} - \frac{i^2}{2cx^2} + \frac{i^3}{3cx^3} - \cdots,$$

pour la valeur de $\log(x+i)$.

Ayant ainsi le logarithme d'un nombre quelconque x, on peut par cette série trouver celui d'un autre nombre plus grand $x+i$, et la série sera d'autant plus convergente que la différence i des deux nombres aura un moindre rapport au nombre x.

Par la théorie des logarithmes, on a

$$\log(x+i) - \log x = \log\left(\frac{x+i}{x}\right) = \log\left(1 + \frac{i}{x}\right);$$

donc, si l'on fait dans la formule précédente $\frac{i}{x} = y$, on aura

$$\log(1+y) = \frac{1}{c}\left(y - \frac{y^2}{2} + \frac{y^3}{3} - \cdots\right),$$

formule connue.

Soit $1 + y = z$; on aura

$$y = z - 1;$$

donc

$$\log z = \frac{1}{c}\left[(z-1) - \frac{(z-1)^2}{2} + \frac{(z-1)^3}{3} - \cdots\right].$$

Cette série n'est convergente et par conséquent ne peut servir à

X. 5

trouver le logarithme d'un nombre donné z, que lorsque ce nombre diffère peu de l'unité; mais on peut la rendre convergente, dans tous les cas, par la substitution de $\sqrt[r]{z}$ au lieu de z; car, puisque $\log\sqrt[r]{z}$ est égal à $\dfrac{\log z}{r}$, on aura, en multipliant par r,

$$\log z = \frac{r}{c}\left[(\sqrt[r]{z}-1) - \frac{1}{2}(\sqrt[r]{z}-1)^2 + \frac{1}{3}(\sqrt[r]{z}-1)^3 - \ldots\right],$$

où l'on peut prendre pour r un nombre quelconque positif ou négatif.

Or, quel que soit le nombre z, on peut toujours en extraire la racine d'un degré r, tel que $\sqrt[r]{z}$ soit un nombre aussi peu différent de l'unité qu'on voudra; ainsi la formule précédente donnera toujours la valeur de $\log z$ avec toute l'exactitude qu'on pourra désirer.

Si l'on prend r négativement, alors $\sqrt[r]{z}$ devient $\dfrac{1}{\sqrt[r]{z}}$, et la série qui exprime $\log z$ devient, en changeant les signes,

$$\log z = \frac{r}{c}\left[\left(1 - \frac{1}{\sqrt[r]{z}}\right) + \frac{1}{2}\left(1 - \frac{1}{\sqrt[r]{z}}\right)^2 + \frac{1}{3}\left(1 - \frac{1}{\sqrt[r]{z}}\right)^3 + \cdots\right],$$

où tous les termes sont positifs. Ainsi l'on peut avoir à volonté, pour la valeur de $\log z$, une série dont tous les termes soient positifs, ou alternativement positifs ou négatifs. Car il est évident que, z étant un nombre plus grand que l'unité, $\sqrt[r]{z}$ sera plus grand que l'unité, et, z étant moindre que l'unité, $\sqrt[r]{z}$ sera aussi moindre que l'unité; mais les différences seront d'autant plus petites, que l'exposant r de la racine sera un plus grand nombre; donc $\sqrt[r]{z}-1$ et $1 - \dfrac{1}{\sqrt[r]{z}}$ seront positifs dans le premier cas, et négatifs dans le second.

Si a est la base des logarithmes, en sorte que $\log a = 1$, on pourra, par les mêmes formules, déterminer aussi exactement qu'on voudra la valeur du module c; car, en faisant $\log a = 1$, on aura

$$c = r\left[(\sqrt[r]{a}-1) - \tfrac{1}{2}(\sqrt[r]{a}-1)^2 + \tfrac{1}{3}(\sqrt[r]{a}-1)^3 - \ldots\right],$$

ou bien

$$c = r\left[\left(1 - \frac{1}{\sqrt[r]{a}}\right) + \tfrac{1}{2}\left(1 - \frac{1}{\sqrt[r]{a}}\right)^2 + \tfrac{1}{3}\left(1 - \frac{1}{\sqrt[r]{a}}\right)^3 + \cdots\right].$$

Il est clair que les deux séries que nous venons de donner pour l'expression de $\log z$ seront nécessairement convergentes aussitôt qu'on aura extrait de z une racine r, telle que $\sqrt[r]{z} - 1$ soit une fraction moindre que l'unité; car alors $1 - \dfrac{1}{\sqrt[r]{z}}$ sera une fraction plus petite encore, puisque

$$1 - \frac{1}{\sqrt[r]{z}} = \frac{\sqrt[r]{z} - 1}{\sqrt[r]{z}}.$$

Ainsi, puisque dans la première série les termes sont alternatifs, le second et le troisième, le quatrième et le cinquième, etc., formeront des sommes négatives; de sorte que la première série donnera

$$\log z < \frac{r}{c}(\sqrt[r]{z} - 1).$$

Au contraire, la seconde série, ayant tous ses termes positifs, donnera

$$\log z > \frac{r}{c}\left(1 - \frac{1}{\sqrt[r]{z}}\right).$$

Ainsi l'on a tout de suite deux limites pour la valeur de $\log z$, qu'on peut resserrer autant que l'on veut, en prenant r toujours plus grand.

On aura, par la même raison, si $\sqrt[r]{a} < 2$,

$$c < r\,(\sqrt[r]{a} - 1) > r\left(1 - \frac{1}{\sqrt[r]{a}}\right).$$

Puisqu'on a

$$1 - \frac{1}{\sqrt[r]{z}} = \frac{\sqrt[r]{z} - 1}{\sqrt[r]{z}},$$

il est visible que la différence entre les deux limites de $\log z$ sera

$$\frac{r}{c}(\sqrt[r]{z} - 1)\left(1 - \frac{1}{\sqrt[r]{z}}\right);$$

ainsi, en prenant l'une ou l'autre des deux expressions précédentes de $\log z$, on est assuré que l'erreur en excès ou en défaut est nécessairement moindre que cette même quantité.

Ainsi l'on sera sûr d'avoir, par ces expressions, les logarithmes exacts jusqu'à s chiffres, en prenant la racine $\sqrt[r]{z}$, de telle manière qu'il y ait après la virgule s zéros avant les chiffres significatifs.

En général, puisque l'erreur va en diminuant à mesure que l'on prend l'exposant r de la racine plus grand, on peut dire qu'elle deviendra nulle ou comme nulle, si l'on prend r infiniment grand ; de sorte qu'on pourra regarder alors l'une et l'autre des deux formules

$$\frac{r}{c}\left(\sqrt[r]{z}-1\right) \quad \text{et} \quad \frac{r}{c}\left(1-\frac{1}{\sqrt[r]{z}}\right)$$

comme l'expression exacte de $\log z$.

On peut conclure de là que les logarithmes rentrent dans la classe des puissances, et forment le premier terme de la série des puissances dont les exposants croissent ou décroissent depuis zéro, ou le dernier terme des racines dont les degrés vont en augmentant à l'infini.

C'est aussi sous ce rapport qu'on peut dire qu'à un nombre donné répond toujours une infinité de logarithmes, puisque sa racine infinitième a nécessairement une infinité de valeurs différentes.

La meilleure manière d'employer la formule précédente est de prendre pour r une puissance de 2, puisqu'on n'aura alors que des extractions de racines carrées à faire. C'est ainsi que Briggs a calculé les premiers logarithmes : il avait remarqué qu'en faisant des extractions successives de racines carrées d'un nombre quelconque, si l'on s'arrête dans une de ces extractions à deux fois autant de décimales qu'il y aura de zéros à la suite de l'unité, lorsqu'il n'y a plus que l'unité avant la virgule, la partie décimale de cette racine se trouve exactement la moitié de la racine précédente, en sorte que ces parties décimales ont entre elles le même rapport que les logarithmes des racines mêmes ; c'est ce qui résulte évidemment de la formule précédente.

Ainsi, en prenant $r = 2^{60}$, on trouve, pour $a = 10$,

$$\sqrt[r]{a} = 1,00000\ 00000\ 00000\ 00199\ 71742\ 08125\ 50527\ 03251\ \ldots,$$

$$\frac{1}{r} = 0,00000\ 00000\ 00000\ 00086\ 73617\ 37988\ 40354;$$

de sorte que l'on aura

$$\frac{1}{c} = \frac{1}{r} \frac{1}{\sqrt[r]{a}-1} = \frac{86\ 73617\ 37988\ 40354\ \ldots}{199\ 71742\ 08125\ 50327\ \ldots} = 0,43429\ 44819\ \ldots.$$

C'est de ce nombre qu'on a tiré celui qu'on a donné ci-dessus pour la valeur de c.

Si maintenant on veut avoir, par exemple, le logarithme de 3, on fera $z = 3$, et, employant de même 60 extractions de racines carrées, on trouvera les nombres suivants :

$$\sqrt[r]{z} = 1,00000\ 00000\ 00000\ 00095\ 28942\ 64074\ 58932\ \ldots,$$

et de là

$$\log z = \frac{\sqrt[r]{z}-1}{\sqrt[r]{a}-1} = \frac{95\ 28942\ 64074\ 58932\ \ldots}{199\ 71742\ 08125\ 50527\ \ldots} = 0,47712\ 12547\ 19662\ \ldots.$$

Cette méthode est, comme l'on voit, très laborieuse par le grand nombre d'extractions de racines qu'elle demande pour avoir un résultat en plusieurs décimales; mais les séries que nous avons données ci-dessus servent à la simplifier et à la compléter; car, quel que soit le nombre z, il suffira d'en extraire quelques racines carrées, jusqu'à ce qu'on parvienne à un nombre $\sqrt[r]{z}$ qui n'ait que l'unité avant la virgule; alors les puissances de $\sqrt[r]{z} - 1$ seront des fractions d'autant plus petites qu'elles seront plus hautes; par conséquent il suffira toujours de prendre un certain nombre de termes de la série pour avoir les logarithmes exacts jusqu'à tel ordre de décimales qu'on voudra.

Les logarithmes qui ont l'unité pour module sont ceux qui se nomment *logarithmes naturels* ou *hyperboliques*, parce qu'ils représentent l'aire de l'hyperbole équilatère, rapportée aux abscisses prises sur l'une des asymptotes, et que Neper a le premier calculés. Leur base est le nombre e, et, pour les distinguer des autres, nous les dénoterons simplement par la caractéristique l.

Ainsi lx aura pour fonction dérivée $\frac{1}{x}$; et la formule générale

$x = a^{\log x}$ deviendra pour ces logarithmes $x = e^{lx}$; de sorte qu'on aura en général $a^{\log x} = e^{lx}$; et, comme on a trouvé plus haut $a = e^c$, on aura $e^{c\log x} = e^{lx}$ et, par conséquent, $lx = c\log x$. D'où l'on voit que les logarithmes d'un même nombre, dans différents systèmes, sont en raison inverse de leurs modules.

Au reste, l'équation $a = e^c$ donne $c = la$; d'où il suit que le module c du système logarithmique dont la base est a n'est autre chose que le logarithme naturel de la même base. Ainsi l'on pourra par la suite substituer l'expression la à la place de c, dans les fonctions dérivées de a^x et de $\log x$.

De cette manière, on aura $a^x la$ pour la dérivée de a^x, et $\dfrac{1}{x\,la}$ pour la dérivée de $\log x$.

Dans le système des logarithmes des Tables usuelles, la base a est supposée égale à 10; ainsi le module de ce système sera $l10$, dont la valeur est 2,3025850929944....

Avant de terminer cette Leçon, je ne puis m'empêcher d'indiquer un usage de la formule

$$e^i = 1 + i + \frac{i^2}{2} + \frac{i^3}{2.3} + \frac{i^4}{2.3.4.} + \cdots,$$

pour trouver le développement d'une puissance quelconque d'une quantité composée d'autant de termes que l'on voudra.

En effet, si à la place de i on met $i(p + q + r + \ldots)$, on aura

$$e^{i(p+q+r+\ldots)} = 1 + i(p + q + r + \ldots) + \frac{i^2}{2}(p + q + r + \ldots)^2$$

$$+ \frac{i^3}{2.3}(p + q + r + \ldots)^3 + \ldots.$$

Ainsi le terme multiplié par i^m sera

$$\frac{(p + q + r + \ldots)^m}{1.2.3\ldots m};$$

d'un autre côté, on a

$$e^{i(p+q+r\ldots)} = e^{ip}\,e^{iq}\,e^{ir}\ldots$$

$$= \left(1 + ip + \frac{i^2 p^2}{2} + \frac{i^3 p^3}{2.3} + \cdots\right)$$

$$\times \left(1 + iq + \frac{i^2 q^2}{2} + \frac{i^3 q^3}{2.3} + \cdots\right)$$

$$\times \left(1 + ir + \frac{i^2 r^2}{2} + \frac{i^3 r^3}{2.3} + \cdots\right)$$

$$\times \ldots\ldots\ldots\ldots\ldots\ldots\ldots\ldots\ldots$$

Donc le coefficient de i^m, dans le développement de ces différents produits, multiplié par $1.2.3\ldots m$, sera la valeur de $(p+q+r+\ldots)^m$.

Or il est visible que ce coefficient se trouvera composé d'autant de termes de la forme

$$\frac{p^\lambda q^\mu r^\nu \ldots}{1.2.3\ldots\lambda \times 1.2.3\ldots\mu \times 1.2.3\ldots\nu \times \ldots}$$

qu'on peut donner de valeurs différentes à λ, μ, ν, ..., de sorte que l'on ait

$$\lambda + \mu + \nu + \ldots = m,$$

en prenant pour λ, μ, ν, ... des nombres entiers positifs.

Ainsi la puissance $(p + q + r + \ldots)^m$ sera composée d'autant de termes de la forme

$$\frac{1.2.3.4\ldots m.\, p^\lambda q^\mu r^\nu \ldots}{1.2.3\ldots\lambda \times 1.2.3\ldots\mu \times 1.2.3\ldots\nu \times \ldots},$$

ce qui s'accorde avec ce que donne la théorie des combinaisons.

LEÇON CINQUIÈME.

FONCTIONS DÉRIVÉES DES SINUS ET COSINUS D'ANGLES, ET DES ANGLES EXPRIMÉS PAR LES SINUS ET COSINUS. DÉVELOPPEMENT DE CES QUANTITÉS EN SÉRIES.

Les angles n'entrent dans l'Analyse que par le moyen de leurs sinus et cosinus, qu'on dénote par les mots sin et cos, placés comme caractéristiques avant les angles. On a ainsi les fonctions angulaires $\sin x$ et $\cos x$, dont la propriété générale, tirée de la nature du cercle, est qu'en prenant deux angles quelconques x et y, on a

$$\sin(x+y) = \sin x \cos y + \cos x \sin y,$$
$$\cos(x+y) = \cos x \cos y - \sin x \sin y.$$

Cela posé, pour avoir les fonctions dérivées de $\sin x$ et $\cos x$, il n'y aura qu'à mettre $x + i$ à la place de x, et développer ensuite les fonctions

$$\sin(x+i) \quad \text{et} \quad \cos(x+i)$$

suivant les puissances de i; les coefficients de i dans ces développements seront les dérivées cherchées. Or, par les formules précédentes, on a

$$\sin(x+i) = \sin x \cos i + \cos x \sin i,$$
$$\cos(x+i) = \cos x \cos i - \sin x \sin i.$$

Ainsi tout se réduit à développer en séries les quantités $\sin i$ et $\cos i$.

J'observe d'abord que, quelle que puisse être la série du développement de $\sin i$, elle ne saurait être que de la forme

$$A\, i^m + B\, i^n + \ldots,$$

$m, n, \ldots$ étant des nombres positifs et qui vont en augmentant; car le sinus devant être nul lorsque l'angle est nul, il est évident que son expression en série par les puissances de l'angle ne peut contenir aucune puissance négative.

J'observe ensuite que, par les formules générales, en faisant x et y égaux à i, on a

$$\sin 2i = 2\sin i \cos i = 2\sin i\sqrt{1-\sin^2 i};$$

donc, $\sin i$ étant $= Ai^m + Bi^n + \ldots$, on aura

$$\sin 2i = 2^m Ai^m + 2^n Bi^n + \ldots.$$

D'un autre côté, on a

$$\sin^2 i = A^2 i^{2m} + 2AB\,i^{m+n} + \ldots,$$

et

$$\sqrt{1-\sin^2 i} = (1-\sin^2 i)^{\frac{1}{2}} = 1 - \tfrac{1}{2}A^2 i^{2m} - AB\,i^{m+n} - \ldots;$$

donc on aura

$$2\sin i\sqrt{1-\sin^2 i} = 2A\,i^m + 2B\,i^n + \ldots - A^3 i^{3m} - \ldots;$$

cette série devant être identique avec la suivante,

$$2^m A\,i^m + 2^n B\,i^n + \ldots,$$

qui exprime la valeur de $\sin 2i$, la comparaison des premiers termes qui renferment la même puissance i^m donnera

$$2A = 2^m A;$$

donc $m = 1$.

Ainsi on est assuré que le premier terme de la série de $\sin i$ est Ai; par conséquent, les deux premiers termes de la série de $\cos i$ seront $1 - \dfrac{A^2 i^2}{2}$; faisant ces substitutions dans les expressions ci-dessus de $\sin(x+i)$ et $\cos(x+i)$, et n'ayant égard qu'à la première puissance de i, on aura

$$\sin(x+i) = \sin x + iA\cos x + \ldots,$$
$$\cos(x+i) = \cos x - iA\sin x + \ldots;$$

X.

6

donc la fonction dérivée de $\sin x$ sera $A \cos x$, et la fonction dérivée de $\cos x$ sera $- A \sin x$.

Le coefficient A est une constante encore inconnue, mais que nous déterminerons ci-après par la nature du cercle.

Connaissant ces premières fonctions dérivées, on pourra de la même manière trouver toutes les suivantes. Ainsi, la première dérivée de $\sin x$ étant $A \cos x$, la dérivée de celle-ci sera $- A^2 \sin x$, et la troisième dérivée sera $- A^3 \cos x$, et ainsi de suite.

Donc, en général, si $f(x) = \sin x$, on aura

$$f'(x) = A \cos x, \quad f''(x) = - A^2 \sin x, \quad f'''(x) = - A^3 \cos x, \quad \ldots;$$

et, faisant ces substitutions dans la série du développement de $f(x + i)$, on aura

$$\sin(x + i) = \sin x + A i \cos x - \frac{A^2 i^2}{2} \sin x - \frac{A^3 i^3}{2.3} \cos x + \frac{A^4 i^4}{2.3.4} \sin x + \ldots$$

On aura de même

$$f(x) = \cos x, \quad f'(x) = - A \sin x, \quad f''(x) = - A^2 \cos x, \quad f'''(x) = A^3 \sin x, \ldots;$$

et ces substitutions donneront

$$\cos(x + i) = \cos x - A i \sin x - \frac{A^2 i^2}{2} \cos x + \frac{A^3 i^3}{2} \sin x + \frac{A^4 i^4}{2.3.4} \cos x - \ldots$$

Faisons pour abréger

$$P = A i - \frac{A^3 i^3}{2.3} + \frac{A^5 i^5}{2.3.4.5} - \ldots;$$

$$Q = 1 - \frac{A^2 i^2}{2} + \frac{A^4 i^4}{2.3.4} - \frac{A^6 i^6}{2.3.4.5.6} + \ldots;$$

on aura

$$\sin(x + i) = Q \sin x + P \cos x,$$

$$\cos(x + i) = Q \cos x - P \sin x,$$

d'où l'on tire, par les théorèmes connus,

$$\sin i = P \quad \text{et} \quad \cos i = Q.$$

Ainsi on aura, quel que soit l'angle i, les séries

$$\sin i = i\mathrm{A} - \frac{i^3\mathrm{A}^3}{2.3} + \frac{i^5\mathrm{A}^5}{2.3.4.5} - \cdots,$$

$$\cos i = 1 - \frac{i^2\mathrm{A}^2}{2} + \frac{i^4\mathrm{A}^4}{2.3.4} - \frac{i^6\mathrm{A}^6}{2.3.4.5.6} + \cdots.$$

Il semble qu'on aurait pu déduire immédiatement ces séries de celles qu'on a trouvées ci-dessus pour $\sin(x+i)$ et $\cos(x+i)$, en y faisant $x=0$; mais nous avons voulu éviter ici, comme nous l'avons déjà fait plus haut, les difficultés qui pourraient naître de ce que le développement de $f(x+i)$ n'est généralement vrai que tant qu'on ne donne pas à x des valeurs particulières.

Maintenant il est visible que ces séries sont nécessairement convergentes, en prenant l'angle i tel que $\mathrm{A}i$ soit égal ou moindre que l'unité, et il est visible en même temps qu'on aura alors

$$\sin i < \mathrm{A}i \quad \text{et} \quad > \mathrm{A}i - \frac{\mathrm{A}^3 i^3}{2.3};$$

car les termes ayant les signes alternatifs, et allant en diminuant, les sommes du second et du troisième, du quatrième et du cinquième, etc., seront toutes négatives; et au contraire les sommes du troisième et du quatrième, du cinquième et du sixième, etc., seront toutes positives.

D'un autre côté, il est démontré rigoureusement par les théorèmes d'Archimède que le sinus est toujours moindre que l'arc, et que la tangente est plus grande que l'arc, du moins dans le premier quart de cercle; ainsi on aura

$$\sin i < i \quad \text{et} \quad \frac{\sin i}{\cos i} > i;$$

mais

$$\cos i = \sqrt{1 - \sin^2 i},$$

donc

$$\frac{\sin i}{\sqrt{1 - \sin^2 i}} > i, \quad \sin^2 i > i^2(1 - \sin^2 i),$$

d'où l'on tire

$$\sin i > \frac{i}{\sqrt{1+i^2}};$$

ainsi l'on aura, par la nature du cercle,

$$\sin i < i \quad \text{et} \quad > \frac{i}{\sqrt{1+i^2}}.$$

Si donc on prend l'angle i moindre qu'un droit et assez petit pour que Ai soit moindre que l'unité, on aura nécessairement

1°
$$\sin i < Ai \quad \text{et} \quad > \frac{i}{\sqrt{1+i^2}},$$

par conséquent,

$$Ai > \frac{i}{\sqrt{1+i^2}} \quad \text{et} \quad A > \frac{1}{\sqrt{1+i^2}};$$

2°
$$\sin i > Ai - \frac{A^3 i}{2.3} \quad \text{et} \quad < i,$$

par conséquent,

$$Ai - \frac{A^3 i^3}{2.3} < i, \quad \text{et} \quad A - \frac{A^3 i^2}{2.3} < 1, \quad \text{ou} \quad A < 1 + \frac{A^3 i^2}{2.3}.$$

Comme ces conditions doivent avoir lieu, quelque petit que soit i, il résulte de la première que A ne peut pas être moindre que 1; car, si $A < 1$, on aura $\frac{1}{A} > 1$; or la condition

$$A > \frac{1}{\sqrt{1+i^2}} \quad \text{donne} \quad \frac{1}{A} < \sqrt{1+i^2};$$

donc, quelque peu que $\frac{1}{A}$ surpassât l'unité, il serait toujours possible de prendre i tel que

$$\sqrt{1+i^2} \quad \text{fût} \quad < \frac{1}{A},$$

tandis que cette quantité doit toujours être $> \frac{1}{A}$.

Il résulte ensuite de la seconde condition que A ne peut pas être plus grand que l'unité; car, quelque peu que A surpassât l'unité, il serait toujours possible de prendre i assez petit pour que l'on eût

$$1 + \frac{A^3 i^2}{2.3} < A,$$

tandis qu'on doit avoir toujours

$$1 + \frac{A^3 i^2}{2.3} > A.$$

Donc, puisque la valeur de A ne peut être ni moindre ni plus grande que l'unité, il s'ensuit qu'on aura nécessairement $A = 1$.

Donc *la fonction dérivée de* $\sin x$ *est simplement* $\cos x$, *et la fonction dérivée de* $\cos x$ *est* $- \sin x$, x désignant un angle quelconque, c'est-à-dire un arc dans le cercle dont le rayon est l'unité.

Ainsi l'on aura en général, pour un angle quelconque i,

$$\sin i = i - \frac{i^3}{2.3} - \frac{i^5}{2.3.4.5} - \ldots,$$

$$\cos i = 1 - \frac{i^2}{2} + \frac{i^4}{2.3.4} - \frac{i^6}{2.3.4.5.6} + \ldots,$$

formules connues, et dont la découverte est due à Newton.

Nous venons de considérer les sinus et les cosinus comme fonctions des angles. On peut réciproquement considérer les angles comme fonctions de leurs sinus ou cosinus, et en cherchant les fonctions dérivées. On désigne communément cette fonction par les mots angle sin ou angle cos, placés avant le sinus ou le cosinus, comme caractéristiques.

Soit

$$f(x) = \text{angle} \sin x, \quad \text{on aura} \quad \sin f(x) = x;$$

mettant $x + i$ pour x, et supposant

$$i f'(x) + \frac{i^2}{2} f''(x) + \ldots = \omega,$$

on aura

$$\sin[f(x) + \omega] = x + i = \sin f(x) \cos \omega + \cos f(x) \sin \omega;$$

or

$$\sin f(x) = x, \quad \cos f(x) = \sqrt{1 - \sin^2 f(x)} = \sqrt{1 - x^2};$$

de plus

$$\sin\omega = \omega - \frac{\omega^3}{2.3} + \ldots, \quad \text{et} \quad \cos\omega = 1 - \frac{\omega^2}{2} + \ldots,$$

par les formules trouvées plus haut; donc, faisant ces substitutions et restituant la valeur de ω, on aura, en ordonnant les termes par rapport à i, l'équation identique

$$x + i = x + i\sqrt{1-x^2}\,f'(x) + \frac{i^2}{2}\left[\sqrt{1-x^2}\,f''(x) - x\,[f'(x)]^2\right] + \ldots,$$

laquelle donne, par la comparaison des premiers termes affectés de i,

$$1 = \sqrt{1-x^2}\,f'(x), \quad \text{d'où résulte} \quad f'(x) = \frac{1}{\sqrt{1-x^2}}.$$

La comparaison des autres termes donnera les valeurs de $f''(x)$, $f'''(x)$, ...; mais il est plus simple de les déduire immédiatement de celle de $f'(x)$.

Soit maintenant

$$f(x) = \text{angle} \cos x, \quad \text{on aura} \quad x = \cos f(x);$$

mettant $x + i$ pour x, et $f(x) + \omega$ pour $f(x)$, on aura

$$x + i = \cos[f(x) + \omega] = \cos f(x)\cos\omega - \sin f(x)\sin\omega;$$

or

$$\cos f(x) = x \quad \text{et} \quad \sin f(x) = \sqrt{1-\cos^2 f(x)} = \sqrt{1-x^2};$$

faisant ces substitutions, et mettant pour $\sin\omega$ et $\cos\omega$ leurs valeurs en séries, $\omega - \frac{\omega^3}{2.3} + \ldots$ et $1 - \frac{\omega^2}{2} + \ldots$, on aura, après avoir restitué la valeur de ω et ordonné les termes suivant les puissances de i, cette équation identique

$$x + i = x - i\sqrt{1-x^2}\,f'(x) - \frac{i^2}{2}\left[\sqrt{1-x^2}\,f''(x) + x\,[f(x)]^2\right] + \ldots;$$

et la comparaison des deux premiers termes affectés de i donnera

$$1 = -\sqrt{1-x^2}\,f'(x),$$

d'où résulte

$$f'(x) = - \frac{1}{\sqrt{1-x^2}}.$$

Donc, puisque x étant le sinus d'un angle, $\sqrt{1-x^2}$ en est le cosinus et x étant le cosinus, $\sqrt{1-x^2}$ en est le sinus, il résulte de ce que nous venons de trouver que *la fonction dérivée d'un angle, exprimé par son sinus, est égale à l'unité divisée par le cosinus, et que la fonction dérivée d'un angle, exprimé par son cosinus, est égale à l'unité divisée par le sinus, et prise avec le signe —*.

LEÇON SIXIÈME.

FONCTIONS DÉRIVÉES DES QUANTITÉS DE DIFFÉRENTES FONCTIONS D'UNE MÊME
VARIABLE, OU DÉPENDANTES DE CES FONCTIONS PAR DES ÉQUATIONS DONNÉES.

Les fonctions que nous venons de considérer dans les trois dernières
Leçons sont comme les éléments dont se composent toutes les fonctions qu'on peut former par des opérations algébriques ; c'est pourquoi
nous avons cru devoir commencer par chercher les fonctions dérivées
de ces fonctions simples ; et nous allons voir maintenant comment on
peut trouver les fonctions dérivées des fonctions composées de celles-ci
d'une manière quelconque.

Nous supposerons en général que p, q, r, ... soient des fonctions
quelconques d'une même variable, dont les fonctions dérivées p', q',
r', ... soient connues, et que y soit une fonction composée de p, q,
r, ..., dont on demande la fonction dérivée y'.

On considérera que, x devenant $x + i$, y deviendra en général

$$y + iy' + \frac{i^2}{2} y'' + \ldots;$$

or p, q, r, ... deviennent en même temps

$$p + ip' + \ldots, \quad q + iq' + \ldots, \quad r + ir' + \ldots;$$

il n'y aura donc qu'à substituer ces valeurs dans l'expression de y, développer les termes suivant les puissances de i, et le coefficient de i sera
la valeur cherchée de y'.

Ainsi, si

$$y = Ap + Bq + Cr + \ldots,$$

A, B, C, ... étant des coefficients quelconques, on aura sur-le-champ

$$y' = Ap' + Bq' + Cr' + \dots.$$

Si $y = Apq$, la quantité pq deviendra

$$(p + ip' + \dots)(q + iq' + \dots) = pq + i(qp' + pq') + \dots;$$

donc

$$y' = A(qp' + pq').$$

Si $y = Apqr$, on trouvera de la même manière

$$y' = A(qrp' + prq' + pqr').$$

Si $y = A\dfrac{p}{q}$, la quantité $\dfrac{p}{q}$ deviendra

$$\frac{p + ip' + \dots}{q + iq' + \dots}.$$

Développant le dénominateur en série, suivant les règles connues, on aura

$$(p + ip' + \dots)\left(\frac{1}{q} - \frac{iq'}{q^2} + \dots\right) = \frac{p}{q} + i\left(\frac{p'}{q} - \frac{pq'}{q^2}\right) + \dots;$$

donc

$$y' = A\left(\frac{p'}{q} - \frac{pq'}{q^2}\right) = A\left(\frac{p'q - pq'}{q^2}\right).$$

Soit $y = Ap^m q^n$, la quantité $p^m q^n$ deviendra

$$(p + ip' + \dots)^m (q + iq' + \dots)^n = (p^m + mip^{m-1}p' + \dots)(q^n + niq^{n-1}q' + \dots)$$
$$= p^m q^n + i(mp^{m-1}q^n p' + nq^{n-1}p^m q') + \dots;$$

donc

$$y' = A(mq^n p^{m-1}p' + np^m q^{n-1}q').$$

On trouvera de la même manière que, si $y = Ap^m q^n r^l$, on aura

$$y' = A(mq^n r^l p^{m-1}p' + np^m r^l q^{n-1}q' + lp^m q^n r^{l-1}r'),$$

et ainsi de suite.

Soit en général $y = f(p)$; en regardant $f(p)$ comme une fonction

X. 7

de p, ses fonctions dérivées seront $f'(p)$, $f''(p)$, ...; en sorte que, p devenant $p + \omega$, $f(p)$ deviendra

$$f(p) + \omega f'(p) + \frac{\omega^2}{2} f''(p) + \dots$$

Or, p étant une fonction de x, lorsque x devient $x + i$, p devient

$$p + ip' + \frac{i^2}{2} p'' + \dots$$

Donc, faisant $\omega = ip' + \frac{i^2}{2} p'' + \dots$, la fonction $f(p)$ deviendra, par la substitution de $x + i$ à la place de x,

$$f(p) + ip' f'(p) + \frac{i^2}{2} [p'^2 f''(p) + p'' f'(p)] + \dots$$

Ainsi l'on aura d'abord $y' = p' f'(p)$, d'où résulte ce principe : que *la fonction dérivée d'une fonction, qui est elle-même une fonction de x, est égale au produit des fonctions dérivées de ces deux fonctions.*

Ce principe sert à généraliser les résultats précédents, relativement aux fonctions dérivées des puissances des exponentielles des logarithmes et des sinus et cosinus.

Ainsi :

si $y = p^m$, on aura . . . . $y' = m p^{m-1} p'$;

si $y = a^p$, on aura . . . . $y' = a^p p' la$;

si $y = \log p$, on aura . . . . $y' = \dfrac{p'}{p}$;

si $y = \sin p$, on aura . . . . $y' = p' \cos p$;

si $y = \cos p$, on aura . . . . $y' = -p' \sin p$;

si $y = $ angle $\sin p$, on aura . . . $y' = \dfrac{p'}{\sqrt{1 - p^2}}$;

si $y = $ angle $\cos p$, on aura . . . $y' = -\dfrac{p'}{\sqrt{1 - p^2}}$.

Supposons ensuite que y soit une fonction de p et q, que nous désignerons par $f(p, q)$; il s'agira de substituer $x + i$ à la place de x dans les deux fonctions p et q, et de trouver ensuite le coefficient de i dans le développement de la fonction composée $f(p, q)$. Or il est visible qu'on aura le même résultat, soit qu'on fasse ces deux substitutions à la fois, soit qu'on les fasse l'une après l'autre, puisque les quantités p et q sont regardées dans ces substitutions comme indépendantes.

En substituant d'abord $x + i$ à la place de x dans la fonction p, la fonction $f(p, q)$, regardée seulement comme fonction de p, deviendra, par ce que nous venons de trouver,

$$f(p, q) + ip' f'(p) + \cdots.$$

J'écris simplement $f'(p)$ pour désigner la fonction dérivée de $f(p, q)$ relativement à p seul, q étant regardée comme constante.

Substituons ensuite $x + i$ au lieu de x dans la fonction q, la fonction $f(p, q)$ deviendra pareillement

$$f(p, q) + iq' f'(q) + \cdots,$$

où $f'(q)$ représente la fonction prime de $f(p, q)$ prise relativement à q seul, p étant regardée comme constante.

Quant au terme $ip' f'(p)$, il est visible qu'étant déjà multiplié par i il se trouverait par cette nouvelle substitution augmenté de termes multipliés par i^2, i^3, $\cdots$.

Ainsi les deux premiers termes de la série provenant du développement de $f(p, q)$, après la substitution de $x + i$ pour x dans p et q, seront simplement

$$f(p, q) + ip' f'(p) + iq' f'(q);$$

de sorte qu'on aura

$$y' = p' f'(p) + q' f'(q) = f'(p, q).$$

Si y était une fonction de p, q, r, représentée par $f(p, q, r)$, on trouverait de la même manière

$$y' = p' f'(p) + q' f'(q) + r' f'(r) = f'(p, q, r),$$

et ainsi de suite.

D'où l'on peut tirer cette conclusion générale, que *la fonction dérivée d'une fonction composée de différentes fonctions particulières sera la somme des fonctions dérivées relatives à chacune de ces mêmes fonctions considérées séparément et indépendamment de l'autre.*

Ce principe, combiné avec le précédent, suffit pour trouver les premières fonctions dérivées de toutes sortes de fonctions, ainsi que les fonctions dérivées des ordres supérieurs.

Ainsi la fonction dérivée de pq étant qp' relativement à p, et pq' relativement à q, la fonction dérivée totale sera $qp'+pq'$, comme nous l'avons trouvé ci-dessus.

De même, en regardant maintenant p' et q' comme de nouvelles fonctions, dont p'' et q'' sont les fonctions dérivées, la fonction dérivée de qp' sera $q'p'+qp''$, et la fonction dérivée de pq' sera $p'q'+pq''$; de sorte que la seconde fonction dérivée de pq sera $qp''+2p'q'+pq''$; et ainsi de suite.

Par les mêmes principes, on a

$$mq^n p^{m-1} p' + np^m q^{n-1} q'$$

pour la fonction dérivée de $p^m q^n$, le premier terme étant la fonction dérivée relative à p, et le second étant la fonction dérivée relative à q; et ainsi du reste.

Si $p=\sin x$ et $q=\cos x$, on a $p'=\cos x$ et $q'=-\sin x$; donc, lorsque

$$y=\sin^m x \cos^n x,$$

on aura

$$y'=m \sin^{m-1} x \cos^{n+1} x - n \cos^{n-1} x \sin^{m+1} x.$$

Ainsi, comme la tangente d'un angle est égale au sinus divisé par le cosinus, en la dénotant par le mot tang placé avant l'angle comme caractéristique, et faisant

$$y=\tan g\, x = \frac{\sin x}{\cos x},$$

on aura

$$y'=1+\frac{\sin^2 x}{\cos^2 x}=\frac{1}{\cos^2 x}.$$

Et en général, si $y = \tan g\,p$, on trouvera

$$y' = \frac{p'}{\cos^2 p}.$$

Mais la fonction y pourrait n'être donnée que par une équation entre x et y. Représentons en général cette équation par

$$F(y, x) = 0;$$

il est clair que, si l'on regarde y comme une fonction de x déterminée par cette équation, et qu'on imagine cette fonction substituée au lieu de y dans $F(y, x)$, il en résultera une fonction de x qui sera identiquement nulle, quelle que soit la valeur de x, et par conséquent aussi en mettant $x + i$ à la place de x, quelle que soit la valeur de i.

Dénotons cette fonction par z, et comme x, devenant $x + i$, z devient $z + iz' + \frac{i^2}{2} z'' + \ldots$, on aura, quelle que soit la valeur de i, l'équation

$$z + iz' + \frac{i^2}{2} z'' + \ldots = 0;$$

d'où l'on tire les équations

$$z = 0, \quad z' = 0, \quad z'' = 0, \quad \ldots$$

Maintenant, z étant $= F(y, x)$, on aura, par les formules ci-dessus,

$$z' = y' F'(y) + F'(x),$$

en dénotant par $F'(y)$ la fonction prime de $F(y, x)$ prise relativement à y seul, et par $F'(x)$ la fonction prime de $F(y, x)$ prise relativement à x, et faisant $x' = 1$, puisque x devient simplement $x + i$.

Ainsi l'équation dérivée $z' = 0$ sera

$$y' F'(y) + F'(x) = 0,$$

d'où l'on tire

$$y' = -\frac{F'(x)}{F'(y)}.$$

On aura de cette manière la valeur de y' en fonction de x et y; de là, en regardant toujours y comme fonction de x, on pourra déduire la valeur de y'' en fonction de x et y. Car, en supposant pour abréger $y'=f(y,x)$, la fonction dérivée de $f(y,x)$ sera de la forme $y'f'(y)+f'(x)$; donc, substituant pour y' sa valeur, on aura

$$y''=f(y,x)\,f'(y)+f'(x),$$

et ainsi de suite.

On trouverait les mêmes valeurs de y'', y''', ..., par les équations $z''=0$, $z'''=0$, ...

Si l'on avait plus généralement l'équation

$$F(y,p,q,\ldots)=0,$$

on trouverait de la même manière l'équation dérivée

$$y'\,F'(y)+p'\,F'(p)+q'\,F'(q)+\ldots=0;$$

d'où l'on tire

$$y'=-\frac{p'\,F'(p)+q'\,F'(q)+\ldots}{F'(y)}.$$

Et, regardant de nouveau la valeur de y' comme une fonction de y, p, q, ..., p', q', ..., sa fonction dérivée sera la valeur de y''; et ainsi de suite.

Enfin, si l'on avait deux fonctions y et u données par les équations

$$F(y,u,p,q,\ldots)=0, \quad f(y,u,p,q,\ldots)=0,$$

on pourrait par les mêmes opérations trouver immédiatement les valeurs de y' et u' en fonctions de y, u, p, q, ...

Car on aurait d'abord les équations dérivées

$$y'\,F'(y)+u'\,F'(u)+p'\,F'(p)+q'\,F'(q)+\ldots=0,$$
$$y'\,f'(y)+u'\,f'(u)+p'\,f'(p)+q'\,f'(q)+\ldots=0,$$

d'où l'on tirerait y' et u'; et ainsi du reste.

Les règles que nous venons d'établir suffisent pour trouver les fonctions dérivées d'un ordre quelconque de toute fonction d'une variable, de quelque manière qu'elle soit donnée, soit explicitement par des expressions déterminées, soit implicitement par des équations quelconques.

A l'égard de la notation que nous avons employée pour représenter séparément chaque partie d'une fonction dérivée, relative à chacune des fonctions particulières qui entrent dans la fonction primitive, on voit qu'elle est très simple et très commode, et nous nous en servirons ainsi dans la suite.

On peut même, par cette notation, ne séparer du reste de la fonction dérivée que la partie relative à une variable donnée. Ainsi les fonctions primes de p et q, ou de p, q et r ou ..., peuvent se développer de cette manière,

$$f'(p, q) = p' f'(p) + q' f'(q),$$

$$f'(p, q, r) = p' f'(p) + f'(q, r) = p' f'(p) + q' f'(q) + r' f'(r),$$

et ainsi des autres.

Il faut toujours observer de ne renfermer, entre les parenthèses qui suivent la caractéristique f' des fonctions dérivées, que les variables par rapport auxquelles on veut prendre la fonction dérivée.

Lorsqu'il n'y a qu'une seule variable entre les parenthèses, comme $f'(p)$, cette expression indique que la fonction dérivée doit être prise relativement à cette variable, comme si elle était seule et unique; c'est-à-dire que $f'(p)$ sera le coefficient de i dans le développement de la fonction donnée, en y substituant simplement $p + i$ au lieu de p, quelque fonction d'ailleurs que p puisse être de x.

Quoiqu'il soit plus simple de déduire les fonctions dérivées des différents ordres les unes des autres, parce que de cette manière les mêmes règles et les mêmes opérations font trouver toutes les dérivées, et que ce soit même dans cette dérivation successive des fonctions que consistent l'essence et l'algorithme fondamental du Calcul des fonctions dérivées, il y a néanmoins des cas où la considération immédiate des termes successifs de la série peut donner les fonctions dérivées successives d'une même fonction d'une manière plus directe et plus générale; c'est ce qui a lieu lorsque le développement de la fonction en série peut s'exécuter facilement par les formules connues.

En effet, si l'on a en général

$$y = f(p, q, \ldots),$$

$p, q, \ldots$ étant des fonctions de x, et qu'on substitue $x + i$ à la place de x, cette équation deviendra

$$y + iy' + \frac{i^2}{2} y'' + \ldots = f\left(p + ip' + \frac{i^2}{2} p'' + \ldots, q + iq' + \frac{i^2}{2} q'' + \ldots\right).$$

Et elle devra avoir lieu indépendamment de la quantité indéterminée i; de sorte que, si l'on peut développer directement la fonction qui forme le second membre en une série de la forme

$$f(p, q, \ldots) + iP + i^2 Q + i^3 R + \ldots,$$

on aura sur-le-champ

$$y' = P, \quad \frac{y''}{2} = Q, \quad \frac{y'''}{2.3} = R, \quad \ldots.$$

Soit, par exemple, $y = pq$; on aura à réduire en série l'expression

$$\left(p + ip' + \frac{i^2}{2} p'' + \ldots\right)\left(q + iq' + \frac{i^2}{2} q'' + \ldots\right),$$

et il est facile de voir qu'on aura

$$y' = pq' + p'q,$$

$$\frac{y''}{2} = \frac{pq''}{2} + p'q' + \frac{p''q}{2},$$

$$\frac{y'''}{2.3} = \frac{pq'''}{2.3} + \frac{p'q''}{2} + \frac{p''q'}{2} + \frac{p'''q}{2.3},$$

et, en général,

$$\frac{y^{(m)}}{2.3\ldots m} = \frac{pq^{(m)}}{2.3\ldots m} + \frac{p'q^{(m-1)}}{2.3\ldots(m-1)} + \frac{p''q^{(m-2)}}{2.2.3\ldots(m-2)} + \frac{p'''q^{(m-3)}}{2.3.2.3\ldots(m-3)} + \ldots;$$

l'exposant placé entre deux parenthèses désignant l'ordre de la fonction dérivée; de sorte qu'en multipliant par $2.3\ldots m$, on aura la formule générale

$$y^{(m)} = pq^{(m)} + mp'q^{(m-1)} + \frac{m(m-1)}{2} p''q^{(m-2)} + \ldots$$

En général, si l'on fait $y = pqr, \ldots$, on trouvera de la même manière que la valeur de $\dfrac{y^{(m)}}{1.2.3\ldots m}$ sera composée d'autant de termes de la forme

$$\frac{p^{(\lambda)} q^{(\mu)} r^{(\nu)} \ldots}{1.2.3\ldots\lambda \times 1.2.3\ldots\mu \times 1.2.3\ldots\nu \times \ldots}$$

qu'on pourra donner de valeurs différentes aux nombres $\lambda, \mu, \nu, \ldots$, de manière que l'on ait

$$\lambda + \mu + \nu + \ldots = m.$$

Supposons

$$p = e^{ax}, \quad q = e^{bx}, \quad r = e^{cx}, \quad \ldots,$$

la quantité e étant toujours telle que $le = 1$; on aura

$$y = e^{(a+b+c+\ldots)x},$$

et la fonction dérivée de l'ordre m sera

$$y^{(m)} = (a + b + c + \ldots)^m y;$$

on aura de même

$$p^{(\lambda)} = a^\lambda p, \quad q^{(\mu)} = b^\mu q, \quad r^{(\nu)} = c^\nu r, \quad \ldots.$$

Donc, puisque $y = pqr, \ldots$, il s'ensuit que la quantité

$$\frac{(a + b + c + \ldots)^m}{1.2.3\ldots m}$$

pourra se développer en autant de termes de la forme

$$\frac{a^\lambda b^\mu c^\nu \ldots}{1.2.3\ldots\lambda \times 1.2.3\ldots\mu \times 1.2.3\ldots\nu \times \ldots}$$

qu'il y aura de manières différentes de satisfaire à l'équation

$$\lambda + \mu + \nu + \ldots = m,$$

ce qui s'accorde avec ce qu'on a trouvé d'une autre manière à la fin de la Leçon IV.

Faisons maintenant

$$p = x^a, \quad q = x^b, \quad r = x^c, \quad \ldots,$$

on aura

$$y = x^{a+b+c+\cdots} = x^{A},$$

en faisant

$$A = a + b + c + \ldots.$$

Donc, prenant les fonctions dérivées des ordres m, λ, μ, ν, ... on aura

$$y^{(m)} = A(A-1)(A-2)\ldots(A-m+1)x^{\lambda-m},$$

$$p^{(\lambda)} = a(a-1)(a-2)\ldots(a-\lambda+1)x^{a-\lambda},$$

$$q^{(\mu)} = b(b-1)(b-2)\ldots(b-\mu+1)x^{b-\mu},$$

$$r^{(\nu)} = c(c-1)(c-2)\ldots(c-\nu+1)x^{c-\nu},$$

$$\ldots\ldots\ldots\ldots\ldots\ldots\ldots\ldots\ldots\ldots\ldots\ldots$$

Donc, puisque

$$A - m = a - \lambda + b - \mu + c - \nu + \ldots,$$

la quantité

$$\frac{A(A-1)(A-2)\ldots(A-m+1)}{1.2.3\ldots m}$$

se trouvera composée d'autant de quantités de la forme

$$\frac{a(a-1)(a-2)\ldots(a-\lambda+1)}{1.2.3\ldots\lambda}$$

$$\times \frac{b(b-1)(b-2)\ldots(b-\mu+1)}{1.2.3\ldots\mu}$$

$$\times \frac{c(c-1)(c-2)\ldots(c-\nu+1)}{1.2.3\ldots\nu}$$

$$\times \ldots\ldots\ldots\ldots\ldots\ldots\ldots\ldots\ldots$$

qu'il y a de manières différentes de satisfaire à l'équation

$$m = \lambda + \mu + \nu + \ldots,$$

ce qui indique une analogie singulière entre le développement de la puissance d'un multinôme et celui du produit continuel du même degré.

En effet, ayant développé une puissance comme

$$(a + b + c + \ldots)^{m}$$

en ses différents termes, on aura tout de suite le développement du produit continuel

$$A(A - 1)(A - 2)\ldots(A - m + 1);$$

où

$$A = a + b + c + \ldots,$$

en substituant dans chaque terme, à la place des puissances a^λ, b^μ, c^ν, ..., les produits continuels

$$a(a - 1)(a - 2)\ldots(a - \lambda + 1),$$
$$b(b - 1)(b - 2)\ldots(b - \mu + 1),$$
$$c(c - 1)(c - 2)\ldots(c - \nu + 1),$$
$$\ldots\ldots\ldots\ldots\ldots\ldots\ldots\ldots\ldots\ldots$$

On trouve une démonstration directe de ce théorème, pour le binôme, dans l'ouvrage de Kramp, qui vient de paraître sous le titre d'*Analyse des Réfractions*.

Nous terminerons cette Leçon par une observation importante sur la nature des fonctions dérivées.

Il est facile de se convaincre, par la manière dont les fonctions dérivées dépendent de la fonction primitive, que ces fonctions sont absolument déterminées, de sorte qu'une fonction donnée ne peut avoir que des fonctions dérivées données aussi et uniques pour chaque ordre.

Il n'en est pas de même des fonctions primitives à l'égard de leurs dérivées; car, puisque la fonction dérivée de toute quantité constante est nulle, il s'ensuit que, si une fonction donnée est primitive à l'égard d'une autre fonction donnée, elle le sera encore, étant augmentée ou diminuée d'une constante quelconque. Ainsi une fonction donnée peut avoir une infinité de fonctions primitives à raison de la constante qu'on y peut ajouter. Mais il ne s'ensuit pas que toutes les fonctions primitives dont elle est susceptible ne puissent différer que par une constante; c'est ce que nous allons démontrer.

Soit une fonction donnée $f(x)$, dont $F(x)$ et $\varphi(x)$ soient également fonctions primitives; on aura donc, par l'hypothèse,

$$F'(x) = f(x), \quad \text{et} \quad \varphi'(x) = f(x);$$

donc, prenant les fonctions dérivées successives, on aura aussi

$$F''(x) = f'(x), \quad F'''(x) = f''(x), \quad \ldots,$$

$$\ldots\ldots\ldots\ldots, \quad \ldots\ldots\ldots\ldots, \quad \ldots,$$

et de même

$$\varphi''(x) = f'(x), \quad \varphi'''(x) = f''(x), \quad \ldots,$$

$$\ldots\ldots\ldots\ldots, \quad \ldots\ldots\ldots\ldots, \quad \ldots.$$

Considérons maintenant les fonctions

$$F(x+i) \quad \text{et} \quad \varphi(x+i);$$

on a, par le développement,

$$F(x+i) = F(x) + i\,F'(x) + \frac{i^2}{2}\,F''(x) + \ldots;$$

donc, substituant les valeurs de $F'(x)$, $F''(x)$, ..., on aura

$$F(x+i) = F(x) + i f(x) + \frac{i^2}{2}\,f'(x) + \frac{i^3}{2.3}\,f''(x) + \ldots,$$

et de même

$$\varphi(x+i) = \varphi(x) + i f(x) + \frac{i^2}{2}\,f'(x) + \frac{i^3}{2.3}\,f''(x) + \ldots,$$

donc, retranchant l'une de l'autre ces deux équations, on aura

$$F(x+i) - \varphi(x+i) = F(x) - \varphi(x).$$

Comme cette équation doit avoir lieu quels que soient x et i, et que le premier membre est une fonction de $x+i$, et le second une pareille fonction de x, il est visible que cette fonction ne peut être qu'une constante indépendante de x et i. On aura donc nécessairement

$$F(x) - \varphi(x) = K,$$

K étant une constante, et par conséquent

$$F(x) = \varphi(x) + K;$$

d'où l'on-voit que, si $\varphi(x)$ est une fonction primitive de $f(x)$, toute autre fonction primitive F(x) de la même fonction $f(x)$ ne pourra différer de $\varphi(x)$ que par une constante.

Il suit de là que, lorsqu'on aura trouvé d'une manière quelconque une fonction primitive d'une fonction donnée, en y ajoutant une constante arbitraire, on aura l'expression générale de la fonction primitive de la fonction donnée.

LEÇON SEPTIÈME.

SUR LA MANIÈRE DE RAPPORTER LES FONCTIONS DÉRIVÉES A DIFFÉRENTES VARIABLES.

Nous avons vu comment les fonctions dérivées naissent des fonctions primitives par le simple développement, lorsqu'on attribue à une variable de la fonction un accroissement indéterminé.

Ainsi toute fonction dérivée est nécessairement relative à une variable, et une fonction qui contient plusieurs quantités peut avoir différentes fonctions dérivées, suivant les quantités qu'on y considère comme variables. Lorsque ces quantités dépendent les unes des autres, il y a aussi une relation entre les fonctions dérivées qui y sont relatives, par laquelle on peut déduire les fonctions les unes des autres; cette relation étant un point important de la théorie des fonctions, nous allons nous en occuper dans cette Leçon.

En regardant y comme une simple fonction de x, on sait que y devient $y + iy' + \frac{i^2}{2}y'' + \ldots$, x devenant $x + i$. Si l'on suppose que x soit elle-même une fonction d'une autre variable quelconque t, et qu'on veuille regarder y comme fonction de t, alors t devenant $t + i$, ou bien (pour ne pas confondre les accroissements de x et de t), t devenant $t + o$, y deviendra aussi de la forme

$$y + oy' + \frac{o^2}{2}y'' + \ldots.$$

Mais pour distinguer les fonctions dérivées y', y'', …, qui dans la première formule se rapportent à x, celles de la seconde, qui se rapportent à t, nous désignerons pour un moment les premières par (y'),

(y''), ..., de manière que, x devenant $x+i$, y deviendra

$$y + i(y') + \frac{i^2}{2}(y'') + \dots.$$

Or x étant regardé comme fonction de t, lorsque t devient $t+o$, x devient

$$x + o\,x' + \frac{o^2}{2}\,x'' + \dots;$$

donc, si dans la formule précédente l'on met à la place de i l'accrois-croissement de x, qui est $o\,x' + \frac{o^2}{2}\,x'' + \dots$, on aura également ce que y devient lorsque t devient $t+o$. Ainsi on aura l'équation identique

$$y + \left(o\,x' + \frac{o^2}{2}\,x'' + \dots\right)(y') + \tfrac{1}{2}\left(o\,x' + \frac{o^2}{2}\,x'' + \dots\right)^2(y'') + \dots = y + o\,y' + \frac{o^2}{1 \cdot 2}\,y'' + \dots$$

d'où l'on tire, par la comparaison des termes affectés des différentes puissances de o,

$$x'(y') = y', \quad x''(y') + x'^2(y'') = y'', \quad \dots$$

La première équation donne

$$(y') = \frac{y'}{x'},$$

la seconde donnera

$$(y'') = \frac{y'' - x''(y')}{x'^2},$$

et, substituant la valeur précédente de (y'), l'on aura

$$(y'') = \frac{y''}{x'^2} - \frac{x''y'}{x'^3}.$$

La troisième équation donnerait la valeur de (y'''), et ainsi de suite. Mais j'observe que l'on peut déduire immédiatement la valeur de (y'') de celle de (y'), et successivement celle de (y''') de celle de (y''), ..., par la loi uniforme qui doit régner entre ces fonctions dérivées successives.

En effet, puisque (y') fonction dérivée de y par rapport à x est égale à $\frac{y'}{x'}$, c'est-à-dire à la fonction dérivée de y par rapport à t, divisée par celle de x; de même (y'') fonction dérivée de (y') par rapport à x sera égale à la fonction dérivée de $\frac{y'}{x'}$ par rapport à t, divisée par x, et ainsi de suite. Or la fonction dérivée de $\frac{y'}{x'}$ est $\frac{y''}{x'} - \frac{y'x''}{x'^2}$; donc on aura

$$(y'') = \frac{y''}{x'^2} - \frac{y'x''}{x'^3},$$

comme on l'a trouvé par la seconde équation. Et ainsi de suite.

Par ces substitutions on dépouille, pour ainsi dire, les fonctions dérivées de ce qui dépend de la variable à laquelle elles se rapportaient originairement, et on les généralise de manière qu'elles peuvent se rapporter également à toute autre variable.

Or ce qui déterminait les fonctions dérivées de y à se rapporter à la variable x, c'était qu'elles résultaient de l'accroissement i attribué à cette variable; au lieu qu'en rapportant ces fonctions à une autre variable dont x est censée fonction, l'accroissement de x devient alors $ox' + \frac{o^2}{2}x'' + \ldots$, o étant l'accroissement de la nouvelle variable. Ainsi, comme le cas particulier où l'accroissement de x est simplement i résulte de l'expression générale de l'accroissement de x, en y faisant $x' = 1$, il s'ensuit que $x' = 1$ est la condition qui détermine les fonctions dérivées à se rapporter à la variable x, et qu'en général pour les rapporter à toute autre variable il n'y aura qu'à supposer égale à l'unité la fonction prime de cette variable.

Il résulte de là cette conclusion générale que, si une formule contient les fonctions dérivées y', y'', ..., relatives à une variable x, et qu'on veuille les rapporter à une autre variable quelconque, il faudra changer

y' en $\frac{y'}{x'}$,

y'' en $\frac{\left(\frac{y'}{x'}\right)'}{x'} = \frac{y''}{x'^2} - \frac{y'x''}{x'^3}$,

y''' en $\frac{\left[\frac{\left(\frac{y'}{x'}\right)'}{x'}\right]'}{x'} = \frac{\left(\frac{y''}{x'^2} - \frac{y'x''}{x'^3}\right)'}{x'} = \frac{y'''}{x'^3} - \frac{3y''x''}{x'^4} - y'\left(\frac{x'''}{x'^4} - \frac{3x''^2}{x'^5}\right),$

et ainsi de suite. Si t est la nouvelle variable à laquelle on veut rapporter les fonctions dérivées, cette variable étant une fonction quelconque de x et y, il n'y aura qu'à faire $t' = 1$, et par conséquent $t'' = 0$, $t''' = 0$, ..., équations par lesquelles on déterminera les valeurs de x', x'', ..., ou de y', y'', ...

Ce principe est général et doit s'appliquer à toutes les fonctions dérivées qui se rapportent à une même variable. Il est d'un grand usage dans le calcul des fonctions, et constitue un des principes fondamentaux de l'algorithme de ce calcul.

Le cas le plus simple est celui où, y étant supposé fonction de x, et ses fonctions dérivées y', y'', ... étant rapportées à x, on veut au contraire regarder x comme fonction de y, et rapporter à y les fonctions dérivées x', x'', ... On fera dans ce cas les substitutions indiquées ci-dessus, et l'on supposera

$$y' = 1, \quad y'' = 0, \quad ....$$

On substituera donc $\frac{1}{x'}$ à la place de y', $-\frac{x''}{x'^3}$ à la place de y'', et ainsi des autres.

Ainsi, ayant trouvé dans la Leçon IV que $y = a^x$ donne, relativement à x,

$$y' = a^x\, la = y\, la,$$

on pourra avoir immédiatement la valeur de x' relativement à y, en substituant simplement $\frac{1}{x'}$ à la place de y', ce qui donnera

$$x' = \frac{1}{y\, la}.$$

Comme x est le logarithme de y pour la base a, on a par là la fonction dérivée du logarithme.

De même, en supposant

$$y = \sin x,$$

on a vu dans la Leçon V que l'on a, relativement à x,

$$y' = \cos x;$$

donc, pour avoir réciproquement la fonction dérivée x' de l'angle par

X. 9

le sinus y, il n'y aura qu'à substituer $\frac{1}{x'}$ à la place de y', ce qui donnera

$$x' = \frac{1}{\cos x} = \frac{1}{\sqrt{1-y^2}}.$$

Si l'on fait

$$y = \cos x,$$

on a

$$y' = -\sin x;$$

donc, on obtiendra de la même manière

$$x' = -\frac{1}{\sin x} = -\frac{1}{\sqrt{1-y^2}}.$$

Ces résultats s'accordent avec ceux qu'on a trouvés dans les endroits cités d'une manière directe, mais plus longue.

Enfin ayant vu, dans la Leçon VI, que

$$y = \tang x \quad \text{donne} \quad y' = \frac{1}{\cos^2 x},$$

si l'on veut avoir la fonction dérivée de l'arc par la tangente, on aura sur-le-champ

$$x' = \cos^2 x = \frac{1}{1 + \tang^2 x} = \frac{1}{1 + y^2}.$$

En général, puisque

$$y = \tang p \quad \text{donne} \quad y' = \frac{p'}{\cos^2 p},$$

on aura réciproquement

$$p' = y' \cos^2 p,$$

p étant une fonction quelconque de x.

Si maintenant on veut regarder p comme fonction de y et rapporter la fonction dérivée p' à la variable y, on fera $y' = 1$, et l'on aura

$$p' = \cos^2 p = \frac{1}{1 + y^2},$$

comme ci-dessus.

La formule $x' = \cos^2 x$ est très propre pour trouver facilement les fonctions dérivées de x des ordres supérieurs. En effet, on aura d'abord

$$x'' = -2x' \sin x \cos x = -x' \sin 2x = -\sin 2x \cos^2 x,$$

en substituant la valeur précédente de x'. Prenant de nouveau les fonctions dérivées, on aura

$$x''' = -2x'(\cos 2x \cos^2 x - \sin 2x \sin x \cos x)$$
$$= -2x' \cos 3x \cos x$$
$$= -2 \cos 3x \cos^3 x,$$

et, continuant de la même manière, on aura

$$x^{iv} = 2.3x'(\sin 3x \cos^3 x + \cos 3x \sin x \cos^2 x)$$
$$= 2.3x' \sin 4x \cos^2 x$$
$$= 2.3 \sin 4x \cos^4 x,$$

$$x^{v} = 2.3.4x'(\cos 4x \cos^4 x - \sin 4x \sin x \cos^3 x)$$
$$= 2.3.4x' \cos 5x \cos^3 x$$
$$= 2.3.4 \cos 5x \cos^5 x$$

et ainsi de suite.

Ayant ainsi toutes les fonctions dérivées de x relativement à y, c'est-à-dire, en supposant $x = f(y)$, si on les substitue dans la formule

$$x + ix' + \frac{i^2}{2} x'' + \ldots,$$

on aura la valeur de x répondant à $y + i$.

Ainsi l'on aura la valeur de l'arc dont la tangente sera $\tang(x + i)$, exprimée par la série

$$x + i \cos^2 x - \frac{i^2 \cos^2 x}{2} \sin 2x - \frac{i^3 \cos^3 x}{3} \cos 3x + \frac{i^4 \cos^4 x}{4} \sin 4x + \frac{i^5 \cos^5 x}{5} \cos 5x - \ldots,$$

formule remarquable par sa simplicité et sa généralité.

Si l'on fait $x = 0$, on trouvera

$$\arc \tang i = i - \frac{i^3}{3} + \frac{i^5}{5} - \ldots;$$

formule connue et due à Leibnitz; mais il n'est permis de faire $x = 0$ qu'autant qu'on est assuré d'avance de la forme de la série.

LEÇON HUITIÈME.

DU DÉVELOPPEMENT DES FONCTIONS LORSQU'ON DONNE A LA VARIABLE UNE VALEUR
DÉTERMINÉE. CAS DANS LESQUELS LA RÈGLE GÉNÉRALE EST EN DÉFAUT. ANALYSE
DE CES CAS. DES VALEURS DES FRACTIONS DONT LE NUMÉRATEUR ET LE DÉNO-
MINATEUR S'ÉVANOUISSENT A LA FOIS.

La théorie des fonctions dérivées est fondée sur le développement
des fonctions lorsqu'on attribue à une variable un accroissement indéterminé. Nous avons montré dans la Leçon II que ce développement ne
peut contenir que des puissances entières et positives de la quantité
dont la variable est augmentée, tant que cette variable demeure indéterminée, et nous avons ensuite déduit de cette forme les lois de la
dérivation des fonctions. Il est donc nécessaire, avant d'aller plus loin,
d'examiner les cas où elle pourrait se trouver en défaut, et les conséquences qui en résulteraient relativement aux fonctions dérivées.

Nous avons vu, dans la même Leçon, que la série du développement
de $f(x + i)$ ne peut contenir de puissances négatives de i, à moins que
l'on ait $f(x) = $ à l'infini, parce que, en supposant $i = o$, les termes qui
contiendraient de pareilles puissances deviendraient infinis. On peut
prouver de la même manière que la série ne pourra contenir aucun
terme multiplié par $\log i$ ou par une puissance positive quelconque de
$\log i$, si la même condition n'a lieu, ces sortes de termes devenant également infinis lorsque $i = o$. Or cette condition exige que la variable x
ait une valeur déterminée, qu'on trouvera par la résolution de l'équation

$$f(x) = \frac{1}{o}, \quad \text{ou} \quad \frac{1}{f(x)} = o.$$

Soit donc a une racine de l'équation $\frac{1}{f(x)} = 0$, de manière que l'on ait

$$\frac{1}{f(x)} = \frac{(x-a)^m}{F(x)},$$

$F(x)$ étant une fonction de x qui ne devienne ni nulle ni infinie, lorsque $x = a$, et m étant un nombre positif quelconque.

En mettant $x + i$ à la place de x, et faisant $x = a$, on aura

$$f(x+i) = \frac{F(a+i)}{i^m},$$

où l'on voit que la série du développement de $f(x+i)$ aura dans ce cas des termes de la forme $\frac{1}{i^m}$, $\frac{1}{i^{m-1}}$, ...

Considérons maintenant les cas où ce développement pourrait contenir des puissances positives, mais fractionnaires de i. La démonstration, que nous avons donnée pour prouver l'absence de ces sortes de termes, est fondée sur ce que ces termes augmenteraient le nombre des radicaux dans le développement de $f(x+i)$, tandis qu'il est évident que cette fonction ne peut contenir que les mêmes radicaux que la fonction $f(x)$, tant que x est supposé une quantité quelconque indéterminée. Mais cette démonstration cesse d'avoir lieu lorsqu'on donne à x une valeur déterminée telle qu'elle fasse disparaître un radical dans $f(x)$, car alors ce radical pourra être remplacé par un radical de i dans le développement de $f(x+i)$. En effet, supposons que la fonction $f(x)$ contienne un radical qui s'évanouisse lorsque $x = a$, tel que $(x-a)^{\frac{m}{n}}$, m et n étant des nombres entiers; la fonction $f(x+i)$ contiendra le radical correspondant $(x-a+i)^{\frac{m}{n}}$, lequel, en faisant $x = a$, devient $i^{\frac{m}{n}}$; de sorte que le développement de cette fonction suivant les puissances de i pourra contenir le radical $i^{\frac{m}{n}}$ et toutes ses puissances entières et positives.

Cette conclusion n'aurait pas lieu si la valeur particulière de x n'anéantissait pas le radical, mais le faisait seulement disparaître en rendant nulle une quantité par laquelle il serait multiplié. Car, quoique le radical puisse disparaître de cette manière de la fonction $f(x)$, il pourrait ne pas disparaître dans les fonctions dérivées $f'(x), f''(x), \ldots$, qui entrent dans le développement de $f(x+i)$, et alors la démonstration conserverait toute sa force. Ainsi, si un radical de la fonction $f(x)$ se trouvait multiplié par $(x-a)^m$, m étant un nombre entier positif, ce radical y disparaîtrait lorsque $x=a$; mais, dans la fonction $f(x+i)$, il serait multiplié par $(x-a+i)^m$, et, dans le cas de $x=a$, il le serait par i^m. Donc, dans le développement de cette fonction, il ne pourrait paraître alors avant le terme qui contiendrait la puissance i^m; par conséquent il disparaîtrait des fonctions dérivées $f'(x), f''(x), \ldots$, jusqu'à $f^{(m-1)}x$, mais reparaîtrait dans les fonctions dérivées des ordres suivants; de sorte que le développement de $f(x+i)$ contiendrait toujours dans ce cas le même radical. Il n'y a donc que le cas où le radical est détruit dans la fonction $f(x)$ par une valeur particulière de x, dans lequel le développement de $f(x+i)$ doive contenir des radicaux de i, et il reste maintenant à voir comment on pourra juger que cela doive avoir lieu.

Pour cela, j'observe que les fonctions $f'(x+i), f''(x+i), \ldots$ sont également les fonctions dérivées de $f(x+i)$, soit qu'on les prenne relativement à x, soit qu'on les prenne relativement à i, ce qui est évident, puisqu'en augmentant soit x, soit i d'une même quantité quelconque, on a le même accroissement de la quantité $x+i$. D'où il suit que l'on aura également les valeurs de $f'(x), f''(x), \ldots$, quel que soit x, en prenant les fonctions dérivées successives de $f(x+i)$ relativement à i, et faisant ensuite $i=0$.

Or, si l'on suppose que le développement de $f(x+i)$ doive contenir, lorsque $x=a$, un terme affecté de i^m, tel que Ai^m, A étant une fonction de a, et m n'étant pas un nombre entier positif, en prenant les fonctions dérivées relativement à i, il faudra que les développements des fonctions
$$f'(x+i), \quad f''(x+i), \quad \ldots$$
contiennent les termes
$$mA\,i^{m-1}, \quad m(m-1)A\,i^{m-2}, \quad \ldots.$$

Donc, faisant $i = 0$, on en conclura que les fonctions $f(x)$, $f'(x)$, $f''(x)$, ..., lorsque $x = a$, contiendront respectivement les termes

$$A o^m, \quad m A o^{m-1}, \quad m(m-1) A o^{m-2}, \quad \ldots$$

Si m est un nombre quelconque négatif, il est clair que ces termes seront infinis.

Si m est un nombre positif non entier, soit n le nombre entier immédiatement plus grand que m, il est visible que le terme

$$m(m-1) \ldots (m - n + 1) A o^{m-n}$$

sera infini ainsi que tous les suivants, et que tous les précédents seront nuls. D'où il suit que les fonctions dérivées de l'ordre $n^{\text{ième}}$ et des ordres suivants deviendront infinies lorsque $x = a$.

Dans ce cas donc, si n est l'indice de l'ordre de la première fonction qui devient infinie, le développement de $f(x + i)$ devra contenir un terme de forme i^m, m étant un nombre compris entre $n - 1$ et n.

Si $n = 0$, c'est-à-dire si la fonction $f(x)$ devient elle-même infinie, ce développement contiendra alors des puissances de i.

On doit appliquer aux logarithmes ce qu'on vient de démontrer sur les puissances fractionnaires de i; car on a vu, à la fin de la Leçon IV, que les logarithmes répondent aux puissances fractionnaires dont l'exposant est infiniment petit, c'est-à-dire aux racines infinitièmes, et que c'est par cette raison qu'il y a toujours une infinité de logarithmes répondant à un même nombre.

Aussi, par la même raison, lorsqu'on résout une fonction en série suivant les puissances d'une même quantité, il peut se trouver quelquefois le logarithme de cette quantité entre les puissances positives et les puissances négatives de la même quantité, lorsque la fonction elle-même contient des logarithmes.

Ainsi, si la fonction $f(x)$ contient des logarithmes, le développement de $f(x + i)$ pourra contenir, dans le cas particulier de $x = a$, des termes de la forme $i^m (\log i)^n$, et les fonctions dérivées $f'(x + i)$,

$f''(x+i)$, ... contiendront alors des termes de la forme

$$i^{m-1}(\log i)^n \quad \text{et} \quad i^m(\log i)^{n-1},$$

de la forme

$$i^{m-2}(\log i)^n, \quad i^m(\log i)^{n-1} \quad \text{et} \quad i^m(\log i)^{n-2},$$

et ainsi de suite. Or, lorsque $i=o$, $\log i$ est infini, et toute quantité de la forme $i^m(\log i)^n$ est nulle ou infinie suivant que m est un nombre positif ou négatif, quel que soit n. Donc, puisque dans les termes des fonctions dérivées

$$f'(x+i), \quad f''(x+i), \quad \ldots,$$

les exposants des puissances de i qui multiplient les puissances de $\log i$ vont nécessairement en diminuant, il s'ensuit que, dès qu'une de ces fonctions deviendra infinie par la position de $x=a$, toutes les autres des ordres suivants deviendront infinies aussi.

On peut donc conclure en général que le développement

$$f(x) + i f'(x) + \frac{i^2}{2} f''(x) + \ldots$$

de la fonction $f(x+i)$ ne peut devenir fautif pour une valeur déterminée de x, qu'autant qu'une des fonctions $f(x)$, $f'(x)$, $f''(x)$, ... deviendra infinie en donnant à x cette valeur, et que ce développement ne sera fautif qu'à commencer du terme qui deviendra infini.

Pour trouver alors la vraie forme du développement suivant les puissances ascendantes de i, il faudra faire d'abord dans la fonction $f(x+i)$, x égal à la valeur donnée, et développer ensuite suivant les puissances croissantes de i par les règles connues, en ayant égard aux puissances fractionnaires ou négatives de i qui se trouveraient dans la fonction même.

Pour confirmer par quelques exemples ce que nous venons de démontrer, supposons d'abord que l'on ait

$$f(x) = 2ax - x^2 + a\sqrt{x^2 - a^2},$$

et qu'on demande le développement $f(x+i)$ lorsque $x=a$.

En prenant les fonctions dérivées suivant les règles générales, on aura

$$f'(x) = 2(a-x) + \frac{ax}{\sqrt{x^2-a^2}},$$

$$f''(x) = -2 + \frac{a}{\sqrt{x^2-a^2}} - \frac{ax^2}{(x^2-a^2)^{\frac{3}{2}}},$$

et ainsi de suite.

En faisant $x = a$, on a

$$f(x) = a^2, \quad f'(x) = +\frac{1}{0};$$

donc toutes les fonctions dérivées des ordres suivants seront aussi infinies, et le développement de $f(a+i)$ contiendra nécessairement un terme de la forme $A i^m$, m étant entre 0 et 1.

En effet, on aura, par la substitution de $a+i$ dans l'expression de $f(x)$,

$$f(a+i) = a^2 - i^2 + a\sqrt{i}\sqrt{2a+i};$$

d'où l'on voit que le développement suivant les puissances de i contiendra des termes de la forme $\sqrt{i}, i\sqrt{i}, i^2\sqrt{i}, \ldots.$

Soit, en second lieu,

$$f(x) = \sqrt{x} + (x-a)^2 l(x-a);$$

on aura ces fonctions dérivées

$$f'(x) = \frac{1}{2\sqrt{x}} + 2(x-a)l(x-a) + x - a,$$

$$f''(x) = -\frac{1}{4x\sqrt{x}} + 2l(x-a) + 3,$$

$$f'''(x) = \frac{3}{8x^2\sqrt{x}} + \frac{2}{x-a},$$

....

Si l'on fait $x = a$, la fonction dérivée $f''(x)$ devient infinie, ainsi que toutes les suivantes.

Ainsi le développement de $f(x+i)$ par la formule générale devien-

X.

dra fautif dans le cas de $x = a$, et il contiendra nécessairement le terme $i^2 li$.

Nous avons observé plus haut que, lorsqu'une valeur particulière de x fait disparaître dans $f(x)$ un radical en ne détruisant pas ce radical lui-même, mais en rendant seulement nul son coefficient, alors ce même radical reparaîtra nécessairement dans les fonctions dérivées $f'(x), f''(x), \ldots$, et la formule générale du développement de $f(x + i)$ ne cessera pas d'être exacte dans ce cas.

Mais, lorsque la fonction $f(x)$, au lieu d'être donnée d'une manière explicite, n'est déterminée que par une équation où le radical ne se trouve pas, la détermination de ses fonctions dérivées dans le cas dont il s'agit pourra être sujette à des difficultés qu'il est bon de prévenir.

Soit $y = f(x)$, et par conséquent, en prenant les fonctions dérivées, $y' = f'(x), y' = f''(x), \ldots$. Supposons que, pour une valeur donnée de x, il disparaisse dans $f(x)$ un radical, lequel ne disparaisse pas dans $f'(x)$; il est clair que, pour cette valeur de x, la fonction $f'(x)$ aura un plus grand nombre de valeurs différentes que la fonction $f(x)$, à raison du radical qui se trouve dans $f'(x)$, et qui a disparu de $f(x)$; d'où il suit que la valeur de y' ne pourra pas être donnée par une simple fonction de x et y qui ne contiendrait pas explicitement ce radical. Cependant, si dans l'équation $y = f(x)$ on fait disparaître ce même radical par l'élévation aux puissances, et que l'équation résultante soit représentée par

$$F(x, y) = 0,$$

l'équation dérivée de celle-ci donnera

$$y' = -\frac{F'(x)}{F'(y)},$$

comme on l'a vu dans la Leçon VI; donc cette expression sera en défaut, dans le cas où l'on donnerait à x la valeur en question, ce qui ne peut avoir lieu qu'autant que les quantités $F'(x)$ et $F'(y)$ seront, l'une et l'autre, nulles à la fois. Ainsi, dans le cas dont il s'agit, l'expression de y' deviendra égale à zéro divisé par zéro; et réciproquement, lorsque cela arrivera, ce sera une marque que la valeur correspondante de x aura détruit dans $f(x)$ un radical, sans le détruire dans $f'(x)$.

Pour avoir dans ce cas la valeur de y', il ne suffira donc pas de s'arrêter à la première équation dérivée de $F(x, y) = 0$, laquelle étant

$$y' F'(y) + F'(x) = 0,$$

aura lieu d'elle-même, indépendamment de la valeur de y'; mais il faudra passer aux secondes fonctions dérivées, et l'on aura une équation de la forme

$$y'' F'(y) + y'^2 P + y' Q + R = 0,$$

P, Q, R étant des fonctions de x et de y qu'on trouvera par les règles générales de la dérivation des fonctions.

Cette équation donnera, généralement parlant, la valeur de y''; mais, dans le cas proposé, la quantité $F'(y)$ devenant nulle, le terme qui contient y'' disparaîtra, et l'équation restante sera une équation du second degré en y' par laquelle on déterminera la valeur de y', qui sera par conséquent double.

Soit, par exemple,

$$f(x) = x + (x - a)\sqrt{x - b},$$

on aura

$$f'(x) = 1 + \sqrt{x - b} + \frac{x - a}{2\sqrt{x - b}}.$$

Faisant $x = a$, on a

$$f(x) = a, \quad \text{et} \quad f'(x) = 1 + \sqrt{a - b},$$

où l'on voit que le radical disparaît dans la valeur de $f(x)$, mais non pas dans celle de $f'(x)$, en sorte que la première est simple et la seconde double.

Maintenant, si l'on fait $f(x) = y$, et qu'on élève l'équation au carré pour faire disparaître le radical, on aura

$$(y - x)^2 = (x - a)^2 (x - b).$$

En prenant les fonctions primes, on aura celle-ci

$$2(y - x)(y' - 1) = 2(x - a)(x - b) + (x - a)^2,$$

d'où l'on tire

$$y' = 1 + \frac{2(x-a)(x-b)+(x-a)^2}{2(y-x)}.$$

Faisant $x = a$, on a aussi $y = a$; ce qui donne

$$y' = \frac{0}{0}.$$

On passera donc aux fonctions secondes, et l'on aura cette équation du second ordre :

$$2(y-x)y'' + 2(y'-1)^2 = 4(x-a) + 2(x-b).$$

Ici la supposition de $x = a$ et $y = a$ donne

$$(y'-1)^2 = a - b,$$

d'où l'on tire

$$y' = 1 + \sqrt{a-b},$$

comme plus haut.

Il peut arriver que la même valeur de x, qui détruit les termes de la première équation dérivée, détruise aussi ceux de la seconde; il faudra alors passer à l'équation tierce, laquelle, par la destruction des termes qui contiendront y'' et y''', deviendra une simple équation en y', mais du troisième degré, et ainsi de suite; cela dépend de la nature du radical qui aura été détruit dans y, et qui doit être remplacé par le degré de l'équation d'où dépend la valeur de y'.

Supposons en second lieu que la même valeur de x, qui fait disparaître un radical dans $f(x)$, le fasse disparaître aussi dans $f'(x)$, sans le faire disparaître néanmoins dans $f''(x)$; alors les valeurs correspondantes de $f(x)$ et $f'(x)$ seront en même nombre, mais celles de $f''(x)$ seront en nombre plus grand. Si donc on fait évanouir ce radical dans l'équation $y = f(x)$, la valeur de y'' qu'on en déduira se trouvera $= \frac{0}{0}$, et il faudra passer aux équations dérivées d'un ordre supérieur pour avoir la valeur de y''.

Soit, pour en donner un exemple,

$$y = x + (x-a)^2 \sqrt{x-b};$$

on aura

$$y' = 1 + 2(x-a)\sqrt{x-b} + \frac{(x-a)^2}{2\sqrt{x-b}},$$

$$y'' = 2\sqrt{x-b} + \frac{(x-a)}{\sqrt{x-b}} - \frac{(x-a)^2}{4(x-b)^{\frac{3}{2}}}.$$

Faisant $x = a$, on a

$$y = a, \quad y' = 1 \quad \text{et} \quad y'' = 2\sqrt{a-b},$$

Mais, si l'on réduit l'équation proposée à cette forme rationnelle

$$(y-x)^2 = (x-a)^4(x-b),$$

on en tirera l'équation dérivée

$$2(y-x)(y'-1) = 4(x-a)^3(x-b) + (x-a)^4,$$

dans laquelle, en faisant $x = a$ et $y = a$, tout se détruit.

On passera donc à l'équation dérivée du second ordre, laquelle sera

$$(y-x)y'' + (y'-1)^2 = 6(x-a)^2(x-b) + 8(x-a)^3.$$

Faisant $x = a$ et $y = a$, on aura.

$$(y'-1)^2 = 0, \quad \text{et par conséquent} \quad y' = 1;$$

mais, pour avoir la valeur de y'', il faudra avoir recours à l'équation tierce, et même à l'équation quarte.

On aura ainsi

$$(y-x)y''' + 3(y'-1)y'' = 18(x-a)^2 + 12(x-a)(x-b),$$

où tout se détruit encore en faisant $x = a, y = a, y' = 1$.

L'équation dérivée de l'ordre suivant sera donc

$$(y-x)y^{\text{iv}} + 4(y'-1)y''' + 3y''^2 = 48(x-a) + 12(x-b).$$

Faisant ici $x = a, y = a, y' = 1$, on aura

$$3y''^2 = 12(a-b),$$

d'où l'on tire

$$y'' = 2\sqrt{a-b},$$

comme plus haut.

Nous ne pousserons pas plus loin cette analyse, qui d'ailleurs n'a plus de difficultés d'après les principes établis. Mais nous allons donner à cette occasion la théorie de la méthode pour trouver la valeur d'une fraction dans les cas où le numérateur et le dénominateur deviennent nuls à la fois.

Soit $\frac{f(x)}{F(x)}$ une pareille fraction, $f(x)$ et $F(x)$ étant des fonctions de x, telles que la supposition de $x = a$ les rendent toutes deux nulles à la fois, et que l'on demande la valeur de cette fraction lorsque $x = a$.

On fera

$$y = \frac{f(x)}{F(x)}, \quad \text{et par conséquent} \quad y\, F(x) = f(x);$$

en supposant $x = a$, cette équation se vérifie d'elle-même et ne peut pas servir à déterminer la valeur de y. Mais, en prenant l'équation dérivée, on aura

$$y'\, F(x) + y\, F'(x) = f'(x);$$

la supposition de $x = a$ détruit le terme $y'\, F(x)$, et le reste de l'équation donne

$$y = \frac{f'(x)}{F'(x)}.$$

S'il arrivait que les fonctions primes $f'(x)$ et $F'(x)$ devinssent aussi nulles par la même supposition, on trouverait alors par le même principe, en substituant dans l'équation ci-dessus $f'(x)$, $F'(x)$, au lieu de $f(x)$, $F(x)$, cette nouvelle expression de y,

$$y = \frac{f''(x)}{F''(x)}.$$

On pourrait aussi déduire la même expression de l'équation dérivée trouvée ci-dessus, en considérant que, comme elle se vérifie d'elle-même lorsque $x = a$, elle ne peut servir à la détermination de y; que par conséquent il sera nécessaire de passer à la seconde équation dérivée, laquelle sera

$$y''\, F(x) + 2y'\, F'(x) + y\, F''(x) = f''(x).$$

La supposition de $x = a$ rendant nulles les fonctions $F(x)$ et $F'(x)$, les termes qui contiennent y' et y'' s'en iront d'eux-mêmes, et les termes restants donneront

$$y = \frac{f''(x)}{F''(x)},$$

comme plus haut.

Si la même supposition de $x = a$ donnait encore

$$f''(x) = 0 \quad \text{et} \quad F''(x) = 0,$$

on trouverait de la même manière

$$y = \frac{f'''(x)}{F'''(x)},$$

et ainsi de suite.

D'où résulte cette règle générale que, lorsque le numérateur et le dénominateur d'une fonction de x deviennent nuls à la fois pour une valeur donnée de x, il faut prendre à leur place les fonctions dérivées du numérateur et du dénominateur, jusqu'à ce qu'on arrive à une fraction qui ait une valeur déterminée pour la même supposition de x.

On sait que la formule $\frac{x - x^{n+1}}{1 - x}$ donne la somme de la progression géométrique

$$x + x^2 + x^3 + \ldots + x^n.$$

Lorsque $x = 1$, cette formule devient $\frac{0}{0}$; on prendra donc les fonctions dérivées du numérateur et du dénominateur, et on aura la nouvelle fraction $\frac{1 - (n+1)x^n}{-1}$, dont la valeur, lorsque $x = 1$, est n.

Si l'on prend la fonction dérivée de la formule $\frac{x - x^{n+1}}{1 - x}$, on a $\frac{1 - (n+1)x^n + n x^{n+1}}{(1 - x)^2}$, et celle-ci exprime par conséquent la somme de la série

$$1 + 2x + 3x^2 + \ldots + nx^{n-1},$$

qui est la fonction dérivée de la série

$$x + x^2 + x^3 + \ldots + x^n.$$

Lorsque $x = 1$, la formule précédente devient $\frac{0}{0}$: on prendra donc les fonctions dérivées du numérateur et du dénominateur, et l'on aura la nouvelle fraction

$$\frac{- n(n+1)x^{n-1} + n(n+1)x^n}{-2(1-x)},$$

qui, en faisant $x = 1$, devient de nouveau $\frac{0}{0}$. On prendra derechef les fonctions dérivées du numérateur et du dénominateur de cette dernière fraction, et l'on aura celle-ci

$$\frac{- n(n+1)(n-1)x^{n-2} + n^2(n+1)x^{n-1}}{2},$$

laquelle, lorsque $x = 1$, devient

$$\frac{- n(n+1)(n-1) + n^2(n+1)}{2} = \frac{n(n+1)}{2},$$

somme de la série
$$1 + 2 + 3 + \ldots + n.$$

On pourrait craindre qu'en prenant ainsi les fonctions dérivées du numérateur et du dénominateur, on n'eût toujours des fonctions qui devinssent égales à zéro divisé par zéro pour la même valeur de x; mais il est aisé de se convaincre que cela ne saurait avoir lieu. Car, si $x = a$ faisait évanouir les fonctions $f(x)$, $f'(x)$, $f''(x)$, ... à l'infini, puisqu'on a en général

$$f(x+i) = f(x) + i f'(x) + \frac{i^2}{2} f''(x) + \ldots,$$

on aurait, lorsque $x = a$,
$$f(a+i) = 0,$$

quel que soit i, ce qui est impossible. Il en serait de même de $F(x+i)$.

Il peut néanmoins arriver que ces fonctions deviennent à la fois infinies par la même supposition de $x = a$, ce qui rendrait également indéterminées les valeurs des fractions $\frac{f(x)}{F(x)}$, $\frac{f'(x)}{F'(x)}$, ...; mais ce cas rentre alors dans le cas général que nous avons examiné plus haut, et il en faudra conclure que le développement des fonctions $f(x+i)$ et $F(x+i)$ contiendra alors des puissances de i fractionnaires ou négatives.

On substituera donc $a+i$ à la place de x, tant dans la fonction du numérateur que dans celle du dénominateur, et l'on résoudra l'une et l'autre en série suivant les puissances ascendantes de i; on fera ensuite $i = 0$, après avoir divisé le haut et le bas de la fraction par la plus basse puissance de i; ou, ce qui revient au même, on n'aura d'abord égard qu'au premier terme de chacune des deux séries.

Soit, par exemple, la fraction

$$\frac{\sqrt{x} - \sqrt{a} + \sqrt{x-a}}{\sqrt{x^2-a^2}},$$

dont on demande la valeur, lorsque $x = a$. On voit d'abord que cette supposition rend le numérateur et le dénominateur nuls. Leurs fonctions dérivées sont

$$\frac{1}{2\sqrt{x}} + \frac{1}{2\sqrt{a-x}} \quad \text{et} \quad \frac{x}{\sqrt{x^2-a^2}},$$

qui deviennent l'une et l'autre infinies par la même supposition. On fera donc $x = a + i$, et la fonction du numérateur deviendra

$$\sqrt{a+i} - \sqrt{a} + \sqrt{i} = \sqrt{i} + \frac{i}{2\sqrt{a}} + \dots;$$

la fonction du dénominateur deviendra

$$\sqrt{i(2a+i)} = \sqrt{2ai} + \frac{i\sqrt{i}}{2\sqrt{2a}} + \dots,$$

en ordonnant les termes suivant les puissances croissantes de i. En ne prenant que les deux premiers, on aura la fraction

$$\frac{\sqrt{i}}{\sqrt{2ai}} = \frac{1}{\sqrt{2a}},$$

pour la valeur cherchée.

En général, une fonction de x ne peut devenir nulle lorsque $x = a$,

X.

à moins qu'elle ne contienne un facteur $(x - a)^m$, m étant un nombre positif quelconque. Donc, si deux fonctions de x deviennent nulles par la même supposition, il faudra qu'elles contiennent chacune un pareil facteur; et, pour trouver alors la valeur de la fraction formée de ces deux fonctions, il ne s'agira que de la réduire à sa plus simple expression, en la dégageant du facteur commun au numérateur et au dénominateur.

Si donc on fait $x = a + i$, ce qui donne $x - a = i$, le facteur commun sera une puissance de i qui s'évanouira par la division, et alors il n'y aura plus qu'à faire $i = 0$ pour avoir $x = a$.

Ainsi, ayant la fraction $\dfrac{f(x)}{F(x)}$, la substitution de $a + i$ au lieu de x donnera d'abord en général

$$\frac{f(a) + i\,f'(a) + \dfrac{i^2}{2} f''(a) + \ldots}{F(a) + i\,F'(a) + \dfrac{i^2}{2} F''(a) + \ldots}.$$

Si $f(a) = 0$ et $F(a) = 0$, le haut et le bas de la fraction seront divisibles par i, et elle deviendra

$$\frac{f'(a) + \dfrac{i}{2} f''(a) + \ldots}{F'(a) + \dfrac{i}{2} F''(a) + \ldots}.$$

Faisant ensuite $i = 0$ pour avoir $x = a$, on aura $\dfrac{f'(a)}{F'(a)}$ pour la valeur de la fraction proposée, lorsque $x = a$.

Si $f'(a) = 0$ et $F'(a) = 0$, la fraction se réduira encore, et deviendra, par une nouvelle division par i,

$$\frac{\dfrac{1}{2} f''(a) + \dfrac{i}{2.3} f'''(a) + \ldots}{\dfrac{1}{2} F''(a) + \dfrac{i}{2.3} F'''(a) + \ldots},$$

laquelle, en faisant $i = 0$, se réduit à $\dfrac{f''(a)}{F''(a)}$; et ainsi de suite.

On voit par là la raison de la règle donnée plus haut, et l'on voit en même temps que cette règle n'est bonne que pour les fractions dont le numérateur et le dénominateur contiennent à la fois un facteur de la forme $(x - a)^m$, m étant un nombre entier positif. Aussi peut-on toujours résoudre ces cas en faisant disparaitre ce facteur par les règles connues, pour réduire la fraction à sa plus simple expression.

Dans les autres cas où m serait un nombre fractionnaire ou négatif, la règle sera en défaut, et il faudra alors réduire les deux fonctions $f(a + i)$ et $F(a + i)$ dans les séries ascendantes

$$\alpha\, i^m + \beta\, i^{m+n} + \ldots \quad \text{et} \quad A\, i^m + B\, i^{m+p} + \ldots,$$

de sorte que l'on aura

$$\frac{f(a + i)}{F(a + i)} = \frac{\alpha + \beta\, i^n + \ldots}{A + B\, i^p + \ldots},$$

et, faisant $i = 0$, on a

$$\frac{f(a)}{F(a)} = \frac{\alpha}{A}.$$

Si les premiers termes des deux séries contenaient des puissances différentes de i, par exemple, si, la série du numérateur étant la même que ci-dessus, celle du dénominateur était

$$A\, i^p + B\, i^{p+q} + \ldots,$$

m et p étant des nombres quelconques, mais n, q, ... étant positifs pour que les deux séries soient toujours ascendantes, alors, faisant $i = 0$, après avoir divisé le haut et le bas de la fraction par la plus petite des deux puissances i^m et i^p, on aura $\frac{f(a)}{F(a)} = 0$ ou $= \infty$ suivant que $m >$ ou $< p$, en regardant les nombres négatifs comme moindres que les positifs. Mais, par ce que nous avons démontré plus haut, on est assuré que ces cas n'auront lieu que lorsque les valeurs des fonctions dérivées de $f(x)$ et de $F(x)$ deviendront infinies en même temps, par la supposition de $x = a$.

L'analyse que nous venons de donner est nécessaire pour ne rien laisser à désirer sur la nature des fonctions dérivées; mais, comme elle ne regarde que la valeur de ces fonctions dans des cas particuliers, elle n'influe point sur la théorie générale des fonctions, en tant qu'on n'y considère que la forme et la dérivation des fonctions, laquelle est par conséquent indépendante des exceptions que nous avons trouvées.

LEÇON NEUVIÈME.

DE LA MANIÈRE D'AVOIR LES LIMITES DU DÉVELOPPEMENT D'UNE FONCTION, LORSQU'ON N'A ÉGARD QU'À UN NOMBRE DÉTERMINÉ DE TERMES. CAS DANS LESQUELS LES PRINCIPES DU CALCUL DIFFÉRENTIEL SONT EN DÉFAUT. THÉORÈME FONDAMENTAL. LIMITES DE PLUSIEURS SÉRIES. MANIÈRE RIGOUREUSE D'INTRODUIRE LES FONCTIONS DÉRIVÉES DANS LA THÉORIE DES COURBES ET DANS CELLE DES MOUVEMENTS VARIÉS.

Toute fonction $f(x+i)$ se développe, ainsi qu'on l'a vu, dans la série

$$f(x) + i f'(x) + \frac{i^2}{2} f''(x) + \frac{i^3}{2.3} f'''(x) + \ldots,$$

laquelle va naturellement à l'infini, à moins que les fonctions dérivées de $f(x)$ ne deviennent nulles, ce qui a lieu lorsque $f(x)$ est une fonction rationnelle et entière de x.

Tant que ce développement ne sert qu'à la génération des fonctions dérivées, il est indifférent que la série aille à l'infini ou non; il l'est aussi lorsqu'on ne considère le développement que comme une simple transformation analytique de la fonction; mais, si on veut l'employer pour avoir la valeur de la fonction dans les cas particuliers, comme offrant une expression d'une forme plus simple à raison de la quantité i qui se trouve dégagée de dessous la fonction, alors, ne pouvant tenir compte que d'un certain nombre plus ou moins grand de termes, il est important d'avoir un moyen d'évaluer le reste de la série qu'on néglige, ou du moins de trouver des limites de l'erreur qu'on commet en négligeant ce reste.

La détermination de ces limites est surtout d'une grande importance dans l'application de la Théorie des fonctions à l'Analyse des courbes et à la Mécanique, pour pouvoir donner à cette application la rigueur de l'ancienne Géométrie, comme on le voit dans la seconde Partie de la *Théorie des fonctions analytiques*.

Dans la solution que j'ai donnée de ce problème dans l'Ouvrage cité, j'ai commencé par chercher l'expression exacte du reste de la série, ensuite j'ai déterminé les limites de cette expression. Mais on peut trouver immédiatement ces limites d'une manière plus élémentaire, et également rigoureuse.

Nous allons, pour cela, établir ce principe général, qui peut être utile dans plusieurs occasions :

Une fonction qui est nulle lorsque la variable est nulle aura nécessairement, pendant que la variable croîtra positivement, des valeurs finies et de même signe que celles de sa fonction dérivée, ou de signe opposé si la variable croît négativement, tant que les valeurs de la fonction dérivée conserveront le même signe et ne deviendront pas infinies.

Ce principe est très important dans la théorie des fonctions, parce qu'il établit une relation générale entre l'état des fonctions primitives et celui des fonctions dérivées, et qu'il sert à déterminer les limites des fonctions dont on ne connaît que les dérivées.

Nous allons le démontrer d'une manière rigoureuse.

Considérons la fonction $f(x+i)$, dont le développement général est

$$f(x) + i f'(x) + \frac{i^2}{2} f''(x) + \dots .$$

Nous avons vu, dans la Leçon précédente, que la forme du développement peut être différente pour des valeurs particulières de x; mais que, tant que $f'(x)$ ne sera pas infinie, les deux premiers termes de ce développement seront exacts, et que les autres contiendront par conséquent des puissances de i plus hautes que la première, de manière qu'on aura

$$f(x+i) = f(x) + i[f'(x) + V],$$

V étant une fonction de x et i, telle qu'elle devienne nulle lorsque $i = 0$.

Donc, puisque V devient nul lorsque i devient nul, il est clair que, en faisant croître i par degrés insensibles depuis zéro, la valeur de V croîtra aussi insensiblement depuis zéro, soit en plus ou en moins, jusqu'à un certain point, après quoi elle pourra diminuer; que par conséquent on pourra toujours donner à i une valeur telle que la valeur correspondante de V, abstraction faite du signe, soit moindre qu'une quantité donnée, et que pour les valeurs moindres de i la valeur de V soit aussi moindre.

Soit D une quantité donnée qu'on pourra prendre aussi petite qu'on voudra; on pourra donc toujours donner à i une valeur assez petite pour que la valeur de V soit renfermée entre les limites D et $-$ D; donc, puisqu'on a

$$f(x + i) - f(x) = i[f'(x) + V],$$

il s'ensuit que la quantité $f(x + i) - f(x)$ sera renfermée entre ces deux-ci

$$i[f'(x) \pm D].$$

Comme cette conclusion a lieu quelle que soit la valeur de x, pourvu que $f'(x)$ ne soit pas infinie, elle subsistera aussi en mettant successivement

$$x + i, \ x + 2i, \ x + 3i, \ \ldots, \ x + (n - 1)i$$

à la place de x; de sorte qu'on pourra toujours prendre i positif et assez petit pour que les valeurs des quantités

$$f(x + i) - f(x),$$
$$f(x + 2i) - f(x + i),$$
$$f(x + 3i) - f(x + 2i),$$
$$\ldots\ldots\ldots\ldots\ldots\ldots,$$
$$f(x + ni) - f[x + (n - 1)i]$$

soient renfermées respectivement entre les limites

$$i[f'(x) \pm D],$$
$$i[f'(x+i) \pm D],$$
$$i[f'(x+2i) \pm D],$$
$$\dots\dots\dots\dots\dots,$$
$$i\big[f'[x+(n-1)i] \pm D\big],$$

en prenant pour D la même quantité dans chacune de ces limites, ce qui est permis, pourvu qu'aucune des quantités

$$f'(x),\ f'(x+i),\ f'(x+2i),\ \dots,\ f'[x+(n-1)i]$$

ne soit infinie.

Donc, si toutes ces dernières quantités sont de même signe, c'est-à-dire, toutes positives ou toutes négatives, il est facile d'en conclure que la somme des quantités précédentes, laquelle se réduit à

$$f(x+ni) - f(x),$$

aura pour limite la somme des limites, c'est-à-dire les quantités

$$if'(x) + if'(x+i) + if'(x+2i) + \dots + if'[x+(n-1)i] \pm niD.$$

Si donc on prend la quantité arbitraire D moindre que la somme

$$f'(x) + f'(x+i) + f'(x+2i) + \dots + f'[x+(n-1)i]$$

divisée par n, abstraction faite du signe de cette somme, la quantité $f(x+ni) - f(x)$ sera nécessairement renfermée entre zéro et la somme

$$2i\big[f'(x) + f'(x+i) + f'(x+2i) + \dots + f'[x+(n-1)i]\big].$$

Donc, si P est la plus grande valeur positive ou négative des quantités

$$f'(x),\ f'(x+i),\ \dots,\ f'[x+(n-1)i],$$

la quantité $f(x+ni) - f(x)$ sera, à plus forte raison, renfermée entre zéro et $2niP$.

Or, comme, en prenant i aussi petit qu'on voudra, on peut en même temps prendre n aussi grand qu'on voudra, on pourra supposer in égale à une quantité quelconque z, positive ou négative, puisque la quantité i peut être prise positivement ou négativement.

La quantité $f(x + ni) - f(x)$ deviendra ainsi $f(x + z) - f(x)$, et pourra représenter une fonction quelconque de z, qui s'évanouit lorsque $z = 0$, la quantité x pouvant maintenant être regardée comme une constante arbitraire. De même, la quantité $f'(x + ni)$ deviendra $f'(x + z)$, et représentera la fonction dérivée de la même fonction de z, puisque $f'(x + z)$ est également la fonction dérivée de $f(x + z)$, soit par rapport à x, soit par rapport à z.

On peut donc conclure en général que, si $f'(x + z)$ a constamment des valeurs finies et de même signe, depuis $z = 0$, et que P soit la plus grande de ces valeurs, abstraction faite du signe, la fonction primitive dont il s'agit sera renfermée entre 0 et $2zP$; par conséquent elle aura toujours aussi des valeurs finies, et de même signe que la fonction dérivée si z est positive, ou de signe différent si z est négative.

Dans le Calcul différentiel, la conclusion précédente est une suite immédiate et nécessaire de la manière dont ce Calcul est envisagé, et elle se présente même sans aucune limitation relativement aux valeurs infinies; mais nous allons voir qu'elle est souvent en défaut à cet égard, ce qui servira à montrer la nécessité d'une analyse plus rigoureuse que celle qui sert de base au Calcul différentiel.

En effet, si y est une fonction de z, sa fonction dérivée, suivant la notation de ce Calcul, sera représentée par $\dfrac{dy}{dz}$, et y, intégrale de dy, est regardée, par les principes mêmes du Calcul, comme la somme de tous les éléments infiniment petits dy, ou $\dfrac{dy}{dz} dz$; par conséquent, si $y = 0$ lorsque $z = 0$, y sera la somme de tous les éléments $\dfrac{dy}{dz} dz$ qui répondent à tous les éléments de z. D'où l'on est en droit de conclure que, si $\dfrac{dy}{dz}$ a toujours des valeurs positives, depuis $z = 0$ jusqu'à une

X.

valeur quelconque positive de z, tous les éléments $\frac{dy}{dz} dz$ étant positifs, la valeur de y répondant à cette valeur de z sera nécessairement positive.

Cependant, si l'on a, par exemple,

$$y = \frac{1}{a-z} - \frac{1}{a},$$

a étant une constante quelconque positive, on aura $y = 0$ lorsque $z = 0$, et la valeur de $\frac{dy}{dz}$ sera, par les règles connues de la différentiation, $\frac{1}{(a-z)^2}$. Cette valeur est constamment positive, quelle que soit la valeur de z; il faudrait donc que la valeur de y fût toujours positive, ce qui n'est pas; car, en prenant z plus grand que a, y devient négative. Ainsi les principes du Calcul différentiel sont en défaut dans ce cas.

Suivant le principe que nous venons d'établir, la valeur de y ne sera nécessairement positive qu'autant que la fonction dérivée $\frac{dy}{dz}$ ne sera pas infinie dans l'étendue de la valeur de z. Or, $\frac{dy}{dz}$ étant égale à $\frac{1}{(a-z)^2}$, elle devient infinie lorsque $z = a$. Donc les valeurs de y seront nécessairement positives depuis $z = 0$ jusqu'à $z = a$; mais elles pourront ne pas l'être lorsque $z > a$, quoique les fonctions dérivées $\frac{1}{(a-z)^2}$ soient toujours positives.

Voici maintenant comment le principe dont il s'agit s'applique à la détermination des limites du développement de $f(x+i)$.

Soient d'abord p et q les valeurs de $x+i$ qui rendent la fonction dérivée $f'(x+i)$ la plus petite et la plus grande, en regardant x comme donné, et faisant varier i depuis zéro jusqu'à une valeur quelconque donnée de i. Donc $f'(p)$ sera la plus petite valeur de $f'(x+i)$, et $f'(q)$ en sera la plus grande; par conséquent, $f'(x+i) - f'(p)$ et $f'(q) - f'(x+i)$ seront toujours des quantités positives.

Regardant ces deux quantités comme des fonctions dérivées, relatives à la variable i, leurs fonctions primitives, prises de manière qu'elles soient nulles lorsque $i = $ o, seront, à cause de x, p et q supposées constantes,

$$f(x+i) - f(x) - if'(p) \quad \text{et} \quad if'(q) - f(x+i) + f(x).$$

Ainsi, pourvu que $f'(x+i)$ ne soit jamais infinie depuis $i = $ o jusqu'à la valeur donnée de i, ce qui aura lieu si $f'(p)$ et $f'(q)$ ne sont point des quantités infinies, on aura par le principe précédent, si i est positif,

$$f(x+i) - f(x) - if'(p) > 0 \quad \text{et} \quad f(x) - f(x+i) + if'(q) > 0,$$

d'où l'on tire

$$f(x+i) > f(x) + if'(p) \quad \text{et} \quad f(x+i) < f(x) + if'(q).$$

Supposons ensuite que p et q soient les valeurs de $x+i$ qui rendent la fonction dérivée du second ordre $f''(x+i)$ la plus petite et la plus grande, en faisant varier i depuis zéro jusqu'à une valeur donnée; on aura $f''(p)$ et $f''(q)$ pour la plus petite et la plus grande valeur de $f''(x+i)$; par conséquent, $f''(x+i) - f''(p)$ et $f''(q) - f''(x+i)$ seront toujours des quantités positives.

Regardant ces quantités comme des fonctions dérivées relatives à la variable i, leurs fonctions primitives, prises de manière qu'elles soient nulles, lorsque $i = $ o, seront

$$f'(x+i) - f'(x) - if''(p),$$
$$if''(q) - f'(x+i) + f'(x).$$

Donc, pourvu que $f''(x+i)$ ne soit jamais infinie dans toute l'étendue de i, ce qui revient à ce que $f''(p)$ et $f''(q)$ ne soient point infinies, ces deux quantités seront, par le même principe, toujours positives et finies, i étant supposé positif; et en les regardant comme des fonctions dérivées relatives à i, leurs fonctions primitives, prises de manière qu'elles soient nulles lorsque $i = $ o, seront, à cause de x,

p et q supposées constantes,

$$f(x+i)-f(x)-if'(x)-\frac{i^2}{2}f''(p),$$

$$\frac{i^2}{2}f''(q)-f(x+i)+f(x)+if'(x).$$

Ces nouvelles quantités seront donc aussi, par le même principe, toujours positives; on aura ainsi

$$f(x+i)-f(x)-if'(x)-\frac{i^2}{2}f''(p)>o,$$

$$f(x)-f(x+i)+if'(x)+\frac{i^2}{2}f''(q)>o,$$

d'où l'on tire

$$f(x+i)>f(x)+if'(x)+\frac{i^2}{2}f''(p),$$

$$f(x+i)<f(x)+if'(x)+\frac{i^2}{2}f''(q).$$

Si l'on suppose, en troisième lieu, que p et q soient les valeurs de $x+i$ qui rendent la fonction tierce $f'''(x+i)$ la plus petite et la plus grande, $i=o$ jusqu'à une valeur donnée de i, on aura les deux quantités depuis $f'''(x+i)-f'''(p)$ et $f'''(q)-f'''(x+i)$, qui seront nécessairement positives dans toute l'étendue de i. Donc, en les regardant comme des fonctions dérivées relatives à la variable i, leurs fonctions primitives, prises de manière qu'elles soient nulles lorsque $i=o$, seront

$$f''(x+i)-f''(x)-if'''(p),$$

$$if'''(q)-f''(x+i)+f''(x);$$

et ces quantités seront, par le même principe, toujours positives et finies, pourvu que $f'''(x+i)$ ne soit jamais infinie dans toute l'étendue de i, c'est-à-dire, pourvu que $f'''(p)$ et $f'''(q)$ ne soient point infinies.

Donc, en regardant de nouveau ces dernières quantités comme des fonctions dérivées relatives à i, leurs fonctions primitives, prises de manière qu'elles soient nulles lorsque $i = 0$, seront

$$f'(x + i) - f'(x) - i f''(x) - \frac{i^2}{2} f'''(p),$$

$$\frac{i^2}{2} f'''(q) - f'(x + i) + f'(x) + i f''(x),$$

lesquelles seront par conséquent aussi toujours positives et finies, en vertu du même principe.

Enfin, regardant encore ces nouvelles quantités comme des fonctions dérivées relatives à i, leurs fonctions primitives, prises de manière qu'elles soient nulles lorsque $i = 0$, seront

$$f(x + i) - f(x) - i f'(x) - \frac{i^2}{2} f''(x) - \frac{i^3}{2 \cdot 3} f'''(p),$$

$$\frac{i^3}{2 \cdot 3} f'''(q) - f(x + i) + f(x) + i f'(x) + \frac{i^2}{2} f''(x).$$

Ces quantités seront donc encore positives par le même principe ; ainsi on aura

$$f(x + i) - f(x) - i f'(x) - \frac{i^2}{2} f''(x) - \frac{i^3}{2 \cdot 3} f'''(p) > 0,$$

$$f(x) - f(x + i) + i f'(x) + \frac{i^2}{2} f''(x) + \frac{i^3}{2 \cdot 3} f'''(q) > 0;$$

d'où l'on tire

$$f(x + i) > f(x) + i f'(x) + \frac{i^2}{2} f''(x) + \frac{i^3}{2 \cdot 3} f'''(p),$$

$$f(x + i) < f(x) + i f'(x) + \frac{i^2}{2} f''(x) + \frac{i^3}{2 \cdot 3} f'''(q),$$

et ainsi de suite.

Nous avons supposé dans ces développements i positif; si i était négatif, ou bien si l'on changeait i en $- i$, alors on trouverait pour premières limites de $f(x - i)$

$$f(x - i) < f(x) - i f'(p),$$
$$f(x - i) > f(x) - i f'(q).$$

On trouverait ensuite pour secondes limites

$$f(x-i) < f(x) - i f'(x) + \frac{i^2}{2} f''(p),$$

$$f(x-i) > f(x) - i f'(x) + \frac{i^2}{2} f''(q),$$

et ainsi des autres.

Donc, en général, la quantité $f(x+i)$, soit que i soit positif ou négatif, sera toujours renfermée entre ces deux-ci :

$$f(x) + i f'(x) + \frac{i^2}{2} f''(x) + \frac{i^3}{2.3} f'''(x) + \ldots + \frac{i^\mu}{2.3\ldots\mu} f^\mu(p),$$

$$f(x) + i f'(x) + \frac{i^2}{2} f''(x) + \frac{i^3}{2.3} f'''(x) + \ldots + \frac{i^\mu}{2.3\ldots\mu} f^\mu(q),$$

en prenant pour p et q les valeurs de $x+i$, qui répondent à la plus petite et à la plus grande des valeurs de $f^\mu(x+i)$, dans toute l'étendue de i, depuis $i = o$, pourvu que les deux quantités $f^\mu(p)$ et $f^\mu(q)$ ne soient pas infinies.

Au reste, il est facile de voir, par l'analyse précédente, qu'on n'est pas astreint à prendre pour $f^\mu(p)$ et $f^\mu(q)$ la plus petite et la plus grande valeur de $f^\mu(x+i)$, mais qu'on peut prendre à leur place des valeurs quelconques plus petites que la plus petite, et plus grandes que la plus grande; ce qui peut servir, dans nombre de cas, à faciliter beaucoup la détermination des limites.

J'observerai ici, quoique cela ne soit presque pas nécessaire, que j'entends toujours par quantités plus grandes ou plus petites absolument celles qui sont plus avancées vers l'infini positif ou vers l'infini négatif; ainsi, si $a > b$, on aura $-a < -b$, etc.

L'analyse précédente redonne, comme l'on voit, successivement les termes du développement de $f(x+i)$; mais elle a l'avantage de ne développer cette fonction qu'autant que l'on veut, et d'offrir des limites du reste.

En effet, si dans le développement de $f(x+i)$ on veut s'arrêter au terme $\mu^{\text{ième}}$, pour avoir les limites du reste du développement, il n'y a qu'à considérer le terme suivant, qui serait de la forme

$$\frac{i^\mu}{2.3.4\ldots\mu} f^\mu(x),$$

et y mettre à la place de $f^\mu(x)$ la plus grande et la plus petite valeur de $f^\mu(x+i)$, en faisant varier i depuis zéro, ou bien des quantités quelconques plus grandes ou plus petites que la plus grande et la plus petite valeur de $f^\mu(x+i)$. Si ces deux valeurs, ou l'une d'entre elles, étaient infinies, il n'y aurait point alors de limites; c'est aussi le cas où le développement deviendrait fautif, parce que la valeur de $f^\mu(x+i)$ serait infinie dans quelque point.

En général, on peut avoir de la même manière les limites des valeurs de toute fonction dont on ne connaîtra que la fonction dérivée d'un ordre quelconque. On examinera la marche de la fonction dérivée depuis l'origine de la variable, et, si elle ne devient jamais infinie, on y appliquera immédiatement les formules précédentes, où i est la variable, et x peut être une constante quelconque. Si, au contraire, la fonction dérivée devient infinie pour certaines valeurs de la variable, on partagera cette variable en autant de parties séparées par les termes auxquels répondent les valeurs infinies de la fonction, et l'on appliquera séparément les mêmes formules à chacune de ces parties.

Supposons, pour donner quelques exemples,

$$f(x+i) = (x+i)^m,$$

on aura

$$f(x) = x^m,$$

et de là

$$f'(x) = m x^{m-1},$$
$$f''(x) = m(m-1)x^{m-2},$$
$$f'''(x) = m(m-1)(m-2)x^{m-3},$$
$$\dots\dots\dots\dots\dots\dots\dots\dots\dots\dots,$$

et en général

$$f^\mu(x) = M x^{m-\mu},$$

où

$$M = m(m-1)(m-2)\ldots(m-\mu+1),$$

comme on l'a vu dans la Leçon II. On aura donc

$$f^\mu(x+i) = M(x+i)^{m-\mu},$$

où l'on voit que cette fonction ne peut jamais devenir infinie tant que $x + i$ n'est pas $= 0$ et que μ n'est pas $> m$. On voit aussi que la plus petite et la plus grande valeur de $M(x+i)^{m-\mu}$ répondent, l'une à $i = 0$, et l'autre à i; de sorte que les valeurs p et q seront x et $x + i$, ou $x + i$ et x.

Donc, en général, le développement de $(x+i)^m$ sera compris entre ces deux limites

$$x^m + mi\,x^{m-1} + \frac{m(m-1)}{2} i^2 x^{m-2} + \ldots + \frac{M\,i^\mu}{2.3\ldots\mu} x^{m-\mu},$$

$$x^m + mi\,x^{m-1} + \frac{m(m-1)}{2} i^2 x^{m-2} + \ldots + \frac{M\,i^\mu}{2.3\ldots\mu} (x+i)^{m-\mu}.$$

Par le moyen de ces limites, on est à couvert des difficultés qui peuvent résulter de la non-convergence de la série; car, comme un terme quelconque $n^{\text{ième}}$ est au suivant dans le rapport de 1 à $\frac{m-n+1}{n}\frac{i}{x}$, pour que la série soit convergente, il faut que la quantité $\frac{m-n+1}{n}\frac{i}{x}$, abstraction faite du signe qu'elle doit avoir, soit moindre que l'unité. Si $\frac{i}{x} < 1$, il est clair que la série finira toujours par être convergente, puisque la dernière valeur de $\frac{m-n+1}{n}$ est -1. Mais elle sera toujours divergente à son extrémité, si $\frac{i}{x} > 1$, quoiqu'elle puisse être convergente dans ses premiers termes. Ainsi elle ne pourra alors être employée avec sûreté, quelque loin qu'elle soit portée, qu'en ayant égard aux limites que vous venons de donner.

Supposons, en second lieu,

$$f(x+i) = a^{x+i};$$

on aura

$$f(x) = a^x,$$

et de là

$$f'(x) = a^x la, \quad f''(x) = a^x (la)^2, \quad f'''(x) = a^x (la)^3, \quad \dots$$

Donc, en général,

$$f^\mu(x + i) = a^{x+i}(la)^\mu,$$

où l'on voit que la plus petite et la plus grande valeur répondent aussi à $i = o$ et à i. Ainsi on aura, en faisant $x = o$,

$$1 + ila + \frac{i^2}{2}(la)^2 + \frac{i^3}{2.3}(la)^3 + \dots + \frac{i^\mu}{2.3\dots\mu}(la)^\mu,$$

$$1 + ila + \frac{i^2}{2}(la)^2 + \frac{i^3}{2.3}(la)^3 + \dots + \frac{i^\mu}{2.3\dots\mu}(la)^\mu a^i,$$

pour les limites de la valeur de a^i, où l'on pourra prendre dans le dernier terme, au lieu de a^i, une quantité quelconque plus grande.

Soit, en troisième lieu,

$$f(x + i) = l(x + i);$$

on aura

$$f(x) = lx, \quad f'(x) = \frac{1}{x}, \quad f''(x) = -\frac{1}{x^2}, \quad f'''(x) = \frac{2}{x^3}, \quad \dots;$$

donc,

$$f^\mu(x + i) = \pm \frac{2.3\dots(\mu - 1)}{(x + i)^\mu},$$

le signe supérieur étant pour le cas de μ impair, et l'inférieur pour le cas de μ pair.

Il est clair que, pourvu que $x + i$ ne soit pas égal à zéro, la quantité $f^\mu(x + i)$ ne sera jamais infinie, et que sa plus grande valeur et sa plus petite, relativement à i, répondront à $i = o$ et à i.

On aura donc, par la formule générale, ces deux limites, pour la valeur de $l(x + i)$,

$$lx + \frac{i}{x} - \frac{i^2}{2x^2} + \frac{i^3}{3x^3} - \dots \pm \frac{i^\mu}{\mu.x^\mu},$$

$$lx + \frac{i}{x} - \frac{i^2}{2x^2} + \frac{i^3}{3x^3} - \dots \pm \frac{i^\mu}{\mu.(x + i)^\mu},$$

X.

où l'on pourra mettre à la place de i une valeur quelconque plus grande dans le dénominateur $(x + i)^\mu$.

Soit, en quatrième lieu,

$$f(x + i) = \sin(x + i);$$

on aura

$$f(x) = \sin x, \quad f'(x) = \cos x, \quad f''(x) = -\sin x, \quad \ldots;$$

donc, en général,

$$f^\mu(x + i) = \pm \sin(x + i) \text{ ou } = \pm \cos(x + i),$$

suivant que μ sera de l'une de ces formes, $4n$, $4n + 2$, $4n + 1$, $4n + 3$, n étant un nombre entier quelconque; ce qu'on peut renfermer dans cette expression générale

$$f^\mu(x + i) = \sin(x + i + \mu \mathbf{D});$$

$\mathbf{D}$ étant l'angle droit.

Or, quelles que soient les valeurs de x et i, il est visible que la plus grande et la plus petite valeur de $f^\mu(x + i)$ seront 1 et -1; ainsi on aura, pour le développement de $\sin(x + i)$, ces limites

$$\sin x + i \cos x - \frac{i^2}{2} \sin x - \frac{i^3}{2.3} \cos x + \ldots \pm \frac{i^\mu}{2.3\ldots\mu}.$$

Si l'on fait $x = 0$, on aura

$$i - \frac{i^3}{2.3} + \frac{i^5}{2.3.4.5} - \ldots \pm \frac{i^\mu}{2.3\ldots\mu},$$

et, si l'on fait $x = \mathbf{D}$, on aura

$$1 - \frac{i^2}{2} + \frac{i^4}{2.3.4} - \ldots \pm \frac{i^\mu}{2.3\ldots\mu},$$

pour les limites de $\sin i$ et $\cos i$, où il faudra prendre pour μ le nombre immédiatement plus grand d'une unité que l'exposant de i, dans le terme auquel on voudra s'arrêter.

Nous avons donné, à la fin de la Leçon VII, la série du développement de $f(y+i)$, en supposant $y = \tang x$ et $f(y) = x$, et nous avons trouvé en général

$$f^\mu(y) = \pm 2.3\ldots(\mu-1)\cos^\mu x \times \sin \text{ ou } \cos \mu x.$$

Donc, on aura aussi

$$f^\mu(y+i) = \pm 2.3\ldots(\mu-1)\cos^\mu z \times \sin \text{ ou } \cos \mu z,$$

en faisant $y+i = \tang z$, c'est-à-dire

$$\tang z = \tang x + i.$$

Or, quels que soient y et i, il est visible que la plus petite et la plus grande valeur de $\cos^\mu z \times \sin$ ou $\cos \mu z$ seront -1 et 1; d'où l'on peut d'abord conclure que la série est vraie pour des valeurs quelconques de x et i, et que, si l'on veut arrêter la série au terme $\mu^{\text{ième}}$, le reste de la série sera nécessairement renfermé entre les limites $\pm \dfrac{i^\mu}{\mu}$.

Ainsi, en faisant $x = 0$, on aura ces limites

$$\text{arc tang}\, i = i - \frac{i^3}{3} + \frac{i^5}{5} - \ldots \pm \frac{i^{\mu+1}}{\mu+1},$$

où μ est l'exposant du terme auquel on veut s'arrêter.

Nous finirons par remarquer que les mêmes formules peuvent servir à développer une fonction quelconque, suivant les puissances de sa variable; car en faisant $x = 0$, $f(x+i)$ devient simplement $f(i)$ et peut représenter une fonction quelconque d'une variable i.

Or il est visible que les valeurs de $f(x), f'(x), f''(x), \ldots$, lorsque $x = 0$, doivent coïncider avec celles de $f(i), f'(i), f''(i), \ldots$, lorsque $i = 0$.

Donc, si l'on dénote simplement par $f, f', f'', \ldots$ les valeurs de $f(i), f'(i), f''(i), \ldots$, lorsque $i = 0$, on aura en général

$$f(i) = f + if' + \frac{i^2}{2}f'' + \frac{i^3}{2.3}f''' + \ldots;$$

et si l'on veut s'arrêter au terme $\mu^{\text{ième}}$, alors, comme le terme suivant serait

$$\frac{i^\mu}{2.3.4\ldots\mu}f^\mu,$$

il n'y aura qu'à substituer à la place de f^μ la plus grande et la plus petite valeur de $f^\mu(i)$, ou des valeurs plus grandes ou plus petites que celles-ci, et l'on aura les limites du reste du développement.

Ainsi le développement sera exact tant que ces limites auront des valeurs finies. Si l'une d'elles devenait infinie, le reste de la série pourrait aussi devenir infini, et le développement deviendrait fautif. Il faudra donc alors, ou s'arrêter à un terme précédent, ou n'attribuer à i que des valeurs telles, que $f^\mu(i)$ ne devienne pas infinie depuis $i = o$ jusqu'à cette valeur.

Puisque ces limites répondent à la plus grande et à la plus petite valeur de $f^\mu(i)$, en prenant i depuis zéro jusqu'à la valeur donnée, il est clair que la valeur exacte du reste du développement de la fonction $f(i)$ répondra à une valeur intermédiaire de $f^\mu(i)$, qui pourra être représentée par $f^\mu(j)$, en prenant pour j une quantité entre zéro et i. Il suit de là qu'on pourra toujours représenter d'une manière finie le développement d'une fonction quelconque $f(i)$, en y introduisant une quantité inconnue j moindre que i. Ainsi on a ce théorème analytique, remarquable par sa simplicité,

$$f(i) = f + i f' + \frac{i^2}{2}f'' + \frac{i^3}{2.3}f''' + \ldots + \frac{i^{\mu-1}}{2.3\ldots(\mu-1)}f^{\mu-1} + \frac{i^\mu}{2.3\ldots\mu}f^\mu(j),$$

où f, f', f'', … sont les valeurs de $f(i)$, $f'(i)$, $f''(i)$, …, en y faisant $i = o$, l'exposant μ étant quelconque.

On a par là une démonstration rigoureuse de cette proposition qu'on s'était contenté de supposer jusqu'ici : savoir que, dans le développement d'une fonction, on peut donner à la variable, suivant laquelle est ordonné le développement, une valeur assez petite pour qu'un terme quelconque de la série soit plus grand que la somme de tous ceux qui le suivent; car il est clair qu'il suffit pour cela de faire voir qu'on peut toujours prendre i assez petit pour que l'on ait

$$\frac{i^{\mu-1}}{2.3\ldots(\mu-1)}f^{\mu-1} > \frac{i^{\mu}}{2.3\ldots\mu}f^{\mu}(j),$$

condition qui se réduit à celle-ci

$$f^{\mu-1} > \frac{i}{\mu}f^{\mu}(j),$$

à laquelle il est visible qu'on peut toujours satisfaire en diminuant la valeur de i, pourvu qu'on n'ait pas $f^{\mu-1} = 0$.

On peut démontrer de la même manière cette autre proposition, que, si l'on a deux fonctions différentes $f(i)$ et $F(i)$, qui soient telles que les μ premiers termes du développement de $f(i)$ soient respectivement égaux aux μ premiers termes du développement de $F(i)$, on peut, en diminuant la quantité i, rapprocher assez près les valeurs de ces deux fonctions, pour que la valeur d'aucune autre fonction, comme $\varphi(i)$, ne puisse jamais tomber entre ces valeurs, si les μ premiers termes du développement $\varphi(i)$ ne coïncident pas aussi avec ceux du développement de $f(i)$ et de $F(i)$; car la différence $F(i) - f(i)$ se réduira, par l'hypothèse, à

$$\frac{i^{\mu}}{2.3\ldots\mu}[F^{\mu}(j) - f^{\mu}(j)],$$

où la quantité j pourra être différente dans les deux fonctions, mais toujours $j < i$; au lieu que la différence $\varphi(i) - f(i)$ sera de la forme

$$\frac{i^{\lambda}}{2.3\ldots\lambda}(\varphi^{\lambda} - f^{\lambda}) + \ldots + \frac{i^{\mu}}{2.3\ldots\mu}[\varphi^{\mu}(j) - f^{\mu}(j)],$$

λ étant $< \mu$; d'où l'on voit qu'en diminuant la valeur de i, le rapport de cette différence à la première deviendra toujours plus grand, à moins que l'on n'ait aussi $\varphi^{\lambda} = f^{\lambda}$, etc.

C'est sur ces principes qu'est fondée l'application rigoureuse de la théorie des fonctions dérivées aux parties de la Géométrie et de la Mécanique, pour lesquelles on emploie le Calcul différentiel. Soit $f(x)$ l'ordonnée d'une courbe dont x est l'abscisse; prenons une nouvelle abscisse i, qui commence où finit l'abscisse x, que nous regarderons maintenant comme constante; l'ordonnée correspondante sera

$$f(x+i)=f(x)+i\,f'(x)+\frac{i''}{2}f''(x)+\dots.$$

Arrêtons-nous aux premiers termes, et supposons l'équation

$$z=f(x)+i\,f'(x),$$

entre l'abscisse i et l'ordonnée z; cette équation sera une ligne droite qui passe par le point de la courbe qui répond à l'abscisse x, et qui est inclinée à l'axe d'un angle dont $f'(x)$ est la tangente.

Comme les deux termes de l'ordonnée de cette droite coïncident avec les deux premiers termes de celle de la courbe, il sera impossible qu'aucune autre droite passant par le même point de la courbe puisse passer aussi entre elle et la droite dont il s'agit; celle-ci sera donc la tangente de la courbe au même point, de manière qu'en appelant t la sous-tangente, on aura en général $\frac{y}{t}=f'(x)$, et de là $t=\frac{y}{f'(x)}=\frac{y}{y'}$.

Prenons maintenant les trois premiers termes du même développement, et considérons la courbe dont l'équation entre l'ordonnée z et l'abscisse i serait

$$z=f(x)+i\,f'(x)+\frac{i^2}{2}f''(x);$$

on aura une parabole dont l'axe est parallèle aux ordonnées, et dont le paramètre est $\frac{2}{f''(x)}$.

Cette parabole passera par le point de la courbe proposée qui répond à l'abscisse x, et aura la même tangente qu'elle, parce que les deux premiers termes de son équation coïncident avec ceux de l'équation de la courbe; et, comme les troisièmes termes coïncident aussi, il s'ensuit qu'aucune autre parabole ne pourra passer entre celle-ci et la même courbe : ce sera, par conséquent, la parabole qu'on nomme *osculatrice*, et qui aura $\frac{2}{f''(x)}$ ou $\frac{2}{y''}$ pour paramètre.

Comme c'est ordinairement au cercle qu'on rapporte la courbure des courbes, pour avoir le rayon de courbure, on supposera que la courbe proposée est un cercle dont l'équation générale est, comme l'on sait,

$$(x - a)^2 + (y - b)^2 = r^2;$$

ainsi on aura

$$y = b + \sqrt{r^2 - (x - a)^2} = f(x),$$

d'où l'on déduit, en prenant les fonctions dérivées,

$$y' = - \frac{x - a}{\sqrt{r^2 - (x - a)^2}} = f'(x),$$

$$y'' = - \frac{r^2}{[r^2 - (x - a)^2]^{\frac{3}{2}}} = f''(x).$$

Si l'on détermine, par ces trois équations, les valeurs de a, b, r en x, $f(x)$, $f'(x)$, $f''(x)$, on aura non seulement le rayon r du cercle osculateur, mais aussi la position du centre de ce cercle par les deux coordonnées a, b, qui seront en même temps celles de la développée; car alors les trois premiers termes du développement de y dans le cercle coïncideront avec les trois premiers termes du développement de y dans la courbe proposée.

On aura aussi, pour une courbe quelconque,

$$r = - \frac{(1 + y'^2)^{\frac{3}{2}}}{y''},$$

$$a = x - \frac{y'(1 + y'^2)}{y''},$$

$$b = y - \frac{1 + y'^2}{y''}.$$

On peut pousser plus loin cette théorie des osculations, comme nous l'avons fait dans les n°ˢ 117 et suivants de la *Théorie des Fonctions analytiques*.

Si l'on considère l'espace décrit par un mobile comme fonction du temps employé à le parcourir, et qu'on nomme x le temps et y l'espace, l'équation $y = f(x)$ exprimera la nature du mouvement. Soit z l'espace décrit dans le temps i qui commence au bout du temps x; on aura

$$z = f(x + i) - f(x),$$

et par le développement

$$z = i f'(x) + \frac{i^2}{2} f''(x) + \frac{i^3}{2.3} f'''(x) + \ldots;$$

ne prenons dans cette expression de z que le premier terme, et considérons un autre mobile dont le mouvement serait représenté par l'équation

$$u = i f'(x)$$

entre l'espace u et le même temps i; ce mouvement sera uniforme avec la vitesse $f'(x)$. Comme la valeur de u est exprimée par un terme qui est le même que le premier terme de la valeur de z, il suit de ce que nous avons démontré, en général, que, dans les premiers instants du temps i, ce mouvement uniforme approchera plus du mouvement dont il s'agit qu'aucun autre mouvement uniforme; car on pourra toujours prendre le temps i assez court pour que, entre les espaces parcourus en vertu de ces deux mouvements, il ne puisse être parcouru uniformément, dans le même temps, aucun espace moyen avec une autre vitesse que $f'(x)$. Donc on pourra regarder $f'(x)$ comme l'expression de la vitesse de tout mouvement représenté par l'équation $y = f(x)$, au bout du temps x.

Si l'on prend les deux premiers termes de l'expression de z pour l'espace décrit par un autre mobile dans le même temps i, la formule

$$u = i f'(x) + \frac{i^2}{2} f''(x)$$

représentera un mouvement composé d'un mouvement uniforme avec la vitesse $f'(x)$, et d'un mouvement uniformément accéléré produit par une pression ou force accélératrice constante $f''(x)$, comme l'expérience le prouve dans le mouvement des graves.

Les termes de la valeur de u étant les mêmes que les deux premiers termes de l'expression générale de z, on conclura des mêmes principes établis ci-dessus, et par un raisonnement semblable au précédent, que, dans les premiers instants du temps i, ce nouveau mouvement approchera du mouvement représenté par l'équation

$$z = f(x+i) - f(x), \quad \text{ou} \quad y = f(x),$$

plus qu'aucun autre mouvement semblable, de manière qu'on pourra prendre $f'(x)$ pour la vitesse, et $f''(x)$ pour la force accélératrice au commencement du temps i, c'est-à-dire au bout du temps x. Donc, en général, y étant l'espace décrit et exprimé en fonction du temps, y' sera la vitesse, et y'' la force accélératrice nécessaire pour ce mouvement.

Ceci a lieu naturellement dans les mouvements rectilignes; mais, en considérant les mouvements curvilignes comme composés de rectilignes, on en déduit les lois des vitesses et des forces dans toutes sortes de mouvements.

Nous nous contenterons ici d'avoir fait voir, en deux mots, l'usage de notre théorème sur les limites du développement des fonctions, dans l'application des fonctions dérivées à la Géométrie et à la Mécanique; et nous renverrons ceux qui désireront un plus grand détail à la seconde Partie de notre *Théorie des Fonctions analytiques.*

LEÇON DIXIÈME.

DES ÉQUATIONS DÉRIVÉES ET DE LEUR USAGE POUR LA TRANSFORMATION DES FONCTIONS. ANALYSE DES SECTIONS ANGULAIRES.

Jusqu'à présent nous n'avons considéré les fonctions dérivées que comme servant à la formation des séries d'où elles tirent leur origine; mais ces fonctions, considérées en elles-mêmes, offrent un nouveau système d'opérations algébriques, et sont, pour ainsi dire, la clef de la transformation des fonctions.

Lorsqu'une fonction d'une variable est présentée sous deux formes différentes, en égalant ces expressions, on a ce qu'on appelle une *équation identique,* à cause de l'identité de la valeur, laquelle doit par conséquent avoir lieu indépendamment de la variable, c'est-à-dire, quelle que soit cette variable; ainsi elle aura lieu en attribuant à la variable un accroissement quelconque i.

Soit

$$f(x) = 0$$

une pareille équation identique; on aura donc aussi

$$f(x + i) = 0,$$

savoir, en développant,

$$f(x) + i f'(x) + \frac{i^2}{2} f''(x) + \ldots = 0,$$

quel que soit i; donc on aura séparément

$$f(x) = 0, \quad f'(x) = 0, \quad f''(x) = 0, \quad \ldots;$$

d'où il suit que l'on aura la même équation en prenant les fonctions dérivées d'un ordre quelconque.

Supposons maintenant une équation comme

$$\mathrm{F}(x,y) = 0$$

entre deux variables x et y, par laquelle l'une y doive être fonction de x. Il est évident qu'en regardant y comme une fonction de x, déterminée par cette équation, l'équation

$$\mathrm{F}(x,y) = 0$$

sera identique et aura lieu indépendamment de x; donc l'équation subsistera aussi entre les fonctions dérivées d'un ordre quelconque.

En prenant donc les fonctions dérivées premières, secondes, etc., de chaque terme, on aura autant de nouvelles équations qui auront lieu en même temps que l'équation primitive; par conséquent, toute combinaison de ces équations aura lieu aussi à la fois.

Nous nommerons en général *équations dérivées du premier ordre, du second ordre*, etc., ou simplement *équations primes, secondes*, etc., non seulement les équations dérivées qu'on obtient en prenant les fonctions primes, secondes, etc. de tous les termes d'une équation regardée comme primitive, mais encore les équations qu'on pourra former par une combinaison quelconque de l'équation primitive et de son équation prime, ou de ces deux-ci et de l'équation seconde, etc.

Ainsi, l'équation primitive contenant x et y, l'équation dérivée du premier ordre, ou équation prime, contiendra x, y et y'; l'équation dérivée du second ordre, ou équation seconde, contiendra x, y, y' et y''; et ainsi de suite.

Si, au lieu de regarder y comme fonction de x, on regardait au contraire x comme fonction de y, l'équation prime serait entre y, x et x', l'équation seconde serait entre y, x, x' et x'', et ainsi de suite; et, par le principe exposé dans la Leçon VII, on pourra toujours transformer un de ces systèmes d'équations dérivées dans l'autre.

Pour montrer d'abord par quelques exemples l'usage des équations dérivées dans la transformation des fonctions, je considérerai les fonctions $\sin x$ et $\cos x$, dont nous avons donné les fonctions dérivées dans la Leçon V, et faisant

$$y = \sin x, \quad z = \cos x,$$

j'aurai d'abord

$$y' = \cos x, \quad z' = -\sin x,$$

par conséquent

$$y' = z, \quad z' = -y;$$

si on multiplie la première de ces équations par $\sqrt{-1}$, et qu'on l'ajoute à la seconde, on aura

$$z' + y'\sqrt{-1} = z\sqrt{-1} - y = (z + y\sqrt{-1})\sqrt{-1};$$

d'où l'on tire l'équation

$$\frac{z' + y'\sqrt{-1}}{z + y\sqrt{-1}} = \sqrt{-1}.$$

Or, nous avons vu dans la Leçon VI que, si p est une fonction quelconque de x, $\dfrac{p'}{p}$ est la fonction dérivée de lp; ainsi

$$l(z + y\sqrt{-1}) = x\sqrt{-1} + k$$

sera l'équation primitive d'où la précédente peut être censée dérivée; la quantité k est la constante arbitraire que nous avons vue, à la fin de la même Leçon, pouvoir toujours s'ajouter à la fonction primitive d'une fonction dérivée donnée, et qui sert à lui donner toute la généralité dont elle est susceptible. Il serait inutile d'ajouter de même une constante au premier membre de l'équation, parce qu'elle se fondrait dans l'autre par la simple transposition dans le second membre.

Mais, cette constante étant jusqu'ici arbitraire, il faut la déterminer conformément à la nature des fonctions y et z.

Pour cela, j'observe qu'en faisant $x = 0$ on a

$$\sin x = 0 \quad \text{et} \quad \cos x = 1; \quad \text{donc} \quad y = 0, \quad z = 1.$$

Il faudra donc que l'équation que nous venons de trouver satisfasse à ces suppositions; or elle devient dans ce cas $l_1 = k$; et, comme l_1 est $= 0$, on aura $k = 0$.

L'équation sera donc simplement

$$l(z + y\sqrt{-1}) = x\sqrt{-1},$$

et, passant de là aux exponentielles,

$$z + y\sqrt{-1} = e^{x\sqrt{-1}},$$

e étant, comme nous le supposons toujours, le nombre dont le logarithme hyperbolique est l'unité. Remettant pour y et z leurs valeurs $\sin x$ et $\cos x$, on aura cette formule remarquable

$$\cos x + \sin x\sqrt{-1} = e^{x\sqrt{-1}},$$

laquelle, à cause de l'ambiguïté du radical $\sqrt{-1}$, donne également celle-ci

$$\cos x - \sin x\sqrt{-1} = e^{-x\sqrt{-1}};$$

et ces deux, combinées ensemble, suffisent pour déterminer les valeurs de $\sin x$ et $\cos x$. On aura, en effet, après les avoir ajoutées ou retranchées,

$$\cos x = \frac{e^{x\sqrt{-1}} + e^{-x\sqrt{-1}}}{2},$$

$$\sin x = \frac{e^{x\sqrt{-1}} - e^{-x\sqrt{-1}}}{2\sqrt{-1}}.$$

Ainsi les sinus et cosinus se trouvent exprimés par des exponentielles imaginaires, ce qu'on peut regarder comme l'une des plus belles découvertes analytiques qu'on ait faites dans ce siècle.

Ces formules peuvent aussi se déduire immédiatement de la comparaison des séries qui expriment les fonctions $\sin x$, $\cos x$ et e^x, et que nous avons trouvées plus haut (Leçons IV et VI). C'est de cette manière qu'Euler les a données dans le Tome VII des *Miscellanea Berolinensia*; mais, dans son *Introductio,* il les déduit des expressions algébriques des sinus et cosinus des angles multiples, par une réduction ingénieuse, mais dépendante de la considération des quantités infinies et infiniment petites, et que nous avons tâché de rendre rigoureuse dans la *Théorie des Fonctions* (n°s 22 et 25).

Comme ces mêmes séries avaient été données par Newton dans son *Commerce* avec Oldenburg, et étaient ainsi connues avant la fin du siècle dernier, on aurait pu dès lors parvenir aux formules dont nous parlons, et donner par là à la théorie des sections angulaires la perfection qu'elle n'a acquise que cinquante ans après par les Ouvrages d'Euler.

L'expression des arcs en logarithmes imaginaires remonte, à la vérité, au commencement de ce siècle, et c'est une des plus belles découvertes de Jean Bernoulli, qui l'a donnée en peu de mots dans les *Mémoires de l'Académie des Sciences* de 1702. Il y était parvenu en intégrant par logarithmes l'élément de l'arc exprimé par la tangente, comme Leibnitz avait trouvé la série qui exprime l'arc par la tangente, en intégrant le même élément par série.

Cette découverte conduisait aussi naturellement aux mêmes formules exponentielles; mais elle est restée longtemps stérile, et ce n'est que lorsque ces formules ont été connues par d'autres voies, qu'on a vu qu'on pouvait les tirer immédiatement de l'intégration.

L'équation

$$\cos x + \sin x \sqrt{-1} = e^{x\sqrt{-1}},$$

où le radical $\sqrt{-1}$ peut avoir également le signe $+$ et $-$, donne toute la théorie du calcul des angles. Car, en multipliant cette équation par l'équation semblable

$$\cos y + \sin y \sqrt{-1} = e^{y\sqrt{-1}},$$

on a

$$(\cos x + \sin x \sqrt{-1})(\cos y + \sin y \sqrt{-1}) = e^{(x+y)\sqrt{-1}}.$$

Mais, en mettant dans la même équation $x + y$ à la place de x, on a aussi

$$\cos(x + y) + \sin(x + y)\sqrt{-1} = e^{(x+y)\sqrt{-1}}.$$

Donc, en comparant et développant le produit, on a

$$\cos x \cos y - \sin x \sin y + (\cos x \sin y + \cos y \sin x)\sqrt{-1}$$
$$= \cos(x + y) + \sin(x + y)\sqrt{-1};$$

et, comme cette équation doit avoir lieu pour les deux signes de $\sqrt{-1}$, il s'ensuit qu'on aura séparément

$$\cos x \cos y - \sin x \sin y = \cos(x+y),$$
$$\cos x \sin y + \sin x \cos y = \sin(x+y),$$

formules qu'on démontre par la Géométrie, et qui sont le fondement de toute la théorie des angles.

La même équation, en élevant les deux membres à une puissance quelconque m, donne

$$\left(\cos x + \sin x \sqrt{-1}\right)^m = e^{mx\sqrt{-1}}.$$

Donc aussi, en mettant dans l'équation primitive mx à la place de x et comparant, on a

$$\left(\cos x + \sin x \sqrt{-1}\right)^m = \cos mx + \sin mx \sqrt{-1},$$

formule remarquable autant par sa simplicité et son élégance que par sa généralité et sa fécondité.

Il paraît que Moivre est le premier qui ait trouvé cette belle formule ; on voit, par les *Miscellanea analytica*, qu'il y a été conduit par la considération des sections hyperboliques comparées aux sections circulaires. Maintenant elle est devenue une vérité élémentaire, qu'on démontre par le moyen des valeurs de $\sin(x+y)$ et $\cos(x+y)$ que donne la Géométrie, en considérant le produit des formules semblables

$$\cos x + \sin x \sqrt{-1} \quad \text{et} \quad \cos y + \sin y \sqrt{-1},$$

lequel se réduit à cette formule semblable

$$\cos(x+y) + \sin(x+y)\sqrt{-1};$$

et c'est à Euler qu'on doit d'avoir transporté ainsi dans les *Éléments* une formule d'une si grande utilité.

Il est vrai que de cette manière on ne peut la démontrer que pour des valeurs rationnelles de m ; mais il en est ici comme dans la formule du développement du binôme, et en général dans toutes les formules qui contiennent une indéterminée qui peut être un nombre quelconque rationnel; ce n'est que par la considération des fonctions dérivées qu'on en peut prouver la généralité pour une valeur quelconque de la même quantité.

En prenant, dans la formule que nous venons de trouver, le radical $\sqrt{-1}$ en plus ou en moins, on a ces deux-ci

$$\cos mx + \sin mx \sqrt{-1} = (\cos x + \sin x \sqrt{-1})^m,$$

$$\cos mx - \sin mx \sqrt{-1} = (\cos x - \sin x \sqrt{-1})^m,$$

d'où l'on tire aisément

$$\cos mx = \frac{(\cos x + \sin x \sqrt{-1})^m + (\cos x - \sin x \sqrt{-1})^m}{2},$$

$$\sin mx = \frac{(\cos x + \sin x \sqrt{-1})^m - (\cos x - \sin x \sqrt{-1})^m}{2\sqrt{-1}}.$$

Si l'on développe les puissances $m^{\text{ièmes}}$ par la formule du binôme, les imaginaires disparaissent, et l'on a ces expressions en série

$$\cos mx = \cos^m x - \frac{m(m-1)}{2}\cos^{m-2} x \sin^2 x$$

$$+ \frac{m(m-1)(m-2)(m-3)}{2.3.4}\cos^{m-4} x \sin^4 x - \ldots,$$

$$\sin mx = m\cos^{m-1} x \sin x - \frac{m(m-1)(m-2)}{2.3}\cos^{m-3} x \sin^3 x + \ldots.$$

Ces deux formules avaient été données dès 1701, par Jean Bernoulli, dans les *Actes de Leipzig*, mais sans démonstration, et on voit, par la Lettre 129 du *Commercium epistolicum*, et par le *Traité des Sections coniques* de l'Hospital, qu'ils les avaient trouvées en cherchant successivement, par les théorèmes connus, les valeurs des sinus et cosinus des angles doubles, triples, etc., et en observant l'analogie des termes de ces valeurs avec ceux du développement du binôme. En effet, si l'on fait successivement $y = x$, $2x$, $3x$, $\ldots$, dans les formules données ci-dessus pour $\sin(x + y)$ et $\cos(x + y)$, et qu'on substitue à mesure les valeurs précédentes, on trouve

$$\cos 2x = \cos^2 x - \sin^2 x,$$
$$\sin 2x = 2 \cos x \sin x,$$
$$\cos 3x = \cos^3 x - 3 \cos x \sin^2 x,$$
$$\sin 3x = 3 \cos^2 x \sin x - \sin^3 x,$$
$$\dots\dots\dots\dots\dots\dots\dots\dots\dots\dots,$$

dont l'analogie avec les termes des puissances correspondantes du binôme est manifeste.

D'après cela, il est étonnant que Jean Bernoulli n'ait pas trouvé les expressions finies de $\sin mx$ et $\cos mx$, et qu'il ait fallu encore vingt ans pour qu'on parvînt à la formule donnée par Moivre. Ainsi Jean Bernoulli a touché deux fois à la même découverte, et il en a laissé la gloire à ses successeurs.

Les formules précédentes renferment les puissances de $\sin x$ et $\cos x$ mêlées ensemble; comme on a toujours

$$\cos^2 x + \sin^2 x = 1,$$

il est possible de faire disparaitre toutes les puissances paires de $\sin x$ ou de $\cos x$, et d'avoir des formules qui procèdent suivant les puissances de $\cos x$ ou $\sin x$.

Il serait difficile de parvenir à des séries régulières par la simple substitution; mais les formules connues

$$2 \cos x \cos mx = \cos(m+1)x + \cos(m-1)x,$$
$$2 \cos x \sin mx = \sin(m+1)x + \sin(m-1)x$$

font voir que les cosinus et sinus des multiples de x forment deux séries récurrentes dont l'échelle de relation est $2 \cos x - 1$.

Ainsi, en partant des premières valeurs de $\cos mx$ et $\sin mx$, lorsque $m = 0$ et $m = 1$, et mettant, pour plus de simplicité, p et q à la place

X.   15

de $\cos x$ et $\sin x$, on trouvera successivement

$$\cos 0x = 1,$$
$$\cos 1x = p,$$
$$\cos 2x = 2p\cos x - \cos 0x = 2p^2 - 1,$$
$$\cos 3x = 2p\cos 2x - \cos x = 4p^3 - 3p,$$
$$\dots\dots\dots\dots\dots\dots\dots\dots\dots\dots;$$

d'où résulte la Table suivante :

(A)
$$\begin{cases} \cos 1x = p, \\ \cos 2x = 2p^2 - 1, \\ \cos 3x = 4p^3 - 3p, \\ \cos 4x = 8p^4 - 8p^2 + 1, \\ \cos 5x = 16p^5 - 20p^3 + 5p, \\ \dots\dots\dots\dots\dots\dots\dots\dots, \end{cases}$$

et, en général,

$$2\cos mx = (2p)^m - m(2p)^{m-2} + \frac{m(m-3)}{2}(2p)^{m-4} - \frac{m(m-4)(m-5)}{2.3}(2p)^{m-6} + \dots$$

On trouvera de même

(B)
$$\begin{cases} \sin 1x = q, \\ \sin 2x = 2pq, \\ \sin 3x = (4p^2 - 1)q, \\ \sin 4x = (8p^3 - 4p)q, \\ \sin 5x = (16p^4 - 12p^2 + 1)q, \\ \dots\dots\dots\dots\dots\dots\dots\dots, \end{cases}$$

et, en général,

$$\sin mx = \left[(2p)^{m-1} - (m-2)(2p)^{m-3} + \frac{(m-3)(m-4)}{2}(2p)^{m-5} - \dots \right] q.$$

Ces séries procèdent suivant les puissances descendantes de p; on peut en avoir aussi qui procèdent suivant les puissances ascendantes de p ou de q; mais il faut alors distinguer les cas de m impair ou pair.

Soit 1° m impair; on aura

(C)
$$\begin{cases} \cos 1x = p, \\ \cos 3x = -(3p - 4p^3), \\ \cos 5x = 5p - 20p^3 + 16p^5. \\ \dots\dots\dots\dots\dots\dots\dots\dots \end{cases}$$

et, en général,

$$\cos mx = \pm\left[mp - \frac{m(m^2-1)}{2.3}p^3 + \frac{m(m^2-1)(m^2-9)}{2.3.4.5}p^5 - \cdots \right],$$

le signe supérieur étant pour le cas où m est de la forme $4n+1$, et l'inférieur pour celui où m est de la forme $4n+3$.

On aura de même, lorsque m est impair,

(D)
$$\begin{cases} \sin 1x = q, \\ \sin 3x = -q(1-4p^2), \\ \sin 5x = q(1-12p^2+16p^4), \\ \cdots\cdots\cdots\cdots\cdots, \end{cases}$$

et, en général,

$$\sin mx = \pm q\left[1 - \frac{m^2-1}{2}p^2 + \frac{(m^2-1)(m^2-9)}{2.3.4}p^4 - \frac{(m^2-1)(m^2-9)(m^2-25)}{2.3.4.5.6}p^6 + \cdots \right],$$

où l'on observera, à l'égard des signes ambigus, la même règle que ci-dessus.

Soit 2° m pair; on aura

(E)
$$\begin{cases} \cos 2x = -(1-2p^2), \\ \cos 4x = 1-8p^2+8p^4, \\ \cos 6x = -(1-18p^2+48p^4-32p^6), \\ \cdots\cdots\cdots\cdots\cdots, \end{cases}$$

et, en général,

$$\cos mx = \pm\left[1 - \frac{m^2}{2}p^2 + \frac{m^2(m^2-4)}{2.3.4}p^4 - \frac{m^2(m^2-4)(m^2-16)}{2.3.4.5.6}p^6 + \cdots \right].$$

Ensuite

(F)
$$\begin{cases} \sin 2x = 2pq, \\ \sin 4x = -q(4p-8p^3), \\ \sin 6x = q(6p-32p^3+32p^5), \\ \cdots\cdots\cdots\cdots\cdots, \end{cases}$$

et, en général,

$$\sin mx = \pm\left[mp - \frac{m(m^2-4)}{2.3}p^3 + \frac{m(m^2-4)(m^2-16)}{2.3.4.5}p^5 - \cdots \right]q.$$

A l'égard des signes ambigus, on prendra les signes supérieurs lorsque m est de la forme $4n + 2$, et les inférieurs lorsque m est de la forme $4n$.

Enfin on aura aussi, à cause de $p^2 = 1 - q^2$: 1° Pour le cas de m impair,

(G)
$$\begin{cases} \cos 1\,x = p, \\ \cos 3x = p(1 - 4q^2), \\ \cos 5x = p(1 - 12q^2 + 16q^4), \\ \cdots\cdots\cdots\cdots\cdots\cdots, \end{cases}$$

et, en général,

$$\cos m x = p\left[1 - \frac{m^2 - 1}{2} q^2 + \frac{(m^2 - 1)(m^2 - 9)}{2.3.4} q^4 - \frac{(m^2 - 1)(m^2 - 9)(m^2 - 25)}{2.3.4.5.6} q^6 + \cdots\right]$$

Ensuite

(H)
$$\begin{cases} \sin 1\,x = q, \\ \sin 3x = 3q - 4q^3, \\ \sin 5x = 5q - 20q^3 + 16q^5, \\ \cdots\cdots\cdots\cdots\cdots\cdots, \end{cases}$$

et, en général,

$$\sin m x = mq - \frac{m(m^2 - 1)}{2.3} q^3 + \frac{m(m^2 - 1)(m^2 - 9)}{2.3.4.5} q^5 - \cdots;$$

2° Pour le cas de m pair,

(I)
$$\begin{cases} \cos 2x = 1 - 2q^2, \\ \cos 4x = 1 - 8q^2 + 8q^4, \\ \cos 6x = 1 - 18q^2 + 48q^4 - 32q^6, \\ \cdots\cdots\cdots\cdots\cdots\cdots\cdots, \end{cases}$$

et, en général,

$$\cos m x = 1 - \frac{m^2}{2} q^2 + \frac{m^2(m^2 - 4)}{2.3.4} q^4 - \frac{m^2(m^2 - 4)(m^2 - 16)}{2.3.4.5.6} q^6 + \cdots$$

Ensuite

(K)
$$\begin{cases} \sin 2x = 2pq, \\ \sin 4x = p(4q - 8q^3), \\ \sin 6x = p(6q - 32q^3 + 32q^5), \\ \cdots\cdots\cdots\cdots\cdots\cdots, \end{cases}$$

et, en général,

$$\sin mx = p\left[mq - \frac{m(m^2-4)}{2.3}q^3 + \frac{m(m^2-4)(m^2-16)}{2.3.4.5}q^5 - \cdots\right].$$

J'ai rapporté ici ces différentes formules, parce que je ne connais aucun ouvrage où elles se trouvent réunies, et surtout parce qu'elles nous fournissent l'occasion de faire plusieurs remarques qui pourront intéresser les lecteurs.

Nous observerons d'abord que les formules des Tables (A), (B), (H) et (I) ont été trouvées par Viète et répondent à celles que l'on voit aux pages 295, 297 et 299 de ses *OEuvres* imprimées à Leide en 1646. Il faut seulement observer que Viète a considéré les cordes plutôt que les sinus ou cosinus; or $2\cos x$ étant la corde du complément à deux droits de l'angle $2x$, les quantités $2\cos 2x$, $2\cos 3x$, ... seront les cordes des compléments des angles doubles, triples, etc.; et la Table (A) deviendra celle de la page 295 de Viète, en multipliant tous les termes par 2, et faisant $2p = N$, $(2p)^2 = Q$, $(2p)^3 = C$, ..., suivant sa notation.

A l'égard de la Table de la page 297 de Viète, elle donne le rapport des cordes des arcs doubles, triples, quadruples, etc., à la corde de l'arc simple; et le premier de ces rapports y est désigné par N, dont le carré est Q, le cube C, etc. Ainsi, en prenant $2\sin x$ pour la corde de l'arc simple, ces rapports seront représentés par $\frac{\sin 2x}{\sin x}$, $\frac{\sin 3x}{\sin x}$, ...; et la Table dont il s'agit s'accordera avec la Table (B), en faisant $\frac{\sin 2x}{\sin x} = 2p = N$ et divisant chaque équation par la première.

La Table de la page 299 de Viète renferme les deux Tables (H) et (I), en multipliant tous les termes de ces Tables par 2, et faisant $2q = N$, $(2q)^2 = Q$.

Il m'a paru intéressant de montrer ce que Viète avait fait sur l'objet dont il s'agit, et surtout d'indiquer lesquelles des formules connues pour la multiplication des angles lui sont dues, ce qu'on n'avait pas encore fait, que je sache, d'une manière tout à fait exacte.

Au reste Viète n'a pas donné les formules générales de ces Tables; il a donné simplement le moyen de les continuer aussi loin qu'on voudra, en indiquant la loi des termes et de leurs coefficients.

Dans les mêmes *Actes de Leipzig* pour 1701, déjà cités plus haut, Jean Bernoulli avait aussi donné, sans démonstration, une formule générale pour les cordes des arcs multiples, laquelle revient à celle de la Table (B), en observant que $2q$ est la corde de son complément à la demi-circonférence.

Ensuite Jean Bernoulli a donné, dans les *Mémoires de l'Académie des Sciences* de 1702, deux formules pour les cordes des arcs multiples, qui répondent aux formules générales des Tables (H) et (I), en observant que, $2q$ étant la corde de l'arc $2x$, et $2p$ la corde de son complément, $2 \sin mx$ sera la corde de l'arc m^{uple} et $2 \cos mx$ la corde de son complément. Mais la première de ces deux formules avait déjà été donnée par Newton dans sa première Lettre à Oldenburg, imprimée dans les *Œuvres* de Wallis.

Enfin nous remarquerons qu'il n'y a que les formules générales des Tables (A), (B), (H), (K) qui se trouvent dans l'*Introduction* d'Euler (Chap. XIV).

Mais toutes ces formules n'ont été données ici que par induction, ou bien en supposant que le nombre m est un des nombres de la série 1, 2, 3, ..., de sorte qu'on peut douter si elles s'appliquent à d'autres valeurs de m.

De plus, si l'on considère les formules des Tables (A) et (B), on voit qu'à la rigueur elles vont à l'infini, même lorsque m est un nombre entier positif; car, en faisant $m = 1$, la première donne

$$\cos x = p - \frac{1}{4p} - \frac{1}{16p^3} - \frac{2}{64p^5} - \cdots,$$

et la seconde donne

$$\sin x = q + \frac{q}{4p^2} + \frac{3q}{16p^4} + \cdots,$$

valeurs qui sont évidemment fausses. Il en sera de même en donnant à *m* d'autres valeurs quelconques entières et positives, et tenant compte de tous les termes qui ne sont pas nuls.

Il est vrai que, par la nature des Tables (A) et (B) dont ces formules ne sont que le terme général, on ne doit y employer que les termes qui contiennent des puissances positives de p; mais, comme les termes qui suivent ne sont pas nuls, on ne voit pas, *a priori*, pourquoi l'on doit les rejeter, et l'on voit moins encore ce que la formule exprimerait en ne les rejetant pas. Nous réserverons le dénouement de ces difficultés pour la Leçon suivante.

LEÇON ONZIÈME.

Reprenons les expressions générales de $\cos mx$ et $\sin mx$ données dans la Leçon précédente; faisant

$$\cos x = p, \quad \text{et par conséquent} \quad \sin x = \sqrt{1 - p^2},$$

on aura

$$2\cos mx = (p + \sqrt{p^2 - 1})^m + (p - \sqrt{p^2 - 1})^m,$$

$$2\sin mx \sqrt{-1} = (p + \sqrt{p^2 - 1})^m - (p - \sqrt{p^2 - 1})^m.$$

Nous observerons d'abord que ces formules sont toujours vraies, quel que soit le nombre m, parce qu'elles ont été déduites de l'équation générale

$$\cos x \pm \sin x \sqrt{-1} = e^{\pm x\sqrt{-1}}$$

élevée à la puissance m. Ainsi les doutes qui pourraient rester à cet égard disparaissent ici entièrement.

Tout se réduit donc à développer, suivant les puissances de p, l'expression

$$(p \pm \sqrt{p^2 - 1})^m.$$

Comme les quantités $p + \sqrt{p^2 - 1}$ et $p - \sqrt{p^2 - 1}$ sont les deux racines de l'équation

$$z^2 - 2pz + 1 = 0,$$

je ferai usage du théorème que j'ai démontré dans la Note XI de la

Résolution des équations numériques, sur la somme des puissances des racines des équations.

Suivant ce théorème, si l'on a une équation quelconque de la forme

$$u - x + f(x) = 0,$$

où x est l'inconnue, la formule

$$u^{-m} + (u^{-m})' f(u) + \left(\frac{(u^{-m})' f^2(u)}{2} \right)' + \left(\frac{(u^{-m})' f^3(u)}{2.3} \right)'' + \ldots,$$

n'étant continuée que tant qu'il y aura des puissances négatives de u, donne la somme de toutes les racines élevées chacune à la puissance $-m$; mais, étant continuée à l'infini, elle ne donne que la même puissance de la plus petite des racines. Les quantités $f^2(u)$, $f^3(u)$, ... sont le carré, le cube, etc. de $f(u)$; et les traits appliqués aux parenthèses désignent les fonctions dérivées des fonctions de u renfermées entre ces parenthèses.

Ainsi, dans notre cas, si l'on change z en x et qu'on divise l'équation par $2p$, coefficient de x, elle deviendra

$$\frac{1}{2p} - x + \frac{x^2}{2p} = 0,$$

laquelle, étant comparée à

$$u - x + f(x) = 0,$$

donne

$$u = \frac{1}{2p}, \quad \text{et} \quad f(x) = \frac{x^2}{2p};$$

donc

$$f(u) = \frac{u^2}{2p}.$$

de manière que la série précédente deviendra

$$u^{-m} + \frac{(u^{-m})' u^2}{2p} + \left(\frac{(u^{-m})' u^4}{2.(2p)^2} \right)' + \left(\frac{(u^{-m})' u^6}{2.3.(2p)^3} \right)'' + \ldots,$$

où il faudra faire $u = \frac{1}{2p}$, après avoir pris les fonctions dérivées désignées par les traits appliqués aux parenthèses.

X. 16

Or

$$(u^{-m})' = -mu^{-m-1},$$

$$((u^{-m})'u^4)' = (-mu^{-m+3})' = m(m-3)u^{-m+2},$$

$$((u^{-m})'u^6)'' = (-mu^{-m+5})'' = -m(m-5)(m-4)u^{-m+3},$$

. . . .

Ainsi la série deviendra

$$u^{-m} - \frac{m}{2p}u^{-m+1} + \frac{m(m-3)}{2.(2p)^2}u^{-m+2} - \frac{m(m-4)(m-5)}{2.3.(2p)^3}u^{-m+3} + \dots$$

Faisons maintenant $u = \frac{1}{2p}$, et l'on aura la série

$$(2p)^m - m(2p)^{m-2} + \frac{m(m-3)}{2}(2p)^{m-4} - \frac{m(m-4)(m-5)}{2.3}(2p)^{m-6} + \dots,$$

laquelle, étant continuée seulement tant qu'il y aura des puissances négatives de $\frac{1}{2p}$, c'est-à-dire des puissances positives de $2p$, exprimera la valeur de

$$(p + \sqrt{p^2-1})^{-m} + (p - \sqrt{p^2-1})^{-m},$$

ce qui est la même chose que la valeur de

$$(p + \sqrt{p^2-1})^m + (p - \sqrt{p^2-1})^m,$$

à cause de

$$(p + \sqrt{p^2-1})(p - \sqrt{p^2-1}) = 1.$$

Ainsi, dans cet état, la série dont il s'agit donnera la valeur de $2\cos mx$, ce qui s'accorde avec la formule de la Table (A).

Mais, si l'on continue la série à l'infini, alors elle ne donnera que la valeur de

$$(p - \sqrt{p^2-1})^{-m},$$

puisque $p - \sqrt{p^2-1}$ est la plus petite des deux racines; ou, ce qui revient au même, elle donnera la valeur de

$$(p + \sqrt{p^2-1})^m.$$

Pour nous convaincre en effet que la série précédente, prise dans toute son étendue, n'est que le développement de cette quantité, nous allons chercher ce développement par une marche directe, ce qui servira d'exemple de la manière d'employer les fonctions dérivées dans ces sortes de recherches.

Supposons donc qu'il s'agisse de développer l'expression

$$\left(p + \sqrt{p^2 - 1}\right)^m$$

dans une série descendante de la forme

$$A p^m + B p^{m-1} + C p^{m-2} + D p^{m-3} + \ldots;$$

si l'on divise de part et d'autre par p^m, et qu'on fasse $\frac{1}{p} = z$, on aura

$$\left(1 + \sqrt{1 - z^2}\right)^m = A + B z + C z^2 + D z^3 + \ldots,$$

où l'on voit que la série ne peut avoir que des puissances paires de z.

Ainsi, en faisant $u = z^2$, on aura la fonction

$$\left(1 + \sqrt{1 - u}\right)^m$$

à développer suivant les puissances de u.

Donc, par la formule générale donnée à la fin de la Leçon IX, si l'on fait

$$f(u) = \left(1 + \sqrt{1 - u}\right)^m,$$

on aura

$$\left(1 + \sqrt{1 - u}\right)^m = f + u f' + \frac{u^2}{2} f'' + \ldots,$$

où $f, f', f'', \ldots$ sont les valeurs de $f(u)$, $f'(u)$, $f''(u)$, $\ldots$ lorsque $u = 0$, et forment ici les coefficients A, C, ...

Ainsi l'on trouvera d'abord $f = 2^m$; ensuite on aura

$$f' = -\frac{m}{2} \frac{\left(1 + \sqrt{1 - u}\right)^{m-1}}{\sqrt{1 - u}},$$

et de là

$$f' = -m.2^{m-2},$$

et ainsi de suite.

On peut de cette manière avoir successivement tous les coefficients de la série; mais on n'en aura pas la loi, ce qui est le plus essentiel.

Pour la trouver d'une manière générale, je reprends la formule en p et je la suppose égale à y, ce qui me donne l'équation

$$y = \left(p + \sqrt{p^2 - 1}\right)^m.$$

Je remarque maintenant qu'un des principaux avantages des fonctions dérivées est de pouvoir faire disparaître dans les équations les puissances et les radicaux. En effet, en prenant les fonctions dérivées par rapport à p et regardant y comme fonction de p, on a

$$y' = m\left(p + \sqrt{p^2 - 1}\right)^{m-1}\left(1 + \frac{p}{\sqrt{p^2 - 1}}\right) = m\,\frac{\left(p + \sqrt{p^2 - 1}\right)^m}{\sqrt{p^2 - 1}};$$

cette équation, divisée par l'équation primitive, donne

$$\frac{y'}{y} = \frac{m}{\sqrt{p^2 - 1}};$$

multipliant en croix et carrant, on aura

$$y'^2\left(p^2 - 1\right) = m^2 y^2.$$

Prenant de nouveau les fonctions dérivées par rapport à p, on obtiendra

$$2y'y''\left(p^2 - 1\right) + 2y'^2 p = 2\,m^2 yy',$$

d'où, en divisant par $2y'$, résulte cette équation du second ordre en y et p

$$m^2 y - py' - \left(p^2 - 1\right)y'' = 0,$$

laquelle étant, comme l'on voit, linéaire par rapport à y et dégagée de radicaux, est très propre au développement de y en série.

En effet, il n'y a qu'à substituer pour y la série

$$A p^m + B p^{m-1} + C p^{m-2} + D p^{m-3} + \dots,$$

et par conséquent pour y'

$$m A p^{m-1} + (m-1) B p^{m-2} + (m-2) C p^{m-3} + \dots,$$

et pour y''

$$m(m-1)Ap^{m-2} + (m-1)(m-2)Bp^{m-3} + \ldots$$

Ordonnant les termes suivant les puissances de p, on aura

$$[m^2A - mA - m(m-1)A]p^m$$
$$+ [m^2B - (m-1)B - (m-1)(m-2)B]p^{m-1}$$
$$+ [m^2C - (m-2)C - (m-2)(m-3)C + m(m-1)A]p^{m-2}$$
$$+ [m^2D - (m-3)D - (m-3)(m-4)D + (m-1)(m-2)B]p^{m-3}$$
$$+ \ldots\ldots\ldots\ldots\ldots\ldots\ldots\ldots\ldots\ldots\ldots\ldots\ldots\ldots = 0.$$

Comme cette équation doit avoir lieu indépendamment de p, il faudra égaler à zéro le coefficient de chaque terme.

Le coefficient de p^m disparaissant de lui-même, c'est une marque que le coefficient A demeure indéterminé.

Le coefficient de p^{m-1} se réduit à $m^2B - (m-1)^2B$, qui ne peut devenir nul à moins de faire $B = 0$. Or, B étant nul, il est facile de voir que les coefficients de p^{m-3}, p^{m-5}, ... ne pourront aussi devenir nuls qu'en faisant $D = 0$, $F = 0$, ...

Maintenant le coefficient de p^{m-2} se réduit à

$$m^2C - (m-2)^2C + m(m-1)A,$$

celui de p^{m-4} se réduit de même à

$$m^2E - (m-4)^2E + (m-2)(m-3)C,$$

et ainsi des autres.

On aura donc, en réduisant, les équations

$$4(m-1)C + m(m-1)A = 0,$$
$$8(m-2)E + (m-2)(m-3)C = 0,$$
$$12(m-3)G + (m-4)(m-5)E = 0,$$
$$\ldots\ldots\ldots\ldots\ldots\ldots\ldots\ldots\ldots,$$

lesquelles donnent la loi suivant laquelle les coefficients A, C, E, G, ... dépendent les uns des autres.

On tire de ces équations

$$C = -\frac{m\,A}{4},$$

$$E = -\frac{(m-3)\,C}{8} = \frac{m(m-3)\,A}{4.8},$$

$$G = -\frac{(m-4)(m-5)\,E}{12(m-3)} = -\frac{m(m-4)(m-5)\,A}{4.8.12},$$

. . . .

Or nous avons vu que le premier coefficient A est égal à 2^m; ainsi on aura ce développement

$$\left(p + \sqrt{p^2-1}\right)^m = (2p)^m - m(2p)^{m-2} + \frac{m(m-3)}{2}(2p)^{m-4} - \frac{m(m-4)(m-5)}{2.3}(2p)^{m-6} + \dots,$$

qui s'accorde avec la série trouvée ci-dessus.

Cherchons de même le développement de $\left(p - \sqrt{p^2-1}\right)^m$. Comme cette expression ne diffère de celle que nous venons de traiter que par le signe du radical, lequel ne se trouve plus dans l'équation dérivée en y dont nous avons fait usage, il s'ensuit que la même formule, que nous venons d'obtenir, pourra encore s'appliquer à ce développement. Il faut seulement remarquer que, comme les premiers termes du radical $\sqrt{p^2-1}$ sont $p - \frac{1}{2p} + \cdots$, le premier terme du développement dont il s'agit sera $\frac{1}{(2p)^m}$, de sorte qu'ici il faudra prendre m négativement; et, comme l'équation dérivée en y ne contient que m^2, on aura nécessairement la même série en y changeant seulement m en $-m$, ce qui suit d'ailleurs aussi de ce que

$$\left(p - \sqrt{p^2-1}\right)^m = \left(p + \sqrt{p^2-1}\right)^{-m};$$

on aura donc

$$p - \sqrt{p^2-1}\,)^m = (2p)^{-m} + m(2p)^{-m-2} + \frac{m(m+3)}{2}(2p)^{-m-4} + \frac{m(m+4)(m+5)}{2.3}(2p)^{-m-6} + \dots$$

Si maintenant on réunit ces deux séries, on aura la valeur de $2\cos mx$;

donc

$$\text{os}\, m\,x = (2p)^m - m(2p)^{m-2} + \frac{m(m-3)}{2}(2p)^{m-4} - \frac{m(m-4)(m-5)}{2.3}(2p)^{m-6} + \ldots$$

$$+ (2p)^{-m} + m(2p)^{-m-2} + \frac{m(m+3)}{2}(2p)^{-m-4} + \frac{m(m+4)(m+5)}{2.3}(2p)^{-m-6} + \ldots$$

C'est le développement complet de $2\cos m\,x$ en puissances de $\cos x$, pour une valeur quelconque de m.

Si maintenant on fait ici $m = 1$, on a

$$\cos x = p - \frac{1}{4p} - \frac{1}{16p^3} - \frac{2}{64p^5} - \ldots + \frac{1}{4p} + \frac{1}{16p^3} + \frac{2}{64p^5} + \ldots,$$

où l'on voit que les deux séries se réduisent au premier terme p.

En donnant à m d'autres valeurs entières et positives quelconques, on trouvera toujours que la seconde série, qui contient les puissances négatives de p, servira à détruire dans la première série tous les termes qui contiendront ces mêmes puissances; c'est ce qu'on peut démontrer en général par la loi même des deux séries; de sorte que le résultat se réduira aux seuls termes de la première qui contiennent des puissances positives de p; ce qui revient à ne conserver dans cette série que les termes où p est élevée à une puissance positive, ou nulle, comme nous l'avons trouvé plus haut *a priori*.

Mais lorsqu'on donne à m une valeur fractionnaire quelconque, les deux séries ne se détruisent plus, et leur réunion est nécessaire pour avoir la valeur complète de $2\cos m\,x$.

En prenant la différence des deux séries au lieu de leur somme, on aurait la valeur de $\sin m\,x\sqrt{-1}$; mais $\sin m\,x$ serait exprimé de cette manière par des séries infinies et imaginaires. Pour avoir une expression réelle, il suffit de considérer que la fonction dérivée de $\cos m\,x$ est $-m\sin m\,x$, et que celle de p est $-q$, puisque

$$p = \cos x \quad \text{et} \quad q = \sin x;$$

de manière qu'en prenant les fonctions dérivées des séries trouvées pour $\cos mx$, on aura sur-le-champ, en changeant les signes et divisant par $2m$,

$$\sin mx = \left[(2p)^{m-1} - (m-2)(2p)^{m-3} + \frac{(m-3)(m-4)}{2}(2p)^{m-5} - \ldots\right]q$$

$$- \left[(2p)^{-m-1} + (m+2)(2p)^{-m-3} + \frac{(m+3)(m+4)}{2}(2p)^{-m-5} + \ldots\right]q.$$

Cette expression se réduit aussi à une forme finie, lorsque m est un nombre entier, par la destruction mutuelle des termes qui contiendraient des puissances négatives de p; de sorte que, m étant un nombre positif entier, il suffira de prendre dans la première série les termes qui contiendront des puissances positives de p; ce qui s'accorde avec la formule de la Table (B).

Lorsque m est un nombre fractionnaire, les deux séries vont à l'infini, et, jointes ensemble, elles donnent la vraie valeur de $\sin mx$ développée suivant les puissances descendantes de $\cos x$, comme cela a lieu pour la valeur de $\cos mx$.

Euler a le premier reconnu cette espèce d'imperfection des formules connues des Tables (A) et (B); il a fait voir, par une analyse à peu près semblable à celle que nous venons de donner, que ces formules, pour être générales et applicables à des valeurs quelconques de m, doivent être complétées par des valeurs semblables où l'exposant m est négatif.

J'ai cru devoir entrer dans ce détail pour l'instruction des jeunes analystes, et surtout pour montrer que, si l'Analyse paraît quelquefois en défaut, c'est toujours faute de l'envisager d'une manière assez étendue et de la traiter avec toute la généralité dont elle est susceptible. (*Voyez* le Tome IX des *Nova Acta* de l'Académie de Pétersbourg.)

Nous venons de développer les expressions

$$(p \pm \sqrt{p^2 - 1})^m,$$

suivant les puissances descendantes de p; on peut de même, et par le moyen de la même équation dérivée en y, les développer suivant les puissances ascendantes de p, ce qui nous donnera les formules des

Tables (C), (D), (E), (F), et pourra même servir à les compléter pour toutes les valeurs de m.

Supposons donc, en général,

$$y = A + Bp + Cp^2 + Dp^3 + \ldots$$

Substituant dans la même équation, et ordonnant suivant les puissances de p, on aura

$$m^2 A + 2C$$
$$+ (m^2 B - 1B + 2.3D)p$$
$$+ (m^2 C - 2C + 3.4E - 2C)p^2$$
$$+ (m^2 D - 3D + 4.5F - 2.3D)p^3$$
$$+ (m^2 E - 4E + 5.6G - 3.4E)p^4$$
$$+ \ldots\ldots\ldots\ldots\ldots\ldots = 0.$$

Égalant donc à zéro chacun des coefficients des puissances de p, on aura, en réduisant,

$$m^2 A + 2C = 0,$$
$$(m^2 - 1)B + 2.3D = 0,$$
$$(m^2 - 4)C + 3.4E = 0,$$
$$(m^2 - 9)D + 4.5F = 0,$$
$$(m^2 - 16)E + 5.6G = 0,$$
$$\ldots\ldots\ldots\ldots\ldots,$$

d'où l'on tire, en substituant successivement les valeurs précédentes,

$$C = -\frac{m^2 A}{2},$$
$$D = -\frac{(m^2 - 1)B}{2.3},$$
$$E = \frac{m^2(m^2 - 4)A}{2.3.4},$$
$$F = \frac{(m^2 - 1)(m^2 - 9)B}{2.3.4.5},$$
$$G = -\frac{m^2(m^2 - 4)(m^2 - 16)A}{2.3.4.5.6},$$
$$\ldots\ldots\ldots\ldots\ldots\ldots$$

X.

Les coefficients A et B étant restés indéterminés, il faudra les déterminer par la nature de la fonction y. Or il est visible qu'on a

$$A = y, \quad B = y',$$

en faisant $p = 0$. Ainsi, puisque la fonction y est égale à

$$\left(p + \sqrt{p^2 - 1} \right)^m,$$

on aura d'abord, en faisant $p = 0$,

$$A = \left(\sqrt{-1} \right)^m.$$

Ensuite, en faisant $p = 0$ dans la fonction dérivée y' trouvée ci-dessus, on aura

$$y' = m \left(\sqrt{-1} \right)^{m-1} = B.$$

Substituant donc ces valeurs de A et B, on aura le développement de l'expression

$$\left(p + \sqrt{p^2 - 1} \right)^m.$$

Pour avoir celui de l'expression

$$\left(p - \sqrt{p^2 - 1} \right)^m,$$

il n'y aura qu'à prendre le radical $\sqrt{p^2 - 1}$ en moins ; mais, comme ce radical n'entre plus dans l'équation dérivée en y, par laquelle nous avons déterminé les coefficients de la série, il s'ensuit qu'on aura la même série pour cette dernière expression que pour la première, aux coefficients A et B près, qui pourront être différents ; et on trouvera ici, par le même procédé,

$$A = \left(-\sqrt{-1} \right)^m, \quad B = m\left(-\sqrt{-1} \right)^{m-1}.$$

Donc, puisque la somme de ces deux expressions donne la valeur de $2 \cos mx$, comme on l'a vu plus haut, on aura cette valeur en substituant dans la série $A + Bp + Cp^2 + \ldots$, à la place de A et B, la somme des deux valeurs qu'on vient de trouver, c'est-à-dire en faisant

$$A = \left(\sqrt{-1} \right)^m + \left(-\sqrt{-1} \right)^m,$$
$$B = m\left(\sqrt{-1} \right)^{m-1} + m\left(-\sqrt{-1} \right)^{m-1};$$

d'où il est facile de voir que, lorsque m est un nombre entier impair, on aura $A = 0$, $B = \pm 2m$, et, lorsque m sera pair, on aura $A = \pm 2$, $B = 0$.

Mais, pour avoir les valeurs de A et B dégagées d'imaginaires pour toutes les valeurs de m, il n'y a qu'à employer la formule générale

$$(\cos x + \sin x \sqrt{-1})^m = \cos m x + \sin m x \sqrt{-1},$$

et y supposer x égal à l'angle droit, car alors $\cos x = 0$ et $\sin x = 1$; ainsi, en adoptant l'angle droit pour l'unité des angles, et prenant le radical $\sqrt{-1}$ en $+$ et en $-$, on aura

$$(\pm \sqrt{-1})^m = \cos m \pm \sin m \sqrt{-1},$$

et les valeurs de A et B deviendraient

$$A = 2 \cos m, \quad B = 2 m \cos(m - 1).$$

On aura donc en général, pour un nombre quelconque m,

$$\cos m x = \left[1 - \frac{m^2}{2} p^2 + \frac{m^2(m^2 - 4)}{2.3.4} p^4 - \frac{m^2(m^2 - 4)(m^2 - 16)}{2.3.4.5.6} p^6 + \ldots \right] \cos m$$

$$+ \left[mp - \frac{m(m^2 - 1)}{2.3} p^3 + \frac{m(m^2 - 1)(m^2 - 9)}{2.3.4.5} p^5 - \ldots \right] \cos(m - 1).$$

Tel est le développement complet de $\cos m x$ en série ascendante de p ou $\cos x$. On voit que, lorsque m est un nombre entier, il y a toujours une des deux séries partielles qui se termine, et que l'autre qui irait à l'infini disparaît parce qu'elle se trouve toute multipliée par un coefficient $\cos m$ ou $\cos(m - 1)$, qui devient nul. On a alors l'une ou l'autre des Tables (C) et (E). Mais, lorsque m est une fraction quelconque, les deux séries vont à l'infini, et leur réunion est nécessaire pour avoir la valeur complète de $\cos m x$, ce que personne, ce me semble, n'avait encore observé.

En prenant les fonctions dérivées, comme on a fait plus haut, pour déduire la valeur de $\sin mx$ de celle de $\cos mx$, on aura aussi, à cause de $p' = -q$,

$$\sin mx = -\left[mp - \frac{m(m^2 - 4)}{2.3} p^3 + \frac{m(m^2 - 4)(m^2 - 16)}{2.3.4.5} p^5 - \ldots \right] q \cos m$$

$$+ \left[1 - \frac{m^2 - 1}{2} p^2 + \frac{(m^2 - 1)(m^2 - 9)}{2.3.4} p^4 - \ldots \right] q \cos(m - 1)$$

pour le développement complet de $\sin mx$, quel que soit m; où l'on voit que, lorsque m est un nombre entier, on a les formules des Tables (D) et (F).

Il nous reste à considérer encore les développements de $\cos mx$ et $\sin mx$, suivant les puissances ascendantes de q, conformément aux Tables (G), (H), (I), (K).

Pour cela nous remarquerons d'abord qu'en faisant $\sin x = q$, on a $\cos x = \sqrt{1 - q^2}$, et les expressions générales de $\cos mx$ et $\sin mx$ deviennent

$$2 \cos mx = (\sqrt{1 - q^2} + q\sqrt{-1})^m + (\sqrt{1 - q^2} - q\sqrt{-1})^m,$$

$$2 \sin mx \sqrt{-1} = (\sqrt{1 - q^2} + q\sqrt{-1})^m - (\sqrt{1 - q^2} - q\sqrt{-1})^m.$$

Il ne s'agit donc que de développer les formules

$$(\sqrt{1 - q^2} \pm q\sqrt{-1})^m$$

en puissances ascendantes de q.

Faisons

$$(\sqrt{1 - q^2} + q\sqrt{-1})^m = z;$$

on aura, en prenant les fonctions dérivées par rapport à q,

$$z' = m(\sqrt{1 - q^2} + q\sqrt{-1})^{m-1} \left(-\frac{q}{\sqrt{1 - q^2}} + \sqrt{-1} \right)$$

$$= \frac{m(\sqrt{1 - q^2} + q\sqrt{-1})^{m-1}(\sqrt{1 - q^2}\sqrt{-1} - q)}{\sqrt{1 - q^2}}$$

$$= \frac{m\sqrt{-1}(\sqrt{1 - q^2} + q\sqrt{-1})^m}{\sqrt{1 - q^2}}.$$

Divisant cette équation par l'équation primitive, on a

$$\frac{z'}{z} = \frac{m\sqrt{-1}}{\sqrt{1-q^2}};$$

multipliant en croix et carrant, on aura

$$z'^2(1-q^2) = -m^2 z^2.$$

Prenant de nouveau les fonctions dérivées et divisant par $2z'$, on obtiendra cette équation du second ordre en z

$$m^2 z - q z' - (q^2-1)z'' = 0,$$

qui est, comme l'on voit, entièrement semblable à l'équation en y et p trouvée plus haut.

Ainsi, en supposant

$$z = A + Bq + Cq^2 + Dq^3 + \cdots,$$

on trouvera les mêmes valeurs des coefficients; mais, comme les deux premiers A et B demeurent indéterminés, ils pourront être différents, à raison de la diversité des fonctions y et z en p et en q.

Pour trouver ici ces deux coefficients, ce qu'il y a de plus simple, c'est de chercher par le développement actuel les deux premiers termes de la série. Or, puisque $\sqrt{1-q^2}$ donne

$$1 - \frac{q^2}{2} + \cdots,$$

il est évident que les deux premiers termes de

$$\left(1 + q\sqrt{-1} - \frac{q^2}{2} + \ldots\right)^m$$

sont $1 + mq\sqrt{-1}$; ainsi l'on aura

$$A = 1, \quad B = m\sqrt{-1}.$$

Le développement de

$$(\sqrt{1-q^2} - q\sqrt{-1})^m$$

sera le même en changeant seulement $\sqrt{-1}$ en $-\sqrt{-1}$; ainsi l'on aura, relativement à ce développement,

$$A = 1, \quad B = -m\sqrt{-1}.$$

Donc, pour avoir la somme des deux développements, il n'y aura qu'à prendre pour A et B la somme des deux valeurs correspondantes, ce qui donne

$$A = 2, \quad B = 0.$$

Et, pour avoir la différence des mêmes développements, on prendra la différence des valeurs correspondantes de A et B, ce qui donnera

$$A = 0, \quad B = 2m\sqrt{-1}.$$

Faisant ces substitutions, on aura donc, en divisant par 2 et par $2\sqrt{-1}$,

$$\cos mx = 1 - \frac{m^2}{2}q^2 + \frac{m^2(m^2-4)}{2.3.4}q^4 - \frac{m^2(m^2-4)(m^2-16)}{2.3.4.5.6}q^6 + \ldots,$$

$$\sin mx = mq - \frac{m(m^2-1)}{2.3}q^3 + \frac{m(m^2-1)(m^2-9)}{2.3.4.5}q^5 - \ldots.$$

Ces formules sont, comme l'on voit, les mêmes que celles des Tables (I) et (H); mais, par la manière dont nous venons de les trouver, on voit en même temps qu'elles sont générales pour des valeurs quelconques de m. Cependant, comme la première ne se termine que lorsque m est un nombre entier pair, et que la seconde ne se termine que lorsque m est un nombre entier impair, elles ne peuvent servir pour la section des angles que dans ces cas; mais on peut, en prenant les fonctions dérivées, comme nous l'avons fait ci-dessus, déduire de ces mêmes formules d'autres formules qui se termineront justement dans les cas où celles-ci vont à l'infini. Pour cela, on se rappellera que les fonctions dérivées de $\cos mx$ et $\sin mx$ sont $-m\sin mx$ et $m\cos mx$, et que celles de p et q sont $-q$ et p; de sorte que les deux équations fourniront, par la dérivation, ces deux-ci :

$$\sin m\,x = p\left[mq - \frac{m(m^2-4)}{2.3}q^3 + \frac{m(m^2-4)(m^2-16)}{2.3.4.5}q^5 - \dots\right],$$

$$\cos m\,x = p\left[1 - \frac{m^2-1}{2}q^2 + \frac{(m^2-1)(m^2-9)}{2.3.4}q^4 - \dots\right],$$

qui répondent, comme l'on voit, aux formules des Tables (K) et (G), et qui sont par conséquent aussi générales pour des valeurs quelconques de m. Ainsi toutes les formules de ces différentes Tables sont démontrées d'une manière générale.

Le théorème de Cotes est si intimement lié à la théorie des sections angulaires, que nous ne pouvons nous dispenser d'en dire un mot ici.

On ignore comment Cotes l'a trouvé, et on en a donné après sa mort différentes démonstrations plus ou moins simples, et même plus ou moins rigoureuses. Sans avoir recours aux expressions imaginaires comme on le fait communément, on peut le déduire directement des formules mêmes données par Viète, que nous avons rapportées dans la Table (A); et il est vraisemblable que c'est ainsi que Cotes y est parvenu.

En effet, si l'on multiplie ces formules par 2 et qu'on y suppose $p = y + \dfrac{1}{y}$, elles se réduisent à cette forme simple

$$2\cos 1\,x = y + \frac{1}{y},$$

$$2\cos 2\,x = y^2 + \frac{1}{y^2},$$

$$2\cos 3\,x = y^3 + \frac{1}{y^3},$$

$$2\cos 4\,x = y^4 + \frac{1}{y^4},$$

$$\dots\dots\dots\dots\dots\dots,$$

d'où il est facile de conclure, en général,

$$2\cos m\,x = y^m + \frac{1}{y^m}.$$

Pour se convaincre d'une manière plus directe de la généralité de cette formule, il suffit de considérer que si, dans l'équation

$$2 \cos x \cos m x = \cos(m-1)x + \cos(m+1)x,$$

on fait

$$2 \cos x = y + \frac{1}{y},$$

et qu'on suppose que deux termes consécutifs $2 \cos(m-1)x$ et $2 \cos m x$ soient de la forme

$$y^{m-1} + \frac{1}{y^{m-1}}, \quad \text{et} \quad y^m + \frac{1}{y^m},$$

elle donnera

$$2 \cos(m+1)x = \left(y + \frac{1}{y}\right)\left(y^m + \frac{1}{y^m}\right) - \left(y^{m-1} + \frac{1}{y^{m-1}}\right) = y^{m+1} + \frac{1}{y^{m+1}}.$$

Ainsi, pourvu que les deux premiers termes $2 \cos 0 x$ et $2 \cos x$ soient de la forme $y^m + \frac{1}{y^m}$, en faisant $m = 0$ et $m = 1$, ce qui est en effet, tous les autres seront nécessairement de la même forme.

Maintenant les deux équations

$$2 \cos x = y + \frac{1}{y}, \quad 2 \cos m x = y^m + \frac{1}{y^m}$$

donnent ces deux-ci

$$y^2 - 2y \cos x + 1 = 0, \quad y^{2m} - 2y^m \cos m x + 1 = 0,$$

qui doivent donc avoir lieu en même temps; par conséquent, il faut qu'elles aient une racine commune.

Ce dernier théorème a été donné par Moivre, sans démonstration, dans les *Transactions philosophiques* de 1722, année où a paru l'*Harmonia mensurarum* de Cotes, qui était mort six ans auparavant.

Soit maintenant a la racine commune à ces deux équations; comme elles demeurent les mêmes en y changeant y en $\frac{1}{y}$, il s'ensuit que $\frac{1}{a}$ sera encore une racine commune aux mêmes équations; mais l'équation

$$y^2 - 2y \cos x + 1 = 0,$$

n'étant que du second degré, ne peut avoir que les deux racines a et $\frac{1}{a}$; donc cette équation a toutes ses racines communes avec

$$y^{2m} - 2y^m \cos mx + 1 = 0;$$

par conséquent elle est nécessairement un diviseur de celle-ci.
Soit

$$mx = \varphi, \quad \text{donc} \quad x = \frac{\varphi}{m};$$

il suit de ce qu'on vient de démontrer que la formule

$$y^{2m} - 2y^m \cos \varphi + 1$$

a pour diviseur celle-ci :

$$y^2 - 2y \cos \frac{\varphi}{m} + 1,$$

m étant un nombre quelconque entier.

Or, si c est la circonférence ou l'angle de quatre droites, on sait que $\cos \varphi = \cos(\varphi + nc)$, n étant un nombre quelconque entier; ainsi, en mettant $\varphi + nc$ à la place de φ, et faisant successivement $n = 0, 1, 2, \ldots, m-1$, on en conclura que la formule

$$y^{2m} - 2y^m \cos \varphi + 1$$

a pour diviseurs les m formules suivantes :

$$y^2 - 2 \cos \frac{\varphi}{m} \cdot y + 1,$$

$$y^2 - 2 \cos \left(\frac{\varphi}{m} + \frac{c}{m} \right) \cdot y + 1,$$

$$y^2 - 2 \cos \left(\frac{\varphi}{m} + \frac{2c}{m} \right) \cdot y + 1,$$

$$y^2 - 2 \cos \left(\frac{\varphi}{m} + \frac{3c}{m} \right) \cdot y + 1,$$

$$\cdots\cdots\cdots\cdots\cdots\cdots,$$

$$y^2 - 2 \cos \left(\frac{\varphi}{m} + \frac{m-1}{m} c \right) \cdot y + 1.$$

X.

18

De sorte que, comme ces diviseurs sont tous différents entre eux et qu'ils sont au nombre de m, la formule en question du $2m^{\text{ième}}$ degré ne peut être que le produit de ces m formules du second degré.

Le théorème de Cotes n'est, comme l'on sait, qu'un cas particulier de ce théorème général, lorsqu'on y fait $\varphi = 0$ ou $\varphi = \dfrac{c}{2}$; ce qui donne $\cos\varphi = \pm 1$, et réduit la formule générale à

$$(y^m \pm 1)^2.$$

Le théorème général est dû à Moivre, comme on le voit par ses *Miscellanea analytica*.

Jusqu'ici nous avons développé les cosinus et les sinus des angles multiples en puissances des cosinus ou des sinus de l'angle simple. On peut chercher réciproquement à développer les puissances des cosinus ou sinus de l'angle simple en cosinus ou sinus des angles multiples, et cette transformation, qui est toujours possible, est un des plus grands avantages de l'algorithme des sinus et cosinus, par la facilité qu'elle donne de passer des fonctions primitives aux fonctions dérivées, et de revenir de celles-ci aux primitives.

Nous pourrions la déduire des formules trouvées ci-dessus, mais nous aimons mieux la chercher directement par le moyen des fonctions dérivées, pour donner un nouvel exemple de leur usage dans la transformation des fonctions.

Considérons la puissance $\cos^m x$, et supposons cette fonction de x égale à y; nous aurons ainsi

$$y = \cos^m x,$$

et, prenant les fonctions dérivées par rapport à x, il viendra

$$y' = -m \cos^{m-1} x \sin x;$$

cette équation, divisée par la précédente, donne

$$\frac{y'}{y} = -\frac{m \sin x}{\cos x},$$

d'où l'on tire, en réduisant,

$$m y \sin x + y' \cos x = 0,$$

équation dérivée du premier ordre, qui a l'avantage de ne plus contenir la puissance indéterminée de $\cos x$.

Supposons maintenant, en général,

$$y = A \cos n x + B \cos(n-1)x + C \cos(n-2)x + D \cos(n-3)x + \dots,$$

les coefficients A, B, C, ... étant indéterminés, ainsi que n. L'équation précédente deviendra par cette substitution

$$m[A \cos n x + B \cos(n-1)x + C \cos(n-2)x + \dots]\sin x$$
$$-[n A \sin n x + (n-1)B \sin(n-1)x + (n-2)C \sin(n-2)x + \dots]\cos x = 0,$$

savoir, en développant les produits des sinus et cosinus, et ordonnant les termes suivant les sinus multiples :

$$+[m A - n A]\sin(n+1)x$$
$$+[m B - (n-1)B]\sin n x$$
$$+[m C - m A - (n-2)C - n A]\sin(n-1)x$$
$$+[m D - m B - (n-3)D - (n-1)B]\sin(n-2)x$$
$$+[m E - m C - (n-4)E - (n-2)C]\sin(n-3)x$$
$$+\dots\dots\dots\dots\dots\dots\dots\dots\dots\dots = 0.$$

Égalant donc à zéro chacun des coefficients de ces différents termes, on aura

$$(m-n)A = 0,$$
$$(m-n+1)B = 0,$$
$$(m-n+2)C - (m+n)A = 0,$$
$$(m-n+3)D - (m+n-1)B = 0,$$
$$(m-n+4)E - (m+n-2)C = 0,$$
$$\dots\dots\dots\dots\dots\dots\dots\dots\dots$$

La première donne d'abord $n = m$, et, substituant cette valeur, les autres deviennent

$$B = o,$$
$$2C - 2mA = o,$$
$$3D - (2m - 1)B = o,$$
$$4E - (2m - 2)C = o,$$
$$\dots\dots\dots\dots\dots$$

Ainsi le premier coefficient A demeure indéterminé; ensuite on a

$$B = o,$$
$$C = \frac{2m}{2}A,$$
$$D = \frac{2m - 1}{3}B,$$
$$E = \frac{2m - 2}{4}C,$$
$$F = \frac{2m - 3}{5}D,$$
$$\dots\dots\dots\dots;$$

donc,

$$B = o, \quad D = o, \quad F = o, \quad \dots$$

Ensuite,

$$C = mA,$$
$$E = \frac{m(m - 1)}{2}A,$$
$$G = \frac{m(m - 1)(m - 2)}{2.3}A,$$
$$\dots\dots\dots\dots\dots$$

On a donc en général, quel que soit l'exposant m,

$$\cos^m x = A\left[\cos mx + m\cos(m - 2)x + \frac{m(m - 1)}{2}\cos(m - 4)x + \dots\right].$$

Il reste à déterminer le coefficient A; pour cela, supposant $x = o$, on obtient

$$1 = A\left[1 + m + \frac{m(m - 1)}{2} + \frac{m(m - 1)(m - 2)}{2.3} + \dots\right] = A(1 + 1)^m = 2^m A;$$

d'où l'on tire

$$A = \frac{1}{2^m}.$$

Donc enfin, en multipliant toute l'équation par 2^m, on aura

$$(2\cos x)^m = \cos m x + m \cos (m-2) x + \frac{m(m-1)}{2} \cos (m-4) x + \ldots,$$

série fort simple qui se termine toujours, comme celle du binôme, lorsque m est un nombre entier positif.

On peut déduire de cette formule un pareil développement pour $\sin^m x$, en changeant simplement x en $1-x$, l'angle droit étant pris pour l'unité des angles.

Ainsi on aura de même

$$(2\sin x)^m = \cos m (1-x) + m \cos (m-2)(1-x) + \frac{m(m-1)}{2} \cos (m-4)(1-x) + \ldots.$$

Nous venons de donner une théorie complète des sections angulaires, et nous avons en même temps montré, par différents exemples, combien l'algorithme des fonctions dérivées est utile pour la transformation des fonctions, en faisant disparaître des équations les puissances et les radicaux, qui rendent les développements difficiles et font perdre la loi et la dépendance mutuelle des termes.

On voit que tout se réduit à former d'abord des équations dérivées d'après l'équation ou les équations primitives données, et à déduire ensuite de ces équations dérivées d'autres équations primitives, qui seront les transformées des premières. Il est donc important de bien connaître la théorie de ces équations, et de se rendre familiers les différents artifices qui peuvent en faciliter le calcul.

Commençons par exposer les principes généraux de cette théorie.

LEÇON DOUZIÈME.

THÉORIE GÉNÉRALE DES ÉQUATIONS DÉRIVÉES ET DES CONSTANTES ARBITRAIRES.

Nous avons déjà démontré que toute équation entre deux variables, par laquelle une de ces variables est fonction de l'autre, subsiste également en prenant les fonctions dérivées, premières, secondes, etc., de chaque terme de l'équation par rapport à l'une de ces variables.

Ces équations dérivées ayant lieu en même temps que l'équation primitive, il s'ensuit qu'une combinaison quelconque de ces différentes équations aura lieu aussi. Donc, comme les constantes qui entrent dans une fonction restent les mêmes dans ses fonctions dérivées, on pourra toujours, par le moyen des équations dérivées, éliminer autant de constantes de l'équation primitive qu'on aura d'équations dérivées; l'équation résultante de cette élimination sera une équation du même ordre que la plus haute des équations dérivées, laquelle sera vraie en même temps que l'équation primitive et pourra par conséquent en tenir lieu; elle renfermera autant de constantes de moins que l'exposant de son ordre contiendra d'unités.

Ainsi l'équation primitive, combinée avec son équation dérivée ou prime, pourra donner une équation du premier ordre contenant une constante de moins que l'équation primitive.

L'équation primitive, combinée avec les équations dérivées prime et seconde, donnera une équation du second ordre contenant deux constantes de moins que l'équation primitive, et ainsi de suite.

On ne peut parvenir que d'une seule manière à l'équation du premier ordre qui résulte de l'équation primitive et de son équation dérivée par l'élimination d'une constante donnée; mais on peut parvenir de deux manières différentes à l'équation du second·ordre déduite de la primitive et de ses deux premières dérivées par l'élimination de deux constantes données; et ce double point de vue donne lieu à des conséquences importantes relatives à ce genre d'équations.

Au lieu d'éliminer à la fois les deux constantes par le moyen des trois équations dont il s'agit, on peut n'éliminer d'abord que l'une ou l'autre de ces constantes, à l'aide de l'équation primitive et de sa dérivée; on aura ainsi deux équations différentes du premier ordre, dont l'une ne contiendra que l'une des deux constantes, et dont l'autre ne contiendra que l'autre constante. Maintenant, en combinant chacune de ces équations avec sa dérivée, on pourra aussi en éliminer la constante qui y était restée, et on aura deux équations du second ordre sans les deux constantes, lesquelles devront être équivalentes entre elles et avec l'équation qui résulte de l'élimination simultanée des deux constantes.

En effet, chacune de ces équations donnera la valeur de la fonction seconde de la variable qu'on regarde comme fonction de l'autre, valeur qui sera exprimée par la fonction prime de la même variable et par les deux variables mêmes, sans les deux constantes qui entraient dans l'équation primitive; et il est facile de se convaincre que cette valeur est unique et déterminée, de quelque manière qu'on y parvienne, puisque les fonctions dérivées d'une fonction donnée, soit explicite ou non, sont uniques et déterminées, et que les résultats de l'élimination sont aussi toujours déterminés.

On doit conclure de là qu'une équation du second ordre peut être dérivée de deux équations différentes du premier ordre, renfermant chacune une constante arbitraire de plus, et que ces équations seront par conséquent deux équations primitives de la même équation du second ordre, mais primitives du premier ordre, pour les distinguer de l'équation primitive absolue d'où celles-ci sont censées dérivées.

Enfin on peut étendre aux équations des ordres supérieurs au second le raisonnement que nous venons de faire sur celles de cet ordre, et on en conclura de la même manière qu'une équation du troisième ordre peut être dérivée de trois équations du second ordre, et qu'alors elle peut avoir trois équations primitives de cet ordre; et ainsi de suite.

Nous allons éclaircir et confirmer cette théorie générale par quelques exemples.

Soit l'équation de premier degré

$$y + ax + b = 0;$$

en regardant y comme fonction de x et en prenant les fonctions dérivées, on aura

$$y' + a = 0.$$

En éliminant a au moyen de ces deux équations, on obtiendra l'équation du premier ordre

$$y - xy' + b = 0,$$

dont l'équation primitive sera

$$y + ax + b = 0,$$

a étant la constante arbitraire.

Si la constante b dépendait de la constante a, par exemple si

$$b = a^2,$$

alors en éliminant a, c'est-à-dire en substituant $-y'$ pour a, on aurait l'équation du premier ordre

$$y - xy' + y'^2 = 0,$$

et l'équation primitive de celle-ci serait

$$y + ax + a^2 = 0,$$

a étant la constante arbitraire.

Supposons

$$b = c\sqrt{1 + a^2};$$

on aura l'équation du premier ordre

$$y - xy' + c\sqrt{1 + y'^2} = 0,$$

dont l'équation primitive sera

$$y + ax + c\sqrt{1 + a^2} = 0,$$

où a est la constante arbitraire.

Soit encore l'équation

$$x^2 - 2ay - a^2 - b = 0;$$

sa dérivée sera

$$x - ay' = 0,$$

équation du premier ordre dont la proposée est l'équation primitive, et où b sera la constante arbitraire.

Mais, si l'on veut que la constante arbitraire soit a, alors il faudra éliminer a; or l'équation dérivée donne

$$a = \frac{x}{y'};$$

donc, substituant cette valeur dans la proposée, elle donnera

$$x^2 - \frac{2xy}{y'} - \frac{x^2}{y'^2} - b = 0,$$

ou bien

$$(x^2 - b)y'^2 - 2xyy' - x^2 = 0,$$

d'où l'on tire

$$y'\sqrt{x^2 + y^2 - b} - yy' - x = 0,$$

équation du premier ordre dont la primitive sera

$$x^2 - 2ay - a^2 - b = 0,$$

a étant la constante arbitraire.

Si l'on voulait éliminer à la fois a et b, il faudrait employer les fonctions secondes. Ainsi, puisqu'on a déjà trouvé l'équation du premier ordre

$$x - ay' = 0,$$

où b ne se trouve plus, il n'y aura qu'à former l'équation dérivée de celle-ci, laquelle sera

$$1 - ay'' = 0,$$

X.

d'où l'on tire

$$a = \frac{1}{y''},$$

et cette valeur, substituée dans la précédente, donnera

$$x - \frac{y'}{y''} = 0, \quad \text{ou} \quad xy'' - y' = 0,$$

équation du second ordre dont l'équation

$$x^2 - 2ay - a^2 - b = 0$$

sera la primitive absolue, a et b étant les deux constantes arbitraires.

On parviendrait à la même équation en faisant disparaître b de l'équation du premier ordre

$$y'\sqrt{x^2 + y^2 - b} - yy' - x = 0$$

trouvée plus haut; car, en prenant les fonctions dérivées, on aura

$$y''\sqrt{x^2 + y^2 - b} + \frac{y'(x + yy')}{\sqrt{x^2 + y^2 - b}} - yy'' - y'^2 - 1 = 0;$$

en éliminant b au moyen de la précédente, il viendra

$$\frac{y''(yy' + x)}{y'} + y'^2 - yy'' - y'^2 - 1 = 0,$$

savoir, comme on l'a vu plus haut,

$$\frac{y''x}{y'} - 1 = 0, \quad \text{ou} \quad y''x - y' = 0.$$

On voit aussi que cette même équation du second ordre a deux équations primitives du premier ordre, savoir :

$$x - ay' = 0 \quad \text{et} \quad y'\sqrt{x^2 + y^2 - b} - yy' - x = 0,$$

où a et b sont les deux constantes arbitraires; et ces deux-ci, par l'élimination de la fonction dérivée y', donneront l'équation primitive absolue entre x et y,

$$\frac{x}{a}\sqrt{x^2 + y^2 - b} - \frac{yx}{a} - x = 0,$$

savoir,

$$\sqrt{x^2 + y^2 - b} - y - a = 0,$$

et, en faisant disparaître le radical,

$$x^2 - 2ay - a^2 - b = 0,$$

qui est la même dont nous sommes parti.

En éliminant ainsi les constantes qu'on veut faire disparaître, on tombe souvent, comme on le voit, dans des équations où la plus haute fonction dérivée est élevée à des puissances; et ce n'est que par la résolution qu'on peut avoir la valeur de cette fonction en fonction des variables et des fonctions dérivées d'un ordre moindre.

On peut cependant parvenir directement à une équation dérivée où la plus haute fonction dérivée ne se trouve qu'au premier degré; pour cela, il n'y a qu'à préparer l'équation primitive de manière que la constante arbitraire qu'on veut faire disparaître s'en aille d'elle-même en prenant la fonction dérivée de chacun de ses termes; ce qui arrive lorsque cette constante est dégagée des variables, et forme elle seule un des termes de l'équation; car alors, la fonction dérivée de ce terme étant nulle, l'équation dérivée se trouvera naturellement délivrée de la constante, et la plus haute fonction dérivée y sera nécessairement à la première dimension; car, comme on l'a vu dans la Leçon VI, en prenant la fonction dérivée d'une fonction de plusieurs variables, chaque variable ne peut donner que des termes multipliés par la fonction dérivée de la même variable.

Or il est évident que cette préparation ne demande que de résoudre l'équation primitive, en regardant la constante qu'on veut éliminer comme l'inconnue de l'équation. Ainsi l'on peut obtenir par ce moyen le même résultat qu'on aurait par la résolution de l'équation dérivée. par rapport à la plus haute fonction dérivée.

Dans le second exemple, où l'équation primitive était

$$y + ax + a^2 = 0,$$

nous avons trouvé l'équation dérivée

$$y - xy' + y'^2 = 0,$$

laquelle donne, par la résolution,

$$2y' = x + \sqrt{x^2 - 4y}.$$

Mais, si nous avions d'abord résolu l'équation par rapport à la constante a, nous eussions eu

$$2a = -x + \sqrt{x^2 - 4y};$$

sa dérivée serait

$$-1 + \frac{x - 2y'}{\sqrt{x^2 - 4y}} = 0,$$

savoir, en multipliant par $\sqrt{x^2 - 4y}$,

$$x - 2y' - \sqrt{x^2 - 4y} = 0,$$

équation qui coïncide avec la précédente, à cause de l'ambiguïté du signe du radical.

On peut de la même manière faire disparaître successivement plusieurs constantes en préparant toujours l'équation en sorte que la constante à éliminer soit dégagée des variables.

Ainsi l'équation primitive

$$x^2 - 2ay - a^2 - b = 0,$$

contenant la constante b isolée dans un seul terme, donne tout de suite l'équation du premier ordre sans b,

$$x - ay' = 0;$$

ensuite, en dégageant a, on a $a = \dfrac{x}{y'}$; prenant la fonction dérivée de chacun des deux membres, on obtient

$$\frac{1}{y'} - \frac{xy''}{y'^2} = 0,$$

équation qui, multipliée par y'^2, devient

$$y' - xy'' = 0,$$

comme plus haut.

En commençant l'élimination par la constante a, nous avions trouvé l'équation du premier ordre

$$x^2 - \frac{2xy}{y'} - \frac{x^2}{y'^2} - b = 0;$$

comme la constante b y est dégagée des variables, il n'y a qu'à prendre la fonction dérivée de chaque terme pour avoir tout de suite l'équation du second ordre sans a ni b.

On a ainsi

$$x - \frac{y}{y'} - x + \frac{xyy''}{y'^2} - \frac{x}{y'^2} + \frac{x^2 y''}{y'^3} = 0.$$

Cette équation se réduit à cette forme

$$\left(\frac{xy''}{y'} - 1\right)\left(\frac{y}{y'} + \frac{x}{y'^2}\right) = 0.$$

Comme le facteur $\frac{y}{y'} + \frac{x}{y'^2}$ ne renferme que la fonction prime y', il ne peut donner une équation du second ordre; ainsi, c'est l'autre facteur $\frac{xy''}{y'} - 1$ qu'il faut employer, et l'on a

$$\frac{xy''}{y'} - 1 = 0, \quad \text{savoir,} \quad xy'' - y' = 0,$$

comme ci-dessus.

Nous verrons plus bas, lorsqu'il sera question des équations primitives singulières, l'usage du premier facteur.

Ce peu d'exemples, que j'ai choisis parmi les plus simples, suffit pour montrer comment les équations dérivées se forment des équations primitives, par l'évanouissement des constantes. On voit que, pour une équation primitive donnée, il est toujours possible de trouver une équation dérivée qui renferme autant de constantes de moins qu'il y aura d'unités dans l'ordre de cette équation, et que, de quelque manière qu'on parvienne à cette équation, et sous quelque forme qu'elle se présente, elle sera toujours essentiellement la même. Ainsi le problème de trouver l'équation dérivée d'une primitive donnée est résolu dans toute sa généralité. Nous allons considérer maintenant le problème inverse, qui consiste à remonter des équations dérivées aux primitives.

Puisque, dans les équations à deux variables, une équation du premier ordre peut renfermer une constante de moins que l'équation primitive, une équation du second ordre peut renfermer deux constantes de moins que l'équation primitive, et ainsi de suite ; il s'ensuit réciproquement que l'équation primitive peut contenir une constante de plus qu'une équation du premier ordre, deux constantes de plus qu'une équation du second ordre, et ainsi de suite, constantes qui seront par conséquent arbitraires ; et on voit en même temps qu'elles ne sauraient en contenir davantage, puisqu'on ne pourrait les faire disparaître toutes par le moyen des équations dérivées.

Cette proposition étant d'une grande importance dans la théorie des fonctions dérivées, et n'ayant pas encore été démontrée d'une manière tout à fait rigoureuse, nous croyons devoir en donner une démonstration directe, tirée de l'expression générale de la fonction primitive.

Si y est une fonction quelconque de x, et qu'on dénote par y^0, $y^{0'}$, $y^{0''}$, $y^{0'''}$, ... les valeurs de y et de ses fonctions dérivées y', y'', y''', ..., qui répondent à $x = 0$ et qui sont par conséquent constantes, on aura, par ce que nous avons démontré à la fin de la Leçon IX,

$$y = y^0 + y^{0'}x + y^{0''}\frac{x^2}{2} + y^{0'''}\frac{x^3}{2.3} + \ldots;$$

et, si l'on veut arrêter la série au terme n^{ieme}, alors on aura les limites du reste, en substituant dans le terme suivant

$$y^{0(n)}\frac{x^n}{1.2.3\ldots n},$$

à la place de $y^{0(n)}$, la plus grande et la plus petite valeur de $y^{(n)}$ depuis $x = 0$ jusqu'à la grandeur qu'on veut attribuer à x.

Maintenant, si la valeur de y est donnée par une équation du premier ordre entre x, y et y', on aura par cette équation la valeur de y' en x et y, et de là on trouvera, en prenant les fonctions dérivées, une équation du second ordre en x, y, y' et y'', ensuite une équation du troisième ordre entre x, y, y', y'' et y''', et ainsi de suite; de sorte que, en substituant successivement dans ces équations les valeurs de y', y'', y''', ... données par les équations précédentes, on aura, en dernière analyse, les valeurs de y', y'', y''', ... exprimées en x et y. Or, en faisant $x = 0$, les quantités y, y', y'', ... se changeront en y^0, $y^{0'}$, $y^{0''}$, ...: ainsi, on aura les valeurs de $y^{0'}$, $y^{0''}$, ..., exprimées en y^0 qui demeurera indéterminée.

De même, si l'on n'a pour la détermination de y qu'une équation du second ordre entre x, y, y' et y'', on en tirera successivement des équations des ordres supérieurs entre x, y, y', y'', y''', entre x, y, y', y'', y''', y^{IV}, et ainsi de suite; et, par les substitutions successives des valeurs de y'', y''', ... données par les équations précédentes, on aura en dernière analyse y'', y''', ... données en x, y et y', de sorte qu'en faisant $x = 0$, on aura les valeurs de $y^{0''}$, $y^{0'''}$, ... exprimées en y^0 et $y^{0'}$, ces deux quantités demeurant indéterminées; et ainsi de suite.

Donc enfin, faisant ces substitutions dans l'expression générale de y en x, il est clair qu'il restera dans cette expression une indéterminée constante y^0, lorsque la fonction y sera donnée par une équation du premier ordre; qu'il y restera deux constantes indéterminées y^0 et $y^{0'}$, lorsque y ne sera donnée que par une équation du second ordre; qu'il y en restera trois, savoir, y^0, $y^{0'}$ et $y^{0''}$, lorsque y sera donnée par une équation du troisième ordre; et ainsi de suite.

Donc, en général, l'expression de y en x renfermera autant de constantes indéterminées qu'il y aura d'unités dans l'exposant de l'ordre de l'équation qui détermine la fonction y; et, quoique cette conclusion soit fondée ici sur la théorie des séries, il n'est pas difficile de se convaincre qu'elle doit avoir lieu généralement, quelle que soit l'expression de y, puisqu'on peut toujours regarder une expression en série comme le développement d'une expression finie.

Dans l'analyse précédente, on voit que les constantes arbitraires sont toujours les valeurs de y, y', y'', ... qui répondent à $x = 0$, au lieu qu'en envisageant, comme nous l'avons fait plus haut, les équations dérivées comme le résultat de l'élimination des constantes, ces constantes peuvent être quelconques; mais il est toujours facile de les réduire les unes aux autres : car, quelles que soient les constantes qui entrent dans l'expression de y, si l'on déduit de cette expression celles de y', y'' ..., et qu'ensuite on fasse $x = 0$, ce qui changera les valeurs de y, y', y'', ... en y^0, $y^{0'}$, $y^{0''}$, ..., on pourra toujours, en prenant autant de ces valeurs qu'il y a de constantes arbitraires, déterminer celles-ci en y^0, $y^{0'}$, $y^{0''}$, ..., et les substituer ensuite dans l'expression générale de y.

Or, quelle que puisse être la forme de cette expression ou de l'équation d'où elle dépend, à raison des différentes constantes qui y seront contenues, il est visible que, lorsque ces constantes seront réduites aux valeurs de y^0, $y^{0'}$, $y^{0''}$, ..., cette forme deviendra nécessairement la même pour la même équation dérivée.

On peut donc conclure, en général, que, si l'on a une équation dérivée d'un ordre quelconque, et que l'on trouve, de quelque manière que ce soit, une équation entre les mêmes variables qui y satisfasse, et qui renferme autant de constantes arbitraires qu'il y aura d'unités dans l'exposant de l'ordre de l'équation dérivée, cette équation sera l'équation primitive de la proposée, avec toute la généralité dont elle est susceptible; de sorte qu'elle renfermera nécessairement toute autre équation qui pourrait aussi satisfaire à la même équation avec autant de constantes arbitraires.

On voit par là que les constantes arbitraires forment proprement la liaison entre les équations primitives et les équations dérivées; celles-ci sont, par leur nature, plus générales que les équations d'où elles dérivent, à raison des constantes qui ont disparu ou qui peuvent avoir disparu; elles équivalent donc à toutes les équations primitives, et qui ne différeraient entre elles que par la valeur de ces constantes.

On pourra donc toujours passer d'une équation primitive à une de ses dérivées d'un ordre quelconque, et revenir ensuite de celle-ci à une nouvelle équation primitive, pourvu que cette dernière opération y introduise le nombre requis de constantes arbitraires. Alors cette dernière équation renfermera la première et lui deviendra équivalente, en déterminant convenablement ses constantes arbitraires. C'est ainsi qu'on en a usé dans la Leçon précédente, pour la transformation des fonctions angulaires.

Comme nous avons vu qu'une équation du second ordre peut provenir de deux équations différentes du premier ordre, renfermant chacune une constante arbitraire ; qu'une équation du troisième ordre peut être dérivée de même de trois équations différentes du second, et ainsi de suite, il est naturel d'en conclure aussi réciproquement que toute équation du second ordre aura deux équations primitives du premier ordre, chacune avec une constante arbitraire ; que toute équation du troisième ordre aura trois équations primitives du second ordre, ayant chacune une constante arbitraire ; et ainsi de suite. Mais nous pouvons démontrer aussi cette proposition d'une manière directe, par une analyse semblable à celle que nous avons employée ci-dessus.

Considérons la formule générale du développement des fonctions

$$f(x+i) = f(x) + i f'(x) + \frac{i^2}{2} f''(x) + \dots.$$

Faisons $y = f(x)$ et $i = -x$; on aura

$$f(x) = y, \quad f'(x) = y', \quad f''(x) = y'', \quad \dots,$$

et $f(x+i)$ deviendra $f(x-x)$, c'est-à-dire égale à la valeur de $f(x)$ ou y, lorsqu'on y fait $x = 0$, valeur que nous avons désignée plus haut par y^0. Ainsi, par ces substitutions, on aura cette formule

$$y^0 = y - xy' + \frac{x^2}{2} y'' - \frac{x^3}{2.3} y''' + \dots.$$

Changeons maintenant dans la formule générale $f(x)$ en $f'(x)$, et l'on aura de même

$$f'(x+i) = f'(x) + i f''(x) + \frac{i^2}{2} f'''(x) + \dots.$$

X. 20

Donc, faisant de nouveau

$$f(x) = y, \quad f'(x) = y', \quad f''(x) = y'', \quad \ldots, \quad \text{et} \quad i = -x,$$

ce qui donnera

$$f'(x + i) = f'(x - x),$$

valeur de $f'(x)$ ou de y', lorsque $x = 0$, que nous avons désignée par $y^{0'}$, on aura cette autre formule

$$y^{0'} = y' - xy'' + \frac{x^2}{2} y''' - \frac{x^3}{2.3} y^{.iv} + \ldots.$$

On trouvera de la même manière

$$y^{.0''} = y'' - xy''' + \frac{x^2}{2} y^{.iv} - \frac{x^3}{2.3} y^{.v} + \ldots,$$

et ainsi de suite.

Cela posé, si y est donnée par une équation du premier ordre, on aura les valeurs de y', y'', y''', ..., toutes données en x et y, comme on l'a vu plus haut; si on les substitue dans la formule

$$y^0 = y - xy' + \frac{x^2}{2} y'' - \frac{x^3}{2.3} y''' + \ldots,$$

on aura une équation entre x et y avec la constante arbitraire y^0.

Si y est donnée par une équation du second ordre, on aura y'', y''', y^{iv}, ..., données en x, y et y'; donc, substituant ces valeurs dans les deux formules

$$y^0 = y - xy' + \frac{x^2}{2} y'' - \frac{x^3}{2.3} y''' + \ldots,$$

$$y^{0'} = y' - xy'' + \frac{x^2}{2} y''' - \frac{x^3}{2.3} y^{.iv} + \ldots,$$

on aura deux équations en x, y et y', ayant chacune une des constantes arbitraires y^0 et $y^{0'}$, lesquelles seront également deux équations primitives du premier ordre de la proposée du second ordre, et ainsi de suite.

Quoique ces équations soient en séries, les conclusions qu'on peut tirer relativement à la nature des équations primitives n'en sont pas moins exactes; et il est visible, par la forme même de ces équations, qu'elles sont essentiellement différentes, et qu'il ne peut y en avoir qu'un nombre égal à celui de l'ordre de l'équation donnée.

On en conclura donc aussi que, si pour une équation du second ordre on trouve d'une manière quelconque deux équations différentes du premier ordre qui y satisfassent, et qui renferment chacune une constante arbitraire, on aura les deux équations primitives du premier ordre de la proposée; et toute autre équation de cet ordre, qui y satisferait avec une constante arbitraire, sera nécessairement renfermée dans celle-ci.

Ces deux équations primitives étant connues, on pourra toujours en déduire l'équation primitive absolue, sans fonctions dérivées, en éliminant par leur moyen la fonction dérivée qu'elles contiendront, et qui est censée être la même dans les deux équations.

L'équation résultante, ne contenant plus de fonction dérivée, sera l'équation primitive absolue de la proposée du second ordre; et, comme les deux constantes arbitraires, qui entraient dans les deux équations primitives du premier ordre, se trouveront dans cette équation, elle aura toute la généralité dont elle est susceptible.

Donc, ayant une équation du second ordre, on aura également son équation primitive absolue, soit qu'on trouve immédiatement une équation entre les mêmes variables qui y satisfasse, et qui renferme en même temps deux constantes arbitraires, soit qu'on trouve séparément deux équations du premier ordre qui y satisfassent chacune en particulier, et qui renferment chacune une constante arbitraire.

Mais, si l'une de ces deux équations du premier ordre ne contenait point de constante arbitraire, alors l'équation primitive qu'on en déduirait, ne contenant qu'une seule constante arbitraire, n'aurait pas toute la généralité qu'elle peut avoir; mais elle satisferait toujours à l'équation du second ordre d'où on l'aurait tirée, en même temps qu'elle satisfera aux deux du premier ordre.

Il suit encore de là que, si l'on a une équation du premier ordre, et qu'on en déduise d'une manière quelconque une équation du second ordre, soit en éliminant une constante ou non, qu'ensuite on passe de celle-ci à une autre équation primitive du premier ordre, avec une constante arbitraire, on pourra, par l'élimination de la fonction dérivée qui se trouve dans les deux équations du premier ordre, avoir une équation entre les deux variables et la constante arbitraire, qui sera par conséquent l'équation primitive absolue de la proposée du premier ordre.

En général, si de la proposée du premier ordre on passe à une équation d'un ordre supérieur, et si l'on trouve d'une manière quelconque une équation primitive de celle-ci d'un ordre inférieur avec une constante arbitraire, on pourra toujours, par l'élimination successive des fonctions dérivées, parvenir à une équation entre les deux variables et la constante arbitraire, laquelle sera ainsi l'équation primitive de la proposée.

Enfin on peut étendre aux équations des ordres supérieurs au second ce que nous venons de trouver relativement à celles de cet ordre, et en déduire des conclusions semblables.

LEÇON TREIZIÈME.

(Continuation de la Leçon précédente.)

THÉORIE DES MULTIPLICATEURS DES ÉQUATIONS DÉRIVÉES.

La manière la plus naturelle de trouver l'équation primitive d'une équation d'un ordre quelconque est de la préparer de façon que son premier membre devienne une fonction dérivée exacte; car alors il n'y aura qu'à prendre sa fonction primitive et y ajouter une constante pour avoir l'équation primitive d'un ordre inférieur; et, en opérant ainsi successivement, on pourra parvenir à l'équation primitive entre les deux variables et autant de constantes arbitraires que l'ordre de la proposée le comportera.

Or je vais prouver que cette préparation est toujours possible par le moyen d'un multiplicateur, lorsque l'équation dérivée de l'ordre n est réduite à la forme

$$y^{(n)} + f(x, y, y', y'', \ldots, y^{(n-1)}) = 0,$$

$y^{(n)}$ étant la plus haute des fonctions dérivées de y.

D'un côté, il est clair que cette réduction est toujours possible ou censée possible, quelle que soit la forme de l'équation proposée; car il n'y a qu'à en tirer la valeur de $y^{(n)}$ en x, y, y', y'', $\ldots$ par les règles connues.

De l'autre côté, nous avons déjà observé plus haut que, quelle que puisse être l'équation primitive de l'ordre immédiatement inférieur, si l'on dégage la constante arbitraire, et qu'on prenne ensuite les fonctions dérivées, on a une équation dérivée où la plus haute des fonctions dérivées de y ne sera qu'à la première dimension, et qui devra, par conséquent, être identique avec la proposée.

Ainsi, ayant réduit l'équation primitive à la forme

$$F(x,y,y',y'',\ldots,y^{(n-1)})=a,$$

où a est la constante arbitraire, on aura l'équation dérivée

$$F'(x,y,y',\ldots,y^{(n-1)})=0,$$

laquelle, en séparant la partie qui se rapporte à la variation de $y^{(n-1)}$, d'après la notation abrégée indiquée dans la Leçon VI, peut se mettre sous la forme

$$F'(x,y,y',\ldots,y^{(n-2)})+y^{(n)}\,F(y^{(n-1)})=0,$$

d'où l'on tire

$$y^{(n)}+\frac{F'(x,y,y',\ldots,y^{(n-2)})}{F'(y^{(n-1)})}=0.$$

Comme la constante a a disparu, cette équation devra être identique avec l'équation proposée, puisque la valeur de $y^{(n)}$ doit être la même dans les deux équations. Donc la fonction $f(x,y,y',\ldots,y^{(n-1)})$ sera identique avec la fonction

$$\frac{F'(x,y,y',\ldots,y^{(n-2)})}{F'(y^{(n-1)})}.$$

Ajoutant de part et d'autre la quantité $y^{(n)}$, la fonction

$$y^{(n)}+f(y,y',\ldots,y^{(n-1)})$$

deviendra identique avec la fonction

$$\frac{F'(x,y,y',\ldots,y^{(n-2)})+y^{(n)}\,F'(y^{(n-1)})}{F'(y^{(n-1)})},$$

c'est-à-dire avec la fonction

$$\frac{F'(x,y,y',\ldots,y^{(n-1)})}{F'(y^{(n-1)})}.$$

Donc l'équation

$$y^{(n)} + f(x, y, y', \ldots, y^{(n-1)}) = 0,$$

étant multipliée par la fonction $F'(y^{(n-1)})$, deviendra

$$F'(x, y, y', \ldots, y^{(n-1)}) = 0,$$

en sorte que son premier membre sera une fonction dérivée exacte.

Ainsi il existe toujours une fonction d'un ordre inférieur à celui de l'équation proposée, par laquelle cette équation étant multipliée, son premier membre devient une fonction dérivée exacte.

Comme cette proposition est fondamentale, et donne lieu à des conséquences importantes, nous allons la considérer sous un point de vue plus étendu.

Soit

$$F(x, y, y', \ldots, y^{(n-1)}, a) = 0$$

l'équation primitive de la même équation dérivée

$$y^{(n)} + f(x, y, y', y'', \ldots, y^{(n-1)}) = 0,$$

a étant la constante arbitraire.

Par la théorie générale, on aura l'équation dérivée de la primitive supposée, en éliminant a au moyen de l'équation

$$F(x, y, y', \ldots, y^{(n-1)}, a) = 0$$

et de sa dérivée immédiate

$$F'(x, y, y', \ldots, y^{(n-1)}) = 0,$$

a étant regardée comme constante.

De là il est facile de conclure, comme ci-dessus, que la fonction

$$y^{(n)} + f(x, y, y', \ldots, y^{(n-1)})$$

deviendra identique avec

$$\frac{F'(x, y, y', \ldots, y^{(n-1)})}{F'(y^{(n-1)})},$$

en substituant ici, à la place de a, sa valeur en $x, y, y', \ldots, y^{(n-1)}$, tirée de l'équation primitive.

Considérant donc a comme une pareille fonction déterminée par l'équation primitive

$$F(x, y, y', \ldots, y^{(n-1)}, a) = 0,$$

on aura, pour la détermination de a', l'équation dérivée

$$F'(x, y, y', \ldots, y^{(n-1)}, a) = 0,$$

laquelle, en séparant la partie qui se rapporte à a', suivant la notation employée ci-dessus, devient

$$F'(x, y, y', \ldots, y^{(n-1)}) + a' F'(a) = 0,$$

d'où l'on tire

$$- a' = \frac{F'(x, y, y', \ldots, y^{(n-1)})}{F'(a)} = [y^{(n)} + f(x, y, y', \ldots, y^{(n-1)})] \frac{F'(y^{(n-1)})}{F'(a)},$$

équation qui sera identique en substituant pour a sa valeur en $x, y, \ldots$.

Si donc on multiplie l'équation

$$y^{(n)} + f(x, y, y', \ldots, y^{(n-1)}) = 0$$

par la fonction $\dfrac{F'(y^{(n-1)})}{F'(a)}$, son premier membre deviendra une fonction dérivée exacte, dont la fonction primitive sera $- a$, en supposant a déterminé par l'équation

$$F(x, y, y', \ldots, y^{(n-1)}, a) = 0.$$

On est donc assuré, de cette manière, de l'existence d'un multiplicateur qui peut rendre le premier membre de l'équation proposée une fonction dérivée exacte.

La même équation identique nous fait voir aussi que ce multiplicateur n'est pas le seul qui jouisse de cette propriété, et nous donne en même temps le moyen de trouver tous les multiplicateurs qui auront la même propriété; car il est évident que, le premier membre de l'équation devenant égal à $- a'$, il sera toujours une fonction dérivée exacte, étant multiplié par une fonction quelconque de a, et qu'il ne pourra l'être qu'autant que le multiplicateur ne contiendra que a. Donc le second membre deviendra aussi une fonction dérivée exacte, étant multiplié par une fonction quelconque de a.

D'où il est aisé de conclure que la formule générale de ce multiplicateur sera

$$\frac{\varphi(a)\, F'(y^{(n-1)})}{F'(a)},$$

$\varphi(a)$ dénotant une fonction quelconque de a, et la quantité a étant une fonction de $x, y, y', \ldots$ déterminée par l'équation primitive

$$F(x, y, y', \ldots, y^{(n-1)}, a) = 0,$$

a étant ici la constante arbitraire; car le premier membre de l'équation proposée de l'ordre $n^{\text{ième}}$ deviendra, par la multiplication de la formule précédente, identique avec la quantité $- a'\varphi(a)$: de sorte qu'en dénotant par $\Phi(a)$ la fonction primitive de $a'\varphi(a)$, on aura tout de suite l'équation primitive $\Phi(a) = $ const.; d'où l'on tirera aussi $a = $ const. Or a étant ici la fonction de $x, y, y', \ldots, y^{(n-1)}$, qui résulte de l'équation

$$F(x, y, y', \ldots, y^{(n-1)}, a) = 0,$$

il est visible que l'équation $\Phi(a) = $ const. n'est autre chose que cette même équation, dans laquelle on suppose que a devient une constante arbitraire.

Ainsi, lorsqu'une équation dérivée de l'ordre $n^{\text{ième}}$ est réduite à la forme

$$y^{(n)} + f(x, y, y', y'', \ldots, y^{(n-1)}) = 0,$$

chaque équation primitive de l'ordre $n - 1$, avec une constante arbitraire, fournit une infinité de multiplicateurs, tous renfermés dans une même formule, lesquels peuvent rendre le premier membre de l'équation une fonction dérivée exacte, et redonner la même équation primitive.

Si l'équation proposée n'est que du premier ordre, il n'y a alors

X.

qu'une seule équation primitive; et par conséquent il n'y aura aussi qu'une seule formule de multiplicateurs.

Si l'équation proposée est du second ordre, nous avons démontré qu'elle est susceptible alors de deux différentes équations primitives du premier ordre; chacune d'elles donnera donc une formule particulière de multiplicateurs; mais on pourra aussi renfermer ces formules dans une formule plus générale encore.

Car, soit

$$y'' + f(x, y, y') = 0$$

l'équation proposée du second ordre, dont les deux équations primitives du premier ordre soient

$$\mathrm{F}(x, y, y', a) = 0, \quad \overline{\mathrm{F}}(x, y, y', b) = 0,$$

a et b étant les deux constantes arbitraires.

En regardant ces deux quantités a et b comme des fonctions de x, y, y', déterminées par ces mêmes équations, on trouvera, par l'analyse exposée ci-dessus, les deux équations identiques

$$[y'' + f(x, y, y')] \frac{\mathrm{F}'(y')}{\mathrm{F}'(a)} = -a',$$

$$[y'' + f(x, y, y')] \frac{\overline{\mathrm{F}}'(y')}{\overline{\mathrm{F}}'(b)} = -b'.$$

Soit maintenant $\Phi(a, b)$ une fonction quelconque de a, b; sa fonction dérivée $\Phi'(a, b)$ sera représentée par $a' \Phi'(a) + b' \Phi'(b)$; de sorte qu'en multipliant la première des équations précédentes par $\Phi'(a)$, la seconde par $\Phi'(b)$, et les ajoutant ensemble, on aura

$$[y'' + f(x, y, y')] \left[\frac{\mathrm{F}'(y') \Phi'(a)}{\mathrm{F}'(a)} + \frac{\overline{\mathrm{F}}'(y') \Phi'(b)}{\overline{\mathrm{F}}'(b)} \right] = -\Phi'(a, b).$$

On aura ainsi cette formule générale pour le multiplicateur de l'équation proposée

$$\frac{\mathrm{F}'(y') \Phi'(a)}{\mathrm{F}'(a)} + \frac{\overline{\mathrm{F}}'(y') \Phi'(b)}{\overline{\mathrm{F}}'(b)},$$

en supposant a et b déterminés par les deux équations

$$\mathrm{F}(x, y, y', a) = 0, \quad \overline{\mathrm{F}}(x, y, y', b) = 0;$$

et le premier membre de l'équation deviendra alors $-\Phi(a, b)$; de sorte que l'on aura sur-le-champ l'équation primitive $\Phi(a, b) = \mathrm{const.}$

De même, si l'on prend une autre fonction quelconque a et b, représentée par $\psi(a, b)$, on en tirera de même l'équation primitive $\psi(a, b) = \mathrm{const.}$

Ces deux équations donneront donc a et b égales à des constantes, quelles que soient les fonctions désignées par les caractéristiques Φ et ψ, ce qui redonnera les mêmes équations primitives d'où l'on était parti; d'où l'on voit comment ces équations se trouvent indépendantes des fonctions arbitraires qui peuvent entrer dans les multiplicateurs.

On peut appliquer cette théorie aux équations dérivées des ordres supérieurs au second, et en tirer des conclusions semblables.

On peut donc toujours trouver la forme générale des multiplicateurs lorsqu'on connaît les équations primitives; mais, comme ces multiplicateurs fournissent eux-mêmes un moyen de parvenir aux équations primitives, il serait important de pouvoir les trouver *a posteriori*, d'après les équations dérivées. Euler et d'autres après lui se sont occupés de cette recherche; mais c'est un de ces problèmes dont on ne saurait espérer une solution générale.

Pour donner un exemple de ce que nous venons d'exposer, prenons l'équation du second ordre

$$xy'' - y' = 0,$$

que nous avons trouvée plus haut. J'observe d'abord que, dans l'état où elle est, son premier membre est déjà une fonction dérivée exacte; car, puisque

$$(xy')' = xy'' + y',$$

on a

$$xy'' = (xy')' - y';$$

de sorte qu'on peut la mettre sous la forme

$$(xy')' - 2y' = 0;$$

d'où l'on tire, sur-le-champ, l'équation primitive du premier ordre

$$xy' - 2y + A = 0,$$

A étant une constante arbitraire.

Pour avoir l'équation primitive de celle-ci, je cherche un multiplicateur qui rende son premier membre une fonction dérivée exacte, et il est facile de voir que cela aura lieu en divisant l'équation par x^3, de sorte que le multiplicateur sera $\frac{1}{x^3}$.

En effet, elle devient par là

$$\frac{y'}{x^2} - \frac{2y}{x^3} + \frac{A}{x^3} = 0,$$

et la fonction primitive du premier membre est

$$\frac{y}{x^2} - \frac{A}{2x^2};$$

de sorte qu'on aura l'équation primitive

$$\frac{y}{x^2} - \frac{A}{2x^2} + B = 0,$$

savoir, en multipliant par x^2,

$$y + Bx^2 - \frac{A}{2} = 0,$$

B étant une nouvelle constante arbitraire.

Cette équation, contenant ainsi deux constantes arbitraires A et B, sera l'équation primitive complète de l'équation proposée du second ordre; et l'on voit, en effet, qu'elle coïncide avec l'équation

$$x^2 - 2ay + a^2 + b = 0,$$

d'où la proposée avait été dérivée, puisqu'il n'y a qu'à la diviser par B et faire

$$B = -\frac{1}{2a}, \quad -\frac{A}{2B} = a^2 + b.$$

Mais, au lieu de chercher, comme on vient de le faire, l'équation primitive de la primitive du premier ordre, on peut chercher une autre équation primitive de la proposée; et, pour cela, j'observe que la fonction dérivée de $x^m y'^n$ est

$$m x^{m-1} y'^n + n x^m y'^{n-1} y'' = x^{m-1} y'^{n-1} (m y' + n x y'');$$

ainsi, la proposée étant

$$x y'' - y' = 0,$$

on voit qu'en faisant $m = -1$, $n = 1$, son premier membre deviendra une fonction dérivée exacte, étant multipliée par x^{-2} ou par $\dfrac{1}{x^2}$, et l'on aura la nouvelle équation primitive

$$\frac{y'}{x} + B = 0.$$

Combinant donc cette équation avec l'équation

$$x y' - 2y + A = 0,$$

trouvée précédemment, pour en éliminer y', on aura l'équation en x et y

$$- B x^2 - 2y + A = 0,$$

qui, à raison des deux constantes arbitraires A et B, sera aussi l'équation primitive complète de la proposée. En effet, elle se réduira à la même forme

$$x^2 - 2 a y + a^2 + b = 0,$$

étant divisée par $-$ B et faisant

$$\frac{1}{B} = - a, \quad - \frac{A}{B} = a^2 + b.$$

LEÇON QUATORZIÈME.

DES VALEURS SINGULIÈRES QUI SATISFONT AUX ÉQUATIONS DÉRIVÉES ET QUI NE
SONT PAS COMPRISES DANS LES ÉQUATIONS PRIMITIVES. THÉORIE DES ÉQUATIONS
PRIMITIVES SINGULIÈRES.

La théorie des équations dérivées, exposée dans la Leçon XII, porte
naturellement à conclure que toute valeur qui peut satisfaire à une
équation dérivée donnée doit être renfermée dans son équation primitive, pourvu que celle-ci ait toute la généralité dont elle est susceptible par les constantes arbitraires qui doivent y entrer. Il y a
néanmoins des équations dérivées auxquelles satisfont les valeurs que
j'appelle *singulières,* parce qu'elles ne sont pas comprises dans leurs
équations primitives. Ces sortes de valeurs se sont présentées aux géomètres presque dès la naissance du Calcul différentiel; mais, comme
la théorie des constantes arbitraires n'était guère connue alors, on n'a
pas d'abord regardé ces valeurs comme formant une exception aux
règles générales du Calcul différentiel. Euler est le premier qui les ait
envisagées sous ce point de vue et qui ait donné des règles pour les
distinguer des intégrales ordinaires.

Depuis, on a reconnu qu'elles dépendent de la théorie générale des
équations différentielles ou dérivées, et qu'elles servent à la compléter; c'est ce que nous allons développer avec toute l'étendue qu'exige
l'importance de la matière.

Considérons une équation quelconque du premier ordre, représentée
par

$$f(x, y, y') = o,$$

et supposons qu'elle soit dérivée de l'équation primitive

$$F(x, y, a) = 0,$$

a étant la constante arbitraire.

Suivant la théorie générale, cette équation

$$F(x, y, a) = 0$$

donnera l'équation dérivée

$$F'(x, y, a) = 0,$$

qui se réduit à la forme

$$F'(x) + y' F'(y) = 0,$$

conformément à la notation que nous avons employée jusqu'ici; et ces deux équations, étant combinées ensemble de manière que la constante a disparaisse, produiront la suivante

$$f(x, y, y') = 0.$$

Maintenant il est clair que le résultat de l'élimination de a sera le même, quelle que soit la quantité a, soit constante ou variable, pourvu que les deux équations

$$F(x, y, a) = 0, \quad F'(x) + y' F'(y) = 0$$

soient les mêmes. Donc aussi la même équation

$$f(x, y, y') = 0$$

pourra résulter de l'équation

$$F(x, y, a) = 0,$$

en supposant a variable et fonction de x, pourvu que l'équation dérivée

$$F'(x, y, a) = 0$$

soit également

$$F'(x) + y' F'(y) = 0.$$

Mais, en regardant a comme une fonction de x, on a

$$F'(x, y, a) = F'(x) + y' F'(y) + a' F'(a);$$

ainsi la condition dont il s'agit aura lieu si le terme $a' F'(a)$ disparaît; d'où il suit que la valeur de y, tirée de l'équation primitive

$$F(x, y, a) = 0,$$

satisfera également à l'équation du premier ordre

$$f(x, y, y') = 0,$$

en prenant pour a une fonction de x déterminée par l'équation

$$a' F'(a) = 0.$$

Cette équation donne ou

$$a' = 0, \quad \text{ou} \quad F'(a) = 0.$$

L'équation $a' = 0$ donne a égal à une constante quelconque; c'est le cas de l'équation primitive ordinaire, dans lequel a est la constante arbitraire.

Mais l'autre équation

$$F'(a) = 0,$$

dans laquelle $F'(a)$ est une fonction de x, y et a, donnera, par la résolution, la valeur de a en x et y; et, cette valeur étant substituée dans l'équation primitive

$$F(x, y, a) = 0,$$

on aura une nouvelle équation en x et y, sans constante arbitraire, qui conduira également à la même équation dérivée, et qui sera nécessairement différente de l'équation primitive ordinaire, puisque dans celle-ci la quantité a est une constante arbitraire, et que dans l'autre elle devient une fonction de x et y.

Donc, en général, si l'on élimine a des deux équations

$$F(x, y, a) = 0, \quad F'(a) = 0,$$

on aura l'équation qui renfermera les valeurs singulières de y, qui peuvent satisfaire à l'équation dérivée

$$f(x, y, y') = 0,$$

dont
$$\mathbf{F}(x, y, a) = 0$$

est l'équation primitive ordinaire.

Nous appellerons cette équation *équation primitive singulière*, pour la distinguer de l'équation primitive ordinaire, que nous appellerons aussi *équation primitive complète*.

Il faut seulement remarquer que, comme l'essence de cette équation consiste en ce que la valeur de a est une fonction variable, si l'équation
$$\mathbf{F}'(a) = 0,$$

par laquelle on doit déterminer a, donnait pour a une quantité constante, ou bien une telle fonction de x et y qui devint égale à une constante en vertu de l'équation
$$\mathbf{F}(x, y, a) = 0,$$

dans laquelle on doit substituer cette valeur de a, ou qui, dans cette substitution, donnât le même résultat qu'on aurait par une valeur constante de a, alors cette équation cesserait d'être une équation primitive singulière, et ne serait plus qu'un cas particulier de l'équation primitive ordinaire.

Nous avons trouvé (Leçon XII) que l'équation du premier ordre
$$y'\sqrt{x^2 + y^2 - b} - yy' - x = 0$$

a pour équation primitive
$$x^2 - 2ay - a^2 - b = 0,$$

où a est la constante arbitraire. Faisant donc
$$\mathbf{F}(x, y, a) = x^2 - 2ay - a^2 - b,$$

et prenant les fonctions dérivées de tous les termes relativement à a seul, on aura
$$\mathbf{F}'(a) = -2y - 2a;$$

X. 22

donc l'équation

$$F'(a) = 0 \quad \text{donnera} \quad a = -y,$$

valeur qui, étant substituée dans l'équation primitive, donne

$$x^2 + y^2 - b = 0,$$

équation qui satisfait également à l'équation du premier ordre.

En effet, cette équation donne

$$y^2 = b - x^2 \quad \text{et} \quad yy' = -x;$$

ces valeurs substituées dans l'équation

$$y' \sqrt{x^2 + y^2 - b} - yy' - x = 0$$

la rendent identique.

Comme on sait, par la théorie des équations, que l'équation dérivée

$$F'(a) = 0,$$

relative à a, contient la condition qui rend égales deux des racines de l'équation

$$F(x, y, a) = 0,$$

ordonnée par rapport à a, il s'ensuit que la valeur singulière de y, dans cette équation, a la propriété de donner à l'équation en a une racine double.

On voit, en effet, que l'équation

$$a^2 + 2ay - x^2 + b = 0$$

acquiert une racine double, en faisant

$$y^2 = b - x^2.$$

Si l'équation primitive était

$$(x^2 + y^2 - b)(y^2 - 2ay) + (x^2 - b)a^2 = 0,$$

a étant la constante arbitraire, l'équation dérivée relative à a serait

$$-y(x^2 + y^2 - b) + (x^2 - b)a = 0,$$

d'où l'on tire

$$a = \frac{y(x^2 + y^2 - b)}{x^2 - b},$$

valeur qui, étant substituée dans la proposée, donne

$$\frac{y^4(x^2 + y^2 - b)}{x^2 - b} = 0,$$

et, par conséquent,

$$x^2 + y^2 - b = 0$$

pour l'équation primitive singulière.

Mais, de ce que cette équation rend la valeur même de a nulle, il suit qu'elle ne sera qu'un cas particulier de l'équation primitive; en effet elle résulte de celle-ci, en y faisant $a = 0$.

On peut appliquer aux équations des ordres supérieurs au premier la théorie que nous venons de donner sur les équations dérivées de cet ordre.

En effet, si

$$F(x, y, y', y'', \ldots, y^{(n-1)}, a) = 0$$

est l'équation primitive de l'équation de l'ordre n

$$f(x, y, y', y'', \ldots, y^{(n)}) = 0,$$

a étant la constante arbitraire, celle-ci doit résulter de l'élimination de a entre l'équation primitive et son équation dérivée; et il est évident que le résultat de cette élimination sera le même, soit que la quantité a soit constante ou variable, pourvu que les deux équations soient de la même forme.

Or l'équation primitive

$$F(x, y, y', \ldots, y^{(n-1)}, a) = 0$$

est la même dans l'un et dans l'autre cas : son équation dérivée est, dans le cas de a constante,

$$F'(x, y, y', \ldots, y^{(n-1)}) = 0;$$

et, dans le cas où a serait une fonction quelconque de x, elle sera

$$F'(x, y, y', \ldots, y^{(n-1)}) + a' \, F'(a) = 0;$$

donc les deux équations deviendront identiques si l'on détermine a de manière que le terme $a' \, F'(a)$ disparaisse.

Faisant donc

$$a' \, F'(a) = 0,$$

on a ou

$$a' = 0,$$

et par conséquent a égal à une constante, ce qui est le cas ordinaire; ou

$$F'(a) = 0,$$

ce qui donnera une valeur de a en x et y, laquelle, étant substituée dans l'équation primitive

$$F(x, y, y', \ldots, y^{(n-1)}, a) = 0,$$

donnera une équation du même ordre, qui satisfera également à l'équation

$$f(x, y, y', \ldots, y^{(n)}) = 0;$$

elle pourra donc être regardée aussi comme une équation primitive singulière sans constante arbitraire.

L'équation du second ordre

$$y''^2 - \frac{2 y' y''}{x} + 1 = 0$$

a pour équation primitive du premier ordre

$$x^2 - 2 a y' + a^2 = 0,$$

comme on peut s'en assurer en éliminant a au moyen de son équation dérivée

$$x - a y'' = 0.$$

Si l'on prend l'équation dérivée relativement à a, on a

$$- y' + a = 0;$$

d'où l'on tire

$$a = y',$$

valeur qui, étant substituée dans la même équation, donne celle-ci

$$x^2 - y'^2 = 0, \quad \text{d'où} \quad y' = \pm x.$$

Cette valeur de y' satisfait aussi à l'équation proposée; mais c'est une valeur singulière, puisqu'elle n'est pas contenue dans l'équation primitive.

Si l'on cherche l'équation primitive de l'équation du premier ordre

$$x^2 - 2ay' + a^2 = 0,$$

il est facile de trouver celle-ci

$$\frac{x^3}{3} - 2ay + a^2 x + b = 0,$$

où b est la nouvelle constante arbitraire.

Si maintenant on élimine a de ces deux équations, on aura la suivante

$$4x^2(y - xy')^2 - 4\left(b - \frac{2x^3}{3}\right)(y - xy')y' + \left(b - \frac{2x^3}{3}\right)^2 = 0,$$

qui sera par conséquent l'autre équation primitive du premier ordre de la proposée.

On peut donc aussi chercher une équation primitive singulière d'après cette équation-ci, en prenant son équation dérivée relativement à b, et l'on trouvera

$$-4(y - xy')y' + 2\left(b - \frac{2x^3}{3}\right) = 0,$$

d'où l'on tire

$$b = \frac{2x^3}{3} + 2(y - xy')y'.$$

Substituant cette valeur dans l'équation précédente, elle devient

$$4(y - xy')^2(x^2 - y'^2) = 0.$$

Cette équation donne ces deux-ci

$$y - xy' = 0 \quad \text{et} \quad x^2 - y'^2 = 0.$$

La première ne satisfait pas à la proposée, car elle donne

$$y' = \frac{y}{x},$$

et, de là,

$$y'' = \frac{y'}{x} - \frac{y}{x^2} = \frac{y}{x^2} - \frac{y}{x^2} = 0.$$

La seconde donne

$$y' = \pm x;$$

c'est la même que nous avons trouvée ci-dessus.

Ainsi les deux équations primitives du premier ordre ne donnent que la même équation singulière.

Il serait cependant naturel de penser que des équations primitives différentes devraient donner aussi différentes valeurs singulières; mais nous allons démontrer, *a priori*, que l'on a toujours la même équation primitive singulière, de quelque équation primitive qu'on la déduise; ce qu'on ne savait pas jusqu'ici.

Considérons une équation du second ordre, représentée en général par

$$f(x, y, y', y'') = 0,$$

et dont l'équation primitive entre x et y soit

$$F(x, y, a, b) = 0,$$

a et b étant les deux constantes arbitraires.

Par la théorie générale, on aura ses deux équations primitives du premier ordre, en éliminant a ou b, par le moyen de cette même équation et de sa première équation dérivée

$$F'(x, y_,) = 0,$$

a et b étant ici regardées comme constantes.

Comme la fonction dérivée $F'(x, y)$ renferme, outre les constantes a et b, la fonction y', désignons-la par $\varphi(x, y, y', a, b)$.

Ainsi on aura les deux constantes primitives du premier ordre, en substituant alternativement, dans la même équation

$$\varphi(x, y, y', a, b) = 0,$$

la valeur de b en x, y, a, et la valeur de a en x, y et b, tirées de la même équation

$$F(x, y, a, b) = 0.$$

Ensuite on aura les équations primitives singulières, en éliminant a de la première par le moyen de son équation dérivée, prise relativement à a, et en éliminant b de la seconde par le moyen de son équation dérivée, prise relativement à b.

Considérons d'abord, dans l'équation

$$\varphi(x, y, y', a, b) = 0,$$

la quantité b comme une fonction de x, y, a, déterminée par l'équation

$$F(x, y, a, b) = 0;$$

son équation dérivée, prise relativement à a, sera

$$\varphi'(a) + b' \varphi'(b) = 0,$$

en supposant que b' soit la fonction dérivée de b, prise relativement à a; or, comme b est une fonction de a, déterminée par l'équation

$$F(x, y, a, b) = 0,$$

on aura la valeur de b', en prenant la dérivée de cette équation par rapport à a, opération qui donne

$$F'(a) + b' F'(b) = 0.$$

Si maintenant on élimine b' de ces deux équations, on a

$$\varphi'(a) F'(b) - \varphi'(b) F'(a) = 0.$$

Cette équation, étant combinée avec les deux

$$F(x, y, a, b) = 0 \quad \text{et} \quad \varphi(x, y, y', a, b) = 0,$$

donnera, par l'élimination de a et b, l'équation singulière résultant de l'équation dérivée relative à a.

En regardant de même a comme fonction de b dans l'équation

$$\varphi(x, y, y', a, b) = 0,$$

on aura également l'équation dérivée relative à b

$$a'\, \varphi'(a) + \varphi'(b) = 0,$$

et la valeur de a' dépendra alors de l'équation dérivée relativement à b,

$$a'\, \mathrm{F}'(a) + \mathrm{F}'(b) = 0;$$

de sorte que, par l'élimination de a', on aura pareillement

$$\varphi'(a)\, \mathrm{F}'(b) - \varphi'(b)\, \mathrm{F}'(a) = 0.$$

Ainsi l'équation primitive singulière, déduite de l'équation dérivée relative à b, sera encore le résultat de l'élimination de a et b, par le moyen de l'équation précédente et des équations

$$\mathrm{F}(x, y, a, b) = 0, \quad \varphi(x, y, y', a, b) = 0.$$

Donc ce résultat sera le même dans les deux cas, puisque les équations sont les mêmes.

Il suit de là qu'on peut trouver directement l'équation primitive singulière d'une équation du second ordre, au moyen de son équation primitive complète, sans connaître en particulier les deux équations primitives du premier ordre; car, soit

$$\mathrm{F}(x, y, a, b) = 0$$

cette équation, où a et b sont les deux constantes arbitraires; il n'y aura qu'à éliminer a, b et b', au moyen des quatre équations

$$\mathrm{F}(x, y, a, b) = 0, \quad \varphi(x, y, y', a, b) = 0,$$
$$\mathrm{F}'(a) + b'\, \mathrm{F}'(b) = 0, \quad \varphi'(a) + b'\, \varphi'(b) = 0,$$

en supposant

$$\varphi(x, y, y', a, b) = \mathrm{F}'(x, y).$$

On peut appliquer le même raisonnement aux équations des ordres supérieurs, et en tirer des conclusions semblables. Ainsi, si

$$F(x, y, a, b, c) = 0$$

est supposée l'équation primitive entre x et y, et les trois constantes arbitraires a, b, c d'une équation dérivée du troisième ordre, les trois équations primitives du second ordre donneront une même équation primitive singulière de ce même ordre, qui ne sera que le résultat de l'élimination de a, b, c et de b', c', au moyen de ces six équations

$$F(x, y, a, b, c) = 0,$$
$$\varphi(x, y, y', a, b, c) = 0,$$
$$\psi(x, y, y', y'', a, b, c) = 0,$$
$$F'(a) + b'\, F'(b) + c'\, F'(c) = 0,$$
$$\varphi'(a) + b'\, \varphi'(b) + c'\, \varphi'(c) = 0,$$
$$\psi'(a) + b'\, \psi'(b) + c'\, \psi'(c) = 0,$$

en supposant

$$\varphi(x, y, y', a, b, c) = F'(x, y),$$
$$\psi(x, y, y', y'', a, b, c) = F''(x, y);$$

et ainsi de suite.

Ainsi l'équation du second ordre

$$y''^2 - \frac{2y'y''}{x} + 1 = 0$$

ayant, comme on l'a vu ci-dessus, pour équation primitive entre x et y, l'équation

$$\frac{x^3}{3} - 2ay + a^2 x + b = 0,$$

où a et b sont les constantes arbitraires, on aura tout de suite l'équation primitive singulière du premier ordre, en combinant cette équation avec son équation dérivée ordinaire, et avec les deux dérivées de celles-ci, prises par rapport à a, et en regardant b comme fonction de x, y, y' et a, de manière que les quantités a, b et b' disparaissent.

X. 23

Pour donner plus de généralité à cet exemple, en conservant la constante b dans l'équation dérivée, je donnerai d'abord à l'équation primitive la forme

$$x^2 + 3a^2 + \frac{3b - 6ay}{x} = 0,$$

et j'aurai pour sa dérivée

$$2x - \frac{6ay'}{x} - \frac{3b - 6ay}{x^2} = 0.$$

Prenant maintenant les dérivées de l'une et de l'autre relativement à a, il viendra

$$6a - \frac{6y}{x} + \frac{3b'}{x} = 0,$$

$$\frac{6y}{x^2} - \frac{6y'}{x} - \frac{3b'}{x^2} = 0,$$

b étant supposé fonction de a.

En éliminant d'abord b', on a

$$\frac{6(a - y')}{x} = 0, \quad \text{d'où} \quad a = y';$$

les deux premières donnent ensuite, en éliminant b,

$$3x + \frac{3a^2 - 6ay'}{x} = 0;$$

substituant la valeur de a, il vient

$$3x - \frac{3y'^2}{x} = 0, \quad \text{ou} \quad y'^2 - x^2 = 0,$$

comme plus haut.

Soit encore l'équation du second ordre

$$y - xy' + \frac{x^2}{2}y'' - (y' - xy'')^2 - y''^2 = 0,$$

dont l'équation primitive en x et y est

$$y - \frac{a}{2}x^2 - bx - a^2 - b^2 = 0.$$

Si l'on élimine tour à tour a et b de cette équation, au moyen de son équation dérivée

$$y' - ax - b = 0,$$

on a ces deux-ci

$$y + \left(\frac{a}{2} - a^2\right)x^2 - (1 - 2a)xy' - a^2 - y'^2 = 0,$$

$$y - \frac{(b+y')x}{2} - \frac{(b-y')^2}{x^2} - b^2 = 0.$$

En prenant l'équation dérivée de la première relativement à a, on trouve

$$\left(\frac{1}{2} - 2a\right)x^2 + 2xy' - 2a = 0;$$

d'où résulte

$$a = \frac{x^2 + 4xy'}{4(1 + x^2)},$$

valeur qui, étant substituée dans la même équation, donne

$$y - xy' - y'^2 + \frac{(4xy' + x^2)^2}{16(1 + x^2)} = 0.$$

De même l'équation dérivée de la seconde, relativement à b, sera

$$\frac{x}{2} + \frac{2(b-y')}{x^2} + 2b = 0,$$

d'où l'on tire

$$b = \frac{4y' - x^3}{4(1 + x^2)};$$

et la substitution de cette valeur donnera

$$y - \frac{xy'}{2} - \frac{y'^2}{x^2} + \frac{(4y' - x^3)^2}{16x^2(1 + x^2)} = 0;$$

ces deux équations reviennent au même, car elles se réduisent l'une et l'autre à celle-ci

$$(1 + x^2)y - \left(x + \frac{x^3}{2}\right)y' - y'^2 + \frac{x^4}{16} = 0,$$

qui est, par conséquent, l'équation primitive singulière de la proposée du second ordre.

On aura le même résultat en éliminant immédiatement a, b et b', au moyen de l'équation primitive

$$y - \frac{a}{2}x^2 - bx - a^2 - b^2 = 0,$$

de sa première dérivée

$$y' - ax - b = 0$$

et de leurs deux dérivées par rapport à a,

$$\frac{x^2}{2} + 2a + (x + 2b)b' = 0, \quad x + b' = 0.$$

Ces deux-ci donnent, en éliminant b',

$$\frac{x^2}{2} + 2a - (x + 2b)x = 0.$$

En combinant celle-ci avec la seconde, on trouve

$$a = \frac{x^2 + 4xy'}{4(1 + x^2)}, \quad b = \frac{4y' - x^3}{4(1 + x^2)};$$

et, ces valeurs étant substituées dans la première, il vient

$$y(1 + x^2) + \frac{x^4}{16} - \left(\frac{x^3}{2} + x\right)y' - y'^2 = 0,$$

comme ci-dessus.

Si de l'équation primitive

$$F(x, y, y', \ldots, y^{(n-1)}, a) = 0$$

on tire la valeur de a en fonction de

$$x, y, y', \ldots, y^{(n-1)},$$

et qu'on la désigne par

$$\Phi(x, y, y', \ldots, y^{(n-1)}),$$

il est clair qu'en substituant cette fonction à la place de a, dans la

même équation, elle deviendra nécessairement identique ; par conséquent ses équations dérivées, relatives à

$$x, y, y', \ldots, y^{(n-1)}$$

en particulier, auront lieu aussi.

On aura donc

$$F'(x) + F'(a) \, \Phi'(x) = 0,$$

$$F'(y) + F'(a) \, \Phi'(y) = 0,$$

$$F'(y') + F'(a) \, \Phi'(y') = 0,$$

$$\ldots\ldots\ldots\ldots\ldots\ldots\ldots,$$

où j'ai conservé, sous le signe F', la lettre a à la place de sa valeur

$$\Phi(x, y, y', \ldots, y^{(n-1)}).$$

De là on déduira

$$\Phi'(x) = -\frac{F'(x)}{F'(a)},$$

$$\Phi'(y) = -\frac{F'(y)}{F'(a)},$$

$$\Phi'(y') = -\frac{F'(y')}{F'(a)},$$

$$\ldots\ldots\ldots\ldots\ldots$$

Donc, puisque la quantité $F'(a)$ devient nulle dans le cas de l'équation primitive singulière, il s'ensuit que, dans ce même cas, les valeurs de

$$\Phi'(x), \ \Phi'(y), \ \Phi'(y'), \ \ldots, \ \Phi'(y^{(n-1)})$$

deviendront chacune infinie.

Ce caractère fournit aussi un moyen général de trouver l'équation
primitive singulière; et ce moyen est surtout utile, lorsque l'équation
primitive est sous la forme

$$\Phi(x, y, y', y'', \ldots, y^{(n-1)}) = a,$$

laquelle paraît échapper à la règle générale établie ci-dessus, car on
aurait ici

$$F(x, y, y', \ldots, y^{(n-1)}) = \Phi(x, y, y', \ldots, y^{(n-1)}) - a$$

et, de là,

$$F'(a) = -1,$$

d'où l'on ne pourrait rien conclure relativement à l'équation primitive singulière.

Il faut néanmoins observer que, quoiqu'il soit vrai que l'équation primitive singulière rend les fonctions

$$\Phi'(x), \; \Phi'(y), \; \Phi'(y'), \; \dots$$

infinies, on n'en doit pas conclure que toute équation qui rendra ces quantités infinies sera une équation primitive singulière; il faudra, de plus, que cette équation ne rende pas la fonction

$$\Phi(x, y, y', \dots)$$

égale à une constante, car on n'aurait alors qu'un cas particulier de l'équation primitive générale.

Par exemple, si

$$\Phi(x, y) = (y - x)^m,$$

on aura

$$\Phi'(x) = -m(y-x)^{m-1}, \quad \Phi'(y) = m(y-x)^{m-1};$$

l'une et l'autre de ces quantités deviennent infinies, en faisant $y - x = 0$, pourvu que $m < 1$.

Mais cette équation

$$y - x = 0$$

rend la valeur de $\Phi(x, y)$ égale à zéro ou à l'infini, suivant que m est positif ou négatif; donc elle ne peut pas être une équation primitive singulière.

Prenons l'équation du premier exemple

$$x^2 - 2ay + a^2 - b = 0;$$

elle donne

$$a = -y + \sqrt{x^2 + y^2 - b},$$

donc

$$\Phi(x, y) = -y + \sqrt{x^2 + y^2 - b},$$

et, de là,

$$\Phi'(x) = \frac{x}{\sqrt{x^2 + y^2 - b}},$$

$$\Phi'(y) = -1 + \frac{y}{\sqrt{x^2 + y^2 - b}},$$

où l'on voit que ces deux fonctions deviennent infinies par l'équation primitive singulière

$$x^2 + y^2 - b = 0.$$

Nous avons trouvé plus haut cette équation du premier ordre

$$y(1 + x^2) + \frac{x^4}{16} - \left(\frac{x^3}{2} + x\right)y' - y'^2 = 0,$$

pour l'équation primitive singulière de l'équation du second ordre

$$y' - xy' + \frac{x^2}{2}y'' - (y' - x)y''^2 - y''^2 = 0;$$

en dégageant la fonction y', on a

$$y' + \frac{2x + x^3}{4} - \frac{\sqrt{1 + x^2}\sqrt{16y + 4x^2 + x^4}}{4} = 0;$$

et, divisant par $\frac{1}{8}\sqrt{16y + 4x^2 + x^4}$, on obtient

$$\frac{8y' + 4x + 2x^3}{\sqrt{16y + 4x^2 + x^4}} = 2\sqrt{1 + x^2},$$

équation dont les deux membres sont des fonctions dérivées exactes.

En prenant leurs fonctions primitives, et ajoutant la constante arbitraire k, on aura l'équation primitive

$$\sqrt{16y + 4x^2 + x^4} = x\sqrt{1 + x^2} + l(\sqrt{1 + x^2} + x) + k,$$

comme il est facile de s'en assurer en prenant les fonctions dérivées de ses deux membres.

Cette équation est, comme l'on voit, bien différente de l'équation primitive complète

$$y - \frac{a}{2}x^2 - bx - a^2 - b^2 = 0;$$

mais elle satisfait également à l'équation proposée du second ordre, parce qu'elle satisfait, en général, à l'équation du premier ordre, qui satisfait à celle du second ordre, comme primitive singulière.

Mais cette.équation du premier ordre peut avoir elle-même une primitive singulière qu'il est bon de chercher.

Comme la constante k est débarrassée des variables x et y, on a immédiatement

$$k = \sqrt{16y + 4x^2 + x^4} - x\sqrt{1 + x^2} - l(\sqrt{1 + x^2} + x),$$

de sorte que, en désignant cette fonction par $\Phi(x, y)$, et prenant les fonctions dérivées relatives à x ou y, on aura sur-le-champ

$$\Phi'(y) = \frac{8}{\sqrt{16y + 4x^2 + x^4}};$$

donc, supposant cette quantité infinie, on aura l'équation

$$16y + 4x^2 + x^4 = 0$$

pour l'équation primitive singulière de l'équation du premier ordre, qui est déjà elle-même une primitive singulière de la proposée du second ordre.

Elle satisfait, en effet, comme on peut s'en assurer, à l'équation du premier ordre; mais elle ne satisfait plus à celle du second ordre.

On aurait pu aussi déduire immédiatement cette même équation singulière de l'équation primitive entre x et y

$$y - \frac{a}{2}x^2 - bx - a^2 - b^2 = 0,$$

en déterminant a et b par ses deux équations dérivées relatives à a et b.

On aura ainsi

$$\frac{1}{2}x^2 + 2a = 0, \quad x + 2b = 0,$$

d'où l'on tire

$$a = -\frac{x^2}{4}, \quad b = -\frac{x}{2};$$

substituant ces valeurs dans l'équation précédente, elle deviendrait

$$y + \frac{x^4}{16} + \frac{x^2}{4} = 0.$$

Il n'est pas difficile, en effet, de démontrer, par la théorie générale des équations primitives singulières, que ces sortes d'équations primitives singulières doubles résultent de l'équation primitive

$$F(x, y, a, b) = 0,$$

en éliminant les deux constantes a et b par les deux équations particulières

$$F'(a) = 0, \quad \text{et} \quad F'(b) = 0.$$

Et par là il est aisé de voir la raison pourquoi elles ne satisfont pas, en général, à l'équation du second ordre, dont

$$F(x, y, a, b) = 0$$

est l'équation primitive complète avec les deux constantes arbitraires a et b.

Car soit

$$f(x, y, y', y'') = 0$$

cette équation du second ordre; elle résulte, comme nous l'avons vu, de l'élimination de a et b regardées comme constantes, au moyen des trois équations

$$F(x, y, a, b) = 0, \quad F'(x, y) = 0, \quad F''(x, y) = 0.$$

Mais, lorsqu'on regarde a et b comme des fonctions de x et y, l'équation dérivée de

$$F(x, y, a, b) = 0$$

n'est plus simplement

$$F'(x, y) = 0,$$

mais elle devient

$$F'(x, y) + a' F'(a) + b' F'(b) = 0,$$

laquelle se réduit cependant à

$$F'(x, y) = 0,$$

en déterminant a et b par les deux conditions

$$F'(a) = 0, \quad \text{et} \quad F'(b) = 0,$$

qui sont celles de l'équation primitive singulière double.

Comme la fonction dérivée $F'(x, y)$, étant développée, renferme les variables x, y, y' et les deux constantes a et b, désignons-la par $\varphi(x, y, y', a, b)$; il est clair que la troisième équation

$$F''(x, y) = 0,$$

où a et b sont regardées comme constantes, sera représentée par

$$\varphi'(x, y, y') = 0;$$

mais, dans le cas où ces quantités sont variables, elle deviendra

$$\varphi'(x, y, y') + a' \, \varphi'(a) + b' \, \varphi'(b) = 0,$$

qui ne se réduit plus à

$$\varphi'(x, y, y') = 0,$$

parce que les deux fonctions $\varphi'(a)$ et $\varphi'(b)$ ne sont pas nulles.

Ainsi il est impossible que l'équation

$$F(x, y, a, b) = 0,$$

dans laquelle a et b sont des fonctions de x et y, déterminées par les conditions

$$F'(a) = 0, \quad F'(b) = 0,$$

satisfasse généralement à l'équation du second ordre qui résulte de la même équation par l'élimination des quantités a et b, au moyen de ses deux dérivées, première et seconde, prises en regardant a et b comme constantes.

On peut étendre cette théorie aux équations primitives des équations des ordres supérieurs.

Ainsi, si l'on a l'équation primitive

$$F(x, y, a, b, c) = 0,$$

où a, b, c sont trois constantes arbitraires, et qu'on détermine ces trois quantités par les trois conditions

$$\mathrm{F}'(a) = 0, \quad \mathrm{F}'(b) = 0, \quad \mathrm{F}'(c) = 0,$$

on aura une équation primitive singulière triple, qui sera, par conséquent, la primitive singulière d'une équation du premier ordre, qui sera elle-même la primitive singulière d'une autre du second ordre, laquelle sera enfin la primitive singulière de l'équation du troisième ordre, dont la même équation

$$\mathrm{F}(x, y, a, b, c) = 0$$

sera la primitive ordinaire complète avec les trois constantes arbitraires a, b, c; mais cette équation primitive singulière triple ne satisfera ni à l'équation du troisième ordre, ni même à sa primitive singulière du second ordre.

Nous avons démontré plus haut que les fonctions $\Phi'(x)$, $\Phi'(y)$, $\Phi'(y')$, ..., $\Phi'(y^{(n-1)})$ ont des valeurs infinies dans le cas de l'équation primitive singulière de la dérivée, dont

$$\Phi(x, y, y', y'', \ldots, y^{(n-1)}) = a$$

est la primitive ordinaire, avec la constante arbitraire a.

On peut conclure de là, tout de suite, que tout multiplicateur qui rendra une équation de l'ordre quelconque n, telle que

$$y^{(n)} + f(x, y, y', \ldots, y^{(n-1)}) = 0,$$

une dérivée exacte d'une équation de l'ordre inférieur $n-1$, deviendra nécessairement infini en vertu de l'équation primitive singulière de la même équation.

Car soit M ce multiplicateur : on aura donc, par l'hypothèse,

$$\mathrm{M}[y^{(n)} + f(x, y, y', \ldots, y^{(n-1)})] = \Phi'(x, y, y', \ldots, y^{(n-1)});$$

et l'équation primitive sera

$$\Phi(x, y, y', \ldots, y^{(n-1)}) = a.$$

Or,

$$\Phi'(x, y, y', \dots, y^{(n-1)}) = y^{(n)} \Phi'(y^{(n-1)}) + \Phi'(x, y, y', \dots, y^{(n-2)}).$$

Donc

$$M = \Phi'(y^{(n-1)});$$

par conséquent la quantité M deviendra infinie par la substitution de la valeur de $y^{(n-1)}$ donnée par l'équation primitive singulière.

Cette conclusion suit aussi directement de la forme même des multiplicateurs, que nous avons donnée dans la Leçon XIII. En effet, si l'équation est du premier ordre, comme

$$y' + f(x, y) = 0,$$

elle n'aura qu'une équation primitive, telle que

$$F(x, y, a) = 0;$$

et tous les multiplicateurs de cette équation sont nécessairement renfermés dans la formule $\dfrac{\Phi(a)\, F'(y)}{F'(a)}$, $\Phi(a)$ étant une fonction quelconque de a, en supposant qu'on substitue pour a sa valeur tirée de la même équation

$$F(x, y, a) = 0;$$

donc, puisque l'équation primitive singulière rend la fonction $F'(a)$ nulle, tous les multiplicateurs deviendront aussi infinis.

Si l'équation dérivée est du second ordre, comme

$$y'' + f(x, y, y') = 0,$$

elle peut avoir deux équations primitives différentes, chacune du premier ordre, telles que

$$F(x, y, y', a) = 0 \quad \text{et} \quad \overline{F}(x, y, y', b) = 0;$$

et la formule générale des multiplicateurs sera

$$\frac{\Phi'(a)\, F'(y')}{F'(a)} + \frac{\Phi'(b)\, \overline{F}'(y')}{\overline{F}'(b)},$$

$\Phi(a, b)$ étant une fonction quelconque de a et b, c'est-à-dire de leurs valeurs déterminées par les équations précédentes.

Or l'équation primitive singulière rend nulle chacune des deux fonctions dérivées $F'(a)$, $\overline{F}'(b)$; donc tous les multiplicateurs deviendront infinis dans le cas de cette équation, et ainsi de suite.

Par exemple, l'équation

$$y' - \frac{x}{\sqrt{x^2+y^2-b}-y} = 0,$$

qui est la même que celle qu'on a considérée ci-dessus, a, pour l'un de ses multiplicateurs, la quantité

$$\frac{\sqrt{x^2+y^2-b}-y}{\sqrt{x^2+y^2-b}}.$$

En supposant ce multiplicateur infini, on a

$$x^2+y^2-b=0$$

pour son équation primitive singulière; ce qui s'accorde avec ce qu'on a déjà trouvé.

On a donc ainsi un nouveau moyen de trouver les équations primitives singulières par les multiplicateurs.

Mais, quoiqu'il soit prouvé que tout multiplicateur doit devenir infini par l'équation primitive singulière, on ne peut pas dire, réciproquement, que toute équation qui rendra un multiplicateur infini sera une équation singulière. En effet, la formule générale des multiplicateurs étant pour le premier ordre $\frac{\Phi(a)\,F'(y)}{F'(a)}$, il est évident que sa valeur peut devenir infinie sans que l'on ait

$$F'(a)=0;$$

car pour cela il suffit que l'une ou l'autre des fonctions $\Phi(a)$, $F'(y)$ reçoive une valeur infinie.

Au reste, on peut se convaincre aussi, par ce raisonnement fort simple, que l'équation primitive singulière doit rendre infini tout multiplicateur d'une équation d'un ordre quelconque n, de la forme

$$y^{(n)} + f(x, y, y', \ldots, y^{(n-1)}) = 0.$$

Car, M étant un multiplicateur de cette équation, on aura

$$M[y^{(n)} + f(x, y, y', \ldots, y^{(n-1)})] = \Phi'(x, y, y', \ldots, y^{(n-1)});$$

et l'équation deviendra

$$\Phi'(x, y, y', \ldots, y^{(n-1)}) = 0,$$

dont la primitive sera

$$\Phi(x, y, y', \ldots, y^{(n-1)}) = a,$$

a étant une constante arbitraire.

Maintenant l'équation primitive singulière doit satisfaire à la proposée

$$y^{(n)} + f(x, y, y', \ldots, y^{(n-1)}) = 0,$$

et ne doit pas être comprise dans sa primitive complète

$$\Phi(x, y, y', \ldots, y^{(n-1)}) = a.$$

Donc la valeur de $y^{(n-1)}$, tirée de la primitive singulière, étant substituée dans la fonction $\Phi(x, y, y', \ldots, y^{(n-1)})$, ne doit pas la rendre égale à une constante; par conséquent elle ne devra pas rendre nulle sa dérivée $\Phi'(x, y, y', \ldots, y^{(n-1)})$.

Donc cette valeur doit rendre nulle la quantité

$$y^{(n)} + f(x, y, y', \ldots, y^{(n-1)}),$$

et ne doit pas rendre nulle la quantité

$$M[y^{(n)} + f(x, y, y', \ldots, y^{(n-1)})],$$

ce qui ne peut avoir lieu qu'autant qu'elle rendra la quantité M infinie.

C'est à peu près de cette manière que Laplace a démontré le premier cette proposition importante, que d'autres géomètres avaient entrevue, mais dont on n'avait pas encore donné une démonstration rigoureuse. *Voir* son *Mémoire sur les Solutions particulières*, parmi ceux de l'Académie des Sciences de 1772.

LEÇON QUINZIÈME.

Par les principes que nous venons d'établir, on peut trouver l'équation primitive singulière de toute équation dérivée dont on connaît déjà l'équation primitive de l'ordre immédiatement inférieur, ou dont on est en état de trouver cette équation à l'aide d'un multiplicateur.

Nous allons voir maintenant comment on peut déduire l'équation primitive singulière de l'équation dérivée seule.

Pour cela, il faut examiner ce que l'équation dérivée devient dans le cas de l'équation primitive singulière.

Reprenons le principe fondamental des équations primitives singulières.

Si
$$F(x, y, a) = 0$$

est l'équation primitive d'une équation du premier ordre, celle-ci sera le résultat de l'élimination de la constante a, au moyen de son équation dérivée
$$F'(x, y) = 0,$$

relative à x et y; et l'équation primitive singulière sera le résultat de l'élimination de la même quantité a, au moyen de l'équation dérivée
$$F'(a) = 0,$$

relative à a.

Supposons que l'on tire de l'équation
$$F'(x, y) = 0$$

la valeur de a en fonction de x, y, y', que je représenterai par $\varphi(x, y, y')$, et qu'on substitue cette fonction au lieu de a, dans l'équation primitive

$$F(x, y, a) = 0,$$

on aura une équation en x, y, y' qui sera la dérivée de la proposée.

Ainsi, en désignant simplement par φ la fonction $\varphi(x, y, y')$, on aura

$$F(x, y, \varphi) = 0$$

pour l'équation dérivée.

Prenons maintenant la dérivée de celle-ci, et, comme φ est une fonction des variables x, y, y', on aura cette équation

$$F'(x, y) + \varphi' \, F'(\varphi) = 0,$$

où l'expression $F'(x, y)$ est la même chose que le premier membre de l'équation ci-dessus

$$F'(x, y) = 0,$$

si ce n'est qu'à la place de a il y a sa valeur φ, tirée de cette même équation ; d'où il suit que l'expression dont il s'agit sera identiquement nulle, puisqu'elle est censée être le résultat de la substitution de la valeur de a, qui la rend nulle.

La dérivée de l'équation du premier ordre

$$F(x, y, \varphi) = 0$$

se réduira donc simplement à celle-ci

$$\varphi' \, F'(\varphi) = 0,$$

laquelle se décompose, comme l'on voit, en ces deux-ci,

$$\varphi' = 0 \quad \text{et} \quad F'(\varphi) = 0.$$

La première

$$\varphi' = 0, \quad \text{savoir,} \quad \varphi'(x, y, y') = 0,$$

est une équation du second ordre qui donne la valeur de y'' en x, y et y'.

X. 25

Cette équation a pour équation primitive φ égal à une constante arbitraire; ainsi

$$\varphi = a \quad \text{et} \quad F(x, y, \varphi) = 0$$

sont deux équations primitives du premier ordre de la même équation du second ordre

$$\varphi' \, F'(\varphi) = 0;$$

donc, par la théorie exposée dans la Leçon XII, éliminant y' de ces deux équations, on aura l'équation primitive de

$$F(x, y, \varphi) = 0,$$

dans laquelle a sera la constante arbitraire; mais, comme y' n'est contenue que dans la fonction φ, le résultat de cette élimination sera le même que celui de l'élimination de φ; par conséquent ce résultat sera

$$F(x, y, a) = 0,$$

ce qui redonne la même équation primitive d'où l'on était parti.

Considérons maintenant l'autre équation

$$F'(\varphi) = 0;$$

celle-ci satisfait aussi, comme l'on voit, à la même équation du second ordre; mais, comme elle ne contient que les fonctions y et y', elle peut être regardée comme une équation primitive du premier ordre de la même équation, mais sans constante arbitraire. Ainsi, en éliminant y' par le moyen de celle-ci et de l'équation du premier ordre

$$F(x, y, \varphi) = 0,$$

on aura une nouvelle équation primitive de cette même équation, qui sera nécessairement différente de l'équation primitive

$$F(x, y, a) = 0.$$

Or, comme la quantité y' n'est contenue que dans la fonction φ, le résultat de l'élimination de y', des deux équations

$$F'(\varphi) = 0 \quad \text{et} \quad F(x, y, \varphi) = 0,$$

sera le même que celui de l'élimination de φ, comme nous l'avons déjà observé plus haut; et ce résultat sera évidemment le même que celui de l'élimination de la quantité a des deux équations

$$F'(a) = o \quad \text{et} \quad F(x, y, a) = o.$$

Donc, par ce qu'on a démontré dans la Leçon précédente, ce résultat donnera l'équation primitive singulière de l'équation dérivée dont

$$F(x, y, a) = o$$

est l'équation primitive ordinaire, a étant la constante arbitraire.

D'où l'on doit conclure que l'équation

$$F'(\varphi) = o$$

donnera, par l'élimination de y', la même équation primitive singulière de la proposée du premier ordre

$$F(x, y, \varphi) = o,$$

qu'on eût trouvée d'après son équation primitive

$$F(x, y, a) = o,$$

suivant les principes et la méthode exposés dans la Leçon précédente.

On voit par là qu'il est toujours possible de mettre l'équation dérivée sous une forme telle que sa dérivée donne elle-même immédiatement l'équation primitive singulière, s'il y en a une; et c'est une observation qui n'avait point encore été faite jusqu'ici.

Reprenons l'équation du premier exemple de la Leçon précédente :

$$x^2 - 2ay - a^2 - b = o,$$

en la regardant comme une équation primitive dont a est la constante arbitraire; pour avoir l'équation dérivée qui ait la propriété dont il s'agit, il faudra y substituer pour a sa valeur $\frac{x}{y'}$ tirée de la dérivée

$$x - ay' = o.$$

Ainsi l'équation dérivée dont il s'agit sera

$$x^2 - \frac{2xy}{y'} - \frac{x^2}{y'^2} - b = o.$$

En prenant la dérivée de celle-ci, on a

$$x - \frac{y}{y'} - x + \frac{xyy''}{y'^2} - \frac{x}{y'^2} + \frac{x^2 y''}{y'^3} = 0,$$

équation qui se réduit à

$$\left(\frac{y}{y'} + \frac{x}{y'^2}\right)\left(\frac{xy''}{y'} - 1\right) = 0,$$

comme nous l'avons déjà observé dans la Leçon XII.

En la mettant sous la forme

$$\left(\frac{1}{y'} - \frac{xy''}{y'^2}\right)\left(y + \frac{x}{y'}\right) = 0,$$

on voit qu'elle revient à

$$\varphi'\, F'(\varphi) = 0,$$

en supposant

$$F(x, y, a) = x^2 - 2ay - a^2 - b$$

et prenant pour φ la valeur de a, tirée de l'équation prime

$$x - ay' = 0.$$

Le facteur du premier ordre donne l'équation

$$y + \frac{x}{y'} = 0, \quad \text{d'où} \quad y' = -\frac{x}{y},$$

valeur qui, étant substituée dans l'équation du premier ordre, la réduit à

$$x^2 - b + 2y^2 - y^2 = 0, \quad \text{ou} \quad x^2 + y^2 - b = 0,$$

équation primitive singulière, comme nous l'avons déjà trouvée; car l'équation dérivée, que nous considérons ici, est la même que l'équation

$$y'\sqrt{x^2 + y^2 - b} - yy' - x = 0,$$

que nous avons considérée dans le premier exemple de la Leçon précédente; mais, sous cette forme, elle n'aurait pas son équation prime décomposable en deux facteurs.

Le facteur du second ordre $\frac{1}{y'} - \frac{xy''}{y'^2}$, étant fait égal à zéro, donnera

$$y'' = \frac{y'}{x}.$$

On aurait aussi facilement par ce facteur l'équation primitive; car, étant la fonction dérivée exacte de $\frac{x}{y'}$, il donnera tout de suite l'équation primitive du premier ordre

$$\frac{x}{y'} = a;$$

multipliant par $2y'$, et prenant de nouveau les fonctions primitives, il vient

$$x^2 = 2ay + c,$$

a et c étant des constantes arbitraires; mais la proposée n'étant que du premier ordre ne peut avoir qu'une constante arbitraire; il faut donc qu'il y ait une relation entre ces deux arbitraires; pour la trouver il faut substituer dans la proposée les valeurs de y et y' tirées des équations primitives que nous venons de trouver. Ces valeurs sont $\frac{x^2 - c}{2a}$ et $\frac{x}{a}$, et l'on aura

$$x^2 - b - x^2 + c - a^2 = 0, \quad \text{et de là} \quad c = a^2 + b;$$

de sorte que l'équation primitive sera

$$x^2 = 2ay + a^2 + b,$$

comme ci-dessus.

Il n'est pas même nécessaire de passer à une seconde équation primitive; car ayant trouvé $\frac{x}{y'} = a$, il n'y a qu'à substituer tout de suite la valeur de $y' = \frac{x}{a}$ dans la proposée du premier ordre, et l'on aura aussi

$$x^2 - b - 2ay - a^2 = 0.$$

Considérons les équations du second ordre. Soit

$$F(x, y, y', a) = 0$$

l'équation primitive du premier ordre d'une équation dérivée du second.

En éliminant a au moyen de l'équation

$$F'(x, y, y') = 0,$$

on aura l'équation du second ordre; et, en l'éliminant au moyen de l'équation

$$F'(a) = 0,$$

on aura l'équation primitive singulière.

Soit $\varphi(x, y, y', y'')$, ou simplement φ, la valeur de a en fonction de x, y, y', y'', tirée de l'équation

$$F'(x, y, y') = 0;$$

en substituant cette valeur dans l'équation primitive, on aura une équation dérivée de la forme

$$F(x, y, y', \varphi) = 0;$$

et, si l'on prend l'équation dérivée de celle-ci, il est visible que la partie $F'(x, y, y')$, relative à la variation de x, y, y', sera identiquement nulle, puisque la quantité φ, qui y est regardée comme constante, est supposée déterminée par l'équation même

$$F'(x, y, y') = 0.$$

Il ne restera donc que l'équation

$$\varphi' F'(\varphi) = 0,$$

qui se décompose en

$$\varphi' = 0 \quad \text{et} \quad F'(\varphi) = 0.$$

L'équation

$$\varphi' = 0$$

sera du troisième ordre, et donnera la valeur de y'''. Son équation primitive sera évidemment

$$\varphi = a,$$

en prenant a pour une constante quelconque. Éliminant y'', qui est contenu dans φ, au moyen de l'équation dérivée

$$F(x, y, y', \varphi) = 0,$$

on aura le même résultat que par l'élimination de φ; c'est-à-dire,

$$F(x, y, y', a) = 0,$$

équation primitive.

L'autre équation

$$F'(\varphi) = 0$$

donnera aussi, par l'élimination de y'', le même résultat que par l'élimination de φ, et, par conséquent, le même résultat que par l'élimination de a, au moyen des équations

$$F'(a) = 0 \quad \text{et} \quad F(x, y, y', a) = 0,$$

qui sont les mêmes en y changeant a en φ.

Donc ce résultat sera l'équation primitive singulière de l'équation du second ordre dont

$$F(x, y, y', a) = 0$$

est l'équation primitive du premier ordre.

L'équation du second ordre

$$y''^2 - \frac{2y'y''}{x} + 1 = 0,$$

que nous avons considérée dans les Leçons précédentes, a pour dérivée

$$2\left(y'' - \frac{y'}{x}\right)y''' - \frac{2y''^2}{x} + \frac{2y'y''}{x^2} = 0,$$

qu'on peut mettre sous cette forme

$$2\left(y'' - \frac{y'}{x}\right)\left(y''' - \frac{y''}{x}\right) = 0.$$

Le facteur $y'' - \frac{y'}{x}$, n'étant que du même ordre que la proposée, donnera, par l'élimination de y'', une équation primitive singulière de celle-ci; car, en faisant $y'' - \frac{y'}{x} = 0$, on a

$$y'' = \frac{y'}{x},$$

valeur qui, étant substituée dans la proposée, donne

$$-\frac{y'^2}{x^2}+1=0, \quad \text{savoir}, \quad x^2-y'^2=0,$$

comme nous l'avons trouvé dans la Leçon précédente.

L'autre facteur donnera l'équation du troisième ordre

$$y'''-\frac{y''}{x}=0,$$

qui, étant divisée par x, a pour primitive du second ordre

$$\frac{y''}{x}=\frac{1}{a},$$

a étant une constante arbitraire; celle-ci donne

$$y''=\frac{x}{a};$$

substituant cette valeur dans la proposée, on a

$$\frac{x^2}{a^2}-\frac{2y'}{a}+1=0, \quad \text{ou} \quad x^2-2ay'+a^2=0,$$

équation primitive, comme on l'a vu dans la Leçon citée.

Le même procédé s'applique aux équations d'un ordre quelconque; et l'on en peut conclure, en général, que toute équation dérivée est susceptible d'une forme telle que sa dérivée ait deux facteurs, dont l'un réponde à l'équation primitive ordinaire, et dont l'autre donne immédiatement l'équation primitive singulière, s'il y en a une; ce qui jette un nouveau jour sur la nature des équations primitives singulières : car il est évident que les deux facteurs de l'équation dérivée, étant indépendants l'un de l'autre, doivent satisfaire chacun en particulier à cette équation, et par conséquent aussi à son équation primitive proposée.

En même temps on voit que le facteur qui donne l'équation primitive singulière, et qui est du même ordre que la proposée, ne pourra pas satisfaire aux équations des ordres supérieurs, puisqu'il ne satisfait pas à celle qui résulte de l'autre facteur, et qui contient seule les fonctions dérivées d'un ordre plus élevé que la proposée.

Je considère maintenant que, comme toute équation dérivée du premier ordre, telle que

$$f(x, y, y') = 0,$$

ne peut être que le résultat de l'élimination de la constante arbitraire a, au moyen de l'équation primitive

$$F(x, y, a) = 0,$$

et de sa dérivée

$$F'(x, y) = 0,$$

ainsi que nous l'avons vu dans la Leçon XII, et que l'équation

$$F(x, y, \varphi) = 0$$

est déjà le résultat de cette élimination par ce que nous avons démontré plus haut; il suit, de la théorie connue de l'élimination, que, si les deux équations

$$f(x, y, y') = 0 \quad \text{et} \quad F(x, y, \varphi) = 0$$

ne sont pas identiques, elles ne peuvent différer que par un facteur qui affectera l'une des deux, et qui ne pourra être qu'une fonction de x, y et y'.

Supposons donc que M soit un pareil facteur, en sorte qu'on ait l'équation identique

$$f(x, y, y') = M . F(x, y, \varphi).$$

On aura donc, en prenant les fonctions dérivées,

$$f'(x, y, y') = M . F'(x, y, \varphi) + M' . F(x, y, \varphi);$$

mais nous avons déjà vu que la dérivée de $F(x, y, \varphi)$ se réduit à $\varphi' F'(\varphi)$; donc, substituant $\varphi' F'(\varphi)$ pour $F'(x, y, \varphi)$, et mettant à la place de $F(x, y, \varphi)$ sa valeur $\dfrac{f(x, y, y')}{M}$, on aura

$$f'(x, y, y') = M . F'(\varphi) . \varphi' + \frac{M'}{M} . f(x, y, y');$$

c'est la forme générale de la dérivée de la fonction $f(x, y, y')$ qui est le premier membre de l'équation proposée.

X. 26

On voit par là qu'étant proposée l'équation du premier ordre

$$f(x,y,y') = 0,$$

on pourra satisfaire à sa dérivée

$$f'(x,y,y') = 0,$$

indépendamment de la valeur de y'', par le moyen de l'équation du même ordre

$$F'(\varphi) = 0,$$

combinée avec la proposée ; de sorte que ces deux équations pourront être regardées également comme des équations primitives du premier ordre de la même équation dérivée

$$f'(x,y,y') = 0$$

du second ordre. Par conséquent il n'y aura qu'à éliminer y' entre elles pour avoir une équation primitive de la proposée, laquelle ne sera qu'une primitive singulière, comme nous l'avons démontré ci-dessus.

Maintenant, si dans la fonction dérivée $f'(x, y, y')$ on sépare la partie affectée de y'', elle devient $y'' f'(y') + f'(x,y)$, suivant la notation que nous avons adoptée. Ainsi la dérivée de l'équation proposée

$$f(x,y,y') = 0$$

sera

$$y'' f'(y') + f'(x,y) = 0;$$

et il est visible qu'on ne peut satisfaire à cette équation indépendamment de la valeur de y'', qu'en égalant séparément à zéro les deux fonctions $f'(y')$ et $f'(x, y)$; il est facile de voir, en effet, par la comparaison de l'expression précédente de $f'(x, y, y')$ avec la forme générale trouvée ci-dessus, que les deux équations

$$F'(\varphi) = 0, \quad f(x,y,y') = 0$$

emportent ces deux-ci

$$f'(y') = 0, \quad f'(x,y) = 0,$$

et réciproquement.

On aura donc l'équation primitive singulière de la proposée

$$f(x, y, y') = 0,$$

en faisant, dans sa dérivée

$$y'' f'(y') + f'(x, y) = 0,$$

les deux équations séparées

$$f'(y') = 0, \quad f'(x, y) = 0,$$

et éliminant la fonction y' au moyen de la proposée.

Si les deux résultats donnent la même équation entre x et y, ce sera l'équation primitive singulière; sinon ce sera une marque que la proposée n'admet pas d'équation primitive de cette espèce.

Lorsque les deux fonctions $f'(y')$ et $f'(x, y)$ ont un facteur commun, ce facteur égalé à zéro remplit les deux conditions, et donne l'équation primitive singulière par l'élimination de y', au moyen de la proposée : c'est le cas où celle-ci est de la forme

$$F(x, y, \varphi) = 0,$$

comme nous l'avons vu au commencement de cette Leçon. Il y a, au reste, une forme plus générale que celle-ci, où la dérivée est toujours décomposable en deux facteurs dont l'un donne l'équation primitive singulière; nous en parlerons plus bas.

L'équation du premier ordre

$$y'^2(x^2 - b) - 2xyy' - x^2 = 0,$$

qui est la même que nous avons considérée au commencement de cette Leçon, mais multipliée par y'^2, a pour dérivée

$$2[y'(x^2 - b) - xy]y'' - 2(yy' + x) = 0.$$

On voit ici que les deux fonctions $y'(x^2 - b) - xy$ et $yy' + x$ n'ont aucun facteur commun; cependant, si on les fait chacune séparément égale à zéro, elles donnent ces deux valeurs de y', savoir.

$\frac{xy}{x^2 - b}$ et $- \frac{x}{y}$, qui, étant substituées dans la proposée, donnent ces deux-ci

$$\frac{x^2 y^2}{x^2 - b} + x^2 = 0, \quad \frac{x^2 (x^2 - b)}{y^2} + x^2 = 0,$$

lesquelles se réduisent à la même, savoir,

$$x^2 (x^2 + y^2 - b) = 0.$$

Ainsi cette équation est la primitive singulière de la proposée, comme nous l'avions déjà trouvé.

Je remarque maintenant que l'équation du premier ordre

$$f(x, y, y') = 0,$$

ayant pour dérivée

$$y'' f'(y') + f'(x, y) = 0,$$

donne en général

$$y'' = - \frac{f'(x, y)}{f'(y')}.$$

Mais nous venons de voir que, dans le cas de l'équation primitive singulière, on a séparément

$$f'(y') = 0, \quad f'(x, y) = 0;$$

donc on aura, dans ce cas,

$$y'' = \frac{0}{0};$$

ce qui donne cette règle générale et fort simple pour trouver l'équation primitive singulière de toute équation du premier ordre lorsqu'il y en a une.

Cherchez, en prenant les fonctions dérivées, la valeur de la fonction seconde y'', et supposez-la égale à zéro divisé par zéro, vous aurez deux équations en x, y et y', qui, étant combinées avec la proposée, donneront, par l'élimination de y', deux autres équations en x et y. Si elles ont un facteur commun, ce sera l'équation primitive singulière de la proposée.

On peut appliquer ce procédé à l'exemple que nous avons traité ci-dessus.

Soit encore l'équation du premier ordre

$$(xy' - y)(xy' - 2y) + x^3 = 0;$$

sa dérivée sera

$$x(2xy' - 3y)y'' - xy'^2 + yy' + 3x^2 = 0,$$

d'où l'on tire

$$y'' = \frac{xy'^2 - yy' - 3x^2}{x(2xy' - 3y)}.$$

Faisant cette expression $= \frac{0}{0}$, on aura les deux équations

$$xy'^2 - yy' - 3x^2 = 0, \quad 2xy' - 3y = 0,$$

d'où il faudra éliminer y' par le moyen de la proposée. La seconde donne

$$y' = \frac{3y}{2x};$$

cette valeur, substituée d'abord dans la première, donne celle-ci

$$\frac{3y^2}{4x} - 3x^2 = 0,$$

et, substituée dans la proposée, elle donne

$$-\frac{y^2}{4} + x^3 = 0;$$

ces deux équations se réduisent, comme l'on voit, l'une et l'autre à celle-ci

$$y^2 - 4x^3 = 0,$$

qui sera, par conséquent, l'équation primitive singulière de la proposée.

On peut s'en assurer, en effet, par l'équation primitive qui est

$$y - ax - \frac{x^2}{a} = 0,$$

où a est la constante arbitraire. Sa dérivée relative à a sera

$$- x + \frac{x^2}{a^2} = 0,$$

laquelle donne

$$a^2 = x \quad \text{et} \quad a = \sqrt{x};$$

et l'équation primitive devient, par la substitution de cette valeur,

$$y - 2x\sqrt{x} = 0, \quad \text{ou} \quad y^2 - 4x^3 = 0;$$

la même que nous venons de trouver.

Il est facile de voir, par l'expression générale de y'', que non seulement cette expression devient $\frac{0}{0}$ en vertu de l'équation primitive singulière, mais que les expressions des fonctions suivantes y''', y^{IV}, ... deviendront aussi $\frac{0}{0}$ en les réduisant d'abord en simples fonctions de y', y'', ..., tirées de l'équation proposée, et substituant ensuite la valeur de y en x, donnée par l'équation primitive singulière.

On peut regarder cette propriété de l'équation primitive singulière comme son vrai caractère distinctif; et l'on peut se convaincre d'ailleurs que son existence dépend, en effet, de ce que les valeurs des fonctions y'', y''', ... des ordres supérieurs à la proposée demeurent indéterminées.

Car, si ces valeurs ne devenaient pas indéterminées dans le cas de l'équation primitive singulière, on pourrait, dans ce cas même, employer la formule générale donnée dans la Leçon XII

$$y = y^0 + y^{0'} x + y^{0''} \frac{x^2}{2} + y^{0'''} \frac{x^3}{2.3} + \dots,$$

dans laquelle y^0, $y^{0'}$, $y^{0''}$, ... sont les valeurs qui répondent à $x = 0$; et la quantité y^0, qui est la constante arbitraire, recevrait alors une valeur particulière dépendante de cette équation; de sorte que la valeur de y en x, au lieu d'être une valeur singulière, ne serait plus, contre l'hypothèse, qu'un cas particulier de la valeur générale.

Il arrive donc ici ce qui a lieu dans les formules générales, lorsqu'il y a des cas qu'elles ne peuvent pas représenter : elles donnent alors zéro divisé par zéro; c'est, pour ainsi dire, le moyen que l'analyse emploie pour échapper aux contradictions; les racines imaginaires n'indiquent pas, à proprement parler, une contradiction, mais une impossibilité.

Cette théorie s'applique également aux équations des ordres supérieurs au premier, et fournit des conclusions semblables.

En représentant par

$$F(x, y, y', a) = 0$$

l'équation primitive du premier ordre d'une équation du second ordre, nous avons vu que celle-ci peut se réduire à

$$F(x, y, y', \varphi) = 0,$$

et que sa dérivée sera alors

$$\varphi' \, F'(\varphi) = 0.$$

Or, quelle que puisse être là forme sous laquelle une équation proposée du second ordre pourra se présenter, comme, en dernière analyse, elle doit toujours être le résultat de la même élimination qui donne l'équation

$$F(x, y, y', \varphi) = 0,$$

il s'ensuit qu'elle ne pourra être que celle-ci multipliée par une fonction quelconque du même ordre ou d'un ordre inférieur.

Ainsi, si l'équation proposée est

$$f(x, y, y', y'') = 0,$$

on aura nécessairement

$$f(x, y, y', y'') = M . F(x, y, y'; \varphi),$$

M étant une fonction de x, y, y', y''.

De là, en prenant les fonctions dérivées, et mettant $F'(\varphi) . \varphi'$ pour $F'(x, y, y', \varphi)$, on aura, comme plus haut, l'équation

$$f'(x, y, y', y'') = M . F'(\varphi) . \varphi' + \frac{M'}{M} . f(x, y, y', y'').$$

D'où il est aisé de conclure que l'on pourra satisfaire à la dérivée

$$f'(x, y, y', y'') = o$$

de la proposée, indépendamment de la valeur de la fonction tierce y''', au moyen des deux équations du second ordre

$$F'(\varphi) = o, \quad \text{et} \quad f(x, y, y', y'') = o,$$

dont la seconde est la proposée; et qu'on aura l'équation primitive singulière de celle-ci, en éliminant y'' des mêmes équations. Or, la dérivée de la proposée étant de la forme

$$y''' f'(y'') + f'(x, y, y') = o,$$

on n'y peut satisfaire, indépendamment de la valeur de y''', que par les deux équations séparées

$$f'(y'') = o, \quad \text{et} \quad f'(x, y, y') = o.$$

Il faudra donc éliminer y'' de chacune de ces deux équations, au moyen de la proposée

$$f(x, y, y', y'') = o;$$

et, si les deux résultats donnent une même équation, ce sera l'équation primitive singulière de la proposée.

On voit, en même temps, que puisqu'on a, en général,

$$y''' = -\frac{f'(x, y, y')}{f'(y'')},$$

les deux équations dont il s'agit rendent la valeur de y''' égale à $\frac{o}{o}$; de sorte que l'on peut regarder la condition de $y''' = \frac{o}{o}$ comme celle qui détermine l'équation primitive singulière de la proposée du second ordre.

En appliquant les mêmes principes aux équations d'un ordre quelconque $n^{\text{ième}}$, on en conclura que, pour trouver son équation primitive singulière, si elle en a une, il faudra tirer de sa dérivée la valeur de la fonction $y^{(n+1)}$ de l'ordre suivant, et la faire $= \frac{0}{0}$, en égalant séparément le numérateur et le dénominateur à zéro, et éliminer ensuite de ces deux équations la fonction $y^{(n)}$ au moyen de la proposée.

Si ces deux éliminations donnent un même résultat, ce sera l'équation cherchée.

Nous avons vu plus haut que l'équation du second ordre

$$y''^2 - \frac{2y'y''}{x} + 1 = 0$$

a pour dérivée une équation résoluble en facteurs dont l'un, qui n'est que du second ordre, donne sur-le-champ l'équation primitive singulière par l'élimination de y''. Mais, si la même équation était proposée sous la forme

$$xy''^2 - 2y'y'' + x = 0,$$

sa dérivée

$$2(xy'' - y')y''' - y''^2 + 1 = 0$$

ne présenterait plus de facteur.

Or elle donne

$$y''' = \frac{y''^2 - 1}{2(xy'' - y')}.$$

Égalant à zéro séparément le numérateur et le dénominateur, on a ces deux équations

$$y''^2 - 1 = 0 \quad \text{et} \quad xy'' - y' = 0.$$

La première donne $y'' = \pm 1$; ce qui, étant substitué dans la proposée, donne

$$2(x \pm y') = 0 \quad \text{ou} \quad y'^2 - x^2 = 0.$$

La deuxième donne

$$y'' = \frac{y'}{x},$$

dont la substitution dans la proposée donne

$$-\frac{y'^2}{x} + x = 0, \quad \text{savoir,} \quad y'^2 - x^2 = 0.$$

X. 27

Ainsi cette équation est la primitive singulière de la proposée, comme nous l'avons déjà trouvé.

Considérons encore l'équation du second ordre

$$y - xy' + \frac{x^2}{2} y'' - (y' - xy'')^2 - y''^2 = 0.$$

Prenons les fonctions dérivées pour avoir la valeur de y'''; on trouvera

$$y' - y' + xy'' - xy'' + \frac{x^2}{2} y''' + 2(y' - xy'') xy''' - 2y'' y''' = 0,$$

c'est-à-dire,

$$\left[\frac{x^2}{2} + 2(y' - xy'') x - 2y'' \right] y''' = 0,$$

d'où l'on voit que y''' deviendra $\frac{0}{0}$ en égalant à zéro le facteur par lequel il est multiplié.

On aura ainsi cette seule condition

$$\frac{x^2}{2} + 2(y' - xy'') x - 2y'' = 0,$$

d'où l'on tire

$$y'' = \frac{4 xy' + x^2}{4(1 + x^2)}.$$

Cette valeur, étant substituée dans la proposée, donnera l'équation singulière

$$y - xy' + \frac{x^2}{2} \cdot \frac{4xy' + x^2}{4(1 + x^2)} - \frac{(4y' - x^3)^2 + (4xy' + x^2)^2}{16(1 + x^2)^2} = 0,$$

laquelle se réduit tout de suite à celle-ci

$$y - \frac{2x + x^3}{2(1 + x^2)} y' + \frac{x^4 - 16y'^2}{16(1 + x^2)} = 0.$$

L'équation du troisième ordre

$$\left[\frac{x^2}{2} + 2(y' - xy'') x - 2y'' \right] y''' = 0,$$

que nous venons de trouver pour la dérivée de la proposée du second ordre, donne naturellement

$$y''' = 0,$$

d'où l'on tire successivement, par les fonctions primitives,

$$y'' = a, \quad y' = ax + b$$

et

$$y = \frac{a}{2}x^2 + bx + c,$$

a, b, c étant des constantes arbitraires, relativement à l'équation

$$y''' = 0;$$

mais, comme la proposée n'est que du second ordre, elle aura une constante arbitraire de moins; et, en y substituant les valeurs précédentes de y, y', y'', elle devient

$$c - b^2 - a^2 = 0;$$

ce qui donne $c = a^2 + b^2$, de manière que l'équation primitive en x et y devient

$$y = \frac{a}{2}x^2 + bx + a^2 + b^2,$$

comme on l'a vu plus haut.

Ainsi, dans ce cas, les deux facteurs de la dérivée de l'équation proposée donnent directement, l'un, l'équation primitive singulière du premier ordre; l'autre, l'équation primitive en x et y, comme nous l'avons déjà vu ci-dessus dans un autre exemple.

Nous avons vu, au commencement de cette Leçon, que l'équation dérivée d'une équation primitive

$$F(x, y, a) = 0$$

peut être représentée par

$$F(x, y, \varphi) = 0,$$

où φ est mis pour $\varphi(x, y, y')$, cette fonction étant la valeur de a, tirée de l'équation prime

$$F'(x, y) = o;$$

et nous avons vu en même temps que l'équation primitive singulière rend la fonction $F'(\varphi)$ nulle.

Supposons, ce qui est toujours possible, que l'équation dérivée proposée soit réduite à la forme

$$y' + f(x, y) = o;$$

donc, si, dans l'équation

$$F(x, y, \varphi) = o,$$

on substitue à la place de y' sa valeur $-f(x, y)$, elle deviendra nécessairement identique; par conséquent ses deux équations dérivées, relatives l'une à x et l'autre à y, auront lieu chacune en particulier.

On aura donc ainsi, puisque la quantité y' n'est contenue que dans la fonction φ, ces deux équations, dans lesquelles $F'(x)$, $F'(y)$ et $F'(\varphi)$ dénotent, comme à l'ordinaire, les fonctions dérivées de $F(x, y, \varphi)$, prises relativement à x, y et φ,

$$F'(x) - F'(\varphi)\, \varphi'(y')\, f'(x) = o,$$
$$F'(y) - F'(\varphi)\, \varphi'(y')\, f'(y) = o,$$

d'où l'on tire

$$f'(x) = \frac{F'(x)}{F'(\varphi)\, \varphi'(y')}, \quad f'(y) = \frac{F'(y)}{F'(\varphi)\, \varphi'(y')}.$$

Or l'équation primitive singulière rend

$$F'(\varphi) = o;$$

donc elle rendra infinies les deux fonctions $f'(x)$ et $f'(y)$.

Ce qui fournit un caractère fort simple pour reconnaître si une valeur qui satisfait, sans constante arbitraire, à une équation dérivée donnée, est une valeur singulière ou simplement un cas particulier de la valeur générale.

Cette propriété peut servir aussi à trouver les valeurs singulières dont une équation dérivée est susceptible; car, si l'équation qui rend

$f'(x)$ et $f'(y)$ infinies satisfait en même temps à la proposée

$$y' + f(x, y) = 0,$$

elle en sera l'équation primitive singulière.

L'équation

$$y' - \frac{x}{\sqrt{x^2 + y^2 - b} - y} = 0,$$

qu'on a déjà considérée plus haut, donne

$$f(x, y) = - \frac{x}{\sqrt{x^2 + y^2 - b} - y},$$

d'où l'on tire

$$f'(x) = - \frac{1}{\sqrt{x^2 + y^2 - b} - y} + \frac{x^2}{\sqrt{x^2 + y^2 - b}\left(\sqrt{x^2 + y^2 - b} - y\right)^2},$$

$$f'(y) = - \frac{x}{\sqrt{x^2 + y^2 - b}\left(\sqrt{x^2 + y^2 - b} - y\right)}.$$

Ces deux quantités deviennent infinies par la supposition de

$$\sqrt{x^2 + y^2 - b} - y = 0,$$

ainsi que par celle de

$$\sqrt{x^2 + y^2 - b} = 0;$$

la première donne

$$x^2 - b = 0,$$

valeur qui ne peut satisfaire à la proposée qu'en faisant

$$b = 0;$$

la seconde donne

$$x^2 + y^2 - b = 0,$$

équation qui satisfait à la proposée, et qui en est, par conséquent, l'équation primitive singulière, comme on l'a déjà vu plus haut.

Appliquons la même théorie aux équations du second ordre; on a vu qu'elles peuvent être représentées par

$$F'(x, y, y', \varphi) = 0,$$

en supposant que

$$F(x, y, y', a) = 0$$

soit l'équation primitive du premier ordre, et que φ ou $\varphi(x, y, y')$ soit la valeur de a tirée de l'équation prime

$$F'(x, y, y') = 0.$$

On a vu, en même temps, que l'équation primitive singulière est donnée alors par l'équation

$$F'(\varphi) = 0.$$

Supposons maintenant que l'équation proposée soit réduite à la forme

$$y'' + f(x, y, y') = 0.$$

Donc, si dans l'équation

$$F'(x, y, y', \varphi) = 0$$

on substitue pour y'' sa valeur $-f(x, y, y')$, on aura une équation identique dont, par conséquent, la dérivée aura lieu par rapport à chacune des variables x, y, y' en particulier.

Ainsi, comme la fonction y'' n'est contenue que dans la fonction φ, on aura ces trois équations :

$$F'(x) - F'(\varphi)\,\varphi'(y')\,f'(x) = 0,$$
$$F'(y) - F'(\varphi)\,\varphi'(y')\,f'(y) = 0,$$
$$F'(y') - F'(\varphi)\,\varphi'(y')\,f'(y') = 0;$$

d'où l'on tire

$$f'(x) = \frac{F'(x)}{F'(\varphi)\,\varphi'(y')},$$
$$f'(y) = \frac{F'(y)}{F'(\varphi)\,\varphi'(y')},$$
$$f'(y') = \frac{F'(y')}{F'(\varphi)\,\varphi'(y')}.$$

L'équation primitive singulière étant donnée par l'équation

$$F'(\varphi) = 0,$$

il s'ensuit qu'elle rendra infinies les trois fonctions dérivées $f'(x)$, $f'(y)$, $f'(y')$, ...

En général, on pourra prouver de la même manière que, si l'on a une équation de l'ordre $n^{\text{ième}}$, réduite à la forme

$$y^{(n)} + f(x, y, y', \ldots, y^{(n-1)}) = 0,$$

son équation primitive singulière rendra infinies les fonctions dérivées $f'(x), f'(y), f'(y'), \ldots$, jusqu'à la suivante inclusivement, $f'(y^{(n-1)})$.

Pour confirmer, *a posteriori*, ce que nous venons de démontrer, considérons une équation du premier ordre, telle que

$$y' + f(x, y) = 0,$$

à laquelle satisfasse une valeur singulière de y, que nous désignerons par X, fonction de x.

On aura donc, par l'hypothèse,

$$X' + f(x, X) = 0;$$

et, pour que la valeur X ne soit pas comprise parmi les valeurs de y, données par l'équation primitive, il faudra qu'en supposant, en général,

$$y = X + z,$$

z étant une nouvelle variable, la valeur de z, tirée de l'équation primitive ordinaire, ne puisse jamais être nulle.

Substituons donc $X + z$ au lieu de y dans l'équation proposée; on aura

$$X' + z' + f(x, X + z) = 0.$$

Développons la fonction $f(x, X + z)$ suivant les puissances de z; on aura généralement, en rapportant les fonctions dérivées à la seule variable X,

$$f(x, X + z) = f(x, X) + z f'(X) + \frac{z^2}{2} f''(X) + \ldots;$$

donc, faisant cette substitution, on aura, à cause de

$$X' + f(x, X) = 0,$$

l'équation

$$z' + z f'(\mathrm{X}) + \frac{z^2}{2} f''(\mathrm{X}) + \ldots = 0,$$

qui sert à déterminer z en x.

Or, si la quantité z pouvait devenir nulle, elle pourrait aussi être très petite.

Supposons-la d'abord très petite, et cherchons-en la valeur par approximation.

Pour cela, on négligera d'abord, vis-à-vis du terme qui contient z, les suivants qui contiennent z^2, z^3, ..., comme étant beaucoup plus petits, et l'on aura, pour la première approximation, l'équation

$$z' + z f'(\mathrm{X}) = 0,$$

laquelle, étant divisée par z, a pour équation primitive

$$lz + \overline{\mathrm{X}} = k,$$

en prenant $\overline{\mathrm{X}}$ pour la fonction primitive de $f'(\mathrm{X})$, prise par rapport à la variable x, dont X est une fonction donnée, et k pour une constante arbitraire ; de là on tire

$$z = e^{k - \overline{\mathrm{X}}} = e^k . e^{-\overline{\mathrm{X}}} = a e^{-\overline{\mathrm{X}}},$$

en faisant $a = e^k$.

Ayant ainsi la première valeur approchée de z, on la substituera dans les termes négligés, et l'on pourra trouver une seconde valeur plus approchée, et ainsi de suite.

De cette manière, la valeur de z contiendra la constante arbitraire a, et elle deviendra nulle en faisant $a = 0$; par conséquent, X ne sera pas une valeur singulière, contre l'hypothèse.

On doit conclure de là que, pour que X soit une valeur singulière non comprise dans la valeur générale, il faut que le développement de $f(x, \mathrm{X} + z)$ contienne d'autres puissances de z que les puissances entières et positives.

Supposons donc que ce développement donne, en général,

$$f(x, \mathrm{X} + z) = f(x, \mathrm{X}) + \mathrm{P} z^m + \mathrm{Q} z^n + \ldots,$$

$m, n, \ldots$ étant des nombres quelconques qui vont en augmentant, et P, Q, ..., des fonctions de x; on aura l'équation en z

$$z' + P z^m + Q z^n + \ldots = 0.$$

On aura donc aussi, pour la première approximation,

$$z' + P z^m = 0,$$

équation qui, étant divisée par z^m, a pour équation primitive

$$\frac{z^{1-m}}{1-m} + V = k,$$

en prenant V pour la fonction primitive de P, et k pour la constante arbitraire.

Or, pour que X soit une valeur singulière de y, il faut que la valeur $z = 0$, qui y répond, ne puisse pas être contenue dans cette équation, en donnant à k une valeur quelconque constante.

Il faut donc que l'exposant $1 - m$ de z soit un nombre positif; car, s'il était négatif, z^{1-m} deviendrait infini lorsque $z = 0$, et répondrait à la supposition de k infini.

S'il était nul, on aurait le cas que nous venons d'examiner, où $m = 1$, et où $z = 0$ répond aussi à k infini.

Au contraire, lorsque $1 - m$ est positif, $z = 0$ donne aussi

$$z^{1-m} = 0,$$

et l'équation devient alors

$$V = k,$$

laquelle ne peut pas subsister, parce que la valeur de k ne serait plus constante.

Donc, pour que X puisse être une valeur singulière de y, il faut que le développement de $f(x, X + z)$ contienne une puissance z^m dans laquelle $m < 1$.

En considérant la fonction $f(x, y)$, son développement, lorsqu'on y met $y + z$ à la place de y, est, en général, $f(x, y) + z f'(y) + \ldots$; donc, suivant la théorie que nous avons exposée dans la Leçon hui-

X. 28

tième, pour que ce développement donne, dans le cas de $y = X$, une puissance de z moindre que la première, il faudra que, dans ce cas, la valeur de $f'(y)$, c'est-à-dire de $f'(X)$, devienne infinie.

Or l'équation proposée donne

$$y' = -f(x, y),$$

et, prenant les fonctions dérivées,

$$y'' = -f'(x) - y'f'(y) = -f'(x) + f'(y)f(x, y);$$

donc

$$f'(x) = f'(y)f(x, y) - y''.$$

Par conséquent on aura, lorsque $y = X$,

$$f'(y) = \infty \quad \text{et} \quad f'(x) = \infty,$$

comme nous l'avons trouvé par la nature même des équations dérivées.

Dans l'exemple ci-dessus, où

$$f(x, y) = -\frac{x}{\sqrt{x^2 + y^2 - b} - y},$$

la valeur singulière de y est $\sqrt{b - x^2}$; ainsi

$$X = \sqrt{b - x^2};$$

et substituant $\sqrt{b - x^2} + z$ à la place de y, la fonction dont il s'agit devient

$$\frac{-x}{\sqrt{2z\sqrt{b - x^2} + z^2} - \sqrt{b - x^2} - z},$$

laquelle, étant développée suivant les puissances de z, donne

$$\frac{x}{\sqrt{b - x^2}} + \frac{\sqrt{2z}}{(b - x^2)^{\frac{3}{4}}} - \ldots,$$

où l'on voit que le second terme du développement contient la puissance $\sqrt{z}$, dont l'exposant $\frac{1}{2}$ est moindre que l'unité.

D'ailleurs, nous avons déjà vu que les valeurs de $f'(y)$ et $f'(x)$ deviennent infinies lorsque

$$y^2 + x^2 - b = 0.$$

L'analyse par laquelle nous venons de prouver que le développement de $f(x, y + z)$ doit contenir une puissance de z moindre que la première, lorsqu'on donne à y une valeur singulière, est due à Euler, qui a donné ainsi le premier critère général pour reconnaître si une valeur, qui satisfait à une équation différentielle, est ou non une valeur singulière non comprise dans l'intégrale. (*Voyez* le premier Volume de son *Calcul intégral*, Problème **72**.)

Il restait à déduire de là la règle que, dans ce cas, la valeur de $f'(y)$ devient nécessairement infinie; c'est ce que Laplace a fait depuis, dans le Mémoire déjà cité sur les solutions particulières des équations différentielles, imprimé dans le *Recueil de l'Académie des Sciences*, pour l'année 1772.

LEÇON SEIZIÈME.

ÉQUATIONS DÉRIVÉES QUI ONT DES ÉQUATIONS PRIMITIVES SINGULIÈRES DONNÉES.
ANALYSE D'UNE CLASSE D'ÉQUATIONS DE TOUS LES ORDRES QUI ONT TOUJOURS
NÉCESSAIREMENT DES ÉQUATIONS PRIMITIVES SINGULIÈRES.

Si les équations primitives singulières ont moins d'étendue que les équations primitives proprement dites, parce qu'elles ne renferment aucune constante arbitraire, on peut les regarder, sous un autre point de vue, comme plus générales que celles-ci, parce qu'une même équation primitive singulière peut répondre à une infinité d'équations dérivées; et c'est un problème indéterminé de trouver une équation dérivée qui ait une équation primitive singulière donnée. Comme ce problème est curieux, et qu'il peut être utile dans plusieurs occasions, nous allons en donner ici une solution, pour servir de complément à notre théorie des équations primitives singulières.

Représentons par

$$F(x, y, a, b) = 0$$

une équation primitive entre x, y et deux constantes a et b, dont l'une soit une fonction quelconque de l'autre, ou qui dépendent, en général, l'une de l'autre par l'équation

$$\Phi(a, b) = 0.$$

On aura l'équation dérivée qui en résulte, en éliminant ces deux constantes au moyen des trois équations

$$F(x, y, a, b) = 0, \quad F'(x, y) = 0, \quad \Phi(a, b) = 0.$$

Donc, si l'on tire des deux premières les valeurs de a et b en fonctions de x, y, y', et qu'on désigne ces valeurs par

$$\varphi(x,y,y') \quad \text{et} \quad \psi(x,y,y'),$$

on aura l'équation dérivée en substituant ces fonctions à la place de a et b dans l'équation de condition

$$\Phi(a, b) = o.$$

Ainsi, en mettant simplement φ et ψ pour les fonctions dont il s'agit, l'équation dérivée sera

$$\Phi(\varphi, \psi) = o.$$

Donc, réciproquement, toute équation dérivée de cette forme aura pour équation primitive

$$F(x, y, a, b) = o,$$

les deux constantes a et b étant liées par l'équation

$$\Phi(a, b) = o;$$

et l'on aura en même temps les deux équations

$$\varphi(x, y, y') = a, \quad \psi(x, y, y') = b.$$

Donc toute valeur de y en x qui satisfera à la même équation

$$\Phi(\varphi, \psi) = o,$$

et qui ne rendra pas les fonctions φ et ψ constantes, ne pourra pas être comprise dans l'équation primitive générale, et sera par conséquent une valeur singulière.

Soit

$$y = \Sigma(x)$$

cette valeur singulière, $\Sigma(x)$ étant une fonction donnée de x; en substituant $\Sigma(x)$ et $\Sigma'(x)$ au lieu de y et y' dans les fonctions φ et ψ, elles deviendront de simples fonctions de x; et, éliminant x entre elles, on aura une équation φ et ψ, qu'on prendra pour l'équation

$$\Phi(\varphi, \psi) = o;$$

ainsi l'équation
$$y = \Sigma(x)$$
satisfera à l'équation
$$\Phi(\varphi, \psi) = 0;$$

mais, ne rendant pas les fonctions φ et ψ constantes, elle ne sera pas comprise dans l'équation primitive générale, et ne sera, par conséquent, qu'une équation primitive singulière.

La solution se réduit donc à ceci : soit
$$y = \Sigma(x)$$

la valeur singulière donnée de y, en fonction de x. Ayant pris une équation quelconque
$$F(x, y, a, b) = 0$$

en x, y et deux constantes a et b, de cette équation et de son équation dérivée
$$F'(x, y) = 0$$

on tirera les valeurs de a et b en fonctions de x, y, y'; on substituera dans ces valeurs $\Sigma(x)$ et $\Sigma'(x)$ à la place de y et y', on aura deux équations qui, par l'élimination de x, en donneront une en a et b, que je représente par
$$\Phi(a, b) = 0.$$

Si maintenant on substitue dans cette équation à la place de a et b leurs premières valeurs en fonctions de x, y, y', on aura l'équation dérivée dont
$$y = \Sigma(x)$$

sera l'équation primitive singulière, et dont
$$F(x, y, a, b) = 0$$

sera l'équation primitive ordinaire, les constantes a et b étant l'une fonction de l'autre déterminée par l'équation
$$\Phi(a, b) = 0.$$

Prenons, par exemple, l'équation
$$y^2 - ax^2 - b = 0;$$

son équation dérivée sera

$$yy' - ax = 0;$$

et l'on tire de ces deux équations

$$a = \frac{yy'}{x}, \quad b = y^2 - xyy'.$$

Supposons maintenant que l'on ait l'équation primitive singulière

$$y - Ax - B = 0;$$

elle donne

$$y = Ax + B,$$

donc

$$y^2 = A^2 x^2 + 2ABx + B^2,$$

et

$$yy' = A^2 x + AB;$$

de sorte que, par ces substitutions, les valeurs de a et b deviendront

$$a = A^2 + \frac{AB}{x}, \quad b = ABx + B^2;$$

d'où l'on tire, en éliminant x, cette équation en a et b,

$$(a - A^2)(b - B^2) - A^2 B^2 = 0;$$

savoir,

$$ab - B^2 a - A^2 b = 0.$$

Donc, substituant ici les premières valeurs de a et b en x, y, y', on aura l'équation du premier ordre

$$\frac{yy'}{x}(y^2 - xyy') - B^2 \frac{yy'}{x} - A^2(y^2 - xyy') = 0,$$

dont celle-ci

$$y - Ax - B = 0$$

sera l'équation primitive singulière.

Son équation primitive ordinaire sera

$$y^2 - ax^2 - b = 0,$$

en supposant entre a et b l'équation ci-dessus

$$ab - B^2 a - A^2 b = 0;$$

de sorte que, comme cette équation donne

$$b = \frac{B^2 a}{a - A^2},$$

l'équation primitive sera

$$y^2 - a x^2 - \frac{B^2 a}{a - A^2} = 0,$$

a étant la constante arbitraire.

En effet, si l'on cherche l'équation primitive singulière d'après celle-ci, on aura, en prenant les fonctions dérivées par rapport à a,

$$- x^2 + \frac{B^2 A^2}{(a - A^2)^2} = 0;$$

d'où l'on tire

$$a = A^2 \pm \frac{BA}{x}.$$

Substituant cette valeur dans la même équation, on aura

$$y^2 - A^2 x^2 \mp 2 AB x - B^2 = 0,$$

ce qui donne

$$y = \pm A x \pm B,$$

où les signes ambigus sont à volonté.

En général, il est facile de voir qu'on aura le même résultat

$$\Phi(a, b) = 0,$$

en substituant d'abord, dans l'équation supposée

$$F(x, y, a, b) = 0,$$

la valeur donnée

$$y = \Sigma(x),$$

et éliminant ensuite x par le moyen de son équation prime, relative à x.

Or, si l'équation

$$\Phi(a, b) = 0$$

donne

$$b = \psi(a),$$

et qu'on substitue cette valeur à la place de b, il s'ensuivra que l'équation

$$F[x, \Sigma(x), a, \psi(a)] = 0$$

aura lieu en même temps que son équation prime relative à x. Mais, a étant alors une fonction de x, l'équation prime relative à x et a doit avoir lieu; donc la partie relative à a aura lieu aussi en particulier; ce qui est le caractère de l'équation primitive singulière.

Ainsi, ayant pris une équation primitive quelconque en x, y, a et b, il n'y aura qu'à éliminer y au moyen de l'équation primitive singulière donnée, ensuite éliminer x par celle-ci et par son équation prime relative à x; on aura sur-le-champ une équation en a et b qui sera l'équation de condition

$$\Phi(a, b) = 0,$$

par laquelle il faudra déterminer l'une des deux constantes a ou b par l'autre. Ensuite on pourra, d'après la même équation primitive, chercher, si l'on veut, l'équation dérivée par l'élimination de la constante arbitraire.

Dans l'exemple précédent, en substituant $Ax + B$ pour y dans l'équation

$$y^2 - ax^2 - b = 0,$$

on a

$$(A^2 - a)x^2 + 2ABx + B^2 - b = 0,$$

dont l'équation prime est

$$(A^2 - a)x + AB = 0;$$

celle-ci donne

$$x = -\frac{AB}{A^2 - a},$$

et cette valeur, substituée dans la première, donne sur-le-champ l'équation de condition

$$(A^2 - a)(B^2 - b) - A^2B^2 = 0,$$

comme plus haut.

X.

En prenant d'autres équations en x, y, a et b, et opérant de la même manière, on trouvera autant d'équations du premier ordre qu'on voudra, dont la même équation

$$y - A x - B = o$$

sera l'équation primitive singulière.

On voit aussi que la même équation en x, y, a et b pourra donner telle équation primitive singulière qu'on voudra, suivant la relation qu'on établira entre les constantes a et b.

Enfin on voit que, par ce problème, on peut toujours trouver la relation entre deux constantes a, b d'une équation donnée en x, y, a et b, pour que cette équation soit l'équation primitive ordinaire et complète, répondant à une équation primitive singulière donnée.

On peut appliquer la même méthode à la recherche des équations du second ordre ou des ordres supérieurs dont l'équation primitive singulière sera donnée.

Supposons que cette équation soit du premier ordre et représentée par

$$y' + f(x, y) = o.$$

On prendra une équation quelconque en x, y, et trois constantes arbitraires a, b, c.

On tirera de cette équation et de ses équations prime et seconde les valeurs de a, b, c en fonctions de x, y, y' et y''.

On substituera dans ces fonctions les valeurs de y' et y'' en x et y, tirées de l'équation primitive donnée, c'est-à-dire $-f(x, y)$ à la place de y', et $-f'(x) + f'(y)f(x, y)$ à la place de y''; on aura a, b, c exprimées en fonctions de x et y, ce qui donnera trois équations, d'où, éliminant x et y, il résultera une équation en a, b, c, que je représenterai par

$$\Phi(a, b, c) = o.$$

Cette équation, en y substituant les premières valeurs de a, b, c en fonctions de x, y, y', y'', sera l'équation du second ordre dont la proposée

$$y' + f(x, y) = o$$

sera l'équation primitive singulière, et l'équation en x, y, a, b, c en sera l'équation primitive en x et y, en supposant entre les trois constantes a, b, c la relation donnée par l'équation

$$\Phi(a, b, c) = 0.$$

Si l'équation singulière donnée était du second ordre, on prendrait une équation en x et y, et quatre constantes a, b, c, d, et ainsi de suite.

Supposons que l'équation primitive singulière soit

$$y' = Ay,$$

et prenons l'équation

$$y - \frac{a}{2} x^2 - b x - c = 0,$$

d'où l'on tire les deux dérivées, prime et seconde,

$$y' - a x - b = 0, \quad y'' - a = 0;$$

ces trois équations donnent

$$a = y'', \quad b = y' - x y'', \quad c = y - x y' + \frac{x^2}{2} - y''.$$

Mais la proposée donne

$$y' = Ay, \quad y'' = Ay' = A^2 y;$$

donc, substituant ces valeurs, on aura

$$a = A^2 y, \quad b = Ay(1 - Ax), \quad c = y \left(1 - Ax + \frac{A^2}{2} x^2 \right).$$

Éliminant x et y, on trouve l'équation

$$a^2 + A^2(b^2 - 2ac) = 0,$$

dans laquelle, en substituant les premières valeurs de a, b, c, il vient l'équation du second ordre

$$y'^2 - 2A^2 y y'' + A^2 y'^2 = 0,$$

dont la proposée $y' = Ay$ sera l'équation primitive singulière, et l'équation supposée

$$y - \frac{a}{2} x^2 - bx - c = 0$$

sera l'équation primitive en x et y, en supposant l'équation

$$a^2 + A^2 (b^2 - 2ac) = 0;$$

de sorte que, comme cette équation donne

$$c = \frac{a^2 + A^2 b^2}{2 A^2 a},$$

on aura

$$y - \frac{a}{2} x^2 - bx - \frac{a^2 + A^2 b^2}{2 A^2 a} = 0,$$

a et b étant les deux constantes arbitraires.

Les équations de la forme

$$\Phi(a, b, c, \ldots) = 0,$$

que nous venons de considérer, dans lesquelles les quantités a, b, c, ... sont les valeurs en x, y, y', ... des constantes a, b, c, ..., tirées d'une équation primitive

$$F(x, y, a, b, c, \ldots) = 0$$

et de ses dérivées

$$F'(x, y) = 0, \qquad F''(x, y) = 0, \qquad \ldots,$$

constituent une classe remarquable d'équations dérivées qui ont toujours une équation primitive singulière, parce que la dérivée d'une équation de cette classe a nécessairement un facteur du même ordre que l'équation.

Pour le démontrer, soit d'abord

$$F(x, y, a, b) = 0$$

une équation quelconque en x, y et deux constantes a et b.

En regardant ces constantes comme arbitraires, l'équation dont il s'agit sera la primitive d'une équation du second ordre en x, y, y' et y'', qui résultera de l'élimination de a et b au moyen des deux équations dérivées

$$F'(x, y) = 0, \qquad F''(x, y) = 0;$$

et cette équation pourra toujours, comme nous l'avons vu, se mettre sous la forme

$$y'' + f(x, y, y') = 0.$$

Maintenant, si l'on commence par tirer les valeurs de a et b des deux équations

$$F(x, y, a, b) = 0 \quad \text{et} \quad F'(x, y) = 0,$$

et que ces valeurs soient représentées par les fonctions

$$\varphi(x, y, y') \quad \text{et} \quad \psi(x, y, y');$$

il est clair que les deux équations

$$a = \varphi(x, y, y') \quad \text{et} \quad b = \psi(x, y, y'),$$

où a et b sont des constantes arbitraires, seront les deux équations primitives du premier ordre de l'équation précédente

$$y'' + f(x, y, y') = 0;$$

par conséquent, leurs dérivées

$$\varphi'(x, y, y') = 0 \quad \text{et} \quad \psi'(x, y, y') = 0$$

devront coïncider avec cette même équation, en donnant la même valeur de y'' en x, y et y'.

Or

$$\varphi'(x, y, y') = \varphi'(x, y) + y'' \, \varphi'(y'),$$

et

$$\psi'(x, y, y') = \psi'(x, y) + y'' \, \psi'(y'),$$

suivant la notation abrégée que nous avons adoptée; donc on aura

$$y'' = -\frac{\varphi'(x, y)}{\varphi'(y')} = -\frac{\psi'(x, y)}{\psi'(y')} = -f(x, y, y'),$$

expressions de y'', qui seront nécessairement identiques.

On aura donc

$$\varphi'(x, y) = \varphi'(y') f(x, y, y'),$$
$$\psi'(x, y) = \psi'(y') f(x, y, y');$$

par conséquent, si l'on substitue ces valeurs dans les expressions précédentes des fonctions dérivées $\varphi'(x, y, y')$, $\psi'(x, y, y')$, c'est-à-dire
de a' et b', et, regardant maintenant a et b comme fonctions de x, y,
y', on aura

$$a' = \varphi'(y')[y'' + f(x, y, y')],$$
$$b' = \psi'(y')[y'' + f(x, y, y')].$$

Cela posé, soit $\Phi(a, b) = 0$ une équation du premier ordre ; sa dérivée sera

$$a'\,\Phi'(a) + b'\,\Phi'(b) = 0,$$

et, par la substitution des valeurs de a', b' qu'on vient de trouver, elle
deviendra

$$[\varphi'(y)\,\Phi'(a) + \psi'(y')\,\Phi'(b)][y'' + f(x, y, y')] = 0.$$

Cette équation a, comme l'on voit, deux facteurs, l'un qui n'est que
du premier ordre, comme l'équation proposée ; l'autre qui contient y'',
et qui donne proprement l'équation dérivée du second ordre.

Celui-ci donne l'équation

$$y'' + f(x, y, y') = 0,$$

de laquelle résultent

$$a' = 0, \quad b' = 0,$$

par les formules trouvées plus haut, de sorte que les fonctions a et b
seront constantes.

Prenant donc a et b pour des constantes arbitraires, on aura ces
deux équations primitives du premier ordre

$$\varphi(x, y, y') = a, \qquad \psi(x, y, y') = b,$$

d'où, éliminant la fonction dérivée y', on aura une équation en x, y,
a et b, qui sera l'équation primitive de la proposée, et qui sera évidemment la même que l'équation

$$F(x, y, a, b) = 0,$$

d'où l'on avait déduit les fonctions $\varphi(x, y, y')$ et $\psi(x, y, y')$.

Mais il faudra que les constantes a et b de cette équation satisfassent à la condition

$$\Phi(a, b) = 0$$

donnée par l'équation proposée; ce qui les réduira à une seule, qui sera par conséquent la constante arbitraire de l'équation primitive de la proposée.

Le facteur du premier ordre

$$\varphi'(y')\, \Phi'(a) + \psi'(y')\, \Phi'(b)$$

donnera, de son côté, l'équation en x, y et y',

$$\varphi'(y')\, \Phi'(a) + \psi'(y')\, \Phi'(b) = 0,$$

en supposant qu'on y mette pour a et b leurs valeurs $\varphi(x, y, y')$ et $\psi(x, y, y')$; et cette équation, d'après la théorie exposée dans la Leçon précédente, donnera sur-le-champ l'équation primitive singulière de la même équation proposée, en éliminant y' par le moyen de ces deux équations.

Or il est facile de voir que, si l'on représente par

$$\Psi(x, y, y') = 0$$

la fonction donnée $\Phi(a, b)$, dans laquelle

$$a = \varphi(x, y, y')$$

et

$$b = \psi(x, y, y'),$$

le facteur dont il s'agit se réduira simplement à $\Psi'(y)$, puisque les expressions $\varphi'(y')$ et $\psi'(y')$ ne sont que les fonctions dérivées de a et b, prises par rapport à y' seule.

Ainsi on aura la primitive singulière de l'équation

$$\Psi(x, y, y') = 0,$$

dans le cas où elle est réductible à la forme

$$\Phi(a, b) = 0,$$

en éliminant y' de cette équation au moyen de sa dérivée, prise relativement à y' seule.

En appliquant les mêmes principes aux équations des ordres supérieurs, on prouvera que, si l'on a une équation du second ordre, représentée par

$$\Psi(x, y, y', y'') = 0,$$

dont le premier membre puisse être une fonction quelconque $\Phi(a, b, c)$ de trois fonctions a, b, c, déterminées par une équation quelconque

$$F(x, y, a, b, c) = 0$$

entre x, y, a, b, c, et par ses deux équations dérivées

$$F'(x, y) = 0, \qquad F''(x, y) = 0,$$

prises en regardant a, b, c comme constantes, l'équation proposée aura nécessairement une primitive singulière du premier ordre, qui sera le résultat de l'élimination de y'', au moyen de son équation dérivée

$$\psi'(y'') = 0,$$

relative à y''.

Et l'on aura l'équation primitive en x et y, par l'équation même

$$F(x, y, a, b, c) = 0,$$

en prenant les constantes a, b, c de manière qu'elles satisfassent à l'équation donnée

$$\Phi(a, b, c) = 0,$$

de sorte qu'il en restera deux d'arbitraires.

Et de même pour les équations des ordres supérieurs.

Prenons l'équation

$$x^2 - 2ay - a^2 - b = 0;$$

sa dérivée sera

$$x - ay' = 0;$$

de ces deux équations on tire

$$a = \frac{x}{y'}, \qquad b = x^2 - \frac{2xy}{y'} - \frac{x^2}{y'^2}.$$

Si maintenant on prend, pour l'équation $\Phi(a, b) = 0$, celle-ci, $b =$ à une constante, on aura l'équation du premier ordre

$$x^2 - \frac{2\,xy}{y'} - \frac{x^2}{y'^2} - b = 0,$$

où b est une constante quelconque.

Ainsi on aura tout de suite sa primitive singulière, en éliminant y' au moyen de l'équation dérivée prise relativement à y', laquelle sera

$$\frac{2\,xy}{y'^2} + \frac{2\,x^2}{y'^3} = 0,$$

d'où l'on tire

$$y' = -\frac{x}{y};$$

en substituant cette valeur de y', on a

$$x^2 + y^2 - b = 0,$$

comme on l'a déjà trouvé par d'autres voies.

Prenons encore l'équation

$$y - \frac{a}{2}x^2 - bx - c = 0;$$

on aura les deux dérivées

$$y' - ax - b = 0, \qquad y'' - a = 0,$$

d'où l'on tire

$$a = y'', \quad b = y' - xy'', \quad c = y - xy' + \frac{x^2}{2}y''.$$

Soit, par exemple,

$$\Phi(a, b, c) = c - b^2 - a^2;$$

on aura l'équation du second ordre

$$y - xy' + \frac{x^2}{2}y'' - (y' - xy'')^2 - y''^2 = 0,$$

dont la primitive singulière résultera de l'élimination de y'', au moyen

X. 30

de sa dérivée relative à y'', savoir,

$$\frac{x^2}{2} + 2x(y' - xy'') - 2y'' = 0;$$

ce qui revient à ce que nous avons déjà trouvé.

Lorsqu'on connaît l'équation primitive

$$F(x, y, a, b, \ldots) = 0,$$

avec l'équation

$$\Phi(a, b, \ldots) = 0,$$

qui donne la relation entre les quantités a, b, c, ..., on peut trouver directement l'équation primitive singulière sans connaître les valeurs de ces quantités en fonctions de $x, y, y', \ldots$; car, ayant réduit les quantités a, b, ... à une de moins par le moyen de l'équation de condition

$$\Phi(a, b, \ldots) = 0,$$

il n'y aura qu'à appliquer à l'équation primitive

$$F(x, y, a, b, \ldots) = 0$$

la méthode générale exposée dans la Leçon quinzième.

Mais la difficulté consiste à reconnaître *a posteriori* si des fonctions données, dont une équation proposée est composée, dépendent d'une même équation primitive, de manière qu'elles puissent représenter les valeurs des constantes tirées de cette équation et de ses dérivées.

Pour la résoudre, j'observe que la propriété caractéristique de ces sortes de fonctions est que leurs dérivées ont entre elles des rapports exprimés par des fonctions du même ordre que les fonctions dont il s'agit. En effet, relativement aux fonctions du premier ordre, nous avons déjà vu plus haut que les fonctions $\varphi(x, y, y')$ et $\psi(x, y, y')$, qui représentent les valeurs des constantes a et b tirées de l'équation générale

$$F(x, y, a, b) = 0,$$

et de sa dérivée

$$F'(x, y) = 0,$$

sont telles que leurs dérivées $\varphi'(x, y, y')$ et $\psi'(x, y, y')$, que nous avons désignées par a' et b', ont la forme suivante :

$$\varphi'(x,y,y') = \varphi'(y')[y'' + f(x,y,y')],$$
$$\psi'(x,y,y') = \psi'(y')[y'' + f(x,y,y')];$$

de sorte que l'on a simplement

$$\frac{\varphi'(x,y,y')}{\psi'(x,y,y')} = \frac{\varphi'(y')}{\psi'(y')},$$

où l'on voit que les fonctions dont il s'agit ont la propriété que la fonction seconde y'' disparait du rapport de leurs dérivées, et que ce rapport est le même que si l'on prenait ces dérivées relativement à la variable y' seule.

Soit, par exemple, l'équation à la ligne droite

$$y + ax + b = 0;$$

sa dérivée sera

$$y' + a = 0;$$

ainsi on aura

$$a = -y', \qquad b = xy' - y.$$

On aura donc, en dénotant simplement par φ et ψ ces expressions de a et b,

$$\varphi = -y', \qquad \psi = xy' - y;$$

prenant les fonctions dérivées, il viendra

$$\varphi' = -y'', \qquad \psi' = xy'';$$

donc

$$\frac{\varphi'}{\psi'} = -\frac{1}{x}.$$

Si l'on ne prenait φ' et ψ' que relativement à y', on aurait

$$\varphi' = -1, \qquad \psi' = x \qquad \text{et} \qquad \frac{\varphi'}{\psi'} = -\frac{1}{x};$$

comme précédemment.

Soit encore l'équation

$$y^2 + x^2 - 2ax + a^2 - b^2 = 0,$$

qui est à un cercle dont le rayon $= b$, et dont le centre est dans l'axe des abscisses à la distance a de leur origine.

La dérivée sera

$$yy' + x - a = 0,$$

d'où l'on tire

$$a = x + yy' = \varphi;$$

de là on aura, par les substitutions,

$$b = y\sqrt{1 + y'^2} = \psi.$$

Si maintenant on prend les dérivées de φ et ψ, on aura

$$\varphi' = 1 + y'^2 + yy'', \qquad \psi' = y'\sqrt{1 + y'^2} + \frac{yy'y''}{\sqrt{1 + y'^2}};$$

et de là

$$\frac{\varphi'}{\psi'} = \frac{\sqrt{1 + y'^2}}{y'} = \frac{\psi}{\varphi - x}.$$

Si l'on ne prenait les dérivées φ' et ψ' que relativement à y', on aurait

$$\varphi' = y, \qquad \psi' = \frac{yy'}{\sqrt{1 + y'^2}},$$

donc

$$\frac{\varphi'}{\psi'} = \frac{\sqrt{1 + y'^2}}{y'},$$

comme ci-dessus.

On pourrait prouver, par une analyse semblable, que les fonctions de x, y, y' et y'', qui expriment les valeurs des quantités a, b, c, tirées d'une équation

$$F(x, y, a, b, c) = 0$$

et de ses deux dérivées

$$F'(x, y) = 0, \qquad F''(x, y) = 0,$$

dans lesquelles ces quantités sont traitées comme constantes, ont des dérivées dont les rapports sont indépendants de la fonction tierce y''', et qui sont les mêmes que si l'on ne prenait ces dérivées que relativement à la fonction seconde y'', parce qu'en désignant ces fonctions par

$$\varphi(x,y,y',y''), \qquad \psi(x,y,y',y''), \qquad \xi(x,y,y',y''),$$

les trois équations

$$\varphi(x,y,y',y'')=a, \qquad \psi(x,y,y',y'')=b, \qquad \xi(x,y,y',y'')=c,$$

où a, b, c seraient des constantes arbitraires, seront les trois primitives d'une même équation du troisième ordre, telle que

$$y'''+f(x,y,y',y'')=0,$$

à laquelle les dérivées de ces équations devront par conséquent satisfaire; et de même pour les fonctions du même genre des ordres supérieurs. Mais on peut s'en convaincre encore d'une manière plus directe que voici :

En dénotant simplement par φ et ψ les fonctions $\varphi(x,y,y')$, $\psi(x,y,y')$, qui expriment les valeurs des constantes a et b tirées de l'équation

$$F(x,y,a,b)=0$$

et de sa dérivée

$$F'(x,y)=0,$$

il est clair que l'équation

$$F(x,y,\varphi,\psi)=0$$

sera identique; que, par conséquent, sa dérivée

$$F'(x,y)+\varphi'F'(\varphi)+\psi'F'(\psi)=0$$

aura lieu d'elle-même; mais on a déjà

$$F'(x,y)=0;$$

donc on aura séparément l'équation

$$\varphi'F'(\varphi)+\psi'F'(\psi)=0,$$

laquelle donne

$$\frac{\varphi'}{\psi'}=-\frac{F'(\psi)}{F'(\varphi)}.$$

Or, comme φ et ψ ne contiennent que x, y et y', il est visible que la valeur de $\frac{\varphi'}{\psi'}$ ne sera qu'une fonction du premier ordre.

Ainsi, dans le dernier exemple, où

$$F(x, y, a, b) = y^2 + x^2 - 2ax + a^2 - b^2,$$

si l'on change a en φ, et b en ψ, on aura

$$F(x, y, \varphi, \psi) = y^2 + x^2 - 2x\varphi + \varphi^2 - \psi^2;$$

donc

$$F'(\varphi) = 2(\varphi - x), \quad F'(\psi) = -2\psi;$$

par conséquent

$$\frac{\varphi'}{\psi'} = \frac{\psi}{\varphi - x},$$

comme nous l'avons trouvé par une autre voie.

De même, si φ, ψ, ξ sont les fonctions de x, y, y' et y'' qui expriment les valeurs des constantes a, b, c, tirées de l'équation

$$F(x, y, a, b, c) = 0$$

et de ses deux dérivées

$$F'(x, y) = 0, \qquad F''(x, y) = 0,$$

en substituant ces fonctions à la place de a, b, c, on aura des équations identiques, dont, par conséquent, les dérivées auront lieu aussi.

On aura donc, en premier lieu,

$$F(x, y, \varphi, \psi, \xi) = 0,$$

et, par conséquent aussi,

$$F'(x, y) + \varphi' F'(\varphi) + \psi' F'(\psi) + \xi' F'(\xi) = 0;$$

mais on a déjà

$$F'(x, y) = 0;$$

donc on aura l'équation

$$\varphi' F'(\varphi) + \psi' F'(\psi) + \xi' F'(\xi) = 0.$$

Ensuite, comme l'équation

$$\overset{..}{F}'(x,y) = o$$

contient, outre les quantités x, y, y', les trois fonctions φ, ψ, ξ, si on la dénote par $f(x, y, y', \varphi, \psi, \xi)$, on aura l'équation identique

$$f(x, y, y', \varphi, \psi, \xi) = o,$$

et, par conséquent, la dérivée

$$f'(x, y, y') + \varphi' f'(\varphi) + \psi' f'(\psi) + \xi' f(\xi) = o;$$

mais on a déjà

$$f'(x, y, y') = o,$$

puisqu'il est visible que $f'(x, y, y')$ est la même chose que $F''(x, y)$; donc on aura aussi l'équation

$$\varphi' f'(\varphi) + \psi' f'(\psi) + \xi' f'(\xi) = o.$$

Si l'on combine cette équation avec la précédente, il est clair que, puisque les quantités φ', ψ', ξ' n'y sont qu'à la première dimension, et en multipliant tous les termes, il est clair, dis-je, qu'on en tirera les valeurs de $\frac{\varphi'}{\psi'}$ et de $\frac{\varphi'}{\xi'}$ en fonctions des quantités x, y, y', φ, ψ et ξ; de sorte que ces fonctions ne passeront pas le second ordre, et ainsi de suite.

Si les fonctions φ et ψ exprimaient les valeurs des constantes a et b tirées de l'équation du premier ordre

$$F(x, y, y', a, b) = o$$

et de sa dérivée

$$F'(x, y, y') = o,$$

ces fonctions seraient alors du second ordre; et l'on trouverait, par le même raisonnement, que le rapport $\frac{\varphi'}{\psi'}$ de leurs dérivées serait exprimé également par $-\dfrac{F'(\psi)}{F'(\varphi)}$, de sorte que ce rapport serait une fonction du second ordre, et, par conséquent, du même ordre que les fonctions φ et ψ.

En général, il résulte de l'analyse précédente que, si φ, ψ, ξ, ... sont des fonctions d'un ordre quelconque, qui expriment les valeurs des constantes a, b, c, ..., tirées d'une équation en x, y, y', y'', ..., a, b, c, ..., et de ses dérivées successives, les dérivées de ces fonctions auront toujours entre elles des rapports du même ordre que les fonctions elles-mêmes.

Je dis maintenant que, si des fonctions quelconques de x, y, y', y'', ... sont telles que leurs dérivées aient entre elles des rapports du même ordre que les fonctions elles-mêmes, c'est-à-dire, dans lesquels il n'entre que des fonctions dérivées de y du même ordre, ces fonctions pourront toujours exprimer les valeurs d'autant de constantes tirées d'une équation primitive et de ses dérivées successives; et il sera alors facile de retrouver cette équation primitive génératrice.

Car, si l'on désigne par φ, ψ, ξ, ... les fonctions dont il s'agit, et que M, N, ..., soient les valeurs des rapports des dérivées ψ', ξ', ... à la dérivée φ', ces valeurs étant, par l'hypothèse, des fonctions du même ordre que les fonctions données φ, ψ, ξ, ..., on aura donc les équations

$$\psi' = M\varphi', \qquad \xi' = N\varphi', \quad \dots.$$

Supposons

$$\varphi' = 0,$$

on aura donc aussi

$$\psi' = 0, \qquad \xi' = 0, \quad \dots;$$

donc

$$\varphi = a, \qquad \psi = b, \qquad \xi = c, \quad \dots,$$

a, b, c, ... étant des constantes.

Ces différentes équations seront donc autant d'équations primitives de la même équation

$$\varphi' = 0,$$

puisqu'elles ont lieu en même temps qu'elle; par conséquent, en éliminant de ces mêmes équations

$$\varphi = a, \qquad \psi = b, \qquad \xi = c, \quad \dots.$$

les plus hautes fonctions dérivées de la variable y, on aura une équation primitive d'un ordre inférieur, qui contiendra les constantes a, b, c, ..., et qui sera l'équation primitive génératrice de la forme

$$F(x, y, y', y'', ..., a, b, c, ...) = 0,$$

d'où résultent les fonctions φ, ψ, ξ, ..., en les prenant pour les valeurs des constantes a, b, c, ..., tirées de cette équation et de ses dérivées successives

$$F'(x, y, y', y'', ...) = 0, \qquad F''(x, y, y', y'', ...) = 0, \quad ....$$

Ainsi, si l'on avait entre ces fonctions une équation quelconque

$$\Phi(\varphi, \psi, \xi, ...) = 0,$$

et que l'on reconnût que leurs dérivées φ', ψ', ξ', ... ont entre elles des rapports du même ordre que ces fonctions, on aurait tout de suite les équations primitives

$$\varphi = a, \qquad \psi = b, \qquad \xi = c, \quad ...,$$

et de là l'équation primitive principale

$$F(x, y, y', y'', ..., a, b, c, ...) = 0,$$

dans laquelle les constantes a, b, c, ... seraient arbitraires, hors une, qui devrait être déterminée par l'équation donnée, laquelle se réduit alors à

$$\Phi(a, b, c, ...) = 0.$$

On aurait ensuite l'équation primitive singulière par les méthodes exposées plus haut.

Par exemple, si l'on proposait l'équation du premier ordre

$$\Phi\left(x + yy', \, y\sqrt{1 + y'^2}\right) = 0,$$

sans qu'on sût que les deux quantités qui sont sous la fonction peuvent exprimer les constantes tirées d'une équation primitive et de sa dérivée, on examinerait d'abord leurs dérivées, qui sont

$$1 + y'^2 + yy'' \quad \text{et} \quad y'\sqrt{1 + y'^2} + \frac{yy'y''}{\sqrt{1 + y'^2}};$$

X.

comme celle-ci se réduit à $\dfrac{y' + y'^3 + y \cdot y' y''}{\sqrt{1 + y'^2}}$, on voit d'abord que son

rapport à la première sera exprimé simplement par $\dfrac{y'}{\sqrt{1 + y'^2}}$, sans que

la fonction seconde y'' puisse y entrer. On est donc assuré par là que les deux fonctions $x + yy'$ et $y\sqrt{1 + y'^2}$ peuvent provenir d'une équation primitive qu'on trouvera en faisant les deux équations

$$x + yy' = a, \qquad y\sqrt{1 + y'^2} = b,$$

et éliminant y', ce qui donne celle-ci

$$y^2 + (a - x)^2 = b^2,$$

laquelle coïncide avec celle d'où nous avions déduit les expressions de a et b dans le dernier exemple.

Maintenant l'équation proposée deviendra simplement

$$\Phi(a, b) = 0,$$

par laquelle on déterminera b en a; de sorte que l'équation précédente ne contiendra plus que la constante arbitraire a, et sera alors la primitive complète de la proposée.

On pourra tirer de là la primitive singulière, en éliminant a au moyen de la dérivée prise par rapport à a seul, suivant la méthode de la Leçon quinzième, ou bien il n'y aura qu'à éliminer y' de la proposée, au moyen de sa dérivée prise par rapport à y' seule, comme nous l'avons vu plus haut relativement aux équations de ce genre.

LEÇON DIX-SEPTIÈME.

SUR DIFFÉRENTS PROBLÈMES RELATIFS A LA THÉORIE DES ÉQUATIONS PRIMITIVES
SINGULIÈRES.

Presque dès la naissance du Calcul différentiel, il s'est présenté aux
géomètres des problèmes qui dépendent de cette théorie, et qu'ils ont
résolus par des artifices particuliers.

Leibnitz, dans un Mémoire intitulé *Nova Calculi differentialis appli-
catio*, et inséré dans les *Actes* de Leipzig de 1694 (*voyez* le n° LXI des
OEuvres de Jacques Bernoulli), donne la manière de trouver la courbe
formée par l'intersection continuelle d'une infinité de courbes renfermées dans une même équation, en faisant varier dans cette équation le
paramètre qui les différencie, ce qui produit une nouvelle équation par
laquelle on a une valeur du paramètre en fonction des coordonnées, et
cette valeur, étant substituée dans l'équation proposée, donne tout de
suite une équation finie pour la courbe cherchée.

Il applique ensuite cette méthode à une question qu'on regardait
alors comme très difficile, et qui consiste à trouver la courbe dont les
normales ou perpendiculaires ont une relation donnée avec les parties
de l'axe interceptées entre l'origine des abscisses et les normales.

Leibnitz considère cette courbe comme formée par l'intersection continuelle d'une infinité de cercles qui ont leurs centres sur l'axe; alors
les rayons des cercles deviennent les normales à la courbe, et la relation donnée par le problème, entre les normales et les parties correspondantes de l'axe, a lieu entre les rayons et les abscisses qui répondent
aux centres des cercles.

Nommant x, y les coordonnées du cercle, a l'abscisse qui répond au centre, et b le rayon, on aura

$$y^2 + (a - x)^2 = b^2,$$

savoir,

$$y^2 + x^2 - 2ax + a^2 - b^2 = 0,$$

pour l'équation du cercle.

Maintenant l'équation proposée entre b et a donnera b en fonction de a; il ne restera ainsi que le paramètre a, qu'on déterminera comme on vient de le dire, et l'équation en x et y deviendra alors celle de la courbe formée par l'intersection de tous les cercles, et aura, par conséquent, la propriété demandée.

Supposant, avec Leibnitz, que l'équation entre a et b soit celle de la parabole

$$b^2 = ak,$$

k étant une constante, l'équation en x, y et a sera

$$y^2 + x^2 - 2ax + a^2 - ak = 0.$$

Faisant varier a seul, suivant la notation du Calcul différentiel, on a

$$(- 2x + 2a - k)\, da = 0,$$

d'où l'on tire

$$a = \frac{k + 2x}{2};$$

substituant cette valeur dans l'équation précédente, on a

$$y^2 - kx - \frac{k^2}{4} = 0$$

pour la courbe cherchée, qu'on voit être aussi une parabole.

On peut s'assurer *a posteriori* que cette courbe résout le problème.

En effet, on sait que, y étant l'ordonnée qu'on regarde comme fonction de l'abscisse x, la fonction prime y' exprime le rapport de l'ordonnée à la sous-tangente, lequel est le même que celui de la sous-normale à l'ordonnée; de sorte que yy' est l'expression de la sous-normale;

par conséquent $y\sqrt{1+y'^2}$ sera celle de la normale, et $x+yy'$ celle de la partie de l'axe comprise entre l'origine et la normale. [*Voyez* la seconde Partie de la *Théorie des fonctions analytiques* (¹).]

Or l'équation qu'on vient de trouver donne

$$y^2 = kx + \frac{k^2}{4},$$

et, prenant la dérivée,

$$2yy' = k;$$

donc la normale sera

$$\sqrt{kx + \frac{k^2}{2}},$$

et la partie de l'axe sera

$$x + \frac{k}{2},$$

laquelle, étant multipliée par k, devient, comme l'on voit, égale au carré de la normale.

Le problème est donc résolu de cette manière; cependant on doit être surpris que Leibnitz n'ait pas remarqué que sa solution n'admet point de constante arbitraire dans l'équation de la courbe, tandis qu'il est évident que le problème conduit naturellement à une équation différentielle, dont l'intégrale ne peut être complète que par l'introduction d'une constante arbitraire.

En effet, nommant a la partie de l'axe qui répond à la normale, et b la normale, on a, comme on vient de le voir, les expressions

$$a = x+yy', \qquad b = y\sqrt{1+y'^2};$$

donc, si l'on veut que $b = \mathrm{F}(a)$, on aura l'équation dérivée

$$y\sqrt{1+y'^2} = \mathrm{F}(x+yy'),$$

dont il faudra chercher l'équation primitive.

Suivant la notation du Calcul différentiel, on aurait à intégrer à

(¹) *OEuvres de Lagrange*, t. IX.

l'équation différentielle

$$y \sqrt{1 + \frac{dy^2}{dx^2}} = F\left(x + y \frac{dy}{dx}\right).$$

Dans l'exemple proposé, on a

$$b = ak,$$

par conséquent

$$F(a) = \sqrt{ak},$$

et l'équation dérivée devient

$$y \sqrt{1 + y'^2} = \sqrt{x + yy'} \cdot k.$$

Si l'on tire de cette équation la valeur de yy', on a

$$yy' = \frac{k}{2} + \sqrt{\frac{k^2}{4} + kx - y^2},$$

ou bien

$$k - 2yy' + 2\sqrt{\frac{k^2}{4} + kx - y^2} = 0.$$

Divisant toute l'équation par $2\sqrt{\frac{k^2}{4} + kx - y^2}$, on aura

$$\frac{k - 2yy'}{2\sqrt{\frac{k^2}{4} + kx - y^2}} + 1 = 0,$$

équation dont la primitive est visiblement

$$\sqrt{\frac{k^2}{4} + kx - y^2} + x = h,$$

h étant une constante arbitraire.

Cette équation devient, en faisant disparaître le radical,

$$\frac{k^2}{4} + kx - y^2 = (h - x)^2,$$

équation au cercle.

Si l'on fait

$$h = a - \frac{k}{2},$$

a étant la constante arbitraire, on a celle-ci

$$y^2 + x^2 - 2ax + a^2 - ak = 0.$$

Cette équation est, comme l'on voit, la même que l'équation au cercle dont Leibnitz a tiré sa solution par la variation de a; ainsi on peut dire que l'équation au cercle, dans laquelle a, abscisse qui répond au centre, est la constante arbitraire, et dont le rayon est $\sqrt{ak}$, est l'équation primitive qui résout le problème dans toute sa généralité; il est évident, en effet, que tout cercle dont le centre sera sur l'axe, et dont le rayon aura, avec la distance du centre à l'origine des abscisses, la relation qu'on suppose entre la normale et la partie de l'axe correspondante, satisfera à la question.

L'équation à la parabole, trouvée par Leibnitz, ne peut donc être qu'une équation primitive singulière; en effet, en prenant dans la même équation au cercle les fonctions dérivées relativement à la constante arbitraire a, comme on l'a enseigné au commencement de la Leçon quinzième, on a l'équation

$$- 2x + 2a - k = 0,$$

laquelle donne

$$a = \frac{k + 2x}{2},$$

valeur qui, étant substituée dans l'équation au cercle, donne

$$y^2 - hx - \frac{k^2}{4} = 0,$$

comme Leibnitz l'a trouvé; d'où l'on doit conclure que la solution de Leibnitz n'est donnée que par l'équation primitive singulière.

On a vu que Leibnitz avait déduit sa solution de la considération de la courbe formée par l'intersection continuelle de tous les cercles que l'on aurait en faisant varier continuellement la constante a; c'est, en effet, une propriété générale des équations primitives singulières d'appartenir aux courbes formées par l'intersection continuelle des courbes, représentées par l'équation primitive complète, en faisant varier continuellement la constante arbitraire qui différencie toutes ces courbes.

Comme cette propriété est, pour ainsi dire, la caractéristique de cette espèce d'équations primitives, il est intéressant d'en avoir une démonstration.

Pour cela, on remarquera que la courbe formée par l'intersection continuelle d'une série de courbes infiniment peu différentes l'une de l'autre n'est autre chose que la courbe qui embrasserait ou toucherait toutes ces courbes, et qui aurait, par conséquent, dans chacun de ses points, une tangente commune avec une de ces mêmes courbes.

Or, soit

$$F(x, y, a) = 0$$

l'équation générale des courbes dont il s'agit, a étant le paramètre, qui est constant dans chacune d'elles, mais qui varie de l'une à l'autre; comme la courbe qui doit les embrasser a un point commun avec chacune de ces courbes, elle aura aussi les mêmes coordonnées x et y et la même équation entre ces coordonnées, mais avec cette différence que le paramètre a sera variable dans l'équation

$$F(x, y, a) = 0,$$

tant qu'elle appartiendra à la courbe qui embrasse toutes les autres.

De plus, il faudra que la position de la tangente soit la même dans la courbe où a est constant et dans celle où a est variable.

Or on sait que cette position ne dépend que de la fonction prime y', puisque $\frac{y}{y'}$ est l'expression de la sous-tangente; donc il faudra que la valeur de y', tirée de la dérivée de l'équation

$$F(x, y, a) = 0,$$

soit la même, soit qu'on y regarde a comme constante, soit qu'on la regarde comme une variable fonction de x, ce qui ne peut avoir lieu, à moins que la partie de la fonction dérivée relative à a ne soit nulle.

Cette partie est, suivant la notation adoptée, $F'(a)$; donc on aura l'équation

$$F'(a) = 0,$$

laquelle servira à déterminer a en x et y. Or cette équation est, comme l'on voit, la même que celle qui donne l'équation primitive singulière, lorsque

$$F(x, y, a) = 0$$

est l'équation primitive ordinaire, dans laquelle a est la constante arbitraire, comme nous l'avons vu dans la Leçon citée.

Donc l'identité de l'équation primitive singulière et de l'équation de la courbe, qui embrasse toutes celles qui sont comprises dans l'équation primitive ordinaire, est démontrée et résulte des principes mêmes de la chose.

Cette considération géométrique est très importante pour la théorie des équations primitives singulières; elle sert à lier entre elles les courbes représentées par l'équation primitive ordinaire et par l'équation primitive singulière, comme le principe analytique qui sert de base à cette théorie sert à lier entre elles ces mêmes équations par la variation de la constante arbitraire.

Ainsi le problème analytique que nous avons résolu au commencement de la Leçon précédente se réduit à trouver des courbes qui, ayant un paramètre variable, puissent former, par leur intersection mutuelle, une courbe donnée.

On peut donc présenter ce problème ainsi :

Ayant deux courbes dont les équations soient données, et dont l'une contienne deux constantes arbitraires, trouver la relation nécessaire entre ces deux constantes, pour qu'en faisant varier celle qui demeure arbitraire, on ait une infinité de courbes du même genre qui, par leur intersection continuelle, forment toujours l'autre courbe donnée.

Pour le résoudre, il n'y aura qu'à chercher, par les méthodes exposées dans la Leçon précédente, la relation entre les constantes a

et b de l'équation donnée

$$F(x, y, a, b) = 0,$$

pour qu'à cette équation, regardée comme une équation primitive ordinaire, réponde l'équation primitive singulière

$$y = \Sigma(x),$$

qui sera celle de la courbe qui doit être formée par l'intersection continuelle des courbes données par l'autre équation.

Le problème résolu par Leibnitz l'a été aussi par Jean Bernoulli, dans ses Leçons de Calcul intégral (tome III des *OEuvres* de Jean Bernoulli, Leçon XIV), mais par une autre voie qui l'a conduit au même résultat. En considérant deux normales infiniment proches, il observe que l'accroissement infiniment petit de la normale est à l'accroissement de la partie de l'axe qui répond à la normale comme la partie de l'axe comprise entre l'ordonnée et la normale est à la normale même, ce qui est facile à voir par la similitude des triangles.

Il a ainsi, suivant l'esprit du Calcul différentiel, en nommant, comme plus haut, a la partie de l'axe qui répond à la normale et b la normale même, l'équation

$$\frac{db}{da} = \frac{a - x}{b};$$

d'un autre côté, la considération du triangle rectangle dont b est l'hypoténuse et y et $a - x$ les deux côtés donne

$$y^2 + (a - x)^2 = b^2.$$

De ces deux équations il tire

$$x = a - b\frac{db}{da}, \qquad y = b\sqrt{1 - \frac{db^2}{da^2}}.$$

Or les conditions du problème donnent b en fonction de a; ainsi on aura x et y en fonction de a, et, chassant a, on aura l'équation de la courbe cherchée en x et y.

En supposant, comme dans l'exemple de Leibnitz,

$$b = \sqrt{ka},$$

on a

$$\frac{db}{da} = \frac{1}{2}\sqrt{\frac{k}{a}};$$

donc, faisant ces substitutions dans les valeurs de x et y, on aura

$$x = a - \frac{k}{2}, \qquad y = \sqrt{ak - \frac{k^2}{4}},$$

d'où, éliminant a, il vient

$$y^2 = kx + \frac{k^2}{4}$$

pour l'équation de la courbe cherchée, qu'on voit être la même parabole que Leibnitz avait trouvée par une méthode tout à fait différente.

Telle est la solution de Jean Bernoulli, qui coïncide, comme on le voit, avec celle de Leibnitz, et sur laquelle, par conséquent, on peut faire les mêmes observations.

D'abord on peut être étonné que Bernoulli n'ait pas remarqué que ce problème appartient essentiellement à la méthode inverse des tangentes, et que, par conséquent, la solution générale dépend d'une intégration qui doit nécessairement introduire une constante arbitraire dans l'équation entre x et y, et cela peut surprendre d'autant plus qu'il avait donné auparavant, dans les mêmes Leçons, les expressions différentielles de la normale et de la sous-normale, et que le problème ne consiste qu'à établir entre ces quantités une relation donnée.

Ensuite il est clair, par ce que nous avons vu plus haut, que la solution de Bernoulli dépend d'une équation intégrale ou primitive singulière, et, pour le démontrer par sa propre analyse, il suffit de considérer qu'on aura directement l'équation en x et y en substituant la valeur de b en a, donnée par le problème, dans les deux équations

$$\frac{db}{da} = \frac{a - x}{b}, \qquad y^2 + (a - x)^2 = b^2,$$

et éliminant ensuite a.

Ainsi, en supposant
$$b = \sqrt{ka},$$

ces deux équations deviennent
$$\frac{1}{2}\sqrt{\frac{k}{a}} = \frac{a-x}{\sqrt{ka}}, \qquad y^2 + (a-x)^2 = ka;$$

la première donne
$$\frac{k}{2} = a - x; \qquad \text{donc} \qquad a = x + \frac{k}{2},$$

ce qui étant substitué dans la seconde, on a
$$y^2 + \frac{k^2}{4} = kx + \frac{k^2}{2}, \qquad \text{d'où} \qquad y^2 = kx + \frac{k^2}{4},$$

comme on l'a trouvé.

Or je remarque que l'équation différentielle
$$\frac{db}{da} = \frac{a-x}{b}, \qquad \text{ou} \qquad b\,db = (a-x)\,da,$$

n'est autre chose que la différentielle de l'autre équation
$$y^2 + (a-x)^2 = b^2,$$

en faisant varier seulement a et b.

Ainsi, comme b est supposé fonction de a, la solution se réduit à faire varier a seul dans l'équation
$$y^2 + x^2 - 2ax + a^2 - b^2 = 0$$

et à éliminer ensuite a au moyen de cette nouvelle équation, ce qui revient, comme l'on voit, au procédé de Leibnitz, puisque l'équation est la même que son équation au cercle; on voit aussi que ce procédé coïncide avec celui qui donne l'équation primitive singulière de l'équation dérivée ou différentielle, dont la même équation
$$y^2 + x^2 - 2ax + a^2 - b^2 = 0$$

serait l'équation primitive, a étant la constante arbitraire.

On aura donc cette équation dérivée en éliminant a de l'équation primitive par le moyen de sa dérivée

$$yy' + x - a = 0,$$

ou bien en déterminant a et b par le moyen de ces deux équations, et substituant leurs valeurs dans celle qui renferme la relation entre les quantités a et b, donnée par les conditions du problème.

Or ces équations donnent

$$a = x + yy', \qquad b = y\sqrt{1 + y'^2},$$

expressions qu'on voit être les mêmes que nous avons trouvées plus haut pour la normale b et pour la partie de l'axe a qui répond à cette normale ; de sorte que, si la relation entre ces deux quantités est représentée, en général, par

$$\Phi(a, b) = 0,$$

l'équation dérivée, qui répond à la primitive

$$y^2 + x^2 - 2ax + a^2 - b^2 = 0;$$

sera

$$\Phi\left(x + yy', y\sqrt{1 + y'^2}\right) = 0.$$

C'est l'équation générale du problème de Leibnitz et de Bernoulli, dont ils ont trouvé l'un et l'autre, par des méthodes différentes, l'équation primitive singulière, sans se douter de l'espèce de contradiction que leurs solutions présentaient avec les principes mêmes du Calcul différentiel.

Avant de quitter cette analyse, il est bon de montrer *a priori* pourquoi les expressions des constantes a et b, tirées de l'équation au cercle

$$y^2 + x^2 - 2ax + a^2 - b^2 = 0$$

et de sa dérivée

$$yy' + x - a = 0,$$

sont les mêmes que celles qu'on trouve pour la normale et pour la partie correspondante de l'axe, dans une courbe quelconque rapportée aux coordonnées x, y.

Si l'on conçoit un cercle qui touche une courbe dans un point, il est clair que son rayon, dans ce point, deviendra la normale à la courbe. Or l'équation dont il s'agit est, comme nous l'avons déjà vu, celle d'un cercle dont le centre est dans l'axe et répond à l'abscisse a, et dont le rayon est b; et, pour que le cercle touche une courbe donnée, il faut premièrement qu'il ait un point commun avec elle, dans lequel, par conséquent, les coordonnées x, y seront les mêmes; il faut ensuite que la valeur de y' soit aussi la même dans le cercle et dans la courbe, comme nous l'avons démontré rigoureusement dans la seconde Partie de la *Théorie des fonctions analytiques* : ainsi, pour que b devienne la normale à la courbe et que a soit la partie de l'axe qui y répond, il faudra que l'équation

$$y^2 + (x - a)^2 - b^2 = 0$$

et sa dérivée, prise en regardant a et b comme constantes,

$$yy' + x - a = 0$$

aient lieu en même temps, par rapport aux coordonnées x, y de la courbe; d'où l'on tire, pour a et b, les valeurs données ci-dessus.

Les solutions de Leibnitz et de Jean Bernoulli offrent les premiers exemples des équations primitives singulières; mais Taylor est peut-être le premier qui ait trouvé directement une équation primitive singulière d'après l'équation dérivée.

Dans son Ouvrage intitulé *Methodus incrementorum*, qui a paru en 1715, Taylor étant parvenu (p. 27), pour la solution d'un problème, à cette équation différentielle (j'emploie ici, pour plus de commodité, la notation différentielle à la place de la notation fluxionnelle des Anglais, ces deux notations exprimant la même chose dans le fond),

$$1 = y^2 - 2zy\frac{dy}{dz} + (1 + z^2)\frac{dy^2}{dz^2},$$

dans laquelle y est fonction de z; il la différentie en faisant dz constant, et il obtient l'équation

$$\left[-2zy + 2(1 + z^2)\frac{dy}{dz} \right] \frac{d^2y}{dz} = 0,$$

d'où il tire

$$d^2y = 0 \qquad \text{ou} \qquad zy - (1 + z^2)\frac{dy}{dz} = 0.$$

Cette dernière équation donne

$$\frac{dy}{dz} = \frac{zy}{1 + z^2},$$

ce qui réduit la proposée à

$$1 = y^2 - \frac{2z^2y^2}{1 + z^2} + \frac{z^2y^2}{1 + z^2},$$

savoir,

$$1 + z^2 = y^2,$$

qui est, dit-il, *singularis quædam solutio problematis*.

Considérons l'autre équation $d^2y = 0$, où dz est constant; en prenant successivement ses deux primitives ou intégrales, on a

$$y = a + bz,$$

où a et b sont deux constantes arbitraires; mais la proposée n'étant que du premier ordre ne comporte qu'une seule arbitraire; il faut donc y substituer cette valeur de y pour avoir la relation qui doit avoir lieu entre a et b, et pour cela il suffit de supposer partout $z = 0$, auquel cas on a

$$y = a, \qquad \frac{dy}{dz} = b,$$

et l'équation devient

$$1 = y^2 + \frac{dy^2}{dz^2};$$

donc

$$1 = a^2 + b^2$$

et, par conséquent,

$$b = \sqrt{1 - a^2}.$$

Il est évident, par ce que nous avons démontré dans les dernières Leçons, que la solution que Taylor nomme *singulière* n'est autre chose qu'une équation primitive singulière de l'équation du premier ordre

$$1 = y^2 - 2zyy' + (1 + z^2)y'^2,$$

dont

$$y = a + z\sqrt{1 - a^2}$$

est l'équation primitive complète; car la dérivée de cette équation du premier ordre étant, en faisant $z' = 1$,

$$[-2zy + 2(1 + z^2)y']y'' = 0,$$

le facteur du premier ordre $-2zy + 2(1 + z^2)y'$ donnera l'équation primitive singulière, et l'autre facteur y'' donnera l'équation primitive complète, comme nous l'avons montré dans la Leçon seizième.

On peut aussi tirer la première de la seconde par les principes exposés dans la Leçon quinzième; car, l'équation primitive complète étant

$$y = a + z\sqrt{1 - a^2},$$

sa dérivée relative à a sera

$$0 = 1 - \frac{za}{\sqrt{1 - a^2}};$$

éliminant a de ces deux équations, on a

$$1 + z^2 = y^2.$$

Longtemps après, en 1734, Clairaut, en résolvant quelques problèmes sur des courbes, fut conduit à une équation différentielle, dont il obtint aussi deux intégrales différentes par le moyen de la différentiation; il était parvenu à ces deux équations

$$(x - u)\,\Pi(u) = y - \Phi(u) \qquad \text{et} \qquad dy = \Pi(u)\,dx,$$

$\Pi(u)$ et $\Phi(u)$ étant des fonctions données d'une variable u qu'il s'agissait d'éliminer.

L'élimination étant impossible en général, il eut l'idée heureuse de différentier la première et d'y substituer la valeur de dy, tirée de la seconde; on a ainsi cette équation

$$[\Pi(u) - (x - u)\,\Pi'(u) - \Phi'(u)]\,du = 0,$$

d'où l'on déduit deux valeurs de u, l'une donnée par l'équation

$$\Pi(u) - (x - u)\,\Pi'(u) - \Phi'(u) = 0,$$

l'autre par l'équation

$$du = o,$$

laquelle donne, par l'intégration,

$$u = a,$$

a étant une constante arbitraire.

Ces deux valeurs de u, étant substituées dans la première équation

$$(x - u)\,\Pi(u) = y - \Phi(u),$$

donneront deux intégrales en x et y, l'une sans constante arbitraire, l'autre avec la constante arbitraire a, et qui sera

$$(x - a)\,\Pi(a) = y - \Phi(a),$$

laquelle ne représente, comme l'on voit, que des lignes droites.

Clairaut examine ensuite quelques cas particuliers du même problème, où il fait voir comment le Calcul intégral ne donne jamais que les lignes droites exprimées par l'équation générale

$$x\,\Pi(a) - a\,\Pi(a) = y - \Phi(a),$$

et comment les équations trouvées par la première méthode échappent à l'intégration.

« J'ai été bien aise », dit-il, « de montrer cette singularité de calcul, qui s'est présentée d'elle-même; on pourrait l'énoncer, indépendamment du problème présent, de cette manière :

» *Il y a des équations différentielles capables d'avoir deux solutions différentes l'une de l'autre, dont l'une (et même dans ce cas-ci la plus générale) n'a pas besoin du Calcul intégral; telles sont les équations*

$$x\,dy\,dx - dy^2 = y\,dx^2 - dy\,dx,$$

à laquelle

$$4y = x^2 + 2x + 1 \qquad et \qquad 2ax - 2x = -4y + 1 - a^2$$

satisfont également; et

$$a\,dy^2 + x\,dy^2 - y\,dy\,dx = x\,dx\,dy - y\,dx^2,$$

qui donne pour solutions

$$\frac{x}{\sqrt{y}} - \sqrt{y} = \sqrt{4a} \qquad et \qquad b^2 y - 2bx + 2by = -4a.$$

» *En général,* $\dfrac{d\,\Phi(x,y)}{\Phi(x,y)} = $ *à une fonction quelconque de* x, y, dx, dy *serait de cette nature; intégrée, elle donnerait une équation; et, sans aucune intégration,*

$$\Phi(x,y,) = 0$$

serait l'autre ([1]). »

En rapprochant ces différentes solutions de notre théorie, il est évident que celles qui ne renferment point de constante arbitraire ne sont que des équations primitives singulières, et que les autres, qui contiennent une constante arbitraire, sont les équations primitives complètes; mais Clairaut a tort de regarder ces dernières comme moins générales, parce qu'elles ne représentent que des lignes droites.

À l'égard de l'équation différentielle

$$\frac{d\,\Phi(x,y)}{\Phi(x,y)} = \mathrm{F}\left(x, y, \frac{dy}{dx}\right) dx,$$

on ne peut pas dire, en général, avec Clairaut, que l'équation finie

$$\Phi(x,y,) = 0$$

est de la même nature que les intégrales qu'il avait trouvées auparavant sans constante arbitraire; car cette intégrale peut être une équation primitive singulière ou simplement un cas particulier de l'équation primitive complète.

Car, si l'on fait, pour abréger,

$$\Phi(x,y) = z,$$

et qu'on suppose qu'ayant tiré de cette équation la valeur de y en z on la substitue dans la fonction $\mathrm{F}\left(x, y, \frac{dy}{dx}\right)$, on aura une équation

([1]) *Voyez* les *Mémoires de l'Académie des Sciences* pour 1734, p. 213.

en x et z de la forme

$$\frac{dz}{z} = f\left(x, z, \frac{dz}{dx}\right) dx$$

ou bien

$$z' = z\, f(x, z, z').$$

Pour que $z = 0$ soit une équation primitive singulière, il faudra que $z = 0$ donne

$$z'' = \frac{0}{0},$$

comme nous l'avons vu dans la Leçon seizième; or, en prenant la dérivée de l'équation précédente, on verra que cette condition ne peut avoir lieu que lorsque $z = 0$ donnera

$$z\, f'(z') = 1.$$

Dans les autres cas, l'équation $z = 0$ ne pourra donc être qu'un cas particulier de l'équation primitive complète.

En effet, en regardant d'abord z comme très petite et négligeant z dans la fonction $f(x, z, z')$, on aura simplement

$$z' = z\, f(x),$$

d'où l'on tire

$$\frac{z'}{z} = f(x),$$

et, prenant les fonctions primitives,

$$l z = f_{\prime}(x) + k,$$

k étant une constante arbitraire.

Je dénote par $f_{\prime}$, avec un trait placé au bas de la caractéristique f, la fonction primitive dénotée par la simple caractéristique f; on pourra de même dénoter, dans l'occasion, par $y_{\prime}$ la fonction primitive de y; par $y_{\prime\prime}$ la fonction primitive de $y_{\prime}$, c'est-à-dire la fonction primitive seconde de y, et ainsi des autres. Cette notation, que j'avais déjà proposée dans l'Ouvrage sur la *Résolution des équations numériques* ([1]), me

([1]) *OEuvres de Lagrange*, t. VIII.

paraît aussi propre, pour désigner les fonctions primitives, que la notation ordinaire l'est pour les fonctions dérivées.

Maintenant il est clair que, dans l'équation

$$lz = f_{,}(x) + k,$$

on aura

$$z = 0,$$

en faisant la constante k infinie, puisque

$$lo = -\infty.$$

Ainsi

$$z = 0$$

sera alors un cas particulier de l'équation primitive complète.

Euler avait aussi trouvé, dans sa *Mécanique,* différents exemples de cette duplicité d'intégrales; il avait même donné des règles pour les découvrir dans quelques cas, comme on le voit dans les articles **268, 303, 335** du second Tome de la *Mécanique;* mais ce n'est que plusieurs années après qu'il s'est occupé, *ex professo,* de cette partie du Calcul intégral dans un Mémoire intitulé *Exposition de quelques paradoxes du Calcul intégral,* et imprimé dans le *Recueil de l'Académie de Berlin* pour 1756.

Dans ce Mémoire, Euler se propose différents problèmes relatifs aux tangentes, qui conduisent naturellement à des équations différentielles, et il remarque qu'ils ont chacun deux solutions, dont l'une résulte de l'intégration et admet, par conséquent, une constante arbitraire, et dont l'autre est indépendante de l'intégration et peut se trouver même par la différentiation de l'équation.

Voici un de ces problèmes :

On demande une courbe telle, que, tirant de deux points donnés des perpendiculaires sur une quelconque de ses tangentes, le produit de ces perpendiculaires soit une quantité constante.

Faisons passer l'axe des abscisses par les deux points donnés, et soient p et q les deux abscisses qui répondent à ces points et t la sous-tangente à un point quelconque, c'est-à-dire la partie de l'axe comprise entre la tangente et l'ordonnée y; on aura $t - x$ pour la partie comprise entre la tangente et l'origine des abscisses; donc $t - x + p$ et $t - x + q$ seront les parties de l'axe comprises entre les deux points donnés et la tangente.

Ayant abaissé de ces points des perpendiculaires sur la tangente, on formera par là deux triangles rectangles semblables au triangle rectangle formé par la tangente, l'ordonnée y et la sous-tangente t; il est visible que, dans ces triangles, les lignes $t - x + p$ et $t - x + q$ répondront à la tangente même, qui est $\sqrt{y^2 + t^2}$, et que les perpendiculaires dont il s'agit répondront à l'ordonnée y, de sorte qu'on aura pour ces perpendiculaires les valeurs

$$\frac{(t - x + p)\,y}{\sqrt{y^2 + t^2}}, \quad \frac{(t - x + q)\,y}{\sqrt{y^2 + t^2}};$$

par conséquent l'équation du problème sera

$$\frac{(t - x + p)(t - x + q)\,y^2}{y^2 + t^2} = k,$$

k étant une constante donnée.

Or le rapport de l'ordonnée à la sous-tangente étant exprimé par la fonction prime y', on a

$$\frac{y}{t} = y',$$

par conséquent

$$t = \frac{y}{y'};$$

cette valeur étant substituée dans l'équation précédente, elle se réduit à

$$\frac{(y - y'x + py')(y - y'x + qy')}{1 + y'^2} = k,$$

équation du premier ordre.

Cette équation, étant mise sous la forme différentielle et multipliée par $dx^2 + dy^2$, devient

$$(y\,dx - x\,dx + p\,dy)(y\,dx - x\,dy + q\,dy) - k(dx^2 + dy^2) = 0;$$

c'est l'équation donnée par les conditions du problème.

Euler remarque qu'il serait difficile d'intégrer cette équation directement, mais qu'on y peut parvenir facilement en la différentiant.

On a ainsi, en prenant dx pour constant,

$$(y\,dx - x\,dy + q\,dy)(p - x)\,d^2y + (y\,dx - x\,dy + p\,dy)(q - x)\,d^2y - 2\,k\,dy\,d^2y =$$

équation toute divisible par d^2y.

En la divisant d'abord par d^2y, on a celle-ci :

$$(y\,dx - x\,dy + q\,dy)(p - x) + (y\,dx - x\,dy + p\,dy)(q - x) - 2k\,dy = 0,$$

qui n'est que du premier ordre, comme la proposée, et qui, étant combinée avec elle, donnera, par l'élimination de dy, une équation finie en x et y.

En effet, cette dernière équation étant multipliée par dy et retranchée de la première multipliée par 2, on aura celle-ci :

$$2y^2\,dx^2 + y\,dy\,dx(p + q - 2x) - 2k\,dx^2 = 0,$$

d'où l'on tire

$$\frac{dy}{dx} = \frac{2(k - y^2)}{y(p + q - 2x)};$$

mais la même équation donne

$$\frac{dy}{dx} = \frac{y(p + q - 2x)}{2[k - (p - x)(q - x)]};$$

donc, comparant ces deux valeurs et multipliant en croix, on aura celle-ci :

$$y^2(p + q - 2x)^2 = 4(k - y^2)[k - (p - x)(q - x)],$$

laquelle se réduit à

$$[(p - q)^2 + 4k]y^2 + 4k(p - x)(q - x) = 4k^2,$$

ou, plus simplement encore, à

$$y^2 + \frac{k}{k + \left(\frac{p-q}{2}\right)^2}\left(x - \frac{p+q}{2}\right)^2 = k,$$

équation à une ellipse dont le carré du demi-petit axe est k, et le carré du demi-grand axe est $k + \left(\frac{p-q}{2}\right)^2$, de sorte que $\frac{p-q}{2}$ sera la distance du centre au foyer, et, comme le centre de l'ellipse répond à l'abscisse $\frac{p+q}{2}$, il s'ensuit que les deux foyers répondent aux abscisses p et q, et sont, par conséquent, dans les deux points donnés.

En effet, on sait, par la théorie des sections coniques, que le produit des perpendiculaires menées de chacun des foyers sur une tangente quelconque est constant et égal au carré du petit axe.

L'équation que nous venons de trouver ne renferme point de constante arbitraire, puisqu'elle provient de deux équations différentielles du premier ordre par l'élimination de $\frac{dy}{dx}$; mais on aura une autre équation, avec une constante arbitraire, par le moyen de l'autre facteur d^2y, lequel donne l'équation du second ordre

$$d^2y = 0,$$

d'où l'on tire

$$dy = a\,dx,$$

a étant une constante arbitraire; cette équation étant combinée de nouveau avec la proposée, on aura celle-ci :

$$(y - ax + ap)(y - ax + aq) = k(1 + a^2),$$

d'où l'on tire

$$y - ax + \frac{(p+q)a}{2} = \pm\sqrt{(1 + a^2)k + a^2\left(\frac{p-q}{2}\right)^2},$$

équation à deux lignes droites.

Il est visible, en effet, que la ligne droite satisfait aussi au même problème, pourvu qu'elle soit placée de manière que le produit des deux perpendiculaires menées des deux points donnés sur cette ligne soit égal à k.

Si, dans les expressions générales de ces perpendiculaires trouvées ci-dessus, on substitue pour t sa valeur $\frac{y}{y'}$ ou bien $y\,\frac{dx}{dy}$, suivant la notation du Calcul différentiel, on a

$$\frac{y\,dx - x\,dy + p\,dy}{\sqrt{dx^2 + dy^2}} \quad \text{et} \quad \frac{y\,dx - x\,dy + q\,dy}{\sqrt{dx^2 + dy^2}}.$$

Soit

$$y = ax + b,$$

en général, l'équation à la ligne droite; on aura

$$dy = a\,dx;$$

substituant ces deux valeurs, les deux perpendiculaires deviendront

$$\frac{b + ap}{\sqrt{1 + a^2}} \quad \text{et} \quad \frac{b + aq}{\sqrt{1 + a^2}},$$

et l'on aura l'équation

$$(b + ap)(b + aq) = k(1 + a^2),$$

d'où l'on tire

$$b = -a\,\frac{p+q}{2} \pm \sqrt{(1 + a^2)\,k + a^2\left(\frac{p-q}{2}\right)^2},$$

ce qui donne les mêmes lignes droites que nous venons de trouver.

Telle est l'analyse d'Euler, que j'ai rapportée en entier, et même avec un peu plus de détail, pour servir d'exemple dans une matière qui est encore peu traitée dans les Ouvrages élémentaires.

On voit que ce problème admet réellement deux solutions très différentes, puisque l'une donne des lignes droites, et l'autre donne une ellipse.

Euler n'a pas cherché à rapprocher ces deux solutions et à les faire dépendre l'une de l'autre; il s'est contenté de donner cette duplicité de solutions comme un paradoxe de Calcul intégral, par la raison que l'équation qui contient une constante arbitraire, et qu'on doit, par conséquent, regarder comme l'intégrale complète, ne renferme cependant pas l'autre équation finie, qui satisfait également à l'équation différentielle, ce qui paraît, en effet, contraire aux principes du Calcul différentiel.

Euler regarde aussi comme un paradoxe que la différentiation puisse suppléer à l'intégration, ce qui ne doit s'entendre cependant que de l'intégrale sans constante arbitraire, qui résulte immédiatement de la différentielle de l'équation proposée, combinée avec cette même équation; car, pour l'autre intégrale qui dépend d'une intégration subséquente, elle est conforme aux principes généraux du calcul.

D'après la théorie que nous avons donnée sur les équations primitives singulières, on voit clairement que ces paradoxes d'Euler ne sont que des résultats particuliers de cette théorie.

Il est évident que l'équation à l'ellipse, qui est sans constante arbitraire, n'est que l'équation primitive singulière de l'équation du premier ordre, donnée par les conditions du problème, puisqu'elle résulte du facteur du même ordre qui multiplie la dérivée de la même équation; et que l'équation à la ligne droite, qui vient de l'autre facteur du second ordre, est donnée par l'équation primitive complète, avec une constante arbitraire, conformément à la théorie développée dans la Leçon seizième.

Si de l'équation à la ligne droite

$$y = ax + b$$

et de sa dérivée

$$y' = a$$

on tire les valeurs des constantes a et b, on a

$$a = y', \qquad b = y - xy',$$

et ces valeurs, substituées dans l'équation donnée par les conditions du problème, savoir,

$$(b + ap)(b + aq) = k(1 + a^2),$$

X. 34

fournissent celle-ci :

$$(y - xy' + py')(y - xy' + qy') = k(1 + y'^2),$$

qui est, comme l'on voit, l'équation du premier ordre à laquelle le problème conduit directement. Ainsi cette équation appartient à la classe que nous avons examinée dans la Leçon précédente, dont la forme générale est

$$\Phi(a, b) = 0,$$

et qui est toujours susceptible d'une équation primitive singulière, qu'on peut obtenir par l'élimination de y', au moyen de la dérivée relative à y', ce qui redonne le résultat que nous avons trouvé.

Si l'on voulait tirer l'équation primitive singulière de l'équation primitive complète, d'après la théorie de la Leçon quinzième, il n'y aurait qu'à substituer d'abord, dans l'équation de condition en a et b, la valeur de b tirée de l'équation

$$y = ax + b,$$

ce qui donnera celle-ci :

$$(y - ax + ap)(y - ax + aq) = k(1 + a^2),$$

qui est à deux lignes droites, et qu'on peut regarder comme l'équation primitive du problème, dans laquelle a est la constante arbitraire. Ainsi il n'y aura qu'à éliminer a au moyen de cette équation et de sa dérivée, et l'on aura encore le même résultat, puisque l'équation en y' a la même forme que l'équation en a, ce qui sert de plus en plus à rapprocher les différentes méthodes que nous avons données.

Nous avons démontré, à l'occasion du problème de Leibnitz, que toute équation primitive singulière représente la courbe formée par l'intersection continuelle des lignes représentées par l'équation primitive complète; ainsi on peut dire que l'ellipse qui résout le problème d'Euler est formée par l'intersection continuelle de toutes les droites représentées par l'équation

$$(y - ax + ap)(y - ax + aq) = k(1 + a^2),$$

en supposant que la constante a varie de l'une à l'autre.

Par cette considération on pourrait donc aussi résoudre le problème d'Euler, comme Leibnitz avait résolu celui dont nous avons parlé au commencement de cette Leçon, et parvenir directement à l'ellipse, qui n'est donnée par l'analyse que d'une manière indirecte.

Jusque-là on n'avait considéré les équations primitives singulières que comme des solutions particulières qui se présentaient d'elles-mêmes et sans intégration, et l'on n'avait encore aucun moyen pour reconnaître, *a priori*, si une pareille solution pouvait être comprise ou non dans la solution générale donnée par l'intégrale complète de l'équation différentielle du problème. Euler a donné le premier une règle générale pour cet objet dans le premier Volume de son *Calcul intégral*, et Laplace a montré ensuite comment on peut déduire de l'équation différentielle les solutions particulières qui échappent à l'intégrale complète, comme nous l'avons rapporté à la fin de la Leçon quinzième.

Il restait à découvrir la liaison entre ces intégrales particulières et les intégrales complètes, ainsi qu'entre les courbes données par les unes et les autres, et à rappeler toute la théorie de ces différentes intégrales aux premiers principes du Calcul différentiel; c'est ce qu'on a fait dans un Mémoire sur ce sujet, imprimé dans le *Recueil de l'Académie de Berlin* de 1774, et dans un autre Mémoire imprimé dans le même Recueil pour 1779 ([1]).

Comme ce point d'analyse est un des plus intéressants par ses différentes applications, j'ai cru devoir en développer toute la théorie dans ces Leçons, en y joignant des considérations nouvelles et des détails historiques qui peuvent faire plaisir aux analystes et servir à l'histoire de cette partie des Mathématiques.

([1]) *OEuvres de Lagrange*, t. IV, p. 1 et p. 585.

LEÇON DIX-HUITIÈME.

DIGRESSION SUR LES ÉQUATIONS AUX DIFFÉRENCES FINIES, SUR LE PASSAGE
DE CES DIFFÉRENCES AUX DIFFÉRENTIELLES ET SUR L'INVENTION DU CALCUL
DIFFÉRENTIEL.

Les premiers auteurs du Calcul différentiel, Barrow et Leibnitz, ont
considéré les quantités variables comme croissant par des différences
infiniment petites, et ont inventé les équations différentielles pour
déterminer les rapports de ces différences. Comme la supposition des
quantités infiniment petites répugne à la rigueur de l'Analyse, on a considéré depuis les accroissements des quantités variables comme finis,
et l'on a formé, à l'imitation du Calcul différentiel, un nouveau Calcul
pour les différences finies, dans lequel les résultats sont rigoureusement exacts. Ce Calcul, dont Taylor avait donné la première idée dans
son *Methodus incrementorum*, et dont on s'est beaucoup occupé dans
ces derniers temps sous le nom de *Calcul aux différences finies*, sert à
trouver la loi des termes consécutifs d'une série ou progression dans
laquelle on connaît l'expression ou la formation du terme général, et
réciproquement à trouver l'expression du terme général, d'après la loi
des termes consécutifs.

Mais nous observerons que, dans ces recherches, la considération
des différences n'est point nécessaire comme dans le Calcul différentiel, et que leur emploi peut même être plus incommode qu'utile,
parce que la suppression des termes infiniment petits, qui produit la
simplification du Calcul différentiel, n'ayant point lieu dans les différences finies, il arrive souvent que les formules en différences sont

plus compliquées que si elles contenaient immédiatement les termes successifs eux-mêmes.

D'ailleurs l'analogie qu'on a cru pouvoir établir entre le Calcul aux différences infiniment petites et le Calcul aux différences finies est plus apparente que réelle, malgré la conformité de quelques procédés et de quelques résultats; car, dans celui-ci, on considère les différents termes de la progression comme représentés par une même fonction de quantités différentes d'un terme à l'autre, et les équations aux différences finies ne sont que des équations entre ces mêmes fonctions; au lieu que les équations différentielles, ou aux différences infiniment petites, sont essentiellement entre des fonctions différentes de la même variable, mais dérivées les unes des autres par des règles fixes et uniformes.

Les équations aux différences finies ne sont autre chose qu'une suite d'équations semblables entre différentes inconnues, par lesquelles on peut toujours déterminer successivement chacune de ces inconnues.

Mais la loi uniforme qui règne entre ces équations fait qu'on peut regarder leurs inconnues comme formant une suite régulière et susceptible d'un terme général, et l'expression de ce terme donne alors la résolution générale de toutes les équations.

Ainsi le Calcul qu'on a nommé *aux différences finies* n'est proprement que le Calcul des suites, et ne peut être assimilé au Calcul différentiel, qui est essentiellement le Calcul des fonctions dérivées.

Mais on a pensé que la considération des différences finies pouvait conduire à celle des différences infiniment petites, et que le Calcul aux différences finies conserverait toute sa rigueur, en devenant Calcul différentiel, par l'omission des termes infiniment petits. Et de là est née la méthode des limites dans laquelle on regarde le rapport des différences infiniment petites comme la limite du rapport des différences finies, et les équations différentielles comme les limites des équations aux différences finies.

Je ne disconviens pas qu'on ne puisse, de cette manière, démontrer la légitimité des résultats du Calcul différentiel; mais, quoique cette marche paraisse directe et naturelle, le passage du fini à l'infini exige toujours une espèce de saut, plus ou moins forcé, qui rompt la loi de continuité et change la forme des fonctions.

Ayant réduit, comme nous l'avons fait, le Calcul différentiel à ses véritables éléments, les fonctions dérivées, et l'ayant ainsi entièrement séparé du Calcul aux différences finies, nous avons cru devoir dire deux mots de la nature et des usages de celui-ci, qui n'est, à proprement parler, que l'analyse ordinaire appliquée à une suite de quantités qu'on suppose dépendre d'une même loi.

Soit une suite de quantités

$$\overset{0}{y}, \overset{1}{y}, \overset{2}{y}, \overset{3}{y}, \overset{4}{y}, \ldots,$$

qui répondent à ces quantités en progression arithmétique

$$0, \; i, \; 2i, \; 3i, \; 4i, \; \ldots.$$

Désignons, en général, un terme quelconque de la première suite par y, et le terme correspondant de la seconde suite par x; désignons de plus par $\overset{'}{y}, \overset{''}{y}, \overset{'''}{y}, \ldots$ les termes qui, dans la première suite, suivent le terme y, et qui répondent aux termes

$$x + i, \; x + 2i, \; x + 3i, \; \ldots$$

de la seconde.

Enfin, désignons, pour plus de simplicité, par les caractéristiques $\Delta, \Delta^2, \ldots$ les différences premières, secondes, ... des termes de la première suite, de manière que l'on ait

$$\Delta y = \overset{'}{y} - y, \qquad \Delta^2 y = \overset{''}{y} - 2\overset{'}{y} + y, \qquad \ldots.$$

A l'égard de la seconde suite, il est clair qu'on aura

$$\Delta x = i \qquad \text{et} \qquad \Delta^2 x = 0, \qquad \ldots.$$

Cela posé, supposons d'abord que la première suite soit formée de la seconde par cette loi très simple

$$y = ax,$$

a étant un coefficient constant pour toute la suite.

On aura donc aussi, en changeant y en $\overset{'}{y}$ et x en $x+i$, l'équation

$$\overset{'}{y}=a(x+i);$$

et, comme les deux équations doivent avoir lieu en même temps, on pourra, si l'on veut, en éliminer la constante a.

Retranchant, pour cela, la première de la seconde, on aura

$$\overset{'}{y}-y=ai \quad\text{ou}\quad \Delta y=ai,$$

d'où l'on tire

$$a=\frac{\Delta y}{i};$$

donc, substituant cette valeur dans la première, elle deviendra

$$y=\frac{x\,\Delta y}{i}.$$

La première équation

$$y=ax$$

donne le terme général de la suite; l'autre équation

$$y=\frac{x\,\Delta y}{i}$$

donne la loi entre les termes successifs; car, puisque

$$\Delta y=\overset{'}{y}-y,$$

on aura

$$\overset{'}{y}=y+\frac{iy}{x} \quad\text{ou}\quad \overset{'}{y}=\frac{x+i}{x}y.$$

Réciproquement, on voit que, cette loi des termes étant donnée, le terme général sera nécessairement

$$y=ax,$$

a étant une constante arbitraire, et il est facile de se convaincre que cette expression de y en x est la plus générale qui puisse répondre à l'équation aux différences

$$\Delta y=\frac{iy}{x}.$$

Si la différence i de la progression arithmétique devenait infiniment petite, la différence correspondante Δy deviendrait infiniment petite aussi, et leur rapport $\frac{\Delta y}{i}$, que nous avons vu être égal à la constante arbitraire a, serait toujours le même. Dans l'infiniment petit, ce rapport devient égal à la fonction dérivée y', en regardant y comme fonction de x, et l'équation devient alors

$$y = xy',$$

qui est l'équation dérivée dont

$$y = ax$$

est l'équation primitive, a étant la constante arbitraire.

Supposons maintenant cette loi

$$y = ax + a^2,$$

qui n'est guère plus compliquée que la précédente.

On aura donc aussi, en changeant y en $\overset{'}{y}$ et x en $x + i$,

$$\overset{'}{y} = ax + ai + a^2;$$

retranchant la première de celle-ci et mettant Δy pour $\overset{'}{y} - y$, on aura

$$\Delta y = ai,$$

d'où l'on tire

$$a = \frac{\Delta y}{i},$$

et, substituant cette valeur à la place de a, on aura

$$y = \frac{x \Delta y}{i} + \frac{\Delta y^2}{i^2},$$

équation aux différences finies, et qui est indépendante de la constante a.

La première équation donne donc l'expression du terme général, et la seconde donne la loi entre les termes successifs, de manière que, cette loi étant proposée, on aura, par la première, le terme général avec une constante arbitraire a.

L'analyse précédente suppose que la quantité a est indépendante de x, puisqu'elle demeure la même dans les deux équations successives; mais, si elle dépendait de x, de manière que les deux équations eussent néanmoins la même forme que dans le cas où elle est constante, il est clair que l'équation aux différences, qui résulte de ces deux équations par l'élimination de a, serait encore la même; par conséquent on aurait plus d'une équation en x et y pour la même équation aux différences : c'est le principe qui donne les équations primitives singulières, comme on l'a vu dans la Leçon quatorzième.

Supposons donc, en général, que la quantité a, qui répond à x, devienne a', a'', ... lorsque x devient $x+i$, $x+2i$, ...; les deux équations successives, dont l'une répond à x et l'autre à $x+i$, seront

$$y = ax + a^2,$$
$$y' = a'(x+i) + a'^2.$$

Or, si l'on suppose que les quantités a et a' soient telles que l'on ait

$$a'(x+i) + a'^2 = a(x+i) + a^2,$$

la seconde équation deviendra

$$y' = a(x+i) + a^2,$$

comme dans le cas où a est supposée constante; par conséquent, on aura également, par l'élimination de a, l'équation aux différences

$$y = \frac{x\,\Delta y}{i} + \frac{\Delta y^2}{i^2}.$$

Il s'agit donc de trouver le terme général de la série dont les termes consécutifs a et a', répondant à x et $x+i$, ont entre eux la relation déterminée par l'équation ci-dessus, qui se réduit à cette forme

$$a'^2 - a^2 + (x+i)(a'-a) = 0,$$

et qui est, comme on voit, du genre des équations aux différences.

X. 35

Cette équation se réduit à

$$[\overset{,}{a} + a + (x + i)](\overset{,}{a} - a) = 0$$

et se décompose, par conséquent, en ces deux-ci,

$$\overset{,}{a} - a = 0, \qquad \overset{,}{a} + a + x + i = 0.$$

La première donne

$$\overset{,}{a} = a,$$

et, par conséquent, a égal à une constante quelconque; c'est le cas que nous avons supposé d'abord.

La seconde donne une relation entre a et $\overset{,}{a}$, d'après laquelle il faut trouver le terme général.

Pour simplifier cette équation, je suppose d'abord

$$a = u + mx + n,$$

m et n étant des constantes et u une nouvelle variable; j'ai

$$\overset{,}{a} = \overset{,}{u} + m(x + i) + n,$$

et l'équation devient, par ces substitutions,

$$\overset{,}{u} + u + (2m + 1)x + 2n + (m + 1)i = 0,$$

où je peux faire disparaître les termes indépendants de u.

Je fais donc

$$2m + 1 = 0 \qquad \text{et} \qquad 2n + (m + 1)i = 0,$$

ce qui donne

$$m = -\frac{1}{2}, \qquad n = -\frac{i}{4};$$

de sorte qu'en faisant

$$a = u - \frac{x}{2} - \frac{i}{4},$$

l'équation se réduit à cette forme plus simple

$$\overset{,}{u} + u = 0.$$

J'observe maintenant qu'en supposant

$$u = br^x,$$

b et r étant des constantes, on a

$$\overset{\text{.}}{u} = br^{x+i},$$

et la substitution donne

$$br^{x+i} + br^x = 0,$$

équation divisible par br^x, et qui donne

$$r^i + 1 = 0,$$

d'où l'on tire

$$r^i = -1 \quad \text{et} \quad r = (-1)^{\frac{1}{i}}.$$

Ainsi l'expression

$$u = b(-1)^{\frac{x}{i}}$$

satisfait à l'équation avec la constante arbitraire b. En effet, en supposant cette équation en u et x, pour faire disparaître la constante b, on prendra l'équation successive

$$\overset{\text{.}}{u} = b(-1)^{\frac{x+i}{i}} = -b(-1)^{\frac{x}{i}},$$

et, éliminant b, on aura

$$u + u' = 0,$$

équation proposée.

Donc l'expression générale de a sera

$$a = b(-1)^{\frac{x}{i}} - \frac{x}{2} - \frac{i}{4};$$

et cette valeur, substituée dans l'expression de y, donnera un nouveau terme général avec une constante arbitraire b, qui satisfera également à la même équation aux différences

$$y = \frac{x\,\Delta y}{i} + \frac{\Delta y^2}{i^2}.$$

Pour faciliter cette substitution, je mets l'expression donnée de y sous cette forme

$$y = \left(a + \frac{x}{2}\right)^2 - \frac{x^2}{4},$$

et j'y substitue, pour a, la valeur qu'on vient de trouver; il vient cette nouvelle expression de y

$$y = \left[b(-1)^{\frac{x}{i}} - \frac{i}{4}\right]^2 - \frac{x^2}{4}.$$

Comme b est ici une constante arbitraire, on peut aussi la faire disparaître par l'équation successive, dans laquelle x devient $x + i$, et y devient y' ou $y + \Delta y$; on aura ainsi

$$y + \Delta y = \left[-b(-1)^{\frac{x}{i}} - \frac{i}{4}\right]^2 - \frac{(x+i)^2}{4},$$

à cause de

$$(-1)^{\frac{x+i}{i}} = (-1)^{\frac{x}{i}+1} = -(-1)^{\frac{x}{i}}.$$

Retranchant de cette équation la précédente et observant que la différence des deux carrés est le produit de la somme par la différence des racines, on aura tout de suite

$$\Delta y = ib(-1)^{\frac{x}{i}} - \frac{ix}{2} - \frac{i^2}{4},$$

d'où l'on tire

$$b(-1)^{\frac{x}{i}} = \frac{\Delta y}{i} + \frac{x}{2} + \frac{i}{4};$$

et cette valeur, substituée dans la première équation, donne l'équation aux différences

$$y = \left(\frac{\Delta y}{i} + \frac{x}{2}\right)^2 - \frac{x^2}{4},$$

savoir,

$$y = \frac{x\,\Delta y}{i} + \frac{\Delta y^2}{i^2},$$

qui est la même valeur qu'on avait trouvée dans le cas où a était la constante arbitraire.

Si maintenant on suppose que la différence i devienne infiniment petite, la différence correspondante Δy le deviendra aussi; mais leur rapport $\frac{\Delta y}{i}$, qui, dans le premier cas, est égal à a et, dans le second, est égal à $b(-1)^{\frac{x}{i}} - \frac{x}{2} - \frac{i}{4}$, demeurera fini; ce rapport devient alors la fonction dérivée de y, regardée comme fonction de x, et l'équation aux différences devient, par conséquent,

$$y = xy' + y'^2,$$

qui est, en effet, l'équation dérivée dont la primitive est

$$y = ax + a^2,$$

a étant la constante arbitraire.

Car, en prenant les fonctions dérivées, on a

$$y' = a,$$

et, substituant cette valeur, il vient

$$y = xy' + y'^2.$$

Mais que devient alors la seconde expression de y qui contient la constante arbitraire b?

Suivant les principes des infiniment petits, le terme $-\frac{i}{4}$ doit être rejeté vis-à-vis du terme fini $b(-1)^{\frac{x}{i}}$; ainsi on aurait simplement

$$y = \left[b(-1)^{\frac{x}{i}} \right]^2 - \frac{x^2}{4} = b^2 - \frac{x^2}{4},$$

à cause de

$$(-1)^{\frac{2x}{i}} = 1^{\frac{x}{i}} = 1.$$

Mais cette valeur de y ne satisfait pas à l'équation dérivée, à moins qu'on ne suppose

$$b = 0,$$

car elle donne

$$y' = -\frac{x}{2}.$$

Faisant la substitution, on a

$$b^2 - \frac{x^2}{4} = -\frac{x^2}{2} + \frac{x^2}{4}$$

et, par conséquent,

$$b = 0.$$

Ainsi il faut dire que le passage du fini à l'infiniment petit anéantit non seulement les quantités infiniment petites, mais encore la constante arbitraire.

Au reste, en faisant

$$b = 0,$$

l'expression

$$y = -\frac{x^2}{4}$$

devient une valeur singulière; car, en prenant les fonctions dérivées relatives à a dans l'équation primitive

$$y = ax + a^2,$$

on a

$$x + 2a = 0,$$

d'où

$$a = -\frac{x}{2},$$

et de là

$$y = -\frac{x^2}{4}.$$

Ainsi on peut regarder aussi la seconde expression de y comme une valeur singulière du terme général; mais, comme elle conserve la constante b tant que les différences i sont finies, il est clair qu'elle a la même généralité que la première, en sorte qu'on peut supposer que la valeur de y soit donnée lorsque $x = 0$, ce qui n'a pas lieu pour les valeurs singulières des équations primitives ordinaires.

Feu Charles, de l'Académie des Sciences, est le premier qui ait fait cette remarque importante, qu'à une même équation aux différences finies peuvent répondre deux équations intégrales ou sans différences, ayant chacune une constante arbitraire. (*Voyez* les *Mémoires* de cette Académie pour l'année 1783.)

Mais les conséquences qu'il a voulu en tirer dans la suite (Mémoire de 1788), relativement aux intégrales des équations différentielles, sont tout à fait illusoires; elles prouvent seulement qu'on ne peut pas appliquer immédiatement à l'infiniment petit proprement dit les résultats trouvés dans la supposition du fini, et que, dans le passage du fini à l'infiniment petit, il faut supprimer entièrement tous les termes qui peuvent contenir l'infiniment petit, quoique ces termes puissent n'être pas eux-mêmes infiniment petits.

Ainsi, dans la formule

$$y = \left[b(-1)^{\frac{x}{i}} - \frac{i}{4} \right]^2 - \frac{x^2}{4},$$

le terme $b(-1)^{\frac{x}{i}}$ ne devient pas infiniment petit par la supposition de i infiniment petit; néanmoins, ce terme contenant la différence i, qui devient infiniment petite dans l'équation différentielle, doit être supprimé pour avoir un résultat exact. En effet, en effaçant tout ce qui contient i dans l'équation précédente, on a simplement

$$y = -\frac{x^2}{4},$$

comme cela doit être pour satisfaire à l'équation dérivée.

La raison en est que, dans le passage supposé du fini à l'infiniment petit, les fonctions changent réellement de nature, et que le $\frac{dy}{dx}$, qu'on emploie dans le Calcul différentiel, est essentiellement une fonction différente de la fonction y, tandis que tant que la différence dx a une valeur quelconque, aussi petite qu'on voudra, cette quantité n'est que la différence de deux fonctions de la même forme; d'où l'on voit que, si le passage du fini à l'infiniment petit peut être admis comme moyen mécanique de calcul, il ne peut servir à faire connaître la nature des équations différentielles, qui consiste en ce qu'elles donnent des rapports entre les fonctions primitives et leurs dérivées.

On peut trouver d'une autre manière les mêmes expressions de y qui satisfont à l'équation aux différences

$$y = \frac{x\,\Delta y}{i} + \frac{\Delta y^2}{i^2}.$$

En prenant l'équation successive qui répond à $x + i$, on a aussi

$$y' = \frac{(x+i)\,\Delta y'}{i} + \frac{\Delta y'^2}{i^2};$$

mais

$$y' = y + \Delta y, \qquad \Delta y' = \Delta y + \Delta^2 y;$$

donc, retranchant la première équation de la seconde, on aura

$$\Delta y = x\,\frac{\Delta^2 y}{i} + \Delta y + \Delta^2 y + \frac{2\,\Delta y\,\Delta^2 y}{i^2} + \frac{\Delta^2 y^2}{i^2},$$

savoir, en multipliant par i et réduisant,

$$\left(x + i + \frac{2\,\Delta y}{i} + \frac{\Delta^2 y}{i} \right) \Delta^2 y = 0,$$

équation qui se décompose, comme l'on voit, en deux,

$$\Delta^2 y = 0 \qquad \text{et} \qquad x + i + \frac{2\,\Delta y + \Delta^2 y}{i} = 0.$$

La première donne tout de suite

$$\Delta y = \text{à une constante};$$

faisant cette constante $= ai$, on obtiendra

$$\Delta y = ai;$$

substituant cette valeur dans l'équation aux différences, on aura, comme plus haut,

$$y = ax + a^2.$$

Retenons maintenant la supposition

$$\Delta y = ai,$$

mais en regardant a comme une variable dépendante de x; on aura

$$\Delta \overset{'}{y} = \overset{'}{a} i \quad \text{et} \quad \Delta^2 y = (\overset{'}{a} - a) i;$$

donc l'autre équation deviendra

$$x + i + a + \overset{'}{a} = 0,$$

qui est la même que nous avons trouvée plus haut, et d'où nous avons tiré

$$a = b(-1)^{\frac{x}{i}} - \frac{x}{2} - \frac{i}{4}.$$

On aura donc

$$\Delta y = i \left[b(-1)^{\frac{x}{i}} - \frac{x}{2} - \frac{i}{4} \right],$$

et, comme l'équation aux différences peut se mettre sous la forme

$$y = \left(\frac{x}{2} + \frac{\Delta y}{i} \right)^2 - \frac{x^2}{4},$$

la substitution de cette valeur de Δy donnera

$$y = \left[b(-1)^{\frac{x}{i}} - \frac{i}{4} \right]^2 - \frac{x^2}{4},$$

comme plus haut.

Cette manière de trouver la seconde expression de y revient à la méthode que nous avons exposée dans la Leçon XVI, pour les équations primitives singulières.

En supposant i infiniment petit, les valeurs de a et $\overset{'}{a}$, qui répondent à x et $x + i$, ne doivent différer l'une de l'autre que d'une quantité infiniment petite; par conséquent, par le principe des infiniment petits, l'équation

$$\overset{'}{a} + a + x + i = 0$$

se réduit à

$$2a + x = 0,$$

ce qui donne

$$a = - \frac{x}{2},$$

d'où l'on tire

$$y = -\frac{x^2}{2},$$

comme dans le cas de

$$b = 0.$$

En effet, l'expression de a

$$a = b(-1)^{\frac{x}{i}} - \frac{x}{2} - \frac{i}{4}$$

donne, relativement à $x + i$,

$$a' = -b(-1)^{\frac{x}{i}} - \frac{x+i}{2} - \frac{i}{4},$$

où l'on voit que, dans le cas de i infiniment petit, la différence entre a et a' demeure finie tant que la constante b n'est pas nulle.

En général, soit

$$F(x, y, a) = 0$$

l'équation par laquelle le terme général y est déterminé en fonction de x, a étant une constante quelconque.

Cette équation est censée avoir lieu également pour les termes successifs y', y'', ..., qui répondent aux valeurs successives $x+i$, $x+2i$, ... de x; ainsi on aura

$$F(x + i, y', a) = 0,$$

et l'on pourra, par la combinaison de ces deux équations, éliminer la constante a.

On aura, de cette manière, une équation sans a, mais qui sera en x, y et y'; et, si à la place de y' on substitue $y + \Delta y$, l'équation sera en x, y et Δy; ce sera alors proprement une équation aux différences premières.

De même, si l'équation du terme général renferme deux constantes a et b, comme

$$F(x, y, a, b) = 0,$$

on pourra faire évanouir ces deux constantes par le moyen des deux équations successives

$$F(x + i, y', a, b) = 0, \qquad F(x + 2i, y'', a, b) = 0.$$

L'équation résultante sera alors entre x, y, $\overset{'}{y}$ et $\overset{''}{y}$, ou bien entre les quantités x, y, Δy et $\Delta^2 y$, en substituant $y + \Delta y$ pour $\overset{'}{y}$, et $y + 2\Delta y + \Delta^2 y$ pour $\overset{''}{y}$; ce sera donc une équation aux différences secondes, et ainsi de suite.

Donc, réciproquement, toute équation aux différences premières, ou entre deux termes successifs, comportera une constante arbitraire dans l'équation du terme général; toute équation aux différences secondes, ou entre trois termes successifs, comportera deux constantes arbitraires dans l'équation du terme général, et ainsi de suite.

On peut, en effet, se convaincre que cela doit être, par la nature même de ces équations.

Considérons, par exemple, une équation quelconque aux différences premières entre x, y et $\overset{'}{y}$, et supposons qu'ayant tiré la valeur de y on ait

$$\overset{'}{y} = f(x, y).$$

Comme la même équation doit avoir lieu dans toute l'étendue de la série, en faisant successivement

$$x = 0,\ i,\ 2i,\ 3i,\ \ldots,$$

la variable y deviendra $\overset{0}{y}, \overset{1}{y}, \overset{2}{y}, \overset{3}{y}, \ldots$, et $\overset{'}{y}$ deviendra en même temps $\overset{1}{y}, \overset{2}{y}, \overset{3}{y}, \overset{4}{y}, \ldots$.

Ainsi l'équation proposée donnera cette suite d'équations

$$\overset{1}{y} = f(0, \overset{0}{y}), \quad \overset{2}{y} = f(i, \overset{1}{y}), \quad \overset{3}{y} = f(2i, \overset{2}{y}), \quad \ldots$$

Donc, substituant successivement les valeurs précédentes, tous les termes $\overset{1}{y}, \overset{2}{y}, \overset{3}{y}, \ldots$ seront donnés par le premier terme $\overset{0}{y}$, et un terme quelconque y, répondant à x, sera donné en x et $\overset{0}{y}$.

Ainsi l'expression du terme général contiendra nécessairement la valeur arbitraire et constante du premier terme $\overset{0}{y}$.

Si l'équation proposée était aux différences secondes ou entre les termes successifs y, $\overset{'}{y}$, $\overset{''}{y}$, on pourrait en tirer la valeur de $\overset{''}{y}$, et l'on aurait

$$\overset{\shortmid\shortmid}{y} = f(x, y, \overset{\shortmid}{y}).$$

Donc, faisant successivement

$$x = 0, \, i, \, 2i, \, 3i, \, \ldots,$$

on aurait

$$\overset{2}{y} = f(0, \overset{0}{y}, \overset{1}{y}), \quad \overset{3}{y} = f(i, \overset{1}{y}, \overset{2}{y}), \quad \overset{4}{y} = f(2i, \overset{2}{y}, \overset{3}{y}), \quad \ldots;$$

de sorte qu'en substituant toujours les valeurs précédentes on aurait les termes $\overset{2}{y}, \overset{3}{y}, \overset{4}{y}, \ldots$ donnés en $\overset{0}{y}$ et $\overset{1}{y}$; par conséquent le terme général y répondant à x serait exprimé en x, $\overset{0}{y}$ et $\overset{1}{y}$, dans lequel $\overset{0}{y}$ et $\overset{1}{y}$ ont des valeurs arbitraires et constantes.

Et ainsi pour les équations aux différences plus hautes.

On voit par là que le nombre de constantes arbitraires qui doivent entrer dans l'expression complète du terme général est nécessairement égal à l'exposant de la plus haute différence qui entre dans l'équation proposée; d'où l'on doit conclure que toute expression du terme général qui satisfera à une équation aux différences, et qui aura autant de constantes arbitraires que cette équation en admet en raison de l'ordre de ces différences, devra être regardée comme complète, de quelque manière qu'on y soit parvenu.

Mais la même équation pourra encore être susceptible d'une autre expression générale, qui répondra à l'équation primitive singulière, et qu'on pourra trouver par les mêmes principes.

Car, si

$$\mathrm{F}(x, y, a) = 0$$

est l'équation qui donne l'expression générale de y en x avec la constante arbitraire a, on aura l'équation entre les termes successifs y et $\overset{\shortmid}{y}$, ou y et $y + \Delta y$, en éliminant a des deux équations

$$\mathrm{F}(x, y, a) = 0, \quad \mathrm{F}(x + i, \overset{\shortmid}{y}, a) = 0,$$

et le résultat de cette élimination, qui sera l'équation aux différences, sera la même, soit que la quantité a soit une constante ou une quantité dépendante de x, pourvu que, dans ce cas, elle soit telle que l'on ait

$$\overset{.}{F}(x+i, \overset{'}{y}, a) = F(x+i, \overset{'}{y}, \overset{'}{a}).$$

Cette équation, étant délivrée des fractions et des radicaux, sera toujours divisible par $\overset{'}{a} - a$, puisqu'en effet $\overset{'}{a} = a$ satisfait; et il est clair que cette racine donne a égal à une constante, comme on l'avait supposé d'abord.

Si l'équation ne contient les quantités a et $\overset{'}{a}$ qu'à la première dimension, le résultat de la division ne contiendra plus ces quantités; ainsi

$$\overset{'}{a} - a = 0$$

sera la seule racine, et il n'y aura alors qu'une seule expression du terme général.

Mais, si ces mêmes quantités forment plusieurs dimensions dans l'équation dont il s'agit, elles s'y trouveront encore après la division par $\overset{'}{a} - a$, et l'on aura une nouvelle équation entre a et $\overset{'}{a}$, qui sera, par conséquent, aux différences premières par rapport à la variable a, et qui pourra donner encore une ou plusieurs valeurs de a avec de nouvelles constantes arbitraires. C'est le cas de l'équation que nous avons considérée ci-dessus.

En regardant a comme une fonction de x, $\overset{'}{a}$ qui répond à $x + i$ deviendra, par le développement,

$$\overset{'}{a} = a + ia' + \frac{i^2}{2} a'' + \ldots,$$

et la fonction $F(x, y, \overset{'}{a})$ deviendra aussi

$$F(x, y, a) + ia'\, F'(a) + \ldots;$$

par conséquent, l'équation en a et $\overset{'}{a}$ deviendra

$$ia'\, F'(a) + \ldots = 0.$$

Lorsque i devient infiniment petit, les termes qui contiennent i^2,

i^3,... devant être négligés vis-à-vis de ceux qui ne contiennent que i, l'équation précédente se réduit à

$$ia'\,\mathrm{F}'(a)=0,$$

laquelle donne

$$a'=0$$

et, par conséquent, a constante, ou

$$\mathrm{F}'(a)=0,$$

d'où l'on tire a en fonction de x; c'est le cas des équations primitives singulières.

Dans ce cas donc, l'expression de a ne peut plus contenir de constante arbitraire ni dépendre de la quantité i; par conséquent, il faut que les termes qui renfermeraient i dans l'expression générale de a, tirée de l'équation en a et a', disparaissent absolument dans le cas de i infiniment petit, quand même ces termes ne deviendraient pas alors infiniment petits, comme nous l'avons vu dans l'exemple précédent.

La plupart des formules qu'on a trouvées par la considération des différences finies, et qu'on a ensuite traduites en Calcul différentiel, présentent des difficultés analogues dans le passage du fini à l'infiniment petit, et qu'on ne peut lever que par le même principe de rejeter indistinctement des formules finies tous les termes qui contiendraient des différences infiniment petites, de quelque manière que ces différences s'y trouvent contenues.

Ainsi, par exemple, on a, en employant les différences successives,

$$y'=y+\Delta y,\quad y''=y+2\Delta y+\Delta^2 y,\quad y'''=y+3\Delta y+3\Delta^2 y+\Delta^3 y,\quad \ldots$$

et, en général,

$$\overset{m}{y}=y+m\,\Delta y+\frac{m(m-1)}{2}\Delta^2 y+\frac{m(m-1)(m-2)}{2.3}\Delta^3 y+\ldots;$$

c'est l'expression du terme $m^{\text{ième}}$ qui répond au terme $x+mi$ de la série x, $x+i$, $x+2i$, ...

Si donc on fait

$$mi=\omega,$$

le terme répondant à $x + \omega$ sera, par la substitution de $\frac{\omega}{t}$ au lieu de m,

$$y + \omega \frac{\Delta y}{i} + \frac{\omega(\omega - i)}{2} \frac{\Delta^2 y}{i^2} + \frac{\omega(\omega - i)(\omega - 2i)}{2.3} \frac{\Delta^3 y}{i^3} + \dots$$

Cette formule, donnée d'abord par Newton à la fin des *Principes*, pour l'interpolation des lieux des comètes, a été ensuite appliquée par Taylor au cas où, les différences i devenant infiniment petites et égales à dx, les différences Δy, $\Delta^2 y$, ... deviennent dy, $d^2 y$, ...

Alors, en négligeant les termes i, $2i$, $3i$, ... vis-à-vis de ω, on a la formule

$$y + \omega \frac{dy}{dx} + \frac{\omega^2}{2} \frac{d^2 y}{dx^2} + \frac{\omega^3}{2.3} \frac{d^3 y}{dx^3} + \dots,$$

qui exprime la valeur de ce que devient y lorsque x devient $x + \omega$.

C'est la formule connue sous le nom de *théorème de Taylor*.

Cependant, comme les coefficients de i dans les facteurs successifs de la première formule vont en augmentant continuellement, il est visible que, quelque petit que soit i, il se trouvera à la fin multiplié par un coefficient si grand, que sa valeur pourra devenir comparable à celle de ω, et ne pourra plus être, sans erreur, négligée vis-à-vis de celle-ci. Mais la suppression de tous les multiples de i, quelque grands qu'ils soient, est néanmoins commandée par la nature de la chose, afin que les quantités $\frac{\Delta y}{i}$, $\frac{\Delta^2 y}{i^2}$, ... cessent d'être exprimées par les différences finies des quantités y, $\dot{y}$, $\ddot{y}$, ..., qui sont des fonctions semblables de x, $x + i$, $x + 2i$, ..., et deviennent simplement les fonctions dérivées y', y'', ... de la même fonction y.

En effet, la quantité y étant regardée comme une fonction de x, la formule dont il s'agit doit donner la même fonction de $x + \omega$, et nous avons démontré, d'une manière directe et rigoureuse, que cette fonction, développée suivant les puissances de ω, est exactement égale à la série

$$y + \omega y' + \frac{\omega^2}{2} y'' + \frac{\omega^3}{2.3} y''' + \dots$$

La formule des sinus des arcs multiples s'applique de la même ma-

nière au développement des sinus par l'arc et est sujette aux mêmes
difficultés.

En effet, on a, comme on l'a vu dans la Leçon X,

$$\sin mx = m \cos^{m-1} x \sin x - \frac{m(m-1)(m-2)}{2.3} \cos^{m-3} x \sin^3 x$$

$$+ \frac{m(m-1)(m-2)(m-3)(m-4)}{2.3.4.5} \cos^{m-5} x \sin^5 x - \ldots$$

Supposons x infiniment petit et m infini, en sorte que mx ait une
valeur finie z; donc $m = \frac{z}{x}$, et les coefficients

$$m, \quad \frac{m(m-1)(m-2)}{2.3}, \quad \frac{m(m-1)(m-2)(m-3)(m-4)}{2.3.4.5}, \quad \ldots$$

deviendront, en rejetant vis-à-vis de z tous les multiples de x, quelque
grands qu'ils puissent être,

$$\frac{z}{x}, \quad \frac{z^3}{2.3 x^3}, \quad \frac{z^5}{2.3.4.5 x^5}, \quad \ldots$$

D'un autre côté $\sin x$ se réduit à x, et $\cos x$ à 1; donc, faisant ces
substitutions, on a

$$\sin z = z - \frac{z^3}{2.3} + \frac{z^5}{2.3.4 \ 5} - \ldots,$$

formule exacte et rigoureuse, comme nous l'avons trouvé par les méthodes directes.

Ce n'est pas seulement dans le passage des différences finies aux différentielles que les fonctions changent de forme; cela a lieu aussi dans
plusieurs autres circonstances, et nous allons faire voir, par différents
exemples, que l'analyse indique toujours et opère ce changement par
des expressions qui deviennent alors zéro divisé par zéro.

Considérons d'abord la différentielle $df(x)$. Suivant les principes
rigoureux du Calcul des différences, on a

$$df(x) = f(x+dx) - f(x)$$

et, par conséquent,

$$\frac{df(x)}{dx} = \frac{f(x+dx) - f(x)}{dx}.$$

Cette valeur de $\frac{d\,f(x)}{dx}$ devient $\frac{0}{0}$ lorsque $dx = 0$; pour savoir ce qu'elle doit être dans ce cas-là, on suivra la règle exposée à la fin de la Leçon VIII, et que nous avons déduite de principes indépendants du Calcul différentiel.

On prendra donc les fonctions dérivées du numérateur et du dénominateur relatives à la variable dx, et l'on y fera ensuite

$$dx = 0.$$

On aura ainsi $f'(x + dx)$, et, faisant $dx = 0$, on trouvera $f'(x)$ pour la valeur de $\frac{d\,f(x)}{dx}$, lorsque

$$dx = 0.$$

Cette valeur est, comme l'on voit, la même que celle que donne le Calcul différentiel, comme nous l'avons observé à la fin de la Leçon II.

Si l'on considère de même les différences secondes, on a d'abord rigoureusement

$$d^2 f(x) = f(x + 2\,dx) - 2f(x + dx) + f(x);$$

donc

$$\frac{d^2 f(x)}{dx^2} = \frac{f(x + 2\,dx) - 2f(x + dx) + f(x)}{dx^2}.$$

En faisant

$$dx = 0,$$

cette valeur de $\frac{d^2 f(x)}{dx^2}$ devient $\frac{0}{0}$; on prendra donc alors les fonctions dérivées du numérateur et du dénominateur relativement à la variable dx, ce qui donnera

$$\frac{f'(x + 2\,dx) - f'(x + dx)}{dx}.$$

Cette expression devient de nouveau $\frac{0}{0}$, lorsqu'on y fait

$$dx = 0;$$

c'est pourquoi il faudra prendre encore les fonctions dérivées du numérateur et du dénominateur relativement à la même variable dx; on

X. 37

aura

$$2f''(x + 2dx) - f''(x + dx).$$

En faisant ici

$$dx = 0,$$

on a enfin $f''(x)$ pour la valeur de $\dfrac{d^2 f(x)}{dx^2}$, lorsque

$$dx = 0.$$

C'est, en effet, la valeur de la différentielle seconde de $f(x)$, divisée par dx^2.

On doit conclure de là, en général, que les expressions $\dfrac{dy}{dx}$, $\dfrac{d^2y}{dx^2}$, ..., employées dans le Calcul différentiel, ne peuvent être prises que pour des symboles des fonctions dérivées y', y'', ...

Nous avons observé plus haut que Taylor n'était parvenu à la formule qui porte son nom que d'une manière peu exacte. On peut, par les principes précédents, donner à son procédé toute la rigueur que l'Analyse exige.

Si, dans la formule générale d'interpolation donnée ci-dessus, on fait

$$y = f(x),$$

elle devient

$$f(x + \omega) = f(x) + \omega \frac{\Delta f(x)}{i} + \frac{\omega(\omega - i)}{2} \frac{\Delta^2 f(x)}{i^2}$$
$$+ \frac{\omega(\omega - i)(\omega - 2i)}{2.3} \frac{\Delta^3 f(x)}{i^3} + \cdots,$$

dans laquelle

$$\Delta f(x) = f(x + i) \quad - f(x),$$
$$\Delta^2 f(x) = f(x + 2i) - 2f(x + i) + f(x),$$

. . . .

Cette formule est générale, quel que soit i; mais, en faisant

$$i = 0,$$

les valeurs des expressions $\dfrac{\Delta f(x)}{i}$, $\dfrac{\Delta^2 f(x)}{i^2}$, ... deviennent $\dfrac{0}{0}$.

Or ces expressions sont les mêmes que celles que nous avons considérées ci-dessus, en changeant Δ en d, et i en dx.

Ainsi elles deviennent $f'(x)$, $f''(x)$, ... dans le cas de

$$i = 0.$$

On a donc alors

$$f(x + \omega) = f(x) + \omega f'(x) + \frac{\omega^2}{2} f''(x) + \dots,$$

comme nous l'avons trouvé dans la Leçon deuxième, d'une manière rigoureuse et directe.

On peut conclure de ce que nous venons d'exposer que ceux qui, d'après Euler, regardent les différentielles comme de véritables zéros, et, par conséquent, leur rapport comme celui de zéro à zéro, sont dans toute la rigueur de l'Analyse, parce qu'une fonction qui satisfait en général aux conditions d'une question ne saurait changer de forme pour un cas particulier, qu'en passant par l'état de $\frac{0}{0}$; comme on peut le prouver par plusieurs exemples.

On sait que la somme des n premiers termes de la progression géométrique

$$1 + a + a^2 + a^3 + \dots$$

est exprimée par $\frac{1 - a^n}{1 - a}$.

En regardant cette expression comme une fonction de n, on voit que cette fonction est de la forme exponentielle.

Cependant, lorsque

$$a = 1,$$

la série devient

$$1 + 1 + 1 + \dots,$$

et la somme de n termes est n.

Ainsi, dans ce cas, il faut que la fonction exponentielle change de forme et devienne une simple fonction algébrique, ce qui ne peut se faire que par une espèce de saut que l'Analyse indique alors par l'expression $\frac{0}{0}$.

En effet, en faisant

$$a = 1,$$

la formule $\frac{1-a^n}{1-a}$ devient $\frac{o}{o}$; pour en trouver la valeur, il faut prendre les fonctions dérivées du numérateur et du dénominateur relativement à la variable a, ce qui donne na^{n-1} et par conséquent n, en faisant

$$a = 1.$$

La fonction primitive de x^n, ou l'intégrale de $x^n dx$, est, en général,

$$\frac{x^{n+1}}{n+1}.$$

Pour qu'elle commence au point où

$$x = a,$$

il faut en retrancher la constante $\frac{a^{n+1}}{n+1}$, et l'on a alors la fonction

$$\frac{x^{n+1} - a^{n+1}}{n+1}.$$

Cette fonction de x est toujours algébrique; mais, dans le cas où

$$n = -1,$$

elle devient $\frac{o}{o}$, ce qui indique qu'elle doit alors changer de forme.

Pour trouver la nouvelle fonction, on prendra les fonctions dérivées du numérateur et du dénominateur de l'expression précédente relativement à la variable n; on aura ainsi, par les formules données dans la Leçon IV,

$$x^{n+1} lx - a^{n+1} la.$$

En faisant

$$n = -1,$$

on a $lx - la$ ou $l\frac{x}{a}$ pour la fonction primitive de $\frac{1}{x}$, comme on l'a trouvé dans la même Leçon par d'autres principes.

La série

$$\cos^{n-1} x \sin x - \frac{(n-1)(n-2)}{2.3} \cos^{n-3} x \sin^3 x$$

$$+ \frac{(n-1)(n-2)(n-3)(n-4)}{2.3.4.5} \cos^{n-5} x \sin^5 x - \ldots$$

est représentée généralement par la fonction en sinus $\dfrac{\sin nx}{n}$, comme on le voit par la formule rapportée plus haut.

Cette fonction devient $\dfrac{0}{0}$ lorsque

$$n = 0,$$

auquel cas la série se réduit à

$$\frac{\sin x}{\cos x} - \frac{\sin^3 x}{3\cos^3 x} + \frac{\sin^5 x}{5\cos^5 x} - \ldots$$

Cela indique que la fonction doit changer de forme dans ce cas; en effet, si l'on prend, suivant la règle, les fonctions dérivées du numérateur et du dénominateur, relativement à la variable n, la fonction devient $x \cos nx$ et se réduit à la fonction circulaire x, en faisant

$$n = 0.$$

C'est, comme l'on sait, la valeur rigoureuse de la série

$$\operatorname{tang} x - \frac{1}{3}\operatorname{tang}^3 x + \frac{1}{5}\operatorname{tang}^5 x - \ldots$$

On voit clairement, par ces différents exemples, qu'il serait aisé de multiplier s'il était nécessaire, que l'expression $\dfrac{0}{0}$ est toujours le symptôme d'un changement de fonction, ce qu'il me semble qu'on n'avait pas encore remarqué.

C'est par les principes exposés dans cette Leçon qu'on peut résoudre, d'une manière satisfaisante, les difficultés qu'on a toujours rencontrées lorsqu'on a voulu appliquer à un nombre infini d'éléments les formules qu'on avait trouvées pour un nombre fini quelconque. Le fameux problème des cordes vibrantes en fournit un exemple remarquable, et l'on peut voir, dans les *Opuscules mathématiques* (t. I et IV), les objections que d'Alembert a faites contre la solution de ce problème, donnée dans le premier Volume des *Mémoires de l'Académie de Turin* (¹), et déduite de la formule générale du mouvement d'un fil chargé d'un nombre quelconque de poids, en supposant ce nombre infini et chaque poids infini-

(¹) *OEuvres de Lagrange*, t. I, p. 39.

ment petit. Dans la réponse à ces objections, qu'on trouve dans le second Volume des mêmes *Mémoires* (¹), je me suis contenté de faire voir,
par l'exactitude des résultats, la légitimité des suppositions que j'avais
employées dans le passage du fini à l'infini; mais la vraie métaphysique de ces suppositions dépend des mêmes principes que celle du
Calcul des infiniment petits, sur laquelle il ne peut plus rester maintenant d'incertitude ni d'obscurité.

Nous allons terminer cette Leçon par quelques remarques sur l'invention du Calcul différentiel.

On peut regarder Fermat comme le premier inventeur des nouveaux
calculs. Dans sa méthode *de maximis et minimis,* il égale l'expression
de la quantité dont on recherche le maximum ou le minimum à l'expression de la même quantité, dans laquelle l'inconnue est augmentée
d'une quantité indéterminée. Il fait disparaître dans cette équation les
radicaux et les fractions s'il y en a, et, après avoir effacé les termes
communs dans les deux membres, il divise tous les autres par la quantité indéterminée par laquelle ils se trouvent multipliés; ensuite il fait
cette quantité nulle, et il a une équation qui sert à déterminer l'inconnue de la question. En voici un exemple très simple, donné par
Fermat.

*Soit proposé de diviser une ligne donnée en deux parties, de manière
que le rectangle de ces deux parties soit un maximum.*

Nommant a la longueur de la ligne donnée et x une de ses parties,
$a - x$ sera l'autre, et l'expression dont on cherche le maximum sera
$ax - x^2$. Ajoutant la quantité arbitraire e à l'inconnue x, on aura
cette nouvelle expression

$$a(x + e) - (x + e)^2.$$

Égalant ces deux expressions, on a l'équation

$$ax - x^2 = a(x + e) - (x + e)^2,$$

savoir, en développant le carré $(x + e)^2$,

$$ax - x^2 = ax + ae - x^2 - 2xe - e^2.$$

(¹) *OEuvres de Lagrange*, t. I, p. 319.

Effaçant de part et d'autre les termes communs $ax - x^2$, et divisant les autres par e, on a

$$a - 2x - e = 0,$$

où il faut maintenant supposer e nul, ce qui réduit l'équation à

$$a - 2x = 0,$$

d'où l'on tire

$$x = \frac{a}{2},$$

ce qui montre que la ligne donnée doit être partagée par le milieu, comme on le sait d'ailleurs.

Il est facile de voir, au premier coup d'œil, que la règle déduite du Calcul différentiel, qui consiste à égaler à zéro la différentielle de l'expression qu'on veut rendre un maximum ou un minimum, prise en faisant varier l'inconnue de cette expression, donne le même résultat, parce que le fond est le même, et que les termes qu'on néglige comme infiniment petits dans le Calcul différentiel sont ceux qu'on doit supprimer comme nuls dans la méthode de Fermat.

Sa méthode des tangentes dépend du même principe. Dans l'équation entre l'abscisse et l'ordonnée, que Fermat appelle la propriété spécifique de la courbe, il augmente ou diminue l'abscisse d'une quantité indéterminée, et il regarde la nouvelle ordonnée comme appartenant à la fois à la courbe et à la tangente, ce qui fournit une équation qu'il traite comme celle de la méthode *de maximis et minimis*.

Ainsi, x étant l'abscisse et y l'ordonnée, si t est la sous-tangente au point de la courbe qui répond à x et y, il est facile de voir que les triangles semblables donnent $\dfrac{y(t + e)}{t}$ pour l'ordonnée à la tangente, relativement à l'abscisse $x + e$, et cette ordonnée doit être égalée à celle de la courbe pour la même abscisse $x + e$. On aura donc l'équation dont il s'agit en mettant dans l'équation de la courbe $x + e$ à la place de x, et $y + \dfrac{ye}{t}$ à la place de y. Cette équation, après les réductions, sera donc divisible par e; on divisera donc tous les termes par e, et l'on supprimera ensuite comme nuls tous ceux où l'indéterminée e se trouvera, parce qu'on doit supposer cette indéterminée nulle. L'équation restante donnera la valeur de t en x et y.

Ainsi, dans la parabole, par exemple, dont l'équation est

$$y^2 - ax = 0,$$

en mettant $y + \dfrac{ye}{t}$ à la place de y, et $x + e$ à la place de x, l'équation devient

$$y^2 + \frac{2y^2 e}{t} + \frac{y^2 e^2}{t^2} - ax - ae = 0.$$

Mais

$$y^2 - ax = 0;$$

donc, effaçant ces termes et divisant les autres par e, on aura

$$\frac{2y^2}{t} + \frac{y^2 e}{t^2} - a = 0;$$

et, effaçant encore le terme $\dfrac{y^2 e}{t^2}$, qui s'évanouit en faisant e nul, on aura simplement l'équation

$$\frac{2y^2}{t} - a = 0,$$

d'où l'on tire

$$t = \frac{2y^2}{a} = 2x.$$

On voit encore ici l'analogie de la méthode de Fermat avec celle du Calcul différentiel; car la quantité indéterminée dont on augmente l'abscisse x répond à la différentielle dx, et la quantité $\dfrac{ye}{t}$, qui est l'augmentation correspondante de y, répond à sa différentielle dy.

Et il est même remarquable que, dans l'écrit qui contient la découverte du Calcul différentiel, imprimé dans les *Actes de Leipzig* du mois d'octobre 1684, sous le titre : *Nova methodus pro maximis et minimis*, etc., Leibnitz appelle dy une ligne qui soit à la ligne arbitraire dx comme l'ordonnée y à la sous-tangente, ce qui rapproche l'analyse de Leibnitz de celle de Fermat.

On voit que Fermat a ouvert la carrière par une idée très originale, mais un peu obscure, qui consiste à introduire dans l'équation une indéterminée qui doit être nulle par la nature de la question, mais qu'on ne fait évanouir qu'après avoir divisé toute l'équation par cette même quantité.

Cette idée est devenue le germe des nouveaux calculs qui ont fait faire tant de progrès à la Géométrie et à la Mécanique; mais on peut dire qu'elle a porté aussi son obscurité sur les principes de ces calculs.

Maintenant qu'on a une métaphysique bien claire de ces principes, on voit que la quantité indéterminée que Fermat ajoutait à l'inconnue ne servait qu'à former la fonction dérivée qui doit être nulle dans le cas du maximum ou minimum, et qui sert en général à déterminer la position des tangentes des courbes.

Mais les géomètres contemporains de Fermat ne saisirent point l'esprit de ce nouveau genre de calcul; ils ne le regardèrent que comme un artifice particulier, applicable seulement à quelques cas et sujet à beaucoup de difficultés. On peut voir, dans le troisième Tome des *Lettres* de Descartes, sa longue dispute avec Fermat sur ce sujet. Aussi cette invention, qui avait paru un peu avant la *Géométrie* de Descartes, demeura-t-elle stérile et presque dans l'oubli pendant près de quarante ans; car, si l'on excepte la règle de Sluze pour trouver les tangentes, qui paraît déduite de la méthode de Fermat, et la méthode donnée par Wallis pour le même objet, laquelle n'est que celle de Fermat présentée d'une manière moins abstraite, cet espace de temps n'offre rien qui ait rapport à la découverte de Fermat.

Enfin Barrow imagina de substituer aux quantités qui doivent être supposées nulles, suivant Fermat, des quantités réelles, mais infiniment petites, et il donna en 1674 sa Méthode des tangentes, qui n'est que la construction de celle de Fermat, par le moyen du triangle infiniment petit, formé des côtés e et $\frac{ey}{t}$, et du côté infiniment petit de la courbe, regardée comme un polygone. Il donna ainsi naissance au système des infiniment petits et au Calcul différentiel. Mais ce calcul n'était encore qu'ébauché, car il ne s'appliquait qu'aux expressions rationnelles, et exigeait le développement des termes, pour qu'on pût négliger ceux qui contiendraient le carré et les puissances supérieures des quantités infiniment petites.

Il restait donc à trouver un algorithme simple et général, applicable à toutes sortes d'expressions, par lequel on pût passer, directement et sans aucune réduction, des formules algébriques à leurs différentielles. C'est ce que Leibnitz a donné dix ans après dans l'écrit cité ci-dessus, qui renferme les éléments du Calcul différentiel proprement dit. Il paraît que Newton était parvenu, dans le même temps, ou un peu auparavant, aux mêmes abrégés de calcul pour les différentiations. Mais c'est dans la formation des équations différentielles et dans leur intégration que consiste le grand mérite et la force principale des nouveaux calculs; et, sur ce point, il me semble que la gloire de l'invention est presque uniquement due à Leibnitz et surtout aux Bernoulli.

Mais, tandis que cet édifice s'élevait à une hauteur immense, l'entrée en demeurait toujours mal éclairée. L'emploi de quantités qui doivent s'évanouir d'elles-mêmes, ou qui doivent être négligées en raison de leur petitesse, n'offre à l'esprit des commençants que des idées peu satisfaisantes et, par conséquent, peu propres à servir de base à la partie la plus importante des Mathématiques. Pour lever tous les scrupules et dissiper tous les nuages, il ne faut rien faire évanouir ni rien négliger; c'est ce qu'on obtient par la considération des fonctions dérivées.

LEÇON DIX-NEUVIÈME.

DES FONCTIONS DE DEUX OU PLUSIEURS VARIABLES ; DE LEURS FONCTIONS DÉRIVÉES.
NOTATION ET FORMATION DE CES FONCTIONS.

Nous n'avons encore traité que des fonctions d'une seule variable ; car, lorsque nous avons considéré des fonctions de deux ou de plusieurs variables, nous avons regardé ces variables elles-mêmes comme fonctions d'une seule et même variable. Or, si l'on considère une fonction de deux ou de plusieurs variables indépendantes, il est clair que cette fonction pourra avoir différentes fonctions dérivées relatives aux différentes variables, et qui naîtront de la fonction primitive par le simple développement, en attribuant à chaque variable un accroissement particulier.

Ainsi le calcul des fonctions dérivées relatives à une seule variable conduit naturellement à celui des fonctions dérivées relatives à différentes variables, lequel n'est, comme l'on voit, qu'une généralisation du premier, et dépend des mêmes principes.

Si les inventeurs du Calcul différentiel l'avaient regardé d'abord comme le calcul des fonctions dérivées, ils auraient été conduits naturellement et immédiatement au calcul des fonctions dérivées relatives à plusieurs variables, et il ne se serait pas passé un demi-siècle entre la découverte du Calcul différentiel proprement dit et celle du calcul aux différences partielles, qui répond au calcul des fonctions dérivées relatives à différentes variables. A plus forte raison, au lieu d'envisager ce dernier comme un nouveau calcul, on l'aurait seulement regardé comme une nouvelle application ou plutôt comme une extension du

Calcul différentiel, et l'on aurait, dès le commencement, embrassé sous un même point de vue et sous une même dénomination les différentes branches du même calcul, qui ont été longtemps séparées et comme isolées.

Soit d'abord $f(x, y)$ une fonction quelconque de deux variables x et y, que nous regarderons comme indépendantes l'une de l'autre. Si dans cette fonction on substitue à la fois $x + i$ à la place de x, et $y + o$ à la place de y, les deux quantités i et o étant indéterminées, qu'ensuite on développe la fonction $f(x + i, y + o)$ suivant les puissances ascendantes de i et de o, il est clair que le premier terme sans i ni o sera la fonction proposée $f(x, y)$, et que les autres termes seront de nouvelles fonctions de x et de y, multipliées successivement par $i, o, i^2, io, o^2, i^3, \ldots$.

Ces fonctions seront aussi dérivées de la fonction primitive $f(x, y)$, et l'on trouvera la loi de leur dérivation en considérant successivement les dérivées relatives à chacune des quantités i et o.

Pour cela, on commencera par supposer qu'il n'y ait que la variable x qui devienne $x + i$, la variable y demeurant la même, et l'on développera la fonction $f(x + i, y)$ comme une simple fonction de x. On supposera ensuite que, dans les fonctions dérivées relatives à x, la variable y devienne $y + o$, et l'on développera chacune de ces fonctions comme des fonctions de y, en regardant alors la variable x comme une constante.

Il naîtra ainsi, du développement de $f(x + i, y + o)$, différentes fonctions dérivées de la fonction primitive $f(x, y)$, dont les unes seront relatives à la variable x, les autres seront relatives à la variable y, et d'autres enfin seront relatives en partie à la variable x et en partie à la variable y, la loi du développement étant toujours la même, mais appliquée successivement aux différentes variables.

Mais, pour ne pas confondre dans la notation ces différentes fonctions dérivées, on pourra dénoter les fonctions dérivées, relatives à la seule variable x, par des traits appliqués, comme à l'ordinaire, à la caractéristique de la fonction, et suivis d'une virgule ; les fonctions dérivées relatives à la variable y, par des traits appliqués à la même caractéristique, mais précédés d'une virgule; enfin les fonctions dérivées relatives en partie à la variable x et en partie à la variable y, par des traits séparés par une virgule, de manière que ceux qui précèdent la virgule se rapportent à la variable x, et ceux qui la suivent se rapportent à la variable y.

Cette notation conserve mieux l'analogie qui doit régner entre les fonctions dérivées et la fonction primitive $f(x, y)$, dans laquelle la virgule sépare les deux variables indépendantes x et y, que celle que j'avais employée dans la théorie des fonctions, en appliquant au bas de la caractéristique f les traits relatifs aux fonctions dérivées par rapport à la seconde variable y.

D'ailleurs nous trouvons plus convenable d'employer, comme nous l'avons déjà fait dans la Leçon XVII, les traits inférieurs pour désigner les fonctions primitives d'une fonction donnée.

De cette manière on aura donc, en premier lieu,

$$f(x+i,y)=f(x,y)+if'(x,y)+\frac{i^2}{2}f''(x,y)+\frac{i^3}{2.3}f'''(x,y)+\ldots.$$

Substituant maintenant partout $y+o$ à la place de y, on aura

$$f(x+i,y+o)=f(x,y+o)+if'(x,y+o)$$
$$+\frac{i^2}{2}f''(x,y+o)+\frac{i^3}{2.3}f'''(x,y+o)+\ldots.$$

Développons successivement les fonctions

$$f(x,y+o),\quad f'(x,y+o),\quad f''(x,y+o),\quad \ldots$$

comme des fonctions de $y+o$; on aura pareillement

$$f(x,y+o)=f(x,y)+of'(x,y)+\frac{o^2}{2}f''(x,y)+\frac{o^3}{2.3}f'''(x,y)+\ldots,$$

$$f'(x,y+o)=f'(x,y)+of''(x,y)+\frac{o^2}{2}f'''(x,y)+\ldots,$$

$$f''(x,y+o)=f''(x,y)+\ldots,$$

et ainsi de suite.

Faisant donc ces substitutions et ordonnant les termes par rapport aux puissances et aux produits de i et o, on aura ce développement complet

$$f(x+i, y+o) = f(x,y) + i f'^{,}(x,y) + o f'^{,'}(x,y)$$

$$+ \frac{i^2}{2} f''^{,}(x,y) + io f'^{,'}(x,y) + \frac{o^2}{2} f'^{,''}(x,y)$$

$$+ \frac{i^3}{2.3} f'''^{,}(x,y) + \frac{i^2 o}{2} f''^{,'}(x,y) + \frac{io^2}{2} f'^{,''}(x,y) + \frac{o^3}{2.3} f'^{,'''}(x,y)$$

$$+ \dots\dots\dots\dots\dots\dots\dots\dots\dots\dots\dots\dots\dots\dots\dots ,$$

dans lequel la forme générale du terme est

$$\frac{i^m o^n}{(1.2.3\dots m)(1.2.3\dots n)} f^{m,n}(x,y).$$

Dans l'opération que nous venons de faire pour avoir le développement de $f(x+i, y+o)$, nous avons commencé par substituer, dans $f(x,y)$, $x+i$ pour x, et nous avons développé suivant i; nous avons ensuite substitué, dans tous les termes de ce développement, $y+o$ pour y, et nous avons développé suivant o.

Or il est visible qu'on aurait identiquement le même résultat si l'on commençait l'opération par la substitution de $y+o$ à la place de y, et par le développement suivant o, et qu'on fît ensuite la substitution de $x+i$ pour x, et le développement suivant i.

De cette manière on aurait d'abord les fonctions primes, secondes, … relatives à y, c'est-à-dire, suivant la notation que nous venons d'employer, les fonctions

$$f'^{,'}(x,y), \quad f'^{,''}(x,y), \quad \dots$$

Ensuite on aurait les fonctions primes, secondes, … de celles-ci relatives à x, et qui seraient désignées par

$$f'^{,'}(x, y), \quad f''^{,'}(x, y), \quad \dots,$$
$$f'^{,''}(x,y), \quad f''^{,''}(x,y), \quad \dots,$$

et l'on obtiendrait ainsi la même formule que ci-dessus, comme cela doit être.

Mais il faut remarquer que, dans le premier procédé, la fonction $f'\,,'(x+y)$, relative à la fois à x et à y, s'obtient en prenant d'abord la fonction prime de $f(x, y)$ relativement à x, ce qui donne $f'\,,(x, y)$, et ensuite la fonction prime de celle-ci relativement à y, d'où résulte la fonction seconde $f'\,,'(x, y)$; et, dans le second procédé, la même fonction s'obtient en prenant d'abord la fonction prime de $f(x, y)$ relativement à y, ce qui donne $f,\,'(x, y)$, et ensuite la fonction prime de celle-ci relativement à x, ce qui donne également $f'\,,'(x, y)$.

D'où il suit qu'il est indifférent dans quel ordre se fasse la double opération nécessaire pour passer de la fonction primitive $f(x, y)$ à la double dérivée $f'\,,'(x, y)$.

Et, comme on doit dire la même chose des autres fonctions dérivées dénotées par des traits séparés par une virgule, on en peut conclure, en général, que les opérations indiquées par les traits placés avant et après la virgule sont absolument indépendantes entre elles, et qu'elles conduisent aux mêmes résultats, quelque ordre qu'on suive en prenant les fonctions dérivées relativement à x et y, indiquées par les traits qui précèdent ou qui suivent la virgule.

Ainsi on aura également la valeur de la fonction dérivée triple $f''\,,'(x, y)$, en prenant la fonction seconde de $f(x, y)$ relativement à x, et ensuite la fonction prime de celle-ci relativement à y, ou en prenant d'abord la fonction prime de $f(x, y)$ relativement à y, et ensuite la fonction seconde de celle-ci relativement à x, ou bien encore en prenant la fonction prime de $f(x, y)$ relativement à x, ensuite la fonction prime de celle-ci relativement à y, et enfin la fonction prime de cette dernière relativement à x, et ainsi de suite.

Soit, par exemple,

$$f(x, y) = \frac{x^3}{y^2};$$

on aura les fonctions primes, relatives à x et y,

$$f'(x, y) = \frac{3\,x^2}{y^2}, \qquad f,'(x, y) = -\frac{2\,x^3}{y^3}.$$

La première donnera, relativement à y, la dérivée

$$f'_{,}{}'(x,y) = -\frac{6x^2}{y^3},$$

et la seconde donnera également, relativement à x,

$$f'_{,}{}'(x,y) = -\frac{6x^2}{y^3};$$

ensuite on aura, relativement à x et à y seuls,

$$f''(x,y) = \frac{6x}{y^2}, \qquad f_{,}''(x,y) = \frac{6x^3}{y^4}.$$

La dérivée, relativement à y, de $f''_{,}(x,y)$ sera

$$f''_{,}{}'(x,y) = -\frac{12x}{y^3},$$

et la dérivée, relativement à x, de $f'_{,}{}'(x,y)$ sera aussi

$$f''_{,}{}'(x,y) = -\frac{12x}{y^3},$$

et ainsi des autres.

A l'imitation de ce que nous avons fait sur les fonctions d'une variable, si l'on suppose que la variable z soit une fonction de deux variables x et y, soit explicite, soit donnée simplement par une équation quelconque entre x, y et z, on pourra désigner par

$$z'_{,}, \quad z_{,}', \quad z'_{,}{}, \quad z_{,}'_{,}{}', \quad z_{,}'', \quad \ldots$$

ses différentes fonctions dérivées, en appliquant à la lettre z les traits avec la virgule qu'on applique à la caractéristique f.

Ainsi, x devenant $x+i$ et y devenant en même temps $y+o$, la valeur de z deviendra

$$z + iz'_{,} + oz_{,}' + \frac{i^2}{2}z''_{,} + ioz'_{,}{}' + \frac{o^2}{2}z_{,}'' + \frac{i^3}{2.3}z'''_{,} + \frac{i^2o}{2}z''_{,}{}' + \ldots,$$

et le terme général de cette série sera

$$\frac{i^m o^n}{(1.2.3\ldots m)(1.2.3\ldots n)} z^{(m,n)}.$$

On voit que les fonctions de deux variables engendrent, par le développement, différentes sortes de fonctions dérivées dont la dérivation répond à chacune de ces variables, et que ces fonctions dérivées se forment de la même manière et par les mêmes règles que celles d'une seule variable, en considérant chaque variable séparément et successivement; d'où il suit que tout ce que nous avons démontré sur les fonctions d'une seule variable pourra s'appliquer de même aux fonctions de deux variables, relativement à chacune d'elles.

On pourra donc aussi étendre la théorie des fonctions dérivées aux fonctions de trois variables ou d'un plus grand nombre; car il ne s'agira que de répéter séparément, pour chaque variable, les mêmes opérations, et de les désigner par une notation semblable.

Dans les Leçons précédentes, où nous ne considérions que les fonctions dérivées relativement à une seule variable, lorsqu'il s'est présenté des fonctions de plusieurs variables, nous nous sommes contentés de renfermer, sous la caractéristique des fonctions dérivées, la variable par rapport à laquelle nous voulions avoir la fonction dérivée.

Ainsi, pour ne pas anticiper sur ce qui regarde les fonctions dérivées relatives à plusieurs variables, nous avons dénoté jusqu'ici par $f'(x)$, $f''(x)$, ... les fonctions dérivées de $f(x, y)$ relatives à la seule variable x, qui, suivant la notation précédente, seraient $f'(x, y)$, $f''(x, y)$, ...

Cette manière de noter les fonctions dérivées relativement à une seule variable nous suffisait alors, et nous pourrons l'employer encore quelquefois, pour plus de commodité, pourvu qu'on soit prévenu de son identité avec la notation que nous venons d'établir.

Quoique, dans les fonctions de deux variables que nous considérons ici, les deux variables soient censées indépendantes, et que ce soit même cette indépendance qui produise les différentes espèces de fonctions dérivées dont nous venons de parler, rien n'empêche cependant qu'on ne puisse regarder ces variables elles-mêmes comme des fonctions d'une autre variable quelconque, mais fonctions indéterminées et arbitraires.

Par cette considération, on peut ramener, en quelque manière, la théorie des fonctions de deux variables à celle des fonctions d'une seule, et appliquer, surtout au développement des fonctions de deux ou de plusieurs variables, ce que nous avons démontré dans la Leçon XVIII, sur le développement des fonctions d'une seule variable.

Soit z une fonction de deux variables x et y; supposons que chacune de ces variables soit elle-même une fonction d'une autre variable t, de manière que z devienne une simple fonction de t; sous ce point de vue, lorsque t devient $t+i$, z deviendra, par la formule générale (Leçon II),

$$z + iz' + \frac{i^2}{2} z'' + \frac{i^3}{2.3} z''' + \dots.$$

Et si, dans ce développement, on veut s'arrêter au terme $\mu^{\text{ième}}$ (Leçon IX), on aura les limites du reste par le terme qui suivra, savoir,

$$\frac{i^\mu}{1.2.3\dots\mu} z^{(\mu)},$$

en mettant $t+i$ à la place de t dans la fonction $z^{(\mu)}$ et prenant la plus grande et la plus petite valeur de cette fonction depuis $i=0$ jusqu'à la valeur donnée de i, ou des valeurs quelconques plus grandes et plus petites que celle-ci.

Or, x et y étant supposées fonctions de t, lorsque t devient $t+i$, x et y deviennent, par la même formule générale,

$$x + ix' + \frac{i^2}{2} x'' + \dots,$$

$$y + iy' + \frac{i^2}{2} y'' + \dots,$$

et l'on trouvera les valeurs des fonctions dérivées z', z'', ... en x, y, x', y', x'', y'', ... par les procédés exposés dans la Leçon VI.

Si l'on ne veut avoir le développement de z que par rapport aux accroissements ix' et iy' de x et y, il n'y aura qu'à supposer x' et y' constants; par conséquent

$$x'' = 0, \qquad y'' = 0, \qquad \ldots,$$

et x' et y' pourront être des coefficients quelconques.

Si, dans les accroissements de x et y, on voulait considérer les deux termes

$$i x' + \frac{i^2}{2} x'', \qquad i y' + \frac{i^2}{2} y'',$$

on ne ferait alors que

$$x''' = 0, \qquad y''' = 0, \qquad \ldots,$$

et x', x'', y', y'' pourraient être prises pour des constantes quelconques, et ainsi de suite.

Soit, par exemple;
$$z = (x^2 + y^2)^m;$$

on aura, en prenant les dérivées d'après la Leçon VI, et supposant x', y' constantes,

$$z' = 2m(xx' + yy')(x^2 + y^2)^{m-1},$$
$$z'' = 2m(x'^2 + y'^2)(x^2 + y^2)^{m-1}$$
$$+ 4m(m-1)(xx' + yy')^2(x^2 + y^2)^{m-2},$$
$$z''' = 12m(m-1)(x'^2 + y'^2)(xx' + yy')(x^2 + y^2)^{m-2}$$
$$+ 8m(m-1)(m-2)(xx' + yy')^3(x^2 + y^2)^{m-3},$$

et ainsi de suite.

Donc, lorsque x et y deviennent $x + ix'$, $y + iy'$, on aura

$$[(x + ix')^2 + (y + iy')^2]^m$$
$$= (x^2 + y^2)^m + 2m(xx' + yy')(x^2 + y^2)^{m-1} i$$
$$+ [2m(x'^2 + y'^2)(x^2 + y^2)^{m-1} + 4m(m-1)(xx' + yy')^2(x^2 + y^2)^{m-2}]\frac{i^2}{2} + \ldots$$

Si l'on veut s'arrêter à ces trois premiers termes, alors, le terme suivant étant $\dfrac{i^3}{2.3} z'''$, on aura les limites du reste en substituant $x+ix'$, $y+iy'$, au lieu de x et de y, dans l'expression de z''', et prenant la plus grande et la plus petite valeur de cette expression depuis $i=0$.

Si $m-3$ est un nombre positif, et que x' et y' soient aussi des quantités positives, il est facile de voir que la plus petite valeur de z''' sera

$$12\,m\,(m-1)\,(x'^2+y'^2)\,(xx'+yy')\,(x^2+y^2)^{m-2}$$
$$+\,8\,m\,(m-1)\,(m-2)\,(xx'+yy')^3\,(x^2+y^2)^{m-3},$$

qui répond à $i=0$, et que la plus grande sera cette même quantité, en y mettant $x+ix'$ et $y+iy'$ à la place de x et y.

Si l'on voulait avoir le développement de z répondant à $x+i$ et $y+0$, comme dans le commencement de cette Leçon, il est clair qu'il n'y aurait qu'à faire

$$x'=1, \qquad iy'=0;$$

on trouverait des résultats semblables.

Car, en désignant par des traits sans virgule les fonctions dérivées par rapport à la variable principale t, et par des traits séparés par une virgule les fonctions dérivées relativement à chacune des variables x et y, comme nous l'avons fait ci-dessus, on aura, suivant ce qu'on a vu dans la Leçon VI sur les dérivées des fonctions composées d'autres fonctions,

$$z'=x'z'_{,}+y'z_{,'};$$

de là, en prenant les fonctions dérivées par rapport à la variable principale t,

$$z''=x''z'_{,}+y''z_{,'}+x'(z'_{,})'+y'(z_{,'})'.$$

Mais, $z'_{,}$ et $z_{,'}$ étant aussi regardées comme des fonctions de x et y, leurs dérivées relatives à t seront

$$(z'_{,})'=x'z''_{,}+y'z'_{,'}, \qquad (z_{,'})'=x'z'_{,'}+y'z_{,''}.$$

Donc, substituant,

$$z''=x''z'_{,}+y''z_{,'}+x'^2z''_{,}+2x'y'z'_{,'}+y'^2z_{,''},$$

et ainsi de suite.

Si les fonctions dérivées x' et y', relativement à t, sont constantes, en sorte que $x'' = 0$, $y'' = 0$, $x''' = 0$, ..., on aura simplement

$$z' = x' z'_{,} + y' z_{,}',$$

$$z'' = x'^2 z''_{,} + 2 x' y' z'_{,}' + y'^2 z_{,}'',$$

$$z''' = x'^3 z'''_{,} + 3 x'^2 y' z''_{,}' + 3 x' y'^2 z'_{,}'' + y'^3 z_{,}''',$$

$$\dots\dots\dots\dots\dots\dots\dots\dots\dots\dots\dots\dots,$$

$$z^{(m)} = x'^m z^{(m)}_{,} + m x'^{m-1} y' z^{(m-1)}_{,}' + \frac{m(m-1)}{2} x'^{m-2} y'^2 z^{(m-2)}_{,}'' + \dots.$$

Ces valeurs, substituées dans la formule générale

$$z + i z' + \frac{i^2}{2} z'' + \frac{i^3}{2.3} z''' + \dots,$$

donnent

$$z + i\,(x' z'_{,} + y' z_{,}')$$

$$+ \frac{i^2}{2}\,(x'^2 z''_{,} + 2 x' y' z'_{,}' + y'^2 z_{,}'')$$

$$+ \frac{i^3}{2.3}\,(x'^3 z'''_{,} + 3 x'^2 y' z''_{,}' + 3 x y'^2 z'_{,}'' + y'^3 z_{,}''')$$

$$+ \dots\dots\dots\dots\dots\dots\dots\dots\dots\dots\dots\dots$$

Et, si l'on fait

$$x' = 1, \qquad i y' = 0,$$

on aura la même formule trouvée plus haut pour le développement de z, suivant les puissances de i et o.

Les expressions des fonctions z', z'', ... que nous venons de trouver donnent la composition des fonctions dérivées de fonctions quelconques des deux variables x et y.

Ainsi, en faisant

$$x' = 1,$$

ce qui revient à prendre x pour variable principale, c'est-à-dire à regarder y comme fonction de x, si l'on veut que

$$\psi(x, y) + y'\, \varphi(x, y)$$

soit une fonction dérivée d'une fonction de x et y, en la comparant à l'expression de z', il faudra que l'on ait

$$\psi(x,y) = z'', \qquad \varphi(x,y) = z''.$$

Pour éliminer z de ces deux équations, il n'y a qu'à prendre leurs dérivées par rapport à y pour la première, et par rapport à x pour la seconde; on aura ainsi

$$\psi'(y) = z'', \qquad \varphi'(x) = z'',$$

d'où l'on tire

$$\psi'(y) = \varphi'(x).$$

C'est l'équation de condition connue pour que la formule

$$\psi(x,y) + y' \, \varphi(x,y)$$

puisse être une dérivée exacte d'une fonction de x et y, indépendamment d'aucune relation entre x et y.

Ainsi, sans cette condition, il serait illusoire de supposer l'équation

$$z' = x' \, \psi(x,y) + y' \, \varphi(x,y),$$

à moins d'admettre en même temps une relation quelconque entre x et y, ou entre x, y, z.

En général, si l'on avait l'équation

$$z' = x' \, \psi(x,y,z) + y' \, \varphi(x,y,z),$$

on trouverait, par les mêmes principes, la condition nécessaire pour qu'elle pût avoir une équation primitive indépendamment d'aucune relation particulière entre x, y, z.

Car, en comparant cette expression de z' avec l'expression générale de z' donnée ci-dessus, on a pareillement

$$\psi(x,y,z) = z'', \qquad \varphi(x,y,z) = z''.$$

Pour que ces deux équations s'accordent, il faudra que la dérivée de $\psi(x,y,z)$ par rapport à y soit égale à la dérivée de $\varphi(x,y,z)$ par rapport à x, puisque l'une et l'autre deviennent z''.

Or, z étant censée fonction de x, y (puisque, si l'équation proposée a une primitive, la valeur de z sera déterminée par cette primitive en fonction de x et y), il faudra la regarder comme telle dans les fonctions $\psi(x, y, z)$ et $\varphi(x, y, z)$; et, d'après notre notation, il est clair que la dérivée de $\psi(x, y, z)$, par rapport à y, sera exprimée par

$$\psi'(y) + \psi'(z)\, z'',$$

et que la dérivée de $\varphi(x, y, z)$, par rapport à x, sera

$$\varphi'(x) + \varphi'(z)\, z'.$$

On aura donc l'équation de condition

$$\psi'(y) + \psi'(z)\, z' = \varphi'(x) + \varphi'(z)\, z'',$$

savoir, en substituant pour z' et z' leurs valeurs,

$$\psi'(y) + \psi'(z)\, \varphi(x, y, z) = \varphi'(x) + \varphi'(z)\, \psi(x, y, z);$$

et cette équation devra avoir lieu d'elle-même, c'est-à-dire être identique pour que la variable z puisse être une fonction de x et y, et que, par conséquent, la proposée ait une primitive en x, y et z. Dans ce cas, on trouvera facilement cette primitive au moyen de l'une ou de l'autre des deux équations

$$z' = \psi(x, y, z), \qquad z' = \varphi(x, y, z).$$

Car, prenant, par exemple, l'équation

$$z' = \psi(x, y, z),$$

dans laquelle z' est la dérivée de z en y regardant y comme constant, on pourra la traiter comme une équation du premier ordre entre x et z, l'autre variable y étant supposée constante; et, ayant trouvé sa primitive dans cette supposition, il faudra regarder la constante arbitraire comme une fonction inconnue de y, qu'on déterminera ensuite par le moyen de l'autre équation

$$z' = \varphi(x, y, z).$$

Mais, lorsque l'équation de condition que nous venons de trouver n'aura pas lieu d'elle-même, l'équation proposée ne pourra pas subsister, à moins qu'on ne suppose une relation quelconque entre x, y, z, de manière que deux de ces variables deviennent fonctions de la troisième.

Ainsi, dans ce cas, en supposant

$$z = f(x, y),$$

on aura

$$z' = f'(x) + y' f'(y);$$

et, substituant ces valeurs dans l'équation ci-dessus, on aura alors une équation en x, y et y', par laquelle on pourra trouver la valeur de y en x, et l'on aura y et z en fonctions données de x, la fonction $f(x, y)$ demeurant indéterminée.

Mais, comme on pourrait avoir ainsi une équation du premier ordre en x et y, dont il serait difficile et peut-être impossible de trouver l'équation primitive, on a cherché les moyens de donner à la fonction arbitraire une forme telle que l'on ait immédiatement, pour la détermination de y et z en x, deux équations entre ces variables.

Pour en donner un exemple très simple, supposons l'équation

$$z' = xy(x + yy');$$

on aura ici

$$\psi(x, y) = x^2 y, \qquad \varphi(x, y) = xy^2;$$

donc

$$\psi'(y) = x^2, \qquad \varphi'(x) = y^2.$$

Ainsi il est impossible que z soit une fonction de x et y, regardées comme indépendantes entre elles.

On fera donc

$$y = f(x),$$

et l'on aura

$$y' = f'(x);$$

donc

$$z' = x^2 f(x) + x f^2(x) f'(x);$$

par conséquent z sera égal à la fonction primitive de

$$x^2 f(x) + x f^2(x) f'(x).$$

Mais on peut éviter la recherche de cette fonction primitive, en mettant le terme $xy^2 y'$ de l'expression de z' sous la forme $\left(\dfrac{xy^3}{3}\right)' - \dfrac{y^3}{3}$, ce qui réduit l'équation à cette forme

$$z' = \left(\frac{xy^3}{3}\right)' + yx^2 - \frac{y^3}{3},$$

et supposant ensuite

$$yx^2 - \frac{y^3}{3} = f'(x),$$

moyennant quoi elle devient

$$z' = \left(\frac{xy^3}{3}\right)' + f'(x),$$

dont la primitive est

$$z = \frac{xy^3}{3} + f(x).$$

Ainsi ces deux équations remplacent conjointement l'équation proposée, la fonction $f(x)$ demeurant arbitraire.

On doit dire, à plus forte raison, la même chose des équations que l'on pourrait supposer entre x, y, z et y', z', dans lesquelles les fonctions dérivées y', z' monteraient à des puissances quelconques.

Qu'on suppose, par exemple, l'équation

$$z'^2 = 1 + y'^2;$$

en faisant

$$y = f(x),$$

on aurait

$$z' = \sqrt{1 + f'^2(x)}.$$

Et il faudrait, pour avoir z en x, trouver la fonction primitive de $\sqrt{1 + f'^2(x)}$, ce qui est impossible tant que la fonction $f(x)$ demeurera indéterminée, à moins d'employer les séries.

Mais, en introduisant une troisième variable, on peut avoir des expressions finies de x, y, z en fonction de cette même variable.

Pour cela il faut rétablir la fonction prime x', qui est $= 1$ lorsque x est la variable principale, et substituer, par conséquent, $\dfrac{y'}{x'}$ et $\dfrac{z'}{x'}$ à la place de y' et z', conformément aux principes établis dans la Leçon septième. Ainsi l'équation sera

$$z'^2 = x'^2 + y'^2.$$

Pour résoudre cette équation de la manière la plus générale, nous emploierons un principe dont nous ferons, dans la suite, un plus grand usage, et qui consiste à trouver d'abord des expressions de x, y, z qui y satisfassent avec des constantes arbitraires, et à rendre ensuite ces constantes variables, de manière que les expressions des dérivées x', y', z' restent les mêmes.

Prenons un angle arbitraire ω; puisque

$$\sin^2\omega + \cos^2\omega = 1,$$

en multipliant le second membre de l'équation proposée par

$$\sin^2\omega + \cos^2\omega,$$

le premier ne changera pas.

Or le produit de $x'^2 + y'^2$ par $\sin^2\omega + \cos^2\omega$ peut se mettre sous la forme

$$(y'\cos\omega - x'\sin\omega)^2 + (y'\sin\omega + x'\cos\omega)^2;$$

de sorte que l'équation proposée deviendra

$$z'^2 = (y'\cos\omega - x'\sin\omega)^2 + (y'\sin\omega + x'\cos\omega)^2.$$

Supposons

$$y'\sin\omega + x'\cos\omega = 0,$$

ce qui est permis à cause de l'indéterminée ω; on aura, en extrayant la racine carrée des deux membres,

$$z' = y'\cos\omega - x'\sin\omega.$$

Regardons d'abord l'angle ω comme constant; les deux équations que nous venons de trouver auront pour primitives ces deux-ci :

$$z = y\cos\omega - x\sin\omega + a,$$
$$y\sin\omega + x\cos\omega = b,$$

a et b étant deux constantes arbitraires.

Ainsi ces deux équations donnent des valeurs de y et z en x qui satisfont à l'équation proposée, quelles que soient les valeurs des trois constantes a, b et ω, comme on peut s'en assurer par la substitution.

Or il est facile de concevoir que ces mêmes valeurs satisferont encore à la proposée, en supposant que les quantités a, b et ω soient variables, pourvu que les dérivées x', y', z' restent les mêmes, ce qui aura lieu si, en prenant les dérivées des deux équations précédentes, les termes dus aux dérivées de a, b et ω se détruisent.

Il n'y aura donc qu'à prendre les dérivées des mêmes équations par rapport à a, b et ω, et déterminer, par leur moyen, les variables a et b.

Regardons dans ces dérivées la variable ω comme la principale; nous ferons
$$\omega' = 1,$$
et l'on aura
$$-y\sin\omega - x\cos\omega + a' = 0,$$
$$y\cos\omega - x\sin\omega = b'.$$

Mais nous avons déjà
$$y\sin\omega + x\cos\omega = b;$$
donc on aura
$$-b + a' = 0,$$
ce qui donne
$$b = a'$$
et, par conséquent,
$$b' = a''.$$

Ainsi on aura ces trois équations
$$z = y\cos\omega - x\sin\omega + a,$$
$$y\sin\omega + x\cos\omega = a',$$
$$y\cos\omega - x\sin\omega = a''.$$

Mais, a étant une fonction quelconque de ω, si on la dénote par $f(\omega)$, on aura
$$a' = f'(\omega), \qquad a'' = f''(\omega),$$

et les trois équations précédentes fourniront ces expressions de x, y, z en ω,

$$x = \cos\omega\, f'(\omega) - \sin\omega\, f''(\omega),$$
$$y = \sin\omega\, f'(\omega) + \cos\omega\, f''(\omega),$$
$$z = f(\omega) + f''(\omega),$$

la fonction $f(\omega)$ demeurant arbitraire.

Ces formules pourraient servir à trouver des courbes rectifiables; car, si x et y sont les coordonnées rectangles d'une courbe plane, et z l'arc correspondant, on sait, par le Calcul différentiel, et je l'ai démontré rigoureusement dans la *Théorie des fonctions* ([1]), que l'on a

$$z' = \sqrt{x'^2 + y'^2},$$

en regardant x et y comme fonctions d'une même variable quelconque.

Si l'on fait $f'(\omega) = m$, on a

$$f''(\omega) = 0 \quad \text{et} \quad f(\omega) = m\omega + n;$$

les formules précédentes donneront

$$x = m\cos\omega, \quad y = m\sin\omega, \quad z = m\omega + n,$$

ce qui est le cas du cercle.

En prenant pour $f(\omega)$ des fonctions quelconques de $\sin\omega$ et $\cos\omega$, on aura autant de courbes algébriques qu'on voudra, dont la rectification sera algébrique aussi, problème sur lequel les géomètres se sont autrefois beaucoup exercés, et dont on peut voir différentes solutions dans le tome V des *Nouveaux Commentaires de Pétersbourg*.

Les équations dont nous venons de nous occuper sont connues sous le nom d'*équations qui ne satisfont pas aux conditions d'intégrabilité*. On trouve des solutions élégantes de plusieurs de ces équations dans un Mémoire de Monge imprimé dans le *Recueil de l'Académie des Sciences* pour l'année 1784.

La notation que nous avons employée pour désigner les fonctions

---

([1]) *OEuvres de Lagrange*, t. IX.

dérivées de z par rapport à x et y, par des traits séparés par une virgule, est, comme l'on voit, très simple et conforme à la nature de la chose; mais elle ne met pas en évidence les variables auxquelles chaque groupe de traits doit se rapporter; et, si l'on avait des fonctions de plus de deux variables, la multitude des virgules pourrait rendre la notation incommode et causer de la confusion par rapport aux variables auxquelles les différentes fonctions dérivées répondraient.

On pourrait, dans ces cas, employer avec avantage la notation que j'ai déjà proposée dans l'Ouvrage sur la *Résolution des équations numériques* (¹), et qui dérive aussi de la nature de ce calcul.

En effet, la formule donnée plus haut

$$z' = x'z'' + y'z''$$

fait voir que, si l'on veut considérer à part les dérivées relatives à x et y, on a, par rapport à x,

$$z' = x'z'';$$

donc

$$z'' = \frac{z'}{x'};$$

ici z' ne doit être pris que par rapport à la variable t, en tant qu'elle est renfermée dans la fonction x; et, pour indiquer ce point de vue, il n'y a qu'à enfermer l'expression $\frac{z'}{x'}$ entre deux parenthèses, ce qui donnera

$$z'' = \left(\frac{z'}{x'}\right).$$

On aura pareillement, par rapport à y,

$$z' = y'z'';$$

donc

$$z'' = \frac{z'}{y'};$$

en renfermant l'expression $\frac{z'}{y'}$ entre deux parenthèses, pour indiquer

(¹) *OEuvres de Lagrange*, t. VIII.

qu'ici la dérivée z' n'est relative à la variable t qu'autant qu'elle est renfermée dans y, on aura

$$z'' = \left(\frac{z'}{y'}\right).$$

De cette manière, l'expression de la dérivée z' prendra cette forme

$$z' = x'\left(\frac{z'}{x'}\right) + y'\left(\frac{z'}{y'}\right),$$

où l'on voit que $\left(\frac{z'}{x'}\right)$, $\left(\frac{z'}{y'}\right)$ ne sont proprement que les coefficients de x' et de y' dans l'expression de la dérivée z'.

Comme la variable t, dont on suppose que x et y sont fonctions, demeure indéterminée, en prenant x pour t, on aurait

$$x' = 1;$$

l'expression $\left(\frac{z'}{x'}\right)$ deviendrait alors simplement (z'), et indiquerait, comme elle le doit, la fonction dérivée de z par rapport à la variable principale x; de même, en prenant y pour t, on aurait

$$y' = 1,$$

et l'expression $\left(\frac{z'}{y'}\right)$ deviendrait aussi (z'), et indiquerait la fonction dérivée de z par rapport à la variable principale y.

Mais, pour distinguer ces fonctions l'une de l'autre, nous retiendrons toujours les lettres x' et y' sous z', et nous entendrons simplement par $\left(\frac{z'}{x'}\right)$, $\left(\frac{z'}{y'}\right)$ les fonctions dérivées de z par rapport à x et y.

D'ailleurs cette manière d'exprimer les fonctions dérivées a l'avantage de faciliter la transformation de ces fonctions lorsqu'on veut les rapporter à d'autres variables.

Ainsi, comme l'expression $\left(\frac{z'}{x'}\right)$ indique que z est regardé comme fonction de x, l'expression réciproque $\left(\frac{x'}{z'}\right)$ indiquerait que x serait regardé comme fonction de z; et il est facile de se convaincre, par la nature de ces expressions, que l'on a, en effet,

$$\left(\frac{z'}{x'}\right)\cdot\left(\frac{x'}{z'}\right)=1,$$

comme si les parenthèses n'existaient pas, de sorte que l'on aura

$$\left(\frac{z'}{x'}\right)=\frac{1}{\left(\frac{x'}{z'}\right)}.$$

Si donc, au lieu de regarder z comme fonction de x et y, on voulait regarder x comme fonction de z et y, on substituerait d'abord $\frac{1}{\left(\frac{x'}{z'}\right)}$ à la place de $\left(\frac{z'}{x'}\right)$.

Ensuite, pour avoir la valeur de l'autre fonction dérivée $\left(\frac{z'}{y'}\right)$, on remarquerait qu'ici la variable x est censée constante, puisque z n'est regardée que comme fonction de y.

Or, x étant supposée fonction de y et z, on aura, en général,

$$x'=\left(\frac{x'}{y'}\right)y'+\left(\frac{x'}{z'}\right)z';$$

donc, pour que x soit constante, x' devra être zéro, ce qui donnera l'équation

$$\left(\frac{x'}{y'}\right)y'+\left(\frac{x'}{z'}\right)z'=0,$$

d'où l'on tire

$$\frac{z'}{y'}=-\frac{\left(\frac{x'}{y'}\right)}{\left(\frac{x'}{z'}\right)},$$

et cette valeur de $\frac{z'}{y'}$, tirée de la supposition de x constante, sera, par conséquent, la même que celle de $\left(\frac{z'}{y'}\right)$.

D'où il suit que l'on aura ces transformées

$$\left(\frac{z'}{x'}\right)=\frac{1}{\left(\frac{x'}{z'}\right)},\qquad\left(\frac{z'}{y'}\right)=-\frac{\left(\frac{x'}{y'}\right)}{\left(\frac{x'}{z'}\right)}.$$

De sorte que, si l'on a une équation qui contienne x, y, z avec les fonctions dérivées $\left(\frac{z'}{x'}\right)$, $\left(\frac{z'}{y'}\right)$, elle ne changera pas essentiellement par les substitutions précédentes; seulement, au lieu de supposer z fonction de x et y, ce sera x qui sera fonction de y et z, et ainsi pour les cas semblables.

Maintenant, puisque $\left(\frac{z'}{x'}\right)$ est une fonction de x et y, on aura de même, en prenant sa dérivée relativement à t,

$$\left(\frac{z'}{x'}\right)' = x'\left(\frac{\left(\frac{z'}{x'}\right)'}{x'}\right) + y'\left(\frac{\left(\frac{z'}{x'}\right)'}{y'}\right);$$

mais, comme x' et y', entre les parenthèses, n'ont qu'une signification de convention, on peut, sans inconvénient, écrire

$$\left(\frac{z''}{x'^2}\right), \quad \left(\frac{z''}{x'y'}\right) \qquad \text{à la place de} \qquad \left(\frac{\left(\frac{z'}{x'}\right)'}{x'}\right), \quad \left(\frac{\left(\frac{z'}{x'}\right)'}{y'}\right),$$

et, par conséquent,

$$\left(\frac{z'}{x'}\right)' = x'\left(\frac{z''}{x'^2}\right) + y'\left(\frac{z''}{x'y'}\right).$$

On aura de même

$$\left(\frac{z'}{y'}\right)' = x'\left(\frac{z''}{x'y'}\right) + y'\left(\frac{z''}{y'^2}\right),$$

où l'on voit que les symboles

$$\left(\frac{z''}{x'^2}\right), \quad \left(\frac{z''}{x'y'}\right), \quad \left(\frac{z''}{y'^2}\right)$$

expriment ici ce que nous avions dénoté plus haut par les signes

$$z'', \quad z',', \quad z'''.$$

Donc la dérivée seconde de z, c'est-à-dire la valeur de z'' que nous avons donnée plus haut, sera représentée ainsi

$$z'' = x''\left(\frac{z'}{x'}\right) + y''\left(\frac{z'}{y'}\right) + x'^2\left(\frac{z''}{x'^2}\right) + 2x'y'\left(\frac{z''}{x'y'}\right) + y'^2\left(\frac{z''}{y'^2}\right).$$

On voit ici que $\left(\dfrac{z''}{x'^2}\right)$ et $\left(\dfrac{z''}{y'^2}\right)$ sont aussi les coefficients de x'^2 et y'^2 dans l'expression complète de z'', mais que $\left(\dfrac{z''}{x'y'}\right)$ n'est plus le simple coefficient de $x'y'$ dans la même expression, comme on serait porté à le supposer d'après sa notation.

En général, l'expression $\left(\dfrac{z^{(m+n)}}{x'^m y'^n}\right)$ dénotera ce que nous avions dénoté par $z^{(m,n)}$, c'est-à-dire la fonction dérivée de z de l'ordre $(n+m)^{\text{ième}}$, prise m fois relativement à x, et n fois relativement à y.

Cette dernière notation se rapproche, comme l'on voit, de celle qui est depuis longtemps en usage chez les analystes pour désigner les différences qu'on appelle *partielles*.

En effet, il est visible que les fonctions dérivées que nous désignons ici par

$$\left(\frac{z'}{x'}\right), \quad \left(\frac{z'}{y'}\right), \quad \left(\frac{z''}{x'^2}\right), \quad \left(\frac{z''}{x'y'}\right), \quad \cdots$$

ne sont autre chose que les quantités

$$\frac{dz}{dx}, \quad \frac{dz}{dy}, \quad \frac{d^2z}{dx^2}, \quad \frac{d^2z}{dx\,dy}, \quad \cdots,$$

que plusieurs géomètres, à l'exemple d'Euler, renferment aussi entre deux parenthèses.

Ainsi on aura, en général, ces notations correspondantes

$$z^{(m,n)} = \left(\frac{z^{(m+n)}}{x'^m y'^n}\right) = \left(\frac{d^{(m+n)}z}{dx^m\,dy^n}\right).$$

Après avoir donné la manière de former et de noter les fonctions dérivées relativement à différentes variables, nous allons considérer les équations qui contiennent des fonctions de ce genre, et qu'on peut appeler *équations dérivées à plusieurs variables*.

LEÇON VINGTIÈME.

ÉQUATIONS DÉRIVÉES A PLUSIEURS VARIABLES. THÉORIE DE CES ÉQUATIONS. MÉTHODES
GÉNÉRALES POUR TROUVER LES ÉQUATIONS PRIMITIVES DES ÉQUATIONS DU PREMIER
ORDRE A PLUSIEURS VARIABLES.

Considérons d'abord une équation quelconque entre les trois variables x, y et z, par laquelle z soit une fonction déterminée de x et y.

Représentons cette équation par

$$F(x, y, z) = o,$$

et supposons, pour un moment, que x et y soient des fonctions données
d'une même variable t; alors z sera aussi une fonction de t dépendante
de l'équation proposée, et, par la théorie des équations dérivées exposées dans les Leçons précédentes, non seulement la fonction $F(x, y, z)$
sera nulle, mais encore ses dérivées $F'(x, y, z)$, $F''(x, y, z)$, ..., prises
relativement à t, seront nulles.

Or, en conservant la notation de la Leçon VI, on a

$$F'(x, y, z) = x' F'(x) + y' F'(y) + z' F'(z);$$

dans cette formule, x', y', z' sont les fonctions dérivées de x, y, z par
rapport à t, et $F'(x)$, $F'(y)$, $F'(z)$ sont les fonctions dérivées de $F(x, y, z)$,
prises par rapport à chacune des variables x, y, z en particulier.

Ainsi l'équation

$$F(x, y, z) = o$$

donnera celle-ci

$$x' F'(x) + y' F'(y) + z' F'(z) = o.$$

Mais, en considérant z comme fonction de x et y, on a

$$z' = x' z'' + y' z'';$$

donc, substituant, on aura

$$x' [F'(x) + z'' F'(z)] + y' [F'(y) + z'' F'(z)] = o.$$

Pour que les fonctions x et y de t demeurent indéterminées, il faudra que leurs fonctions dérivées x' et y' disparaissent de l'équation précédente, ce qui ne peut avoir lieu qu'en faisant les deux équations séparées

$$F'(x) + z'' F'(z) = o, \qquad F'(y) + z'' F'(z) = o.$$

Il est visible que ces deux équations ne sont autre chose que les dérivées de l'équation primitive

$$F(x, y, z) = o,$$

prises séparément par rapport à x et par rapport à y.

En effet, puisque dans cette équation les deux variables x et y sont essentiellement indépendantes entre elles, ses dérivées par rapport à x et par rapport à y auront lieu chacune en particulier. Or, la variable z étant, par cette équation, une fonction de x et y, dont les fonctions dérivées sont z'' par rapport à x seul, et z'' par rapport à y seul, il est clair que la dérivée de $F(x, y, z)$ sera $F'(x) + z'' F'(z)$ par rapport à x, et qu'elle sera $F'(y) + z'' F'(z)$ par rapport à y; de sorte que l'équation primitive

$$F(x, y, z) = o$$

donnera ces deux dérivées indépendantes

$$F'(x) + z'' F'(z) = o, \qquad F'(y) + z'' F'(z) = o,$$

lesquelles serviront à trouver les valeurs des fonctions z'' et z'', et l'on aura

$$z'' = - \frac{F'(x)}{F'(z)}, \qquad z'' = - \frac{F'(y)}{F'(z)}.$$

Ayant ainsi les valeurs des deux premières fonctions dérivées de z, on en déduira celles des fonctions secondes z''', z''', z''', en prenant les dérivées de z'' et z'' par rapport à x et y, et ainsi de suite.

Il suit de là que, l'équation primitive

$$F(x, y, z) = o$$

ayant lieu, ses deux dérivées

$$F'(x) + z'' F'(z) = o, \qquad F'(y) + z'' F'(z) = o$$

auront lieu aussi en même temps; par conséquent une combinaison quelconque de ces trois équations aura lieu aussi, et pourra tenir lieu de l'équation dérivée.

Ainsi une équation entre x, y, z et les deux dérivées z'', z'', ou $\left(\dfrac{z'}{x'}\right)$, $\left(\dfrac{z'}{y'}\right)$, par rapport à x et y, sera une équation du premier ordre à trois variables, à laquelle répondra nécessairement une équation primitive en x, y, z.

Soit, par exemple, l'équation

$$z'' + M z'' = N,$$

M et N étant des quantités constantes.

Son équation primitive sera

$$z - Nx = \varphi(y - Mx),$$

la caractéristique φ dénotant une fonction quelconque.

En effet, si l'on prend les fonctions dérivées par rapport à x, on a

$$z'' - N = - M \, \varphi'(y - Mx)$$

et, si l'on prend ces fonctions par rapport à y, on a

$$z'' = \varphi'(y - Mx);$$

de sorte qu'en éliminant la fonction dérivée φ', on a l'équation dérivée proposée

$$z'' + M z'' - N = o.$$

Considérons l'équation générale de la même forme, dans laquelle M et N soient des fonctions quelconques données de x, y, z.

Supposons que

$$F(x, y, z) = 0$$

soit son équation primitive; on aura, par ce qu'on a vu ci-dessus,

$$z' = -\frac{F'(x)}{F'(z)}, \qquad z'' = -\frac{F'(y)}{F'(z)};$$

donc, substituant ces valeurs dans l'équation proposée, et multipliant tous les termes par $F'(z)$, on aura, en changeant les signes,

$$F'(x) + M\,F'(y) + N\,F'(z) = 0.$$

Or on a, en général, comme on l'a vu,

$$F'(x, y, z) = x'\,F'(x) + y'\,F'(y) + z'\,F'(z),$$

en regardant x, y, z comme des fonctions quelconques d'une autre variable t; donc, substituant dans cette formule, à la place de $F'(x)$, sa valeur tirée de l'équation précédente, savoir, $-M\,F'(y) - N\,F'(z)$, on aura

$$F'(x, y, z) = (y' - x'M)\,F'(y) + (z' - x'N)\,F'(z).$$

On voit, par cette expression de la fonction dérivée $F'(x, y, z)$, que cette fonction deviendra nulle si l'on établit entre les trois variables x, y, z des relations telles, que l'on ait ces deux équations particulières

$$y' - Mx' = 0, \qquad z' - Nx' = 0.$$

Ces équations, étant entre les trois variables x, y, z, serviront à déterminer les valeurs de ces variables en fonctions de la troisième; de sorte que, par la substitution de ces valeurs, la fonction $F(x, y, z)$ deviendra aussi une fonction de cette troisième variable. Donc, puisque sa fonction dérivée doit alors devenir nulle, il s'ensuit que la variable doit disparaître d'elle-même, et que la fonction $F(x, y, z)$ ne pourra contenir, après cette substitution, que des constantes.

Or, les deux équations

$$y' - Mx' = 0, \qquad z' - Nx' = 0$$

étant du premier ordre, leurs équations primitives contiendront deux constantes arbitraires que nous désignerons par a et b. En effet, si de ces deux équations on veut éliminer, par exemple, la variable z, on tombera dans une équation du second ordre en x et y, dans laquelle on pourra faire

$$x' = 1 \quad \text{ou} \quad y' = 1,$$

suivant qu'on voudra regarder y comme fonction de x, ou x comme fonction de y, et cette équation aura pour équation primitive une équation en x et y, avec deux constantes arbitraires.

Ensuite on aura aussi z en fonction de x et y par l'une des deux équations proposées.

Il suit de là qu'après la substitution des valeurs de y et z en x, tirées des deux équations du premier ordre dont il s'agit, la fonction $F(x, y, z)$ ne contiendra plus que les constantes a et b avec celles qui se trouvent dans les quantités M et N; de sorte qu'elle deviendra simplement une fonction de a et b, que nous désignerons par $\Phi(a, b)$.

Par conséquent l'équation primitive

$$F(x, y, z) = 0$$

se réduira à

$$\Phi(a, b) = 0,$$

par laquelle on voit que l'une des constantes a et b sera fonction de l'autre.

Mais, à la place des constantes a et b, on peut mettre leurs valeurs en x, y, z, tirées des deux équations primitives, où elles entrent comme arbitraires. Donc, si l'on désigne par P et Q ces valeurs de a et b, l'équation primitive de la proposée deviendra

$$\Phi(P, Q) = 0,$$

la fonction désignée par Φ étant arbitraire.

Il résulte de là une méthode générale pour trouver l'équation primitive d'une équation quelconque du premier ordre, à trois variables x, y, z, dans laquelle les deux fonctions dérivées de la variable, qui est censée fonction des deux autres, ne se trouvent qu'à la première dimension, telle que

$$z'' + M z''' + N,$$

ou, ce qui est la même chose,

$$\left(\frac{z'}{x'}\right) + M \left(\frac{z'}{y'}\right) = N,$$

M et N étant des fonctions quelconques de x, y, z. On fera ces deux
équations

$$y' - M x' = 0, \qquad z' - N x' = 0,$$

dans lesquelles on peut supposer l'une des trois fonctions dérivées x',
y', z' égales à l'unité, suivant la variable qu'on voudra regarder comme
principale, et dont les deux autres seront censées des fonctions; et,
ayant trouvé, s'il est possible, les deux équations primitives de ces
équations, on en déduira les valeurs P et Q des deux constantes arbitraires a et b qu'elles doivent renfermer; on aura alors

$$\Phi(P, Q) = 0$$

pour l'équation primitive cherchée, d'où résulte

$$Q = \varphi(P),$$

la caractéristique φ désignant une fonction quelconque de Q.

L'analyse précédente est plus simple et plus directe que celle que
j'ai donnée dans la *Théorie des fonctions* ([1]); c'est ce qui m'a engagé
à la mettre ici, d'autant qu'elle s'applique avec la même facilité aux
équations semblables entre un plus grand nombre de variables. Dans
les *Mémoires de Berlin* de 1779 ([2]), je m'étais contenté de prouver,
a posteriori, la légitimité et la généralité de cette méthode.

Considérons de la même manière l'équation à quatre variables t, x,
y, z de la forme

$$\left(\frac{z'}{t'}\right) + L \left(\frac{z'}{x'}\right) + M \left(\frac{z'}{y'}\right) = N,$$

L, M, N étant des fonctions quelconques de t, x, y, z.

([1]) *OEuvres de Lagrange*, t. IX.
([2]) *Ibid.*, t. IV, p. 585.

Si l'on représente son équation par

$$F(t, x, y, z) = 0,$$

sa fonction dérivée $F'(t, x, y, z)$ sera, en général,

$$t' F'(t) + x' F'(x) + y' F'(y) + z' F'(z),$$

et l'on aura, relativement à chacune des variables t, x, y en particulier, les équations

$$F'(t) + \left(\frac{z'}{t'}\right) F'(z) = 0,$$

$$F'(x) + \left(\frac{z'}{x'}\right) F'(z) = 0,$$

$$F'(y) + \left(\frac{z'}{y'}\right) F'(z) = 0.$$

Tirant de ces équations les valeurs des fonctions $\left(\frac{z'}{t'}\right)$, $\left(\frac{z'}{x'}\right)$, $\left(\frac{z'}{y'}\right)$, et les substituant dans l'équation proposée, elle deviendra, après la multiplication par $F'(z)$ et le changement des signes,

$$F'(t) + L F'(x) + M F'(y) + N F'(z) = 0,$$

d'où l'on tire

$$F'(t) = - L F'(x) - M F'(y) - N F'(z).$$

Cette valeur de $F'(t)$ étant substituée dans celle de $F'(t, x, y, z)$, on aura

$$F'(t, x, y, z) = (x' - t'L) F'(x) + (y' - t'M) F'(y) + (z' - t'N) F'(z).$$

Si donc on introduit entre les quatre variables t, x, y, z les relations déterminées par les trois équations

$$x' - t'L = 0, \qquad y' - t'M = 0, \qquad z' - t'N = 0,$$

la fonction dérivée $F'(t, x, y, z)$ deviendra nulle; par conséquent la fonction primitive $F(t, x, y, z)$ ne pourra contenir que des constantes.

Or les trois équations dont il s'agit, étant du premier ordre, auront trois équations primitives qui contiendront trois constantes arbitraires a, b, c, et par lesquelles trois des variables t, x, y, z pourront être déterminées en fonction de la quatrième. Donc, si dans la fonction $F(t, x, y, z)$ on substitue les valeurs de ces variables, il faudra que la variable restante disparaisse d'elle-même, et la fonction ne pourra plus contenir que les mêmes constantes a, b, c, avec celles qui entreront dans les expressions de L, M, N. De sorte qu'après cette substitution la fonction $F(t, x, y, z)$ deviendra nécessairement de la forme $\Phi(a, b, c)$.

Or les trois équations primitives dont il s'agit déterminent les valeurs de a, b, c en fonctions des variables t, x, y, z; de sorte qu'en désignant ces fonctions par P, Q, R, on peut mettre ces équations sous la forme

$$a = \mathrm{P}, \qquad b = \mathrm{Q}, \qquad c = \mathrm{R}.$$

Donc la fonction $F(t, x, y, z)$ devra être de la forme $\Phi(\mathrm{P}, \mathrm{Q}, \mathrm{R})$, puisqu'il n'y a que cette forme qui puisse devenir fonction de a, b, c, en vertu des trois équations primitives

$$\mathrm{P} = a, \qquad \mathrm{Q} = b, \qquad \mathrm{R} = c.$$

Donc l'équation primitive

$$F(t, x, y, z) = 0$$

deviendra

$$\Phi(\mathrm{P}, \mathrm{Q}, \mathrm{R}) = 0,$$

par laquelle on aura

$$\mathrm{R} = \varphi(\mathrm{P}, \mathrm{Q}),$$

la caractéristique φ désignant une fonction quelconque de P et Q.

Ainsi :

1° L'équation du premier ordre à trois variables

$$\left(\frac{z'}{x'}\right) + \mathrm{M}\left(\frac{z'}{y'}\right) = \mathrm{N}$$

dépend des deux équations du premier ordre entre les mêmes variables

$$y' - \mathrm{M}x' = 0, \qquad z' - \mathrm{N}x' = 0,$$

et, si

$$\mathrm{P} = a, \qquad \mathrm{Q} = b$$

sont les équations primitives de celles-ci, a et b étant les constantes

X.

arbitraires, l'équation primitive de la proposée sera

$$Q = \varphi(P),$$

$\varphi(P)$ étant une fonction quelconque de P.

2° L'équation du premier ordre à quatre variables

$$\left(\frac{z'}{t'}\right) + L\left(\frac{z'}{x'}\right) + M\left(\frac{z'}{y'}\right) = N$$

dépend de ces trois équations entre les mêmes variables

$$x' - t'L = 0, \qquad y' - t'M = 0, \qquad z' - t'N = 0.$$

Et, si

$$P = a, \qquad Q = b, \qquad R = c$$

sont les trois équations primitives de celles-ci, a, b, c étant les constantes arbitraires, l'équation primitive de la proposée sera

$$R = \varphi(P, Q),$$

$\varphi(P, Q)$ désignant une fonction quelconque de P et Q, et ainsi de suite.

De cette manière, la recherche des équations primitives des équations du premier ordre, par lesquelles une variable est fonction de deux ou de plusieurs autres, est réduite à la recherche des équations primitives d'équations du même ordre, dans lesquelles toutes les variables sont fonctions d'une seule et même variable. Or, en Analyse, on regarde la solution d'un problème comme connue, lorsqu'elle est réduite à celle d'un problème d'un genre inférieur, quoique celle-ci puisse être sujette encore à beaucoup de difficultés.

Supposons, pour donner des exemples très simples, que les quantités L, M, N soient constantes; les deux équations

$$y' - x'M = 0, \qquad z' - x'N = 0$$

auront ces primitives

$$y - Mx = a, \qquad z - Nx = b;$$

donc l'équation

$$\left(\frac{z'}{x'}\right) + M\left(\frac{z'}{y'}\right) = N$$

aura cette primitive

$$z - \mathrm{N}x = \varphi(y - \mathrm{M}x),$$

comme nous l'avons déjà vu plus haut.

Les trois équations

$$x' - t'\mathrm{L} = \mathrm{o}, \qquad y' - t'\mathrm{M} = \mathrm{o}, \qquad z' - t'\mathrm{N} = \mathrm{o}$$

auront ces primitives

$$x - \mathrm{L}t = a, \qquad y - \mathrm{M}t = b, \qquad z - \mathrm{N}t = c,$$

et l'équation

$$\left(\frac{z'}{t'}\right) + \mathrm{L}\left(\frac{z'}{x'}\right) + \mathrm{M}\left(\frac{z'}{y'}\right) = \mathrm{N}$$

aura cette primitive

$$z - \mathrm{N}t = \varphi(x - \mathrm{L}t, y - \mathrm{M}t).$$

Il est bon de remarquer que les équations

$$\mathrm{P} = a, \qquad \mathrm{Q} = b, \qquad \mathrm{R} = c, \qquad \ldots,$$

où a, b, c, ... sont des constantes arbitraires, donnent chacune une solution particulière de l'équation proposée, ce qui est évident par la forme même de la solution générale

$$\Phi(\mathrm{P}, \mathrm{Q}) = \mathrm{o} \qquad \text{ou} \qquad \Phi(\mathrm{P}, \mathrm{Q}, \mathrm{R}) = \mathrm{o};$$

car, puisque la fonction désignée par Φ est arbitraire, on peut toujours réduire ces équations à

$$\mathrm{P} - a = \mathrm{o}, \qquad \text{ou} \qquad \mathrm{Q} - b = \mathrm{o}, \qquad \text{ou} \qquad \mathrm{R} - c = \mathrm{o}, \qquad \ldots$$

Ainsi il est facile de voir que l'équation

$$z - \mathrm{N}x = b$$

satisfait à l'équation dérivée

$$\left(\frac{z'}{x'}\right) + \mathrm{M}\left(\frac{z'}{y'}\right) = \mathrm{N},$$

car elle donne

$$z = \mathrm{N}x + b;$$

donc

$$\left(\frac{z'}{x'}\right) = N, \qquad \left(\frac{z'}{y'}\right) = o.$$

Mais, si l'on prenait l'autre équation

$$y - Mx = a,$$

on ne verrait pas d'abord comment elle y peut satisfaire, puisque la variable z n'y entre pas. Comme cette équation ne donne qu'un rapport entre x et y, par lequel x est fonction de y, ou y fonction de x, il faudra changer l'équation dérivée de manière qu'au lieu des fonctions dérivées de z, par rapport à x et y, elles contiennent les fonctions dérivées de x par rapport à y et z, ou de y par rapport à x et z, ce qu'on obtiendra par les substitutions que nous avons indiquées plus haut.

Nous allons donner ici cette transformation pour servir d'exemple dans les cas semblables.

On mettra donc à la place de $\left(\frac{z'}{x'}\right)$ et $\left(\frac{z'}{y'}\right)$ les quantités

$$\frac{\iota}{\left(\frac{x'}{z'}\right)}, \qquad -\frac{\left(\frac{x'}{y'}\right)}{\left(\frac{x'}{z'}\right)},$$

et l'équation dérivée ci-dessus deviendra, en multipliant tous les termes par $\left(\frac{x'}{z'}\right)$,

$$\iota - M\left(\frac{x'}{y'}\right) = N\left(\frac{x'}{z'}\right),$$

dans laquelle x est maintenant censée fonction de y et z.

Or l'équation
$$y - Mx = a$$
donne

$$x = \frac{y - a}{M},$$

d'où l'on tire

$$\left(\frac{x'}{y'}\right) = \frac{\iota}{M}, \qquad \left(\frac{x'}{z'}\right) = o,$$

valeurs qui satisfont évidemment à l'équation précédente.

Nous venons de voir, dans les exemples précédents, que l'équation primitive renferme, dans le cas de trois variables, une fonction arbitraire d'une quantité composée de ces variables, et, dans le cas de quatre variables, une fonction arbitraire de deux quantités composées de ces variables.

Nous allons démontrer que cette proposition est générale, quelle que soit la forme de l'équation dérivée du premier ordre.

En appliquant aux équations à trois variables la théorie que nous avons donnée, dans la Leçon XII, sur les équations dérivées à deux variables, il est aisé de voir que, puisqu'une équation à trois variables a deux équations dérivées, on pourra, par le moyen de ces trois équations, qui ont lieu simultanément, éliminer deux constantes à volonté, et parvenir ainsi à une équation du premier ordre, qui contiendra deux constantes de moins que l'équation primitive.

D'où il suit réciproquement que l'équation primitive d'une équation du premier ordre à trois variables doit contenir deux constantes de plus que l'équation du premier ordre, et que ces constantes seront nécessairement arbitraires.

Prenons pour équation primitive l'équation à trois variables

$$z = ax + by;$$

en regardant z comme fonction de x et y, on aura ces deux dérivées, l'une relative à x et l'autre relative à y,

$$\left(\frac{z'}{x'}\right) = a, \qquad \left(\frac{z'}{y'}\right) = b.$$

Éliminant, par le moyen de ces trois équations, les constantes a et b, on aura l'équation du premier ordre

$$z = x\left(\frac{z'}{x'}\right) + y\left(\frac{z'}{y'}\right),$$

à laquelle répondra l'équation primitive

$$z = ax + by,$$

les constantes a et b demeurant arbitraires.

Mais il n'en est pas ici comme dans les équations à deux variables, où, dès qu'on a trouvé une équation primitive avec une constante arbitraire, on est assuré qu'elle a toute la généralité que l'équation du premier ordre peut comporter; car on peut trouver une infinité d'équations à trois variables qui, par l'élimination de deux constantes au moyen de leurs dérivées, donnent la même équation du premier ordre.

Par exemple, l'équation

$$z = ay + \frac{b\,x^2}{y}$$

donne ces deux dérivées

$$\left(\frac{z'}{x'}\right) = \frac{2b\,x}{y}, \qquad \left(\frac{z'}{y'}\right) = a - \frac{b\,x^2}{y^2},$$

d'où l'on tire, par l'élimination de a et b, la même équation

$$z = x\left(\frac{z'}{x'}\right) + y\left(\frac{z'}{y'}\right).$$

On pourra trouver autant d'autres équations primitives qu'on voudra qui redonneront la même équation du premier ordre; mais, dès qu'on en a une avec deux constantes arbitraires, on peut en déduire la formule générale de toutes les autres par des principes analogues à ceux qui nous ont conduits aux équations primitives singulières, et que nous avons exposés dans la Leçon XV.

En effet, si l'on considère une équation primitive à trois variables, telle que

$$F(x, y, z, a, b) = 0,$$

dans laquelle il y a deux constantes a et b, qu'on se propose de faire disparaître au moyen de ses deux dérivées, il est visible que le résultat de l'élimination de ces constantes sera toujours le même, soit que les constantes a et b soient constantes ou non, pourvu que les deux dérivées soient les mêmes, ce qui aura nécessairement lieu lorsqu'en regardant les quantités a et b comme variables, les termes provenant de leur variation, dans les deux équations dérivées, seront nuls.

Or, tant que a et b sont constants, l'équation

$$F(x,y,z,a,b) = 0$$

donne, comme on l'a vu plus haut, ces deux dérivées, l'une par rapport à x et l'autre par rapport à y,

$$F'(x) + \left(\frac{z'}{x'}\right) F'(z) = 0,$$

$$F'(y) + \left(\frac{z'}{y'}\right) F'(z) = 0.$$

Mais, en regardant a et b comme fonctions de x et y, ces dérivées deviendront

$$F'(x) + \left(\frac{z'}{x'}\right) F'(z) + \left(\frac{a'}{x'}\right) F'(a) + \left(\frac{b'}{x'}\right) F'(b) = 0,$$

$$F'(y) + \left(\frac{z'}{y'}\right) F'(z) + \left(\frac{a'}{y'}\right) F'(a) + \left(\frac{b'}{y'}\right) F'(b) = 0.$$

Et il est clair qu'elles se réduiront aux précédentes, en déterminant a et b de manière que l'on ait les deux équations

$$\left(\frac{a'}{x'}\right) F'(a) + \left(\frac{b'}{x'}\right) F'(b) = 0,$$

$$\left(\frac{a'}{y'}\right) F'(a) + \left(\frac{b'}{y'}\right) F'(b) = 0.$$

Il est d'abord visible qu'on peut satisfaire à ces deux conditions, en faisant

$$F'(a) = 0, \qquad F'(b) = 0,$$

ce qui donne deux équations par lesquelles on pourra déterminer a et b en fonctions de x, y, z.

Cette solution répond évidemment à celle qui donne les équations primitives singulières des équations à deux variables, comme nous l'avons vu dans la Leçon XV.

Ainsi on pourra appeler aussi *équation primitive singulière* l'équation

$$F(x,y,z,a,b) = 0,$$

dans laquelle on aura substitué pour a et b les valeurs tirées des deux équations

$$F'(a) = o, \qquad F'(b) = o.$$

Mais il y a une manière plus générale de satisfaire aux mêmes conditions.

Supposons que b soit une fonction quelconque de a, que nous désignerons par $\varphi(a)$, alors b' deviendra $\varphi'(a).a'$; par conséquent $\left(\dfrac{b'}{x'}\right)$ deviendra $\varphi'(a).\left(\dfrac{a'}{x'}\right)$, et $\left(\dfrac{b'}{y'}\right)$ deviendra $\varphi'(a).\left(\dfrac{a'}{y'}\right)$.

Faisant ces substitutions dans les deux équations de condition, elles deviendront

$$[F'(a) + F'(b).\varphi'(a)]\left(\frac{a'}{x'}\right) = o,$$

$$[F'(a) + F'(b).\varphi'(a)]\left(\frac{a'}{y'}\right) = o,$$

et l'on y satisfera par cette équation unique

$$F'(a) + F'(b).\varphi'(a) = o,$$

laquelle servira à déterminer la valeur de a, et la fonction $\varphi(a)$ demeurera arbitraire.

En effet, si dans l'équation primitive

$$F(x, y, z, a, b) = o$$

on fait

$$b = \varphi(a),$$

elle deviendra

$$F[x, y, z, a, \varphi(a)] = o,$$

et, si l'on désigne par $F'[a, \varphi(a)]$ la fonction dérivée de $F[x, y, z, a, \varphi(a)]$, prise relativement à a seul, il est facile de voir qu'en faisant

$$F'[a, \varphi(a)] = o,$$

les équations dérivées de la proposée, prises relativement à x et à y, seront les mêmes, a étant variable, que si elle ne variait pas; que, par conséquent, l'équation du premier ordre, déduite de celle-ci par l'élimination de a et $\varphi(a)$, sera encore la même.

Il est visible que l'équation

$$F'[a, \varphi(a)] = 0$$

n'est autre chose que l'équation ci-dessus

$$F'(a) + F'(b) . \varphi'(a) = 0,$$

en faisant

$$b = \varphi(a).$$

De cette manière, on aura donc aussi une espèce d'équations primitives singulières, mais plus générales que l'équation primitive proposée, à raison de la fonction arbitraire qu'elles contiendront.

Si donc on a une équation du premier ordre à trois variables, telle que

$$f\left(x, y, z, \left(\frac{z'}{x'}\right), \left(\frac{z'}{y'}\right)\right) = 0,$$

on peut supposer qu'elle ait pour équation primitive

$$F(x, y, z, a, b) = 0,$$

où a et b soient deux constantes arbitraires.

Nous appellerons celle-ci *équation primitive complète*, à raison des deux constantes arbitraires qu'elle contient, et qui ne peuvent disparaître que par le moyen de ses deux dérivées. S'il arrivait que les deux constantes s'en allassent à la fois au moyen d'une seule de ces dérivées, elles ne pourraient alors tenir lieu que d'une seule constante, et l'équation primitive ne serait pas complète.

Dès qu'on aura trouvé une équation primitive complète, on en pourra déduire une autre plus générale, et qui contiendra une fonction arbitraire.

Car il n'y aura qu'à faire

$$b = \varphi(a)$$

et à déterminer ensuite a par la condition

$$F'[a, \varphi(a)] = 0.$$

Nous nommerons celle-ci *équation primitive générale*, pour la distinguer de la précédente.

X. 43

Enfin, la même équation primitive complète donnera encore l'*équation primitive singulière*, en déterminant a et b en fonction de x, y, z par les deux conditions

$$F'(a)=0, \qquad F'(b)=0.$$

Par exemple, nous avons vu plus haut que l'équation du premier ordre

$$z = x\left(\frac{z'}{x'}\right) + y\left(\frac{z'}{y'}\right)$$

a pour équation primitive complète

$$z = ax + by.$$

Pour en déduire l'équation primitive générale, on fera

$$b = \varphi(a),$$

et l'on prendra les fonctions dérivées par rapport à a seul; on aura les deux équations

$$z = ax + y\,\varphi(a), \qquad x + y\,\varphi'(a) = 0,$$

d'où il faudra éliminer a; comme la fonction $\varphi(a)$ est arbitraire, on peut, en lui donnant différentes formes, en déduire une infinité d'équations primitives complètes différentes, avec deux constantes arbitraires.

Soit, par exemple,

$$\varphi(a) = A - \frac{a^2}{4\,B},$$

les deux équations deviendront

$$z = ax + y\left(A - \frac{a^2}{4\,B}\right), \qquad x - \frac{y\,a}{2\,B} = 0;$$

la seconde donne

$$a = \frac{2\,B\,x}{y},$$

et cette valeur, substituée dans la première, la réduit à

$$z = Ay + \frac{B\,x^2}{y},$$

qui est l'autre forme d'équation primitive que nous avions trouvée.

On pourra, de la même manière, en trouver tant d'autres qu'on voudra; mais il est remarquable que la première équation primitive complète, d'où l'équation primitive générale a été déduite, n'y est jamais comprise.

Ainsi, il est impossible de déterminer la fonction $\varphi(a)$ de manière que les deux équations

$$z = ax + y\,\varphi(a), \qquad x + y\,\varphi'(a) = 0$$

donnent celle-ci

$$z = Ax + By,$$

A et B étant des constantes arbitraires.

Car supposons la chose possible; en substituant dans la première la valeur de z, on aura à satisfaire à ces deux équations

$$Ax + By = ax + y\,\varphi(a), \qquad x + y\,\varphi'(a) = 0.$$

La seconde donne

$$x = -y\,\varphi'(a);$$

cette valeur, substituée dans la première, la rend divisible par y, et il en résulte

$$B - A\,\varphi'(a) = \varphi(a) - a\,\varphi'(a),$$

d'où l'on tire

$$\varphi'(a) = \frac{\varphi(a) - B}{a - A};$$

divisant par $\varphi(a) - B$, on a l'équation

$$\frac{\varphi'(a)}{\varphi(a) - B} = \frac{1}{a - A},$$

dont chaque membre est une fonction dérivée exacte.

La fonction primitive du premier membre est $l[\varphi(a) - B]$, et celle du second membre est $l(a - A)$, la caractéristique l dénotant le logarithme hyperbolique (Leçon IV); donc, prenant les fonctions primitives et ajoutant la constante arbitraire lk, on aura

$$l[\varphi(a) - B] = l(a - A) + lk,$$

d'où l'on tire

$$\varphi(a) - B = k(a - A)$$

et, par conséquent,

$$\varphi(a) = B + k(a - A).$$

Telle devrait donc être la forme de la fonction $\varphi(a)$; d'où l'on déduit

$$\varphi'(a) = k.$$

Ces valeurs étant maintenant substituées dans les deux équations ci-dessus, elles deviendront

$$(a - A)(x + ky) = 0, \qquad x + ky = 0,$$

auxquelles on ne peut satisfaire qu'en faisant

$$x + ky = 0,$$

ce qui ne donne rien.

Jusqu'à présent on avait cru que toute équation primitive qui satisfait à une équation du premier ordre à trois variables, avec une fonction arbitraire, est aussi générale que celle-ci peut le comporter. L'exemple précédent met cette proposition en défaut, et nous prouverons plus bas la même chose d'une manière générale et directe.

Il est vrai que, dans le cas que nous venons d'examiner, on peut donner à l'équation primitive une forme plus simple et plus générale.

Car, en considérant les deux équations

$$z = ax + y\,\varphi(a), \qquad x + y\,\varphi'(a) = 0,$$

on voit que la seconde donne

$$\varphi'(a) = -\frac{x}{y};$$

d'où il résulte que a est une fonction de $\frac{x}{y}$.

Faisons donc

$$a = \psi\left(\frac{x}{y}\right),$$

nous aurons

$$\varphi(a) = \Phi\left(\frac{x}{y}\right);$$

mais il faudra qu'il y ait entre les fonctions $\psi\left(\dfrac{x}{y}\right)$ et $\Phi\left(\dfrac{x}{y}\right)$ une relation dépendante de l'équation

$$\varphi'(a) = -\frac{x}{y}.$$

En effet, si, en regardant a comme une variable, on prend les fonctions dérivées relativement à la quantité $\dfrac{x}{y}$, les équations

$$a = \psi\left(\frac{x}{y}\right), \qquad \varphi(a) = \Phi\left(\frac{x}{y}\right)$$

donneront

$$a' = \psi'\left(\frac{x}{y}\right), \qquad a'\,\varphi'(a) = \Phi'\left(\frac{x}{y}\right);$$

donc, substituant dans la seconde, pour a' et pour $\varphi'(a)$, leurs valeurs, on aura l'équation de condition

$$\frac{x}{y}\,\psi'\left(\frac{x}{y}\right) + \Phi'\left(\frac{x}{y}\right) = 0.$$

Maintenant la première équation devient, par la substitution des valeurs de a et de $\varphi(a)$,

$$z = x\,\psi\left(\frac{x}{y}\right) + y\,\Phi\left(\frac{x}{y}\right);$$

et, si l'on met cette équation sous la forme

$$z = x\left[\psi\left(\frac{x}{y}\right) + \frac{y}{x}\,\Phi\left(\frac{x}{y}\right)\right],$$

il est visible qu'elle se réduit à celle-ci

$$z = x\,\Psi\left(\frac{y}{x}\right).$$

La fonction $\Psi\left(\dfrac{y}{x}\right)$ demeure absolument arbitraire, puisque les deux fonctions $\psi\left(\dfrac{x}{y}\right)$ et $\dfrac{y}{x}\,\Phi\left(\dfrac{x}{y}\right)$ ne forment qu'une fonction de $\dfrac{y}{x}$; en sorte que la relation trouvée entre ces fonctions devient ici inutile.

Et il est bon de remarquer que cette dernière solution est précisément celle que l'on trouve directement par la méthode générale exposée plus haut pour les équations du premier ordre de la forme

$$\left(\frac{z'}{x'}\right) + M\left(\frac{z'}{y'}\right) = N.$$

Car l'équation proposée

$$z = x\left(\frac{z'}{x'}\right) + y\left(\frac{z'}{y'}\right),$$

étant divisée par x et comparée à la formule précédente, donne

$$M = \frac{y}{x}, \qquad N = \frac{z}{x},$$

de sorte que les deux équations particulières

$$y' - Mx' = 0, \qquad z' - Nx' = 0$$

deviennent

$$y' - \frac{yx'}{x} = 0, \qquad z' - \frac{zx'}{x} = 0.$$

Chacune de ces deux équations, étant divisée par x, devient une dérivée exacte, et l'on a les deux primitives

$$\frac{y}{x} = a, \qquad \frac{z}{x} = b.$$

On a ainsi

$$P = \frac{y}{x}, \qquad Q = \frac{z}{x};$$

d'où résulte l'équation primitive

$$\frac{z}{x} = \varphi\left(\frac{y}{x}\right),$$

qui s'accorde avec celle que nous venons de trouver.

On voit aussi que cette forme renferme l'équation complète

$$z = ax + by;$$

car il n'y a qu'à supposer

$$\circ\left(\frac{y}{x}\right) = a + b\,\frac{y}{x}.$$

Si l'on avait l'équation du premier ordre

$$z = x\left(\frac{z'}{x'}\right) + y\left(\frac{z'}{y'}\right) + f\left[\left(\frac{z'}{x'}\right), \left(\frac{z'}{y'}\right)\right],$$

la caractéristique f dénotant une fonction quelconque donnée des deux fonctions dérivées $\left(\frac{z'}{x'}\right)$, $\left(\frac{z'}{y'}\right)$, on trouverait aisément pour son équation primitive complète l'équation

$$z = ax + by + f(a, b),$$

a et b étant deux constantes arbitraires.

En effet, en prenant les deux dérivées de cette équation par rapport à x et à y, on a

$$\left(\frac{z'}{x'}\right) = a, \qquad \left(\frac{z'}{y'}\right) = b,$$

et, substituant ces valeurs de a et b, il vient l'équation proposée.

Maintenant, pour trouver l'équation primitive générale, il n'y aura qu'à faire

$$b = \varphi(a),$$

et déterminer ensuite a par la dérivée, prise relativement à a seul.

Ainsi on aura le système des deux équations

$$z = ax + y\,\varphi(a) + f[a, \varphi(a)], \qquad x + y\,\varphi'(a) + f'[a, \varphi(a)] = 0.$$

Enfin, pour avoir l'équation primitive singulière, on éliminera a et b au moyen des deux dérivées, l'une par rapport à a, et l'autre par rapport à b. Ces dérivées sont

$$x + f'(a) = 0, \qquad y + f'(b) = 0.$$

Comme l'élimination de a et b est impossible tant qu'on ne particularise pas la fonction $f(a, b)$, si à la place des variables x et y on introduit les deux variables a et b, on aura

$$x = -f'(a), \qquad y = -f'(b),$$

et de là

$$z = f(a, b) - a f'(a) - b f'(b)$$

pour l'équation primitive singulière.

Si l'on considère ces trois espèces d'équations primitives, il est facile de voir qu'elles sont essentiellement distinctes l'une de l'autre, et que chacune d'elles ne peut être renfermée dans aucune des deux autres, ni les renfermer; car, dans la première, les quantités a et b sont constantes, au lieu qu'elles deviennent, dans la seconde et dans la troisième, des fonctions différentes des variables x, y, z.

Mais on peut s'en convaincre d'une manière plus sensible, par la considération des surfaces représentées par ces différentes équations primitives. Pour cela, je considère d'abord l'équation générale du plan

$$z = ax + by + c,$$

dont la position par rapport aux trois plans rectangulaires des x, y, des x, z et des y, z est déterminée par les constantes a, b, c.

Car il est facile de prouver que a est la tangente de l'angle que l'intersection de ce plan avec le plan des x et z fait avec l'axe des x; que b est la tangente de l'angle que l'intersection du même plan avec l'autre plan des y et z fait avec l'axe de y; enfin que ce plan passe par le point de l'axe des z, qui est éloigné de l'origine commune des trois axes de la quantité c. Ainsi on peut regarder a, b, c comme les éléments du plan, puisque sa position par rapport aux axes des x, y, z en dépend entièrement.

Si l'on combine l'équation du plan avec ses deux dérivées, prises séparément par rapport à x et y, on peut déterminer les valeurs des trois éléments a, b, c en fonctions de x, y, z, et l'on trouve

$$a = \left(\frac{z'}{x'}\right), \qquad b = \left(\frac{z'}{y'}\right), \qquad c = z - x\left(\frac{z'}{x'}\right) - y\left(\frac{z'}{y'}\right).$$

Or nous avons démontré rigoureusement, dans la *Théorie des fonc-*

tions analytiques (¹), que, par rapport à une surface quelconque dont on a l'équation en x, y, z, les expressions précédentes des quantités a, b, c donnent également les éléments du plan tangent de la surface au point qui répond aux coordonnées x, y, z; d'où il suit que deux surfaces qui, pour les mêmes coordonnées, auront aussi les mêmes valeurs des fonctions dérivées $\left(\dfrac{z'}{x'}\right)$ et $\left(\dfrac{z'}{y'}\right)$ se toucheront nécessairement au point qui répond à ces coordonnées, puisqu'elles auront l'une et l'autre le même plan tangent.

Cela posé, l'équation primitive complète

$$F(x, y, z, a, b) = 0,$$

dans laquelle a et b sont des constantes arbitraires, représente une surface dont la nature et la position dépendent de ces constantes; en sorte qu'en faisant varier ces constantes la surface variera aussi successivement.

Or, si l'on fait

$$b = \varphi(a)$$

et qu'on détermine a en fonction de x, y, z, de manière que les deux équations dérivées restent les mêmes que si a ne variait pas, ce qui donne l'équation primitive générale, il est visible que cette équation représentera une surface tout à fait différente, mais qui aura, en chaque point, le même plan tangent que si la quantité a demeurait constante, puisque les expressions des quantités $\left(\dfrac{z'}{x'}\right)$ et $\left(\dfrac{z'}{y'}\right)$ restent les mêmes. Donc cette surface sera touchée en chaque point par la surface de l'équation primitive complète qui répond à

$$b = \varphi(a),$$

et où a aura une valeur constante déterminée par l'équation

$$F'[a, \varphi(a)] = 0,$$

qui est la condition de l'équation primitive générale, les valeurs de x,

(¹) *OEuvres de Lagrange*, t. IX.

y, z, dont a devient fonction, répondant au point de contact des deux surfaces, et étant censées constantes par rapport aux surfaces touchantes.

Mais, en regardant a comme constante, l'équation

$$F'[a, \varphi(a)] = 0$$

représente aussi une surface; et son intersection avec la surface représentée par

$$F[x, y, z, a, \varphi(a)] = 0$$

sera une ligne tracée sur cette même surface, dont chaque point sera, par conséquent, un point de contact des deux surfaces dont il s'agit.

D'où l'on peut conclure que la surface représentée par l'équation primitive générale sera touchée, dans toute l'étendue d'une ligne, par une des surfaces représentées par l'équation primitive complète, dans laquelle on supposera l'une des constantes

$$b = \varphi(a);$$

de manière que l'équation primitive complète

$$F[x, y, z, a, \varphi(a)] = 0,$$

où a est constante, donnera, en faisant varier successivement la valeur de a, une infinité de surfaces successives dont chacune aura une ligne d'attouchement avec la surface représentée par l'équation primitive générale, et il est aisé de concevoir que ces lignes ne pourront être que les intersections mutuelles des mêmes surfaces; que, par conséquent, la surface représentée par l'équation primitive générale ne sera formée elle-même que par toutes ses intersections successives.

Maintenant il est évident que la nature de cette surface est subordonnée à la fonction $\varphi(a)$, et qu'elle n'a de contact qu'avec celles des surfaces de l'équation primitive complète

$$F(x, y, z, a, b) = 0$$

pour lesquelles

$$b = \varphi(a).$$

Mais, si, en regardant a et b comme variables, on les détermine par les deux équations

$$F'(a) = 0, \qquad F'(b) = 0,$$

ce qui donne alors l'équation primitive singulière, la surface représentée par cette dernière équation sera aussi touchée par la surface de l'équation primitive complète, dans laquelle a et b auront des valeurs constantes, puisque les valeurs des expressions $\left(\dfrac{z'}{x'}\right)$ et $\left(\dfrac{z'}{y'}\right)$ sont encore les mêmes, soit que a et b soient constantes ou variables, et les points d'attouchement pour des valeurs données de a et b seront déterminés par les deux équations

$$F'(a) = 0, \qquad F'(b) = 0,$$

combinées avec l'équation primitive

$$F(x, y, z, a, b) = 0;$$

de sorte que, pour chaque valeur de a et b, il n'y aura qu'un point de contact déterminé; d'où il est aisé de conclure que la surface représentée par l'équation primitive singulière ne sera touchée en chacun de ses points que par une des surfaces de l'équation primitive complète

$$F(x, y, z, a, b) = 0,$$

mais qu'elle sera touchée par toutes celles qui peuvent être représentées par cette équation, en donnant à a et b des valeurs constantes quelconques; de sorte qu'on pourra regarder cette même surface comme formée par l'intersection mutuelle et continuelle de toutes les surfaces dont nous parlons, en faisant varier successivement les valeurs des constantes a et b.

Cette théorie n'est, comme l'on voit, qu'une généralisation de celle que nous avons donnée dans la Leçon XVIII, sur les courbes représentées par les équations primitives ordinaires ou singulières des équations du premier ordre à deux variables.

L'équation primitive complète

$$z = ax + by + f(a, b),$$

que nous avons traitée plus haut, représente, comme l'on voit, un plan dont la position dépend des deux constantes a et b.

Si l'on fait

$$b = \varphi(a)$$

et qu'on détermine a par l'équation

$$x + y\,\varphi'(a) + f'[a, \varphi(a)] = 0$$

pour avoir l'équation primitive générale, la surface représentée par cette équation sera touchée et formée par l'intersection mutuelle et successive de tous les plans représentés par l'équation

$$z = ax + y\,\varphi(a) + f[a, \varphi(a)],$$

en donnant successivement à a toutes les valeurs possibles, et cette surface sera développable dans le sens le plus étendu.

Mais, si l'on détermine a et b par les deux équations

$$x + f'(a) = 0, \qquad y + f'(b) = 0,$$

ce qui donne l'équation primitive singulière, la surface représentée par cette dernière équation sera formée et touchée par tous les plans qui peuvent être représentés par l'équation

$$z = ax + by + f(a, b),$$

en donnant successivement à a et b toutes les valeurs successives possibles.

Et toutes ces différentes surfaces seront représentées à la fois par l'équation du premier ordre

$$z = x\left(\frac{z'}{x'}\right) + y\left(\frac{z'}{y'}\right) + f\left[\left(\frac{z'}{x'}\right),\ \left(\frac{z'}{y'}\right)\right].$$

On peut voir, dans les écrits de Monge, la théorie de la génération des surfaces et des équations qui peuvent les représenter, développée dans toute son étendue, et avec des considérations particulières et ingénieuses qui lui appartiennent.

Lorsque l'équation du premier ordre renfermera plus de trois variables, on pourra aussi la supposer déduite d'une équation entre ces mêmes variables, et autant de constantes arbitraires qu'il y aura de variables moins une; car alors cette équation fournira autant d'équations dérivées qu'il y aura de constantes, par lesquelles on pourra, en éliminant ces constantes, parvenir à l'équation du premier ordre.

L'équation avec les constantes arbitraires sera donc l'équation primitive complète de l'équation du premier ordre; et l'on en pourra déduire des équations primitives plus ou moins générales par la variation de ces constantes, en supposant l'une, ou quelques-unes d'entre elles, fonctions de toutes les autres, et les déterminant par les équations dérivées prises par rapport à chacune de celles-ci.

Enfin si, sans établir aucun rapport entre ces constantes, on les détermine toutes par les équations dérivées prises par rapport à chacune d'elles en particulier, on aura l'équation primitive singulière; car, par ces déterminations, les équations dérivées resteront les mêmes, et le résultat de l'élimination sera, par conséquent, le même que si les variables étaient demeurées constantes.

Ainsi l'équation entre quatre variables t, x, y, z et trois constantes a, b, c,

$$F(t,x,y,z,a,b,c)=0,$$

sera la primitive complète de l'équation du premier ordre entre t, x, y, z et les trois fonctions dérivées $\left(\frac{z'}{t'}\right)$, $\left(\frac{z'}{x'}\right)$, $\left(\frac{z'}{y'}\right)$, déduites des trois dérivées prises par rapport à t, x, y,

$$F'(t)+\left(\frac{z'}{t'}\right)F'(z)=0, \quad F'(x)+\left(\frac{z'}{x'}\right)F'(z)=0, \quad F'(y)+\left(\frac{z'}{y'}\right)F'(z)=0,$$

en éliminant, par leur moyen, les trois constantes a, b, c.

De là, en regardant a, b, c comme variables, et faisant

$$c=\varphi(a,b),$$

on aura l'équation primitive générale par les deux équations dérivées relatives à a et b,

$$F'(a) + \varphi'(a)\, F'(c) = o, \qquad F'(b) + \varphi'(b)\, F'(c) = o,$$

et, si l'on fait à la fois

$$c = \varphi(a), \qquad b = \psi(a),$$

on aura une autre équation primitive moins générale, en déterminant a par l'équation relative à a

$$F'(a) + \psi'(a)\, F'(b) + \varphi'(a)\, F'(c) = o.$$

Enfin on aura l'équation primitive singulière par les trois équations dérivées relatives à a, b, c,

$$F'(a) = o, \qquad F'(b) = o, \qquad F'(c) = o.$$

On voit par là qu'en général toute équation du premier ordre entre trois variables, dont une est censée fonction des deux autres, peut avoir pour équation primitive une équation entre ces mêmes variables, contenant une fonction arbitraire; que toute équation du premier ordre entre quatre variables, dont une sera censée fonction des trois autres, pourra avoir pour équation primitive une équation entre ces quatre variables, contenant une fonction arbitraire de deux quantités formées de ces variables, et ainsi de suite : l'introduction de ces fonctions arbitraires dans les équations primitives et leur évanouissement dans les équations dérivées sont le vrai caractère qui distingue les équations dérivées à plusieurs variables de celles qui n'ont que deux variables, et où l'équation primitive n'admet que des constantes arbitraires.

Nous avons donné plus haut une méthode directe pour trouver l'équation primitive de toute équation du premier ordre à un nombre quelconque de variables, lorsque les fonctions dérivées n'y passent pas le premier degré. On peut, par une considération fort simple, que j'ai proposée il y a longtemps [*Mémoires de Berlin* de 1772 (¹)], rendre toute équation du premier ordre à trois variables susceptible de cette méthode. Mais il se présente alors, dans l'application de la même mé-

---

(¹) *OEuvres de Lagrange*, t. III, p. 549.

thode, des difficultés qui ont échappé à ceux qui ont déjà fait cette application, et que je n'ai pas cherché à résoudre dans la *Théorie des fonctions* ([1]), en traitant le même sujet, parce que je n'avais encore rien trouvé de satisfaisant. C'est ce qui m'engage à revenir sur cet objet pour n'y plus rien laisser à désirer.

Faisons, pour plus de simplicité,

$$\left(\frac{z'}{x'}\right) = p, \qquad \left(\frac{z'}{y'}\right) = q;$$

toute équation du premier ordre à trois variables sera représentée par

$$F(x, y, z, p, q) = 0,$$

et l'on aura la formule

$$z' = p x' + q y',$$

à laquelle il faudra satisfaire par le moyen de l'une des indéterminées p et q, l'autre étant donnée par l'équation du premier ordre.

Comme les quantités p et q ne peuvent être que des fonctions de x, y, z, si l'on suppose

$$p = \psi(x, y, z), \qquad q = \varphi(x, y, z),$$

on aura l'équation

$$z' = x' \, \psi(x, y, z) + y' \, \varphi(x, y, z),$$

qui ne peut avoir une équation primitive qu'autant que les fonctions désignées par ψ et φ satisferont à la condition

$$\psi'(y) + \psi'(z) \, \varphi(x, y, z) = \varphi'(x) + \varphi'(z) \, \psi(x, y, z),$$

comme nous l'avons vu dans la Leçon précédente.

Or, puisque

$$\psi(x, y, z) = p \qquad \text{et} \qquad \varphi(x, y, z) = q,$$

on aura

$$\psi'(y) = \left(\frac{p'}{y'}\right), \qquad \psi'(z) = \left(\frac{p'}{z'}\right),$$

$$\varphi'(x) = \left(\frac{q'}{x'}\right), \qquad \varphi'(z = \left(\frac{q'}{z'}\right);$$

([1]) *OEuvres de Lagrange*, t. IX.

donc, faisant ces substitutions, on aura, pour l'équation de condition, celle-ci du premier ordre

$$\left(\frac{p'}{y'}\right)+\left(\frac{p''}{z'}\right)q=\left(\frac{q'}{x'}\right)+\left(\frac{q'}{z'}\right)p$$

ou bien

$$\left(\frac{q'}{x'}\right)-\left(\frac{p'}{y'}\right)+\left(\frac{q'}{z'}\right)p-\left(\frac{p'}{z'}\right)q=0.$$

L'équation donnée

$$F(x,y,z,p,q)=0$$

fournit ces trois dérivées, relatives à x, y, z,

$$F'(x)+F'(p)\left(\frac{p'}{x'}\right)+F'(q)\left(\frac{q'}{x'}\right)=0,$$

$$F'(y)+F'(p)\left(\frac{p'}{y'}\right)+F'(q)\left(\frac{q'}{y'}\right)=0,$$

$$F'(z)+F'(p)\left(\frac{p'}{z'}\right)+F'(q)\left(\frac{q'}{z'}\right)=0,$$

par le moyen desquelles on pourra éliminer les fonctions dérivées de p ou de q.

Éliminons celles de q; on aura, par la première et la troisième,

$$\left(\frac{q'}{x'}\right)=-\frac{F'(x)}{F'(q)}-\frac{F'(p)}{F'(q)}\left(\frac{p'}{x'}\right),$$

$$\left(\frac{q'}{z'}\right)=-\frac{F'(z)}{F'(q)}-\frac{F'(p)}{F'(q)}\left(\frac{p'}{z'}\right),$$

et, substituant ces valeurs dans l'équation ci-dessus du premier ordre, elle deviendra

$$F'(x)+p\,F'(z)+F'(p)\left(\frac{p'}{x'}\right)+F'(q)\left(\frac{p'}{y'}\right)+[p\,F'(p)+q\,F'(q)]\left(\frac{p'}{z'}\right)=0,$$

où l'on voit que les fonctions dérivées de l'inconnue p ne sont qu'à la première dimension, la quantité q étant d'ailleurs une fonction de p, x, y, z, donnée par l'équation

$$F(x,y,z,p,q)=0.$$

Lorsqu'on aura déterminé, par ces équations, les fonctions p et q, l'équation

$$z' = px' + qy'$$

aura nécessairement une équation primitive, qui sera en même temps l'équation primitive de la proposée du premier ordre

$$F\left[x, y, z, \left(\frac{z'}{x'}\right), \left(\frac{z'}{y'}\right)\right] = 0.$$

Comparons maintenant l'équation ci-dessus, qui contient les fonctions dérivées de p relativement aux trois variables x, y, z, avec la formule

$$\left(\frac{z'}{t'}\right) + L\left(\frac{z'}{x'}\right) + M\left(\frac{z'}{y'}\right) = N,$$

que nous avons déjà traitée dans cette Leçon, et dont nous avons vu que l'équation primitive dépend des trois équations particulières

$$x' - t'L = 0, \qquad y' - t'M = 0, \qquad z' - t'N = 0;$$

nous aurons, en prenant respectivement les variables x, y, z, p à la place des variables t, x, y, z, les valeurs

$$L = \frac{F'(q)}{F'(p)}, \qquad M = \frac{p\,F'(p) + q\,F'(q)}{F'(p)}, \qquad N = -\frac{F'(x) + p\,F'(z)}{F'(p)},$$

de sorte que les trois équations particulières deviendront

$$y'\,F'(p) - x'\,F'(q) = 0,$$
$$z'\,F'(p) - x'\,[p\,F'(p) + q\,F'(q)] = 0,$$
$$p'\,F'(p) + x'\,[F'(x) + p\,F'(z)] = 0.$$

Comme ces trois équations ne renferment que quatre variables x, y, z, p, on pourra les réduire à une seule entre deux variables; ainsi la difficulté est rabaissée aux équations de ce genre.

Supposons donc qu'on ait trouvé leurs équations primitives qui renfermeront nécessairement trois constantes arbitraires a, b, c; on pourra en tirer les valeurs de ces trois constantes en x, y, z et p; et, si l'on

X. 45

dénote ces valeurs par P, Q, R, on aura sur-le-champ, comme nous l'avons démontré, l'équation

$$R = \varphi(P, Q)$$

pour l'équation primitive de l'équation du premier ordre en x, y, z et p, la fonction $\varphi(P, Q)$ étant une fonction arbitraire quelconque de P et de Q.

Cette équation, combinée avec l'équation donnée

$$F(x, y, z, p, q) = 0,$$

donnera les valeurs de p et q en x, y, z, qui, étant substituées dans l'équation

$$z' = p x' + q y',$$

la rendront susceptible d'une équation en x, y, z, qui sera l'équation cherchée.

Comme jusqu'ici rien ne limite la fonction $\varphi(P, Q)$, il s'ensuivrait que l'équation primitive d'une équation du premier ordre à trois variables pourrait renfermer une fonction arbitraire de deux quantités, tandis que, dans les cas que nous avons examinés, nous n'avons jamais trouvé que des fonctions arbitraires d'une seule quantité; il est d'ailleurs facile de se convaincre qu'il est impossible de faire disparaître d'une équation à trois variables une fonction arbitraire de deux quantités, par le moyen de ses deux équations dérivées.

Cette difficulté, je l'avoue, m'a longtemps tourmenté; enfin je suis parvenu à la résoudre par les considérations suivantes.

Je remarque d'abord que, comme les trois équations

$$P = a, \qquad Q = b, \qquad R = c$$

satisfont, par l'hypothèse, aux trois équations du premier ordre

$$y' \, F'(p) - x' \, F'(q) = 0,$$
$$z' \, F'(p) - x'[p \, F'(p) + q \, F'(q)] = 0,$$
$$p' \, F'(p) + x'[\ F'(x) + p \, F'(z)] = 0,$$

avec les constantes arbitraires a, b, c, si l'on tire de ces mêmes équations

$$P = a, \qquad Q = b, \qquad R = c$$

les valeurs de x, y, z en fonction de p, et qu'on les substitue dans les équations précédentes, elles deviendront nécessairement identiques; de sorte que, par ces substitutions, les premiers membres des équations dont il s'agit deviendront identiquement nuls, quelles que soient les valeurs de p, a, b, c. En général, comme les variables x, y, z, p sont regardées comme indépendantes, il sera indifférent de substituer les valeurs de trois de ces variables exprimées en fonctions de a, b, c et de la quatrième variable.

Or le premier membre de la première, étant multiplié par q et retranché du premier membre de la seconde des mêmes équations, donne

$$F(p).(z' - px' - qy').$$

Donc, si dans la formule $z' - px' - qy'$ on fait les mêmes substitutions des valeurs de x, y, z en p, le résultat sera encore identiquement nul.

A la place des variables x, y, z on peut, sans nuire à la généralité, introduire les quantités a, b, c, regardées comme variables, en conservant les mêmes expressions de x, y, z en a, b, c. Alors, dans la formule $z' - px' - qy'$, les termes provenant de la variabilité de p se détruiront mutuellement, puisque ces mêmes expressions rendent cette formule nulle dans le cas où a, b, c sont constantes; elle deviendra donc de la forme $Aa' + Bb' + Cc'$, dans laquelle A, B, C seront des fonctions de p, a, b, c.

Donc l'équation

$$z' - px' - qy' = 0$$

deviendra

$$Aa' + Bb' + Cc' = 0;$$

et la condition qui doit la rendre susceptible d'une équation primitive sera, par ce que nous avons trouvé,

$$c = \varphi(a, b),$$

puisque la substitution des valeurs de x, y, z en p, a, b, c donne

$$P = a, \qquad Q = b, \qquad R = c,$$

d'où ces valeurs sont supposées tirées.

Or, en prenant les fonctions dérivées, on a

$$c' = a' \, \varphi'(a) + b' \, \varphi'(b).$$

Donc, faisant ces substitutions, l'équation

$$[A + C \, \varphi'(a)] a' + [B + C \, \varphi'(b)] b' = 0$$

aura nécessairement une équation primitive, ce qui ne peut avoir lieu qu'autant que la variable p disparaitra d'elle-même de l'équation, puisque sa fonction dérivée p' a déjà disparu.

Alors l'équation sera entre les deux seules variables a et b, et aura toujours une équation primitive, par laquelle b deviendra fonction de a seul; et cette fonction sera arbitraire, à cause de la fonction arbitraire $\varphi(a, b)$.

Ainsi les deux quantités b et c seront nécessairement, l'une et l'autre, fonctions de a seul; mais il faudra qu'elles satisfassent à l'équation

$$A a' + B b' + C c' = 0.$$

Soient donc

$$b = \psi(a), \qquad c = \varphi(a);$$

en les substituant dans cette équation, on aura

$$A + B \, \psi'(a) + C \, \varphi'(a) = 0;$$

ce qui donne une relation entre les deux fonctions $\varphi(a)$ et $\psi(a)$, et il en restera une d'arbitraire.

Maintenant, si l'on remet pour a, b, c leurs valeurs P, Q, R, on aura, pour l'équation primitive cherchée, le système des deux équations

$$Q = \psi(P), \qquad R = \varphi(P);$$

d'où, en éliminant p, on aura une équation en x, y, z, avec une fonction arbitraire.

Telle est la solution directe et complète du problème; mais nous verrons qu'on peut la simplifier dans plusieurs cas.

Prenons pour exemple l'équation du premier ordre

$$z = \left(\frac{z'}{x'}\right)\left(\frac{z'}{y'}\right).$$

On aura ici

$$\mathbf{F}(x, y, z, p, q) = z - pq = 0;$$

donc

$$\mathbf{F}'(x) = 0, \quad \mathbf{F}'(y) = 0, \quad \mathbf{F}'(z) = 1, \quad \mathbf{F}'(p) = -q, \quad \mathbf{F}'(q) = -p;$$

et les trois équations du premier ordre en x, y, z, p deviendront

$$-qy' + px' = 0, \quad -qz' + 2pqx' = 0, \quad -qp' + px' = 0.$$

Or l'équation

$$z = pq$$

donne

$$q = \frac{z}{p};$$

donc les trois équations dont il s'agit deviendront

$$zy' - p^2x' = 0, \quad z' - 2px' = 0, \quad zp' - p^2x' = 0,$$

et l'on pourrait faire l'une des fonctions dérivées x', y', z', p' égale à l'unité.

La première et la dernière donnent

$$y' = p';$$

d'où l'on tire l'équation primitive

$$y = p + a,$$

a étant une constante arbitraire.

Ensuite la seconde et la troisième donnent

$$pz' = 2zp',$$

savoir,

$$\frac{z'}{z} = \frac{2p'}{p};$$

les fonctions primitives logarithmiques sont

$$lz = lp^2 + lb,$$

d'où l'on tire

$$z = bp^2,$$

b étant une constante arbitraire.

Enfin, si dans la première on substitue p' pour y' et bp^2 pour z, on a, en divisant par p^2,

$$bp' - x' = 0;$$

d'où l'on déduit, en prenant les fonctions primitives,

$$x = bp + c,$$

c étant la troisième constante arbitraire.

Ainsi on aura, en dégageant les valeurs de ces constantes,

$$a = y - p = \mathrm{P}, \qquad b = \frac{z}{p^2} = \mathrm{Q}, \qquad c = x - \frac{z}{p} = \mathrm{R}.$$

Maintenant, si dans l'équation

$$z' - px' - qy' = 0$$

on substitue pour q la valeur $\dfrac{z}{p}$, elle devient

$$z' - px' - \frac{zy'}{p} = 0.$$

Et si, à la place de x, y, z, on y met les expressions trouvées ci-dessus en p, a, b, c, en regardant les quantités a, b, c comme variables, on a la transformée

$$p^2 b' + 2bpp' - p^2 b' - bpp' - pc' - bpp' - bpa' = 0,$$

qui, en effaçant ce qui se détruit et divisant ensuite par p, se réduit à

$$c' + ba' = 0.$$

Donc, faisant

$$b = \psi(a), \qquad c = \varphi(a),$$

on aura

$$\varphi'(a) + \psi(a) = 0;$$

ce qui donne

$$\psi(a) = -\varphi'(a).$$

Ainsi on aura le système de ces deux équations

$$R = \varphi(P), \qquad Q = -\varphi'(P),$$

savoir,

$$x - \frac{z}{p} = \varphi(y-p), \qquad \frac{z}{p^2} = -\varphi'(y-p),$$

d'où il faudra éliminer p, et la fonction $\varphi(y-p)$ demeurera arbitraire.

Nous ferons ici une remarque importante : lorsqu'on a trouvé deux équations primitives renfermant deux constantes arbitraires, comme

$$y = p + a \qquad \text{et} \qquad z = bp^2,$$

on pourrait croire qu'en éliminant p on aurait une équation primitive avec deux constantes arbitraires, qui serait, par conséquent, l'équation primitive complète de la proposée, et d'où l'on pourrait ensuite tirer l'équation primitive générale avec une fonction arbitraire.

On aurait, de cette manière, l'équation

$$z = b(y-a)^2.$$

Mais il est facile de se convaincre qu'elle ne satisfait pas à la proposée

$$z = \left(\frac{z'}{x'}\right)\left(\frac{z'}{y'}\right);$$

car elle donne

$$\left(\frac{z'}{x'}\right) = 0.$$

Il en serait de même si l'on employait, pour chasser p, la seconde et la troisième équation; on aurait alors

$$c = x - \sqrt{bz},$$

savoir,

$$z = \frac{(x-c)^2}{b},$$

ce qui donnerait

$$\left(\frac{z'}{y'}\right) = 0.$$

Mais, si l'on employait la première et la dernière, on aurait, par l'élimination de p,

$$c = x - \frac{z}{y - a},$$

d'où l'on tire

$$z = (x - c)(y - a);$$

cette expression donne

$$\left(\frac{z'}{y'}\right) = y - a, \qquad \left(\frac{z'}{x'}\right) = x - c,$$

valeurs qui satisfont à la proposée.

La raison de cette espèce de bizarrerie se trouve dans l'équation donnée plus haut

$$c' + ba' = 0.$$

Elle fait voir que les deux quantités a et c peuvent être constantes ensemble; que, par conséquent, les deux équations

$$P = a \quad \text{et} \quad R = c$$

ont lieu à la fois, de sorte qu'en éliminant p on a une équation en x, y, z et les deux constantes arbitraires a, c, qui sera, par conséquent, l'équation primitive complète de la proposée. Mais l'équation ne serait pas satisfaite par la simple supposition de a et b, ou de b et c, constantes ensemble; d'où il suit que les deux équations

$$P = a \quad \text{et} \quad Q = b, \quad \text{ou} \quad Q = b \quad \text{et} \quad R = c,$$

prises ensemble, ne satisfont pas à la proposée.

Au reste, on peut trouver l'équation primitive complète, au moyen d'une seule de ces équations; car elle donne une valeur de p en x, y, z et une constante arbitraire; et, comme cette valeur satisfait à l'équation du premier ordre en x, y, z et p, elle rendra l'équation

$$z' - px' - qy' = 0$$

susceptible d'une équation primitive : ainsi il n'y aura qu'à chercher cette équation en y ajoutant une constante arbitraire, et l'on aura l'équation primitive complète avec les deux constantes.

Ou bien on tirera de l'équation trouvée la valeur de p en x, y, z; et, comme

$$p = \left(\frac{z'}{x'}\right),$$

on cherchera l'équation primitive, en ne regardant que z et x comme variables. Cette équation pourra alors renfermer une fonction arbitraire de y, qu'on déterminera aisément par l'équation proposée; et, comme celle-ci est du premier ordre, la fonction de y renfermera au moins une constante arbitraire, de sorte qu'on aura de nouveau une équation primitive complète avec les deux constantes.

Prenons dans l'exemple précédent la première équation $P = a$, savoir,

$$y - p = a.$$

Elle donne

$$p = y - a;$$

et, comme on a

$$q = \frac{z}{p},$$

on aura

$$q = \frac{z}{y - a}.$$

Ces deux valeurs, étant substituées dans l'équation

$$z' - px' - qy' = 0,$$

donnent

$$z' - (y - a)x' - \frac{zy'}{y - a} = 0,$$

équation qui, étant divisée par $y - a$, a pour primitive

$$\frac{z}{y - a} - x + c = 0,$$

où c est la nouvelle constante arbitraire.

Or cette équation est la même que nous avons trouvée ci-dessus par l'élimination de p.

La même équation

$$p = y - a$$

X.

devient, en substituant pour p sa valeur $\left(\dfrac{z'}{x'}\right)$,

$$\left(\frac{z'}{x'}\right) = y - a.$$

Comme il n'y a ici que la fonction dérivée de z relativement à x, on peut ôter les parenthèses et mettre l'équation sous la forme

$$z' = (y - a)\, x',$$

dont l'équation primitive, en regardant y comme constante, est

$$z = (y - a)(x - Y),$$

Y étant une fonction quelconque de y.

Cette valeur donne, en prenant les fonctions dérivées par rapport à x et y,

$$\left(\frac{z'}{x'}\right) = y - a, \qquad \left(\frac{z'}{y'}\right) = x - Y - (y - a)\, Y'.$$

Substituant ces expressions dans la proposée

$$z = \left(\frac{z'}{x'}\right)\left(\frac{z'}{y'}\right),$$

on a

$$(y - a)(x - Y) = (y - a)(x - Y) - (y - a)^2\, Y',$$

d'où l'on tire
$$Y' = 0$$

et, par conséquent,
$$Y = c,$$

en prenant c pour une constante arbitraire.

Ainsi l'équation primitive devient, comme ci-dessus,

$$z = (y - a)(x - c).$$

Ayant cette équation primitive complète, pour en tirer l'équation primitive générale, on fera
$$c = \varphi(a),$$

et l'on prendra la dérivée par rapport à a seul ; on aura ainsi le système des deux équations

$$z = (y - a)[x - \varphi(a)], \qquad x - \varphi(a) + (y - a)\,\varphi'(a) = 0,$$

d'où il faudra éliminer a.

Pour les comparer aux équations trouvées ci-dessus par la méthode générale, il n'y a qu'à les mettre sous la forme

$$x - \frac{z}{y - a} = \varphi(a), \qquad \frac{z}{(y - a)^2} = \varphi'(a).$$

Comme la quantité a doit être éliminée, on peut mettre à sa place une quantité quelconque. Si l'on y met sa valeur $y - p$, on a les mêmes équations déjà trouvées, d'où il faut ensuite éliminer p.

La théorie des équations à plusieurs variables des ordres supérieurs au premier est encore très imparfaite.

Lorsque ces équations admettent une équation primitive de l'ordre immédiatement inférieur, on peut les regarder comme provenant d'une équation primitive complète de ce dernier ordre avec deux constantes arbitraires, ainsi que nous l'avons démontré pour les équations du premier ordre; et, lorsqu'on connaît, d'une manière quelconque, cette équation primitive, on peut, par les mêmes principes, en tirer les équations primitives générales et singulières; mais on sait que, dès le second ordre, il y a une infinité d'équations qui ne sont point susceptibles d'une équation primitive du premier ordre, et qui admettent néanmoins une équation primitive absolue sans fonctions dérivées. Nous n'entrerons point ici dans ce détail qui nous mènerait trop loin, et nous renvoyons, pour ce qui regarde les équations de ce genre, aux Traités connus de Calcul différentiel.

LEÇON VINGT ET UNIÈME.

DES ÉQUATIONS DE CONDITION PAR LESQUELLES ON PEUT RECONNAITRE SI UNE
FONCTION D'UN ORDRE QUELCONQUE DE PLUSIEURS VARIABLES EST UNE FONCTION
DÉRIVÉE EXACTE. ANALOGIE DE CES ÉQUATIONS AVEC CELLES DU PROBLÈME DES
ISOPÉRIMÈTRES. HISTOIRE DE CE PROBLÈME, MÉTHODE DES VARIATIONS.

Toute fonction d'une seule variable peut toujours être regardée
comme une dérivée exacte ; car, si elle n'a pas naturellement une
fonction primitive, on peut toujours en trouver une par les séries, soit
en résolvant la fonction donnée en série de puissances de la variable,
et prenant ensuite la fonction primitive de chaque terme, soit en employant la série générale donnée dans la Leçon XII.

Il n'en est pas de même pour les fonctions de plus d'une variable ;
et quoiqu'on puisse toujours s'assurer, par les règles de la dérivation
des fonctions, si une fonction composée de différentes fonctions dérivées résulte d'une fonction primitive donnée, comme nous l'avons vu
dans la Leçon XIX, il est souvent difficile de juger si elle est une dérivée exacte d'une fonction quelconque inconnue. Cet objet a occupé
les géomètres presque dès la naissance du Calcul différentiel ; ils ont
cherché des caractères généraux pour reconnaitre si une fonction d'un
ordre quelconque peut être la dérivée exacte d'une fonction de l'ordre
immédiatement inférieur, ou même d'un ordre inférieur quelconque.
Ce sont ces caractères qu'on connait dans le Calcul différentiel, sous
les noms de *conditions d'intégrabilité,* et qu'Euler et Condorcet ont
réduits à des formules générales et élégantes, qui méritent d'être
connues.

Pour trouver ces formules de la manière la plus simple, je commence par considérer une fonction V de différentes variables $x, y, z, \ldots$ et de leurs dérivées, dans laquelle une de ces variables z et ses dérivées $z', z'', \ldots$ ne se trouvent partout qu'à la première dimension ; il est clair que la fonction V sera de cette forme

$$V = Nz + Pz' + Qz'' + Rz''' + \ldots,$$

N, P, Q, ... étant des fonctions de $x, y, \ldots$ et de leurs dérivées sans z.

Rien n'est plus facile que de trouver les conditions nécessaires pour qu'une fonction de cette forme soit une dérivée exacte, indépendamment d'aucune relation entre la variable z et les autres.

En effet, si l'on considère les fonctions dérivées du produit de deux quantités quelconques, et qu'on dénote, comme nous l'avons proposé à la fin de la Leçon II, par des traits appliqués aux parenthèses, les fonctions dérivées des quantités renfermées dans ces parenthèses, on a

$$(Pz)' = Pz' + P'z;$$

donc

$$Pz' = (Pz)' - P'z.$$

On a de la même manière

$$Qz'' = (Q'z')' - Q'z', \qquad Q'z' = (Q'z)' - Q''z;$$

donc

$$Qz'' = (Qz')' - (Q'z)' + Q''z.$$

On trouvera pareillement

$$Rz''' = (Rz'')' - (R'z')' + (R''z)' - R'''z,$$

et ainsi de suite.

Faisant ces substitutions dans l'expression de V, elle devient, en ordonnant les termes,

$$
\begin{aligned}
V =\ & (N - P' + Q'' - R''' + \ldots)z \\
& + (Pz)' - (Q'z)' + (R''z')' - \ldots \\
& + (Qz')' - (R'z')' + \ldots \\
& + (Rz'')' - \ldots \\
& + \ldots \ldots \ldots
\end{aligned}
$$

Comme tous les termes de cette formule, à l'exception de ceux de la première ligne qui se trouvent multipliés par z, sont déjà des fonctions dérivées exactes, il faudra, pour que la fonction V soit une dérivée exacte, que les termes multipliés par z, savoir :

$$(N - P' + Q'' - R''' + \ldots) z$$

forment ensemble une fonction dérivée exacte.

Or il est facile de se convaincre que cela est impossible tant qu'on n'établit aucune relation entre z et les autres variables. Donc il faudra que ces termes disparaissent d'eux-mêmes de l'expression de V, ce qui donnera l'équation de condition

$$N - P' + Q'' - R''' + \ldots = 0,$$

laquelle devra par conséquent être identique pour que la fonction V puisse avoir en général une fonction primitive. Lorsque cette condition aura lieu, la fonction primitive de V sera évidemment

$$(P - Q' + R'' - \ldots) z + (Q - R' + \ldots) z' + (R - \ldots) z'' + \ldots.$$

En général, quel que soit le nombre des variables contenues dans la fonction V, si l'une d'elles ainsi que ses dérivées sont linéaires, on aura toujours, relativement à cette variable, la même équation de condition, pour que la fonction V devienne une fonction dérivée exacte, indépendamment d'aucune relation entre ces variables.

Après avoir résolu le cas des fonctions linéaires par rapport à l'une des variables, nous allons réduire à ce cas très simple la recherche des équations de condition pour les fonctions d'une forme quelconque.

Supposons qu'une fonction V de x, y, y', y'', ... d'un ordre quelconque soit la fonction dérivée exacte de la fonction U de l'ordre immédiatement inférieur, indépendamment d'aucune relation particulière entre x et y; il est clair que, si dans ces deux fonctions on substitue à la fois $y + \omega$ à la place de y, et conséquemment $y' + \omega'$, $y'' + \omega''$, ... à la place de y', y'', ..., en supposant ω une fonction indéterminée de x, ces fonctions continueront à être l'une la fonction dérivée exacte de l'autre, puisque cette dérivation ne dépend point de la valeur de y. Donc elles le seront encore si, après ces substitutions, on les développe suivant les puissances et les produits de ω, ω', ω'', ...

Dénotons par $\overset{1}{U}$ la totalité des termes du développement de U, où les quantités ω, ω', ω'', ... ne se trouveront qu'à la première dimension; par $\overset{2}{U}$ la totalité des termes où ces quantités formeront deux dimensions, etc.

Dénotons de même par $\overset{1}{V}$ la totalité des termes du développement de V, où les mêmes quantités ω, ω', ω'', ... se trouveront à la première dimension; par $\overset{2}{V}$ la totalité des termes où ces quantités formeront deux dimensions, etc.

On aura $U + \overset{1}{U} + \overset{2}{U} + \overset{3}{U}$, ... pour le développement de U, et $V + \overset{1}{V} + \overset{2}{V} + \overset{3}{V}$, ... pour le développement de V.

Cette dernière série sera donc la fonction dérivée exacte de la première; et il est facile de voir que chaque terme de l'une devra être la fonction dérivée de l'autre, tant que les quantités ω, ω', ω'', ... demeureront indéterminées; car, ces quantités n'étant qu'à la première dimension dans la fonction de $\overset{1}{V}$, sa fonction primitive ne pourra contenir aussi que les premières dimensions des mêmes quantités; par conséquent il n'y aura que le terme $\overset{1}{U}$ qui puisse être sa fonction primitive. Il en est de même des termes correspondants $\overset{2}{V}$ et $\overset{2}{U}$, où ces quantités montent à la seconde dimension; et ainsi de suite.

Il faut donc d'abord que la fonction $\overset{1}{V}$ soit une dérivée exacte, indépendamment d'aucune relation entre x, y et ω.

Or, puisque $\overset{1}{V}$ est la partie du développement de V qui ne contient que les premières dimensions de ω, ω', ω'', ..., il est clair que cette fonction ne peut être que de la forme

$$\overset{1}{V} = N\omega + P\omega' + Q\omega'' + R\omega''' + \ldots,$$

les coefficients N, P, Q, ... étant des fonctions de x, y, y', y'', ..., sans ω. Ainsi tout se réduit à trouver les conditions nécessaires pour qu'une fonction de cette forme soit, généralement parlant, une dérivée exacte.

On a donc ici le cas que nous venons de résoudre, et il est visible qu'en prenant la variable ω à la place de z, et conservant les autres dénominations, on aura l'équation de condition

$$N - P' + Q'' - R''' + \ldots = 0,$$

laquelle, devant avoir lieu d'elle-même indépendamment d'aucune relation particulière entre x et y, devra être entièrement identique.

Cette équation ayant lieu, on aura pour la fonction primitive de $\overset{\text{\tiny 1}}{V}$,

$$(P - Q' + R'' - \ldots)\omega + (Q - R' + \ldots)\omega' + (R - \ldots)\omega'' + \ldots$$

C'est par conséquent la valeur de la fonction $\overset{\text{\tiny 1}}{U}$.

Ayant ainsi la valeur du premier terme $\overset{\text{\tiny 1}}{U}$ du développement de la fonction primitive U, on pourra en déduire les valeurs de tous les termes suivants $\overset{\text{\tiny 2}}{U}$, $\overset{\text{\tiny 3}}{U}$, ... par les principes exposés dans la Leçon XIX, en regardant les quantités y, y', y'', ... comme autant de variables indépendantes; car, si l'on représente la quantité U par la fonction

$$F(x, y, y', y'', \ldots),$$

la fonction

$$F(x, y + \omega, y' + \omega', y'' + \omega'', \ldots),$$

développée suivant les puissances et les produits des quantités ω, ω', ω'', ..., deviendra

$$F(x, y, y', y'', \ldots) + \omega F'(y) + \omega' F'(y') + \omega'' F'(y'') + \ldots$$
$$+ \tfrac{1}{2} \omega^2 F''(y) + \omega\omega' F''^{,}(y, y') + \tfrac{1}{2} \omega'^2 F''(y') + \ldots$$
$$+ \tfrac{1}{2 \cdot 3} \omega^3 F'''(y) + \tfrac{1}{2} \omega^2 \omega' F'''^{,}(y, y') + \ldots$$
$$+ \ldots\ldots\ldots\ldots\ldots\ldots\ldots\ldots\ldots\ldots\ldots\ldots\ldots$$

Je ne renferme ici entre les crochets, pour plus de simplicité, que les quantités par rapport auxquelles il faut prendre les fonctions dérivées indiquées par les accents.

On aura donc ainsi

$$\overset{1}{U} = \omega\, F'(y) + \omega'\, F'(y') + \omega''\, F'(y'') + \dots,$$

$$\overset{2}{U} = \tfrac{1}{2}\omega^2\, F''(y) + \omega\omega'\, F''{}'(y,y') + \tfrac{1}{2}\omega'^2\, F''(y') + \dots,$$

$$\overset{3}{U} = \tfrac{1}{2.3}\omega^3\, F'''(y) + \tfrac{1}{2}\omega^2\omega'\, F'''{}'(y,y') + \dots,$$

$$\dots\dots\dots\dots\dots\dots\dots\dots\dots\dots\dots$$

Or, ayant trouvé ci-dessus la valeur de $\overset{1}{U}$, la comparaison des termes multipliés par ω, ω', ω'', … donnera

$$F'(y) = P - Q' + R'' - \dots,$$

$$F'(y') = Q - R' + \dots,$$

$$F'(y'') = R - \dots,$$

$$\dots\dots\dots\dots\dots$$

Ayant ainsi les fonctions dérivées du premier ordre par rapport à chacune des quantités y, y', y'', …, on en déduira, par les règles données, les fonctions dérivées du second ordre et des suivants, par rapport à chacune des mêmes quantités; on aura par conséquent les valeurs des termes suivants $\overset{2}{U}$, $\overset{3}{U}$, … du développement de U. Or on suppose

$$F(x,y,y',y'',\dots) = U,$$

et

$$F(x, y + \omega, y' + \omega', y'' + \omega'', \dots) = U + \overset{1}{U} + \overset{2}{U} + \overset{3}{U} + \dots.$$

Ainsi on aura

$$F(x, y + \omega, y' + \omega', y'' + \omega'', \dots) - F(x, y, y', y'', \dots) = \overset{1}{U} + \overset{2}{U} + \overset{3}{U} + \dots.$$

Par conséquent la différence des deux fonctions

$$F(x, y + \omega, y' + \omega', \dots) \quad \text{et} \quad F(x, y, y', \dots)$$

sera donnée au moins par les séries.

Représentons par

$$f(x, y, y', y'', \dots)$$

la fonction proposée V dont on a supposé que U ou $F(x, y, y', y'', \dots)$

X.

est la fonction primitive ; on aura $F(x, y + \omega, y' + \omega', y'' + \omega'', \ldots)$ pour la fonction primitive de $f(x, y + \omega, y' + \omega, y'' + \omega'', \ldots)$; donc la fonction primitive de $f(x, y + \omega, y' + \omega', y'' + \omega'', \ldots) - f(x, y, y', y'', \ldots)$ sera donnée.

De ce que nous venons de démontrer, il suit :

1° Qu'une fonction quelconque de la forme $f(x, y, y', y'', \ldots)$ ne peut avoir une fonction primitive, indépendamment d'aucune relation entre x et y, à moins que l'équation de condition

$$N - P' + Q'' - R''' + \ldots = 0,$$

trouvée ci-dessus, n'ait lieu d'elle-même ;

2° Que, toutes les fois que cette équation aura lieu, la fonction

$$f(x, y + \omega, y' + \omega', y'' + \omega'', \ldots) - f(x, y, y', y'', \ldots)$$

aura nécessairement une fonction primitive, quelle que soit la valeur de ω.

Faisons maintenant $\omega = -y$; la fonction $f(x, y + \omega, y' + \omega', y'' + \omega'', \ldots)$ se réduira à $f(x)$ et aura par conséquent toujours une fonction primitive, puisqu'elle ne contiendra plus qu'une variable. Donc aussi la fonction $f(x, y, y', y'', \ldots)$ aura nécessairement une fonction primitive.

Or, ayant supposé que

$$N\omega + P\omega' + Q\omega'' + R\omega''' + \ldots$$

sont les premiers termes du développement de la fonction proposée V, lorsqu'on y augmente y de ω, y' de ω', y'' de ω'', ..., c'est-à-dire de la fonction $f(x, y + \omega, y' + \omega', y'' + \omega'', \ldots)$, il est visible qu'on aura, en conservant la notation adoptée,

$$N = f'(y), \qquad P = f'(y'), \qquad Q = f'(y''), \qquad R = f'(y'''), \qquad \ldots ;$$

de sorte que l'équation de condition deviendra

$$f'(y) - [f'(y')]' + [f'(y'')]'' - [f'(y''')]''' + \ldots = 0.$$

Cette formule est la même, à la notation près, que celle qu'Euler avait trouvée d'abord par une méthode indirecte, tirée de la considération *de maximis et minimis*, et que Condorcet a ensuite démontrée dans son *Calcul intégral*. Nous venons de prouver non seulement que la fonction proposée ne peut être une fonction dérivée exacte, à moins que l'équation de condition n'ait lieu, comme Euler et Condorcet l'avaient trouvée, mais encore que, si cette équation a lieu, la fonction sera nécessairement une dérivée exacte, ce qui restait, ce me semble, à démontrer; car la démonstration qu'on en trouve dans le tome XV des *Novi Commentarii* de Pétersbourg est si compliquée, qu'il est difficile de juger de sa justesse et de sa généralité.

Si la fonction proposée contenait non seulement les variables x, y avec les dérivées y', y'', ..., mais de plus une autre variable z, fonction indéterminée de x avec ses dérivées z', z'', ..., on ferait, par rapport à cette dernière variable, des raisonnements et des opérations semblables à celles qu'on a faites relativement à la variable y, et l'on parviendrait à une équation de condition pour z, entièrement analogue à celle qu'on a trouvée pour y.

Ainsi, pour qu'une fonction quelconque de la forme

$$f(x, y, y', y'', \ldots, z, z', z'', \ldots)$$

soit une fonction dérivée exacte d'une fonction de l'ordre inférieur, indépendamment d'aucune relation particulière entre y et z, on aura les deux équations de condition

$$f'(y) - [f'(y')]' + [f'(y'')]'' - [f'(y''')]''' + \ldots = 0,$$
$$f'(z) - [f'(z')]' + [f'(z'')]'' - [f'(z''')]''' + \ldots = 0.$$

Et réciproquement, ces deux équations ayant lieu d'elles-mêmes, on sera assuré que la fonction proposée est une dérivée exacte, quelles que soient les fonctions y et z.

Il se présente ici, avant d'aller plus loin, une remarque importante à faire.

Lorsqu'on a cherché les conditions nécessaires pour qu'une fonction donnée de x, y, y', y'', ... soit d'elle-même une fonction dérivée exacte, on a regardé y comme une fonction de x, mais inconnue; c'est pour-

quoi on a supposé que la fonction donnée ne contenait point les dérivées x', x'', ... de la variable x; car, suivant les principes de la
Leçon VII, lorsque x est la variable principale dont les autres sont
fonctions, on peut faire $x' = 1$, et par conséquent $x'' = 0$, $x''' = 0$, ...

Cependant si, pour plus de généralité, on veut regarder (ce qui est
toujours permis et ce qui a lieu surtout dans les problèmes de Mécanique) les variables x et y comme fonctions d'une troisième variable t,
alors toute fonction dérivée d'un ordre quelconque de deux variables x,
y devra contenir également les dérivées de ces deux variables; et nous
avons donné, dans la Leçon citée, les transformations nécessaires pour
introduire les dérivées de x dans une fonction où l'on a supposé $x' = 1$.
Il faut seulement observer que, lorsque la fonction est censée être une
fonction dérivée d'une autre fonction des mêmes variables, il faut de
plus la multiplier par x'. Car, si V est une fonction de x, y, y', y'', ...,
où l'on a fait $x' = 1$, laquelle doive être une fonction dérivée d'une
autre fonction U, on aura par l'hypothèse $U' = V$; et, pour détruire la
supposition de $x' = 1$, il faudra substituer à la place des fonctions
primes y', U' les valeurs $\dfrac{y'}{x'}$, $\dfrac{U'}{x'}$; à la place de la fonction seconde y''
la quantité $\dfrac{\left(\dfrac{y'}{x'}\right)'}{x'}$, et ainsi des fonctions des ordres supérieurs, comme
on l'a vu dans la Leçon VII; ainsi l'on aura

$$\frac{U'}{x'} = V, \qquad \text{et de là} \qquad U' = V x'.$$

Maintenant, si l'on considère une fonction quelconque de x, y, x', y',
x'', y'', ..., et qu'on demande les conditions nécessaires pour que cette
fonction soit une fonction dérivée exacte; en représentant cette fonction par

$$f(x, x', x'', \ldots, y, y', y'', \ldots),$$

et faisant, pour abréger,

$$X = f'(x) - [f'(x')]' + [f'(x'')]'' - \cdots,$$
$$Y = f'(y) - [f(y')]' + [f'(y'')]'' - \cdots,$$

on aura, par ce qu'on a démontré plus haut, si les deux variables x et y sont regardées comme indépendantes, les deux équations $X = o$ et $Y = o$, qui devront avoir lieu à la fois.

Mais, si y doit être une fonction de x, alors en substituant $\varphi(x)$ pour y et les dérivées de $\varphi(x)$, savoir : $x'\,\varphi'(x)$, $x''\,\varphi'(x) + x'^2\,\varphi''(x)$, … pour y', y'', …, il faudra que la fonction proposée devienne simplement de la forme $x'\,F(x)$, comme si l'on y faisait $x' = 1$. Ainsi, si l'on met dans cette fonction $x + \xi$ à la place de x, et qu'on développe, en ne tenant compte que des premières dimensions de ξ, elle deviendra

$$x'\,F(x) + \xi'\,F(x) + x'\xi\,F'(x),$$

où l'on voit que les termes qui contiennent ξ forment ensemble une fonction dérivée, dont la primitive est $\xi\,F(x)$, quelle que soit la valeur de ξ.

Je conclus de là que, si dans la fonction proposée, où y est censé fonction de x, on substitue aussi $x + \xi$ à la place de x, et qu'on développe suivant ξ, les termes qui ne contiendront que la première dimension de ξ et de ses dérivées devront former ensemble une fonction dérivée exacte, quelle que soit la valeur de ξ. Or, y étant $\varphi(x)$, il deviendra, par la substitution de $x + \xi$ à la place de x, $\varphi(x) + \xi\,\varphi'(x)$, en ne tenant compte que de la première dimension de ξ; donc, si l'on fait, pour abréger, $\xi\,\varphi'(x) = \omega$, il faudra mettre $y + \omega$ à la place de y, tandis qu'on met $x + \xi$ à la place de x.

Par ces substitutions et ces développements, les termes de la fonction proposée, qui ne contiendront que les premières dimensions de ξ, se trouveront représentées par

$$\xi f'(x) + \xi' f'(x') + \xi'' f'(x'') + \dots$$
$$+ \omega f'(y) + \omega' f'(y') + \omega'' f'(y'') + \dots;$$

et, par ce que nous avons démontré dans cette Leçon, pour que ces termes forment une dérivée exacte, il faudra que la quantité

$$\left\{ f'(x) - [f'(x')]' + [f'(x'')]'' - \dots \right\}\xi + \left\{ f'(y) - [f'(y')]' + [f'(y'')]'' - \dots \right\}\omega$$

soit elle-même une dérivée exacte.

Cette quantité est la même chose que $X\xi + Y\omega$; donc, en mettant pour ω sa valeur $\xi\,\varphi'(x)$, elle devient $[X + Y\,\varphi'(x)]\xi$; et il est visible qu'elle ne peut être une dérivée exacte, indépendamment de la valeur de ξ, qui doit demeurer arbitraire; donc il faudra que cette quantité s'évanouisse d'elle-même, et par conséquent qu'on ait l'équation identique $X + Y\,\varphi'(x) = 0$. Mais, y étant $\varphi(x)$, on a en général $y' = x'\,\varphi'(x)$. Donc, substituant cette valeur de $\varphi'(x)$, on aura nécessairement l'équation identique

$$X x' + Y y' = 0.$$

Il suit de là que l'équation de condition $X = 0$, qu'on aurait par la considération de la variable x et de ses dérivées, sera identique avec l'équation de condition $Y = 0$, qui se rapporte à la variable y; car, faisant $X = 0$ dans l'équation précédente, on a nécessairement $Y = 0$.

On prouvera de la même manière que, pour une fonction composée des trois variables x, y, z et de leurs dérivées, on aurait l'équation identique

$$X x' + Y y' + Z z' = 0,$$

en supposant

$$Z = f'(z) - [f'(z')]' + [f'(z'')]'' - [f'(z''')]''' + \ldots.$$

De sorte que, dans ce cas, l'équation de condition $X = 0$ serait comprise dans les deux équations $Y = 0$ et $Z = 0$.

Ainsi on pourra toujours, dans la question présente, se dispenser d'avoir égard aux dérivées de la variable principale et à l'équation de condition qui en résulterait.

Si l'on voulait que la fonction V fût une dérivée exacte du second ordre, il faudrait de plus que la fonction primitive de $\overset{\scriptstyle 1}{V}$, c'est-à-dire la fonction $\overset{\scriptstyle 1}{U}$, fût elle-même une dérivée exacte. Or on a

$$\overset{\scriptstyle 1}{U} = p\omega + q\omega' + r\omega'' + \ldots,$$

en supposant, pour abréger,

$$p = P - Q' + R'' - \ldots, \qquad q = Q - R' + \ldots, \qquad r = R - \ldots, \qquad \ldots$$

et il est facile de trouver, par les mêmes procédés qu'on a employés pour la fonction $\overset{.}{V}$, que la condition nécessaire pour que la fonction $\overset{.}{U}$ soit considérée exacte, indépendamment de la valeur de ω, est renfermée dans l'équation

$$p - q' + r'' - \ldots = 0,$$

laquelle, en remettant pour p, q, r, ... leurs valeurs, devient

$$\mathrm{P} - 2\mathrm{Q}' + 3\mathrm{R}'' - \ldots = 0.$$

Donc, pour qu'une fonction de la forme $f(x, y, y', y'', \ldots)$ soit une fonction dérivée exacte du second ordre, c'est-à-dire une fonction dérivée d'une fonction dérivée, indépendamment d'aucune relation particulière entre x et y, on aura, relativement à y, outre la première équation de condition, celle-ci :

$$f'(y') - 2[f'(y'')]' + 3[f'(y''')]'' - \ldots = 0.$$

Et l'on aurait une pareille équation relativement à z, si la fonction proposée contenait aussi z, z', z'', ...

On trouverait de même, pour que la proposée fût une fonction dérivée du troisième ordre, cette troisième équation de condition, relativement à y,

$$f'(y'') - 3[f'(y''')]' + 6[f'(y^{iv})]'' - \ldots = 0;$$

et ainsi de suite.

Enfin si l'on suppose qu'on n'ait, pour la détermination d'une fonction u, qu'une équation d'un ordre quelconque entre u, x et y et les fonctions dérivées u', u'', ..., y', y'', ... de u et de y, et qu'on demande les conditions nécessaires pour que u soit une fonction de x, y, y', y'', ..., indépendamment d'aucune relation entre x et y, le problème pourra encore se résoudre par les mêmes principes et en suivant la même méthode.

Soit $V = 0$ l'équation donnée, dans laquelle on suppose que u est une fonction de x, y', y'', ...; si l'on met partout $y + \omega$ à la place de y, et par conséquent $y' + \omega'$, $y'' + \omega''$, ... à la place de y', y'', ..., la quantité ω étant supposée, comme ci-dessus, une fonction indéterminée de x, et qu'on développe suivant les puissances et les produits de ω, ω′, ω″, ..., la fonction V deviendra, comme plus haut,

$$V + \overset{1}{V} + \overset{2}{V} + \overset{3}{V} + \ldots,$$

et l'on aura les équations particulières

$$V = o, \qquad \overset{1}{V} = o, \qquad \overset{2}{V} = o, \qquad \ldots,$$

Car, si l'on imagine qu'on mette dans V, à la place de u, sa valeur en x, y, $y′$, $y″$, ..., l'équation $V = o$ deviendra identique ; donc l'identité subsistera aussi après la substitution de $y + ω$, $y′ + ω′$, $y″ + ω″$, ..., pour y, $y′$, $y″$, ..., et le développement suivant ω, ω′, ω″, ... ; et, comme ces dernières quantités sont supposées indépendantes de x et y, il est visible que chaque terme $\overset{1}{V}$, $\overset{2}{V}$, ... qui contient les mêmes dimensions de ω, ω′, ω″, ... devra être identiquement nul dans l'équation développée

$$V + \overset{1}{V} + \overset{2}{V} + \overset{3}{V} + \ldots = o.$$

Représentons la fonction V par

$$f(u, u′, u″, \ldots, x, y, y′, y″, \ldots),$$

et dénotons par $\overset{1}{u}$, $\overset{2}{u}$, ... les différents termes du développement de la fonction u, dans lesquels les quantités ω, ω′, ω″, ... forment ensemble une dimension, ou deux, etc. Nous aurons, suivant la notation adoptée,

$$\overset{1}{V} = \overset{1}{u} f′(u) + \overset{1}{u′} f′(u′) + \overset{1}{u″} f′(u″) + \ldots$$
$$+ ω f′(y) + ω′ f′(y′) + ω″ f′(y″) + \ldots.$$

Or il est visible que la fonction $\overset{1}{u}$ ne peut être que de la forme

$$\overset{1}{u} = N ω + P ω′ + Q ω″ + \ldots,$$

N, P, Q, ... étant des fonctions de x, y, $y′$, ... De là, en prenant les fonctions dérivées relatives à x, on aura les valeurs de $\overset{1}{u′}$, $\overset{1}{u″}$, ... ;

savoir :

$$\overset{1}{u}' = \mathrm{N}'\omega + (\ \mathrm{N} + \mathrm{P}')\omega' + (\mathrm{P} + \mathrm{Q}')\omega'' + \ldots,$$

$$\overset{1}{u}'' = \mathrm{N}''\omega + (2\mathrm{N}' + \mathrm{P}'')\omega' + (\mathrm{N} + 2\mathrm{P}' + \mathrm{Q}'')\omega'' + \ldots,$$

$$\ldots\ldots\ldots\ldots\ldots\ldots\ldots\ldots\ldots\ldots\ldots\ldots\ldots\ldots\ldots$$

Ces valeurs étant substituées dans l'expression de $\overset{1}{\mathrm{V}}$, l'équation $\overset{1}{\mathrm{V}} = 0$ devra avoir lieu indépendamment des quantités $\omega, \omega', \omega'', \ldots$, qui doivent demeurer indéterminées ; donc, égalant à zéro les multiplicateurs de chacune de ces quantités, on aura les équations

$$f'(y) + \mathrm{N}\, f'(u) + \mathrm{N}'\, f'(u') + \mathrm{N}''\, f'(u'') + \ldots = 0,$$

$$f'(y') + \mathrm{P}\, f'(u') + (\mathrm{N} + \mathrm{P}')\, f'(u') + (2\mathrm{N} + \mathrm{P}'')\, f'(u'') + \ldots = 0,$$

$$f'(y'') + \mathrm{Q}\, f'(u) + (\mathrm{P} + \mathrm{Q}')\, f'(u') + (\mathrm{N} + 2\mathrm{P}' + \mathrm{Q}'')\, f'(u'') + \ldots = 0,$$

$$\ldots\ldots\ldots\ldots\ldots\ldots\ldots\ldots\ldots\ldots\ldots\ldots\ldots\ldots\ldots\ldots\ldots\ldots\ldots\ldots\ldots,$$

d'où il faudra éliminer les quantités inconnues N, P, Q, ... ; il restera nécessairement une ou plusieurs équations qui seront les équations de condition cherchées. Car il est facile de voir que le nombre de ces quantités ne doit jamais surpasser celui des quantités $y, y', y'', \ldots$, diminué du nombre des quantités $u', u'', \ldots$, puisque dans l'équation proposée la plus haute fonction dérivée de u ne peut contenir de fonctions dérivées de y, plus hautes que celles qui se trouvent dans la même équation.

Supposons, par exemple, que l'équation soit de la forme

$$f(u, u', x, y, y', y'') = 0 ;$$

on fera ici simplement

$$\overset{1}{u} = \mathrm{N}\omega + \mathrm{P}\omega',$$

et l'on aura les trois équations

$$f'(y) + \mathrm{N}\, f'(u) + \mathrm{N}'\, f'(u') = 0,$$

$$f'(y') + \mathrm{P}\, f'(u) + (\mathrm{N} + \mathrm{P}')\, f'(u') = 0,$$

$$f'(y'') + \mathrm{P}\, f'(u') = 0.$$

La dernière donnera P, la seconde donnera N, et la première don-

nera, par la substitution de N et de N′, l'équation de condition nécessaire pour que la quantité u dans l'équation proposée puisse être
une fonction de x, y, y', indépendamment d'aucune relation entre
x et y.

On peut étendre la méthode de ce problème à un nombre quelconque
de variables et d'équations.

Montrons maintenant, par quelques exemples, l'usage des équations
de condition dont nous venons de donner la théorie, et d'abord ne
considérons qu'une fonction du premier ordre de la forme $f(x, y, y')$;
l'équation de condition pour qu'elle soit une dérivée exacte sera

$$f'(y) - [f'(y')]' = 0.$$

Pour que cette équation puisse être identique, il faut que le second
terme ne contienne pas de fonctions dérivées de y plus hautes que le
premier terme $f'(y)$; or celui-ci ne peut contenir que la fonction y';
donc il faudra que l'expression $f'(y')$, dont la fonction dérivée forme
le second terme, ne contienne pas y', autrement il entrerait y'' dans le
second terme. Il suit de là que la fonction proposée ne peut être que
de la forme

$$\Psi(x, y) + y' \varphi(x, y).$$

En la représentant par $f(x, y, y')$, et prenant les dérivées relatives
à y et à y', on aura

$$f'(y) = \Psi'(y) + y' \varphi'(y), \qquad f'(y') = \varphi(x, y).$$

Ainsi l'équation de condition sera

$$\Psi'(y) + y' \varphi'(y) - \varphi'(x, y) = 0;$$

mais

$$\varphi'(x, y) = \varphi'(x) + y' \varphi'(y);$$

donc l'équation se réduit à

$$\Psi'(y) - \varphi'(x) = 0,$$

comme nous l'avons trouvé, par une autre voie, dans la Leçon XIX.

La fonction proposée, en n'y faisant plus $x'=1$, aurait eu la forme

$$x'\,\Psi(x,y)+y'\,\varphi(x,y),$$

et l'on aurait eu, relativement à x, l'équation de condition

$$f'(x)-[f'(x')]'=0,$$

laquelle devient

$$x'\,\Psi'(x)+y'\,\varphi'(x)-\Psi'(x,y)=0;$$

mais

$$\Psi'(x,y)=x'\,\Psi'(x)+y'\,\Psi'(y);$$

donc

$$y'\,\varphi'(x)-y'\,\Psi'(y)=0,$$

savoir

$$\varphi'(x)-\Psi'(y)=0,$$

comme auparavant.

Supposons que la fonction proposée soit du second ordre et de la forme $f(x,y,y',y'')$; l'équation de condition pour qu'elle soit une dérivée exacte sera

$$f'(y)-[f'(y')]'+[f'(y'')]''=0.$$

Il est d'abord évident que, pour que cette équation puisse être identique, il faut que la valeur de $f'(y'')$ ne contienne point y''; autrement la valeur de $[f'(y'')]''$ contiendrait y^{iv}; et, comme les termes précédents ne peuvent contenir que y,y',y'',y''', le terme contenant y^{iv} ne serait pas détruit.

La fonction proposée ne pourra donc être que de la forme

$$\Psi(x,y,y')+y''\,\varphi(x,y,y').$$

On aura ainsi, en la comparant à la forme générale $f(x,y,y',y'')$,

$$f'(y)=\Psi'(y)+y''\,\varphi'(y),$$
$$f'(y')=\Psi'(y')+y''\,\varphi'(y'),$$
$$f'(y'')=\varphi(x,y,y');$$

et l'équation de condition deviendra

$$\Psi'(y)+y''\,\varphi'(y)-[\Psi'(y')]'-[y''\,\varphi'(y')]'+\varphi'(x,y,y')=0.$$

Or
$$\varphi'(x,y,y') = \varphi'(x) + y' \, \varphi'(y) + y'' \, \varphi'(y');$$
donc
$$\varphi''(x,y,y') = [\varphi'(x)]' + [y' \, \varphi'(y)]' + [y'' \, \varphi'(y')]'.$$

Par cette substitution, l'équation de condition deviendra

$$\Psi'(y) + y'' \, \varphi'(y) - [\Psi'(y')]' + [\varphi'(x)]' + [y' \, \varphi'(y)]' = 0.$$

Supposons, pour abréger,

$$\varphi'(x) + y' \, \varphi'(y) - \Psi'(y') = \Phi(x,y,y'),$$

la caractéristique Φ dénotant une fonction connue de x, y, y', puisqu'en effet cette expression ne contient que les trois quantités x, y, y'; on aura l'équation
$$\Psi'(y) + y'' \, \varphi'(y) + \Phi'(x,y,y') = 0;$$
mais
$$\Phi'(x,y,y') = \Phi'(x) + y' \, \Phi'(y) + y'' \, \Phi'(y');$$

donc l'équation de condition se réduira à

$$\Psi'(y) + \Phi'(x) + y' \, \Phi'(y) + y''[\varphi'(y) + \Phi'(y')] = 0.$$

Or il est visible que la quantité y'' n'entre point dans les fonctions dérivées suivant x et y, puisqu'elle n'entre point dans les fonctions primitives représentées par les caractéristiques Ψ, φ et Φ; donc, pour que l'équation puisse être identique, il faudra que les termes multipliés par y'' disparaissent; par conséquent l'équation de condition se partagera en ces deux-ci :

$$\varphi'(y) + \Phi'(y) = 0,$$
$$\Psi'(y) + \Phi'(x) + y' \, \Phi'(y) = 0,$$

qui devront avoir lieu séparément pour que la fonction proposée soit une dérivée exacte.

Supposons, pour donner un exemple particulier, que cette fonction soit

$$\frac{y'}{y} - \frac{xy'^2}{y^2} + \frac{y''x}{y};$$

on aura ici

$$\Psi(x,y,y') = \frac{y'}{y} - \frac{xy'^2}{y^2} \quad \text{et} \quad \varphi(x,y,y') = \frac{x}{y}.$$

De là on tirera

$$\Psi'(y) = -\frac{y'}{y^2} + \frac{2xy'^2}{y^3}, \quad \Psi'(y') = \frac{1}{y} - \frac{2xy'}{y^2},$$

$$\varphi'(x) = \frac{1}{y}, \quad \varphi'(y) = -\frac{x}{y^2},$$

$$\Phi(x,y,y') = \frac{1}{y} - \frac{xy'}{y^2} - \frac{1}{y} + \frac{2xy'}{y^2} = \frac{xy'}{y^2},$$

$$\Phi'(x) = \frac{y'}{y^2}, \quad \Phi'(y) = -\frac{2xy'}{y^3}, \quad \Phi'(y') = \frac{x}{y^2}.$$

Ainsi les deux équations de condition deviendront

$$-\frac{x}{y^2} + \frac{x}{y^2} = 0, \quad -\frac{y'}{y^2} + \frac{2xy'^2}{y^3} + \frac{y'}{y^2} - \frac{2xy'^2}{y^3} = 0,$$

qui se vérifient, comme l'on voit, d'elles-mêmes. En effet, la fonction proposée est la dérivée de $\frac{xy'}{y}$.

En général, il est facile de prouver que l'équation de condition

$$f'(y) - [f'(y')]' + [f'(y'')]'' - \dots = 0$$

ne saurait être identique, à moins que la plus haute des fonctions dérivées y', y'', ..., qui entrera dans la fonction proposée $f(x, y, y', y'', \dots)$ n'y soit qu'à la première dimension, afin qu'elle puisse disparaître dans la fonction dérivée qu'on prendra relativement à cette même dérivée de y. D'où il suit que, si la fonction proposée est de l'ordre n, elle ne pourra être une fonction dérivée exacte, à moins qu'elle ne soit de la forme

$$\Psi[x,y,y',y'',\dots,y^{(n-1)}] + y^{(n)} \Phi[x,y,y',y'',\dots,y^{(n-1)}],$$

ce qui s'accorde avec ce que nous avons vu dans la Leçon XIII.

Ensuite on peut aussi prouver que, de même que pour les fonctions du second ordre, l'équation de condition se décompose en deux, qui doivent avoir lieu à la fois; pour les fonctions du troisième ordre, elle se décomposera en trois; et, pour les fonctions du quatrième ordre, elle se décomposera en quatre; et ainsi de suite.

Enfin, pour donner aussi un exemple d'une fonction dépendante, d'une équation, nous prendrons l'équation

$$u' - \Psi(u, x, y) - y'\, \varphi(u, x, y) = 0,$$

et nous chercherons les conditions nécessaires pour que la fonction u soit une fonction de x et y.

En comparant cette équation à la forme générale

$$f(u, u', x, y, y') = 0,$$

on aura

$$f(u, u', x, y, y') = u' - \Psi(u, x, y) - y'\, \varphi(u, x, y);$$

et de là on tirera ces valeurs

$$f'(u) = -\Psi'(u) - y'\, \varphi'(u), \qquad f'(u') = 1,$$
$$f'(y) = -\Psi'(y) - y'\, \varphi'(y), \qquad f'(y') = -\varphi(u, x, y).$$

Comme la fonction ne contient point y'', on aura

$$f'(y'') = 0;$$

et la dernière des trois équations de condition trouvées ci-dessus pour le cas dont il s'agit donnera sur-le-champ $P = 0$; ce qui réduira les deux premières à

$$-\Psi'(y) - y'\, \varphi'(y) - N[\Psi'(u) + y'\, \varphi'(u)] + N' = 0, \qquad -\varphi(u, x, y) + N = 0,$$

La dernière donne

$$N = \varphi(u, x, y);$$

donc, substituant dans la première et changeant les signes, on aura

$$\Psi'(y) + y'\, \varphi'(y) + [\Psi'(u) + y'\, \varphi'(u)] + \varphi(u, x, y) - \varphi'(u, x, y) = 0.$$

Mais

$$\varphi'(u, x, y) = u'\, \varphi'(u) + \varphi'(x) + y'\, \varphi'(y),$$

et la proposée donne

$$u' = \Psi(u, x, y) + y' \, \varphi(u, x, y);$$

donc, faisant ces substitutions et effaçant ce qui se détruit, on aura cette équation de condition

$$\Psi'(y) + \Psi'(u) \, \varphi(u, x, y) - \varphi'(x) - \varphi'(u) \, \Psi(u, x, y) = 0,$$

qui est la même, en changeant u en z, que celle que nous avons trouvée directement dans la Leçon XIX, pour que l'équation dérivée à trois variables puisse admettre une équation primitive entre ces variables.

Le problème que nous venons de résoudre, sur les équations de condition qui doivent avoir lieu pour qu'une fonction donnée de plusieurs variables et de leurs dérivées ait une fonction primitive indépendamment d'aucune relation entre ces variables, a une connexion intime avec un autre problème plus important, qui a exercé les géomètres pendant près d'un siècle. C'est le fameux problème des isopérimètres, qui, pris dans toute son extension, consiste à trouver les équations qui doivent avoir lieu entre les variables, pour que la fonction primitive inconnue d'une fonction donnée de ces variables et de leurs dérivées devienne un maximum ou un minimum.

Les mêmes formules d'équations résolvent les deux problèmes, mais avec cette différence que, pour le premier, les équations doivent être identiques et se vérifier d'elles-mêmes; au lieu que, dans le dernier problème, elles deviennent les équations nécessaires entre les variables pour l'existence du maximum ou du minimum.

On verra la raison de cette identité des résultats par l'analyse que nous allons donner du problème des isopérimètres. Mais nous commencerons par une histoire succincte des différentes tentatives que les géomètres du dernier siècle ont faites pour parvenir à une solution générale de ce problème, et qui ont conduit par degrés à la méthode connue sous le nom de *Calcul des variations*.

Les questions *de maximis et minimis* n'ont pas été inconnues aux anciens géomètres; car on a un livre entier d'Apollonius, qui traite presque uniquement des plus grandes et des plus petites lignes droites

qui peuvent être menées de points donnés aux arcs des sections coniques.

La méthode d'Apollonius se réduit simplement à prouver que toute
autre droite, menée du même point à la section conique, serait plus
petite dans le cas du maximum, et plus grande dans le cas du minimum, que celle qu'il a déterminée; et cette méthode a été suivie par
tous ceux qui, après lui, ont cherché à résoudre, par la simple Géométrie, des problèmes relatifs aux maxima et aux minima.

Fermat est le premier, comme nous l'avons vu dans la Leçon XVIII,
qui ait donné, pour la solution des problèmes de ce genre, une méthode
directe et analytique, que l'algorithme du Calcul différentiel a ensuite
simplifiée et généralisée; elle se réduit, comme l'on sait, à égaler à
zéro la différentielle ou la fonction prime de la fonction qui doit être
un maximum ou un minimum, en regardant comme variable l'inconnue
par rapport à laquelle la fonction donnée doit devenir la plus grande
ou la plus petite; et nous avons exposé ailleurs (*Théorie des Fonctions*)
les principes et la marche de cette méthode considérée dans toute sa
généralité (¹).

On peut dire que c'est à la considération des courbes qu'on doit les
principales méthodes de l'Analyse. La détermination des plus grandes
et des plus petites ordonnées dans les lignes et dans les surfaces courbes
avait donné naissance aux questions *de maximis et minimis,* dont
nous venons de parler; mais on s'éleva bientôt à des problèmes d'un
genre nouveau et beaucoup plus difficile. Il s'agissait de trouver les
courbes mêmes dans lesquelles des quantités dépendantes de toute
l'étendue de la courbe cherchée, prise entre des limites données,
fussent un maximum ou un minimum par rapport à toutes les autres
courbes possibles; comme, par exemple, la courbe qui renferme le
plus grand espace suivant des conditions données, ou qui produit, par
sa révolution, le plus grand solide entre des limites données, etc.;
mais c'est la Mécanique qui a fourni les premiers problèmes de ce
nouveau genre. Newton a cherché le premier la courbe qui, en tour-

(¹) *OEuvres de Lagrange,* t. IX.

nant autour de son axe, produit le solide qui, étant mû dans un fluide suivant la direction de son axe, éprouve la moindre résistance possible, et il a donné, sans démonstration, une proportion qui suffit pour construire la courbe par les tangentes, et qui en est comme l'équation différentielle.

Mais c'est proprement du fameux problème de la brachistochrone, ou ligne de la plus vite descente, proposé en 1693 par Jean Bernoulli, que date la découverte d'une analyse propre à ces sortes de recherches.

Suivant l'esprit du Calcul différentiel qui suppose les courbes formées d'une infinité de droites infiniment petites, on considère deux côtés contigus de la courbe cherchée, et l'on détermine leur position respective de manière que la quantité proposée devienne un maximum ou un minimum, en ne faisant varier que l'ordonnée qui répond à l'angle formé par ces deux côtés. De cette manière, le problème rentre dans l'ancien genre, et la difficulté ne consiste plus qu'à ramener le résultat de la solution à la forme différentielle. C'est ainsi qu'on a trouvé d'abord que la courbe de la plus vite descente doit être telle que le sinus de l'angle, qu'un de ses côtés quelconques infiniment petits fait avec la verticale, soit proportionnel à la vitesse, laquelle est comme la racine carrée de la hauteur d'où le corps est parti; et cette proportion, réduite en équation différentielle, donne la cycloïde. On a trouvé de la même manière que le solide rond de la moindre résistance est formé par une courbe qui a la propriété énoncée par Newton dans le scolie de la Proposition XXXV de la seconde Partie de ses *Principes*. On a appliqué ensuite la même méthode à des problèmes plus compliqués, tels que celui des isopérimètres, où il s'agissait de trouver, entre toutes les courbes possibles qui ont le même périmètre ou la même longueur, celles qui, entre des limites données, renfermaient les plus grands ou les plus petits espaces, ou, en faisant une révolution autour de leurs axes, produisaient les plus grandes ou les plus petites superficies, ou les plus grands ou les plus petits solides, ou enfin une courbe telle qu'en construisant sur son axe une seconde courbe dont les ordonnées soient des fonctions quelconques des ordonnées et des arcs de celle-là, l'aire de la seconde courbe forme un maximum ou un minimum ; et les difficultés de ce problème, jointes à la célébrité que les recherches des deux frères Bernoulli, de Taylor et d'Euler lui acquirent, ont fait donner en général le nom d'*isopérimètres* à tous les problèmes dans lesquels il s'agit de trouver des courbes qui jouissent de quelque propriété de maximum ou minimum, avec ou sans la condition de l'égalité des longueurs de la courbe.

Lorsqu'on veut avoir égard à cette condition, il ne suffit pas de faire varier une seule ordonnée, comme dans les problèmes où l'on demande un maximum ou un minimum absolu ; il faut alors faire varier à la fois deux indéterminées, tant dans l'expression qui doit être un maximum ou minimum que dans celle qui doit demeurer constante, et égaler séparément à zéro les résultats de ces variations, ou les différentielles de ces deux expressions, comme dans les problèmes ordinaires *de maximis et minimis,* lorsqu'il y a quelque condition particulière à remplir entre les variables.

Jean Bernoulli, dans un Mémoire destiné à résoudre les problèmes sur les isopérimètres proposés par son frère Jacques, et qui se trouve dans le *Recueil de l'Académie des Sciences* de 1706, avait cru pouvoir satisfaire à la fois à la condition du maximum ou minimum et à celle de l'isopérimétrisme, en ne considérant que deux éléments ou côtés de la courbe, et en faisant varier à la fois l'abscisse et l'ordonnée qui répondent à l'angle de ces deux lignes droites, de manière que leur somme demeurât constante. En effet, si la question roulait sur des quantités finies, elle pourrait se résoudre de cette manière ; mais il arrive ici, par la nature des infiniment petits, que l'équation finale devient purement identique, et ne fait par conséquent rien connaître. Jean Bernoulli parvint à un autre résultat, et crut avoir ainsi résolu les problèmes ; mais son analyse est erronée et pèche contre les principes du Calcul infinitésimal.

Jacques Bernoulli est le premier qui ait reconnu, dans ces sortes de questions, la nécessité de considérer trois côtés consécutifs de la courbe, et de faire varier à la fois les deux ordonnées consécutives qui répondent aux angles formés par ces côtés. C'est sur ce principe qu'il a fondé son Analyse du problème des isopérimètres, intitulée *Analysis magni problematis isoperimetrici*, et publiée à Bâle en 1701 et dans les *Actes de Leipzig* de la même année; et le même principe a servi de base ensuite aux solutions données par Taylor, dans son *Methodus incrementorum*; par Jean Bernoulli, dans les *Mémoires de l'Académie des Sciences* de 1718; et par Euler dans les Tomes VI et VII des anciens *Commentaires de Pétersbourg*.

Par la considération d'une partie infiniment petite de la courbe regardée comme composée de deux ou trois lignes droites, les problèmes se réduisent à l'Analyse ordinaire; et la difficulté ne consiste plus qu'à traduire les solutions en équations différentielles, par les substitutions des valeurs des ordonnées et des abscisses successives exprimées en différences, en ayant soin de ne conserver que les termes du même ordre, suivant la loi de l'homogénéité des quantités infiniment petites. Mais les résultats obtenus de cette manière se présentent rarement sous une forme générale et applicable à tous les problèmes du même genre. De plus, il y a des cas où il ne suffit pas de considérer une portion infiniment petite de la courbe, parce que la propriété du maximum ou minimum peut avoir lieu dans la courbe entière, sans avoir lieu dans chacune de ses portions infiniment petites; ce sont ceux où la fonction différentielle dont l'intégrale doit être un maximum ou un minimum contient elle-même une autre fonction intégrale, à moins que, par les conditions du problème, cette intégrale doive avoir une valeur constante : par exemple, lorsque la fonction dont l'intégrale doit être un maximum ou un minimum dépend non seulement des abscisses et des ordonnées et de leurs différences, mais encore de l'arc même de la courbe, lequel n'est donné, comme l'on sait, que par une expression intégrale; dans ce cas, les solutions qu'on trouverait par la simple considération d'une portion infiniment petite de la courbe seraient inexactes, à moins que la longueur de la courbe ne fût supposée constante, comme dans les problèmes des isopérimètres.

A plus forte raison, il ne sera pas permis de n'avoir égard, dans le

calcul, à une petite portion de la courbe, lorsque la fonction différentielle dépendra d'une quantité donnée, simplement par une équation
différentielle non intégrable en général; c'est pourquoi on doit regarder comme fausse la solution qu'Euler lui-même a donnée du problème
de la brachistochrone dans un milieu résistant comme une fonction de
la vitesse, dans le Tome VII des anciens *Commentaires de Pétersbourg*,
et dans le second Volume de sa *Mécanique*, et l'on peut s'en convaincre
en la comparant à celle qu'on trouve dans son Ouvrage de 1744,
intitulé *Methodus inveniendi lineas curvas maximi minimique proprietate
gaudentes* (Art. 46).

C'est proprement dans ce dernier Ouvrage qu'Euler a donné une
solution générale et complète du problème des isopérimètres. Pour
trouver les conditions du maximum ou minimum, il se contente de
faire varier une seule ordonnée de la courbe, et il en déduit la valeur
différentielle de la formule, qui doit être un maximum ou un minimum, en substituant à la place des différentielles de l'ordonnée les
différences successives des données consécutives, et à la place des
expressions intégrales les sommes des éléments répondant à toute
l'étendue de la courbe. Son calcul devient ainsi très long, surtout par
les suites infinies qui s'y mêlent, lorsque la fonction proposée contient
différentes intégrales, et dont il faut déterminer la somme pour parvenir à des résultats nets et précis; et l'on ne peut trop admirer
l'adresse avec laquelle l'auteur surmonte ces difficultés, et obtient,
en dernière analyse, des formules simples, générales et élégantes. Son
Ouvrage est d'ailleurs très précieux par le nombre et la beauté des
exemples qu'il contient, et il n'y en a peut-être aucun qui puisse être
plus utile à ceux qui désirent s'exercer sur le Calcul intégral.

Jusqu'alors on avait traité séparément, et par des procédés différents,
les problèmes où il suffit de varier une ordonnée, et ceux qui demandent
la variation de deux ou de plusieurs ordonnées consécutives.

Euler a remarqué le premier que tous les problèmes de ce genre pou-
vaient être rappelés à une même analyse, parce que l'uniformité qui
doit régner dans les opérations relatives aux différents points d'une

même courbe fait que, dès qu'on a trouvé le résultat de la variation d'une ordonnée, la même expression, rapportée à l'ordonnée qui suit immédiatement, donnera aussi le résultat de la variation de cette ordonnée, et ainsi des autres.

Cette remarque a conduit Euler à un beau théorème et de la plus grande utilité dans cette matière : c'est que, pour trouver une courbe qui ne jouisse d'une propriété de maximum ou minimum que parmi toutes les courbes qui ont une ou plusieurs propriétés connues, il suffit d'ajouter à l'expression de la propriété qui doit être un maximum ou un minimum celles des autres propriétés connues, multipliées chacune par un coefficient constant et arbitraire, et chercher ensuite la courbe dans laquelle cette expression composée sera un maximum ou un minimum entre toutes les courbes possibles.

En effet, si l'on désigne, comme Euler, par $n\nu$ ou simplement par ν l'incrément infiniment petit de l'ordonnée y, et par $P.\nu$ la valeur différentielle de la formule intégrale indéfinie $\int Z\,dx$, qui doit être un maximum ou un minimum, on aura $\dot{P}.\omega$ pour la valeur différentielle de la même formule, provenant de l'incrément ω de l'ordonnée suivante $\dot{y}$, en supposant que $\dot{P}$ soit ce que P devient lorsque y devient $\dot{y}$, et que toutes les autres variables sont rapportées à l'ordonnée $\dot{y}$.

Et l'on aurait de même $\ddot{P}.\pi$ pour la valeur différentielle de la même formule, provenant de l'incrément π de l'ordonnée suivante $\ddot{y}$, où $\ddot{P}$ est ce que devient P lorsque y devient $\ddot{y}$; et ainsi de suite.

Or, en regardant, suivant les principes du Calcul différentiel, les ordonnées y, $\dot{y}$, $\ddot{y}$, ... comme infiniment proches, on a

$$\dot{y} = y + dy, \qquad \ddot{y} = y + 2\,dy + d^2y, \qquad \dots;$$

par conséquent on aura aussi

$$\dot{P} = P + dP, \qquad \ddot{P} = P + 2\,dP + d^2P, \qquad \dots.$$

Ainsi, en faisant varier à la fois les deux ordonnées voisines y et $\dot{y}$, la valeur différentielle de $\int Z\,dx$ sera

$$\mathrm{P}.\nu + (\mathrm{P} + d\mathrm{P})\,\omega;$$

et, en faisant varier les trois ordonnées voisines y, $\overset{'}{y}$, $\overset{''}{y}$, sa valeur différentielle sera

$$\mathrm{P}.\nu + (\mathrm{P} + d\mathrm{P})\omega + (\mathrm{P} + 2\,d\mathrm{P} + d^2\mathrm{P})\pi,$$

et ainsi de suite.

Il en sera de même de toutes les autres formules semblables.

Donc, pour les courbes où la formule $\int Z\,dx$ doit être un maximum ou un minimum absolu, on aura, en ne faisant varier qu'une ordonnée, l'équation $\mathrm{P}.\nu = 0$, laquelle donne $\mathrm{P} = 0$.

Pour les courbes où $\int Z\,dx$ ne doit être qu'un maximum ou un minimum relatif parmi toutes les courbes qui ont une propriété commune exprimée par la formule $\int Y\,dx$, si l'on représente par $\mathrm{Q}.\nu$ la valeur différentielle de $\int Y\,dx$ due à l'incrément ν de y, on aura, en faisant varier deux ordonnées et égalant à zéro les valeurs différentielles des formules $\int Z\,dx$ et $\int Y\,dx$, les équations

$$\mathrm{P}.\nu + (\mathrm{P} + d\mathrm{P})\omega = 0,$$
$$\mathrm{Q}.\nu + (\mathrm{Q} + d\mathrm{Q})\omega = 0,$$

lesquelles donnent celle-ci

$$\frac{d\mathrm{P}}{\mathrm{P}} - \frac{d\mathrm{Q}}{\mathrm{Q}} = 0,$$

dont l'intégrale est

$$\mathrm{P} + a\mathrm{Q} = 0,$$

a étant une constante arbitraire.

Cette équation est, comme l'on voit, la même que celle qu'on trouverait pour le maximum ou minimum absolu de la formule $\int Z\,dx + a\int Y\,dx$, en ne faisant varier qu'une seule ordonnée.

Si la même formule $\int Z\,dx$ ne devait être un maximum ou un minimum que dans une des courbes dans lesquelles deux autres formules $\int Y\,dx$ et $\int X\,dx$ conservent les mêmes valeurs, on aurait alors le cas où il faut faire varier trois ordonnées successives, et où il faudra égaler séparément à zéro les valeurs différentielles des trois formules dont il s'agit.

Ainsi, en dénotant par R.ν la valeur différentielle de $\int X\,dx$ provenant de l'incrément ν, on aurait ces trois équations

$$P.\nu + (P + dP)\omega + (P + 2\,dP + d^2 P)\pi = 0,$$
$$Q.\nu + (Q + dQ)\omega + (Q + 2\,dQ + d^2 Q)\pi = 0,$$
$$R.\nu + (R + dR)\omega + (R + 2\,dR + d^2 R)\pi = 0,$$

savoir,

$$P(\nu + \omega + \pi) + dP(\omega + 2\pi) + d^2 P.\pi = 0,$$
$$Q(\nu + \omega + \pi) + dQ(\omega + 2\pi) + d^2 Q.\pi = 0,$$
$$R(\nu + \omega + \pi) + dR(\omega + 2\pi) + d^2 R.\pi = 0.$$

Éliminant deux des quantités ν, ω, π, la troisième s'évanouit d'elle-même, et l'on obtient une équation différentielle du second ordre entre les trois variables P, Q, R, dont par conséquent l'intégrale complète renfermera trois constantes arbitraires. Mais, sans chercher cette équation différentielle, il est facile de s'assurer que l'équation

$$P + aQ + bR = 0$$

satisfait aux trois équations ci-dessus, quelles que soient les valeurs des coefficients a, b, pourvu qu'ils soient constants; car, en multipliant la seconde équation par a, la troisième par b, et les ajoutant à la première, on aura une équation identique, en vertu de l'équation supposée; et, comme cette équation contient deux constantes arbitraires a et b, il s'ensuit qu'elle sera nécessairement l'intégrale complète de l'équation du second ordre dont il s'agit; et l'on voit en même temps qu'elle n'est autre chose que celle qui donne le maximum ou minimum absolu de la formule

$$\int Z\,dx + a\int Y\,dx + b\int X\,dx.$$

Au reste, je dois observer que, dans les premières solutions qui ont été données du problème des isopérimètres par les Bernoulli, Taylor et Euler lui-même, la valeur différentielle de la formule $\int Z\,dx$, qui doit

être un maximum ou un minimum parmi toutes les courbes isopérimètres, n'est pas de la forme

$$P.\nu + \acute{P}.\omega,$$

lorsque la fonction Z contient l'arc s de la courbe, ce qui est contraire
à la théorie d'Euler, qu'on vient d'exposer.

Par exemple, dans la solution de Taylor, qui est une des plus
simples, si l'on y substitue les dénominations précédentes, qu'on suppose

$$d\mathrm{Z} = \mathrm{L}\,ds + \mathrm{M}\,dx + \mathrm{N}\,dy,$$

et qu'on fasse, pour abréger, $\dfrac{dy}{ds} = q$, on a cette valeur différentielle

$$(\mathrm{N} + \mathrm{L}q)\,dx.\nu + (\acute{\mathrm{N}} + \acute{\mathrm{L}}\acute{q}')\,dx.\omega,$$

provenant des variations ν et ω des ordonnées y et $\acute{y}$ dans les trois
éléments $\mathrm{Z}\,dx + \acute{\mathrm{Z}}\,dx + \ddot{\mathrm{Z}}\,dx$, qui sont les seuls que Taylor considère.

Mais je remarque que cette valeur n'est pas la valeur différentielle
complète de la formule intégrale $\int \mathrm{Z}\,dx$; car, par les formules exactes
de l'ouvrage cité d'Euler, la seule variation ν de l'ordonnée y, dans la
formule $\int \mathrm{Z}\,dx$, donne la valeur différentielle

$$[\mathrm{N} - dx - d.(\mathrm{H} - \int \mathrm{L}\,dx)q]\nu,$$

où H est la valeur de $\int \mathrm{L}\,dx$, correspondante à une abscisse donnée a,
pour laquelle $\int \mathrm{Z}\,dx$ doit être un maximum ou un minimum. De sorte
que, pour les deux variations simultanées ν et ω, la vraie valeur différentielle sera

$$[\mathrm{N}\,dx - d.(\mathrm{H} - \int \mathrm{L}\,dx)q]\nu + [\acute{\mathrm{N}}\,dx - d.(\mathrm{H} - \int \acute{\mathrm{L}}\,dx)\acute{q}]\omega.$$

On voit d'abord par là que la valeur différentielle de Taylor donnerait une solution fausse, si on voulait l'employer à trouver la courbe
dans laquelle $\int \mathrm{Z}\,dx$ serait un maximum ou un minimum entre toutes
les courbes possibles, dans lequel cas il suffit d'avoir égard à la variation d'une seule ordonnée; car, en égalant à zéro cette valeur différen-

tielle, et supposant ω nul, on aurait l'équation

$$N + Lq = o;$$

tandis que la solution d'Euler donnerait

$$N\,dx - d.(H - \int L\,dx)q = o,$$

qui est la véritable équation du problème.

Dans le cas des isopérimètres, il arrive néanmoins que les deux solutions s'accordent ; car alors la propriété commune des courbes est l'arc s, c'est-à-dire la formule $\int\sqrt{dx^2 + dy^2}$, ou $\int\sqrt{1 + p^2}\,dx$, en faisant $p = \dfrac{dy}{dx}$; ainsi on a de plus la formule

$$\int Y\,dx, \quad \text{où} \quad Y = \sqrt{1 + p^2},$$

dont la valeur différentielle doit être nulle, en même temps que celle de $\int Z\,dx$.

Or, par la construction et l'analyse de Taylor, on a pour cette formule la valeur différentielle

$$- dq.\nu - dq'.\omega ;$$

et, par les formules de l'Ouvrage d'Euler, on a de même $- dq.\nu$ pour la valeur différentielle due à la seule variation ν ; de sorte que, pour les deux variations ν et ω, on aura également

$$- dq.\nu - dq'.\omega.$$

Ainsi, suivant Taylor, on doit avoir, dans ce cas, les deux équations

$$(N + Lq)\nu + (\acute{N} + \acute{L}\overset{\shortmid\shortmid}{q})\omega = o, \qquad dq.\nu + dq'.\omega = o,$$

lesquelles donnent, par l'élimination de ν et ω, celle-ci :

$$(N + Lq)\,dq' = (\acute{N} + \acute{L}\overset{\shortmid\shortmid}{q})\,dq ;$$

savoir, en substituant $N + dN$ pour N, $L + dL$ pour $\acute{L}$, $dq + d^2q$ pour dq' et $q + 2\,dq + d^2q$ pour $\overset{\shortmid\shortmid}{q}$, et effaçant ce qui se détruit,

$$N\,d^2q + L\,q\,d^2q - dN\,dq - dL\,q\,dq - 2L\,d^2q - 2\,dL\,d^2q - L\,dq\,d^2q - dL\,dq\,d^2q = o.$$

X.

Mais les trois derniers termes sont du troisième ordre, tandis que les premiers ne sont que du second; ainsi, en rejetant les trois derniers comme infiniment petits vis-à-vis des autres, on a simplement l'équation du second ordre

$$N\, d^2 q + Lq\, d^2 q - dN\, dq - d\,Lq\, dq - 2L\, d^2 q = 0,$$

comme Taylor le trouve.

Suivant Euler, les deux équations seraient

$$[N\, dx - d.(H - \textstyle\int L\, dx)q]\nu + [\dot N\, dx - d.(H - \textstyle\int \dot L\, dx)\dot q']\omega = 0,$$

$$dq.\nu + d\dot q.\omega = 0.$$

Mais

$$d.(H - \textstyle\int L\, dx)q = -Lq\, dx + (H - \textstyle\int L\, dx)\, dq,$$

et

$$d.(H - \textstyle\int \dot L\, dx)\dot q = -\dot L\dot q\, dx + (H - \textstyle\int \dot L\, dx)\, d\dot q$$

$$= -\dot L\dot q\, dx + (H - \textstyle\int L\, dx)\, d\dot q - \dot L\, dx\, d\dot q$$

à cause de

$$\textstyle\int \dot L\, dx = \int L\, dx + \dot L\, dx.$$

Donc, en observant que $\dot q + d\dot q = \ddot q$, la première équation devient

$$[(N + Lq)\, dx - (H - \textstyle\int L\, dx)\, dq]\nu + [(\dot N + \dot Lq)\, dx - (H - \textstyle\int L\, dx)\, d\dot q]\omega = 0;$$

laquelle, en vertu de la seconde, se réduit à celle-ci :

$$(N + Lq)\nu + (\dot N + \dot L\ddot q)\omega = 0,$$

qui est la même que celle de Taylor. Ainsi, comme les deux autres équations s'accordent aussi, le résultat doit être nécessairement le même.

En effet, suivant le théorème d'Euler, en ne considérant que la seule variation ν, on a tout de suite l'équation

$$N\, dx - d.(H - \textstyle\int L\, dx)q - a\, dq = 0,$$

a étant une constante arbitraire.

Cette équation est l'intégrale première de celle de Taylor; car, si on la réduit à la forme

$$N\,dx - (H + a - \int L\,dx)dq + L\,q\,dx = o,$$

qu'on la différentie après l'avoir divisée par dq, et qu'on fasse ensuite disparaître les dénominateurs, on trouvera l'équation de Taylor.

On pourrait faire des remarques semblables sur les solutions de Bernoulli et sur celles d'Euler, dans les tomes VI et VIII des *Anciens Commentaires de Pétersbourg*. Mais, dans l'état actuel de l'Analyse, on peut regarder ces discussions comme inutiles, parce qu'elles regardent des méthodes oubliées, comme ayant fait place à d'autres plus simples et plus générales. Cependant elles peuvent avoir encore quelque intérêt pour ceux qui aiment à suivre pas à pas les progrès de l'Analyse, et à voir comment les méthodes simples et générales naissent des questions particulières et des procédés indirects et compliqués.

L'Ouvrage d'Euler, que nous avons cité, n'aurait rien laissé à désirer sur les problèmes relatifs aux courbes qui jouissent de quelque propriété de maximum ou minimum, s'il avait pour base une analyse plus conforme à l'esprit du Calcul différentiel. Mais la décomposition que l'auteur y fait des différentielles et des intégrales dans leurs éléments primitifs détruit le mécanisme de ce calcul, et lui fait perdre ses principaux avantages, la simplicité et la généralité de son algorithme.

Il restait donc à trouver la manière de plier le Calcul différentiel à ce genre de problèmes qui sont essentiellement de son ressort, et de les résoudre sans s'écarter de la marche simple et uniforme de ce Calcul. Cet objet a été rempli par la méthode des variations, publiée dans le tome II des *Mémoires de l'Académie de Turin* (¹). Comme cette méthode est exposée dans la plupart des Traités de Calcul différentiel qui ont paru depuis, nous nous contenterons d'en donner ici les principes.

Elle consiste à faire varier les y dans la formule intégrale en x et y, qui doit être un maximum ou un minimum, par des différentiations

---

(¹) *OEuvres de Lagrange*, t. I, p. 335, et t. II, p. 37.

ordinaires, mais relatives à une autre caractéristique δ, différente de la caractéristique ordinaire d, et à déterminer la valeur différentielle de la formule par rapport à cette nouvelle caractéristique, en transposant le signe δ après les signes d et $\int$, lorsqu'il se trouve placé avant, et en faisant ensuite disparaitre par des intégrations par parties les différentielles de δy sous les signes $\int$.

Soit la formule $\int Z$ qui doive être un maximum ou un minimum entre des limites données, la quantité Z étant une fonction donnée de x, y, dy, d^2y, ... En supposant dx constant, on aura $\delta\int Z$ pour la valeur différentielle qui doit être nulle dans le maximum ou minimum ; donc

$$\delta\int Z = 0,$$

équation qui se transforme tout de suite en

$$\int \delta Z = 0.$$

Supposons qu'en différentiant à la manière ordinaire, mais suivant la caractéristique δ, et ne faisant varier que les y, dy, ..., on ait

$$\delta Z = N\,\delta y + P\,\delta\,dy + Q\,\delta\,d^2y + \ldots;$$

on aura l'équation

$$\int N\,\delta y + \int P\,\delta\,dy + \int Q\,\delta\,d^2y + \ldots = 0.$$

Or $\int P\,\delta dy$ se transforme d'abord en $\int P\,d\,\delta y$, et ensuite, en intégrant par parties, en $P\,\delta y - \int dP\,\delta y$.

De même $\int Q\,\delta d^2y$ se transforme d'abord en $\int Q\,d^2\,\delta y$, ensuite en $Q\,d\,\delta y - dQ\,\delta y + \int d^2Q\,\delta y$, et ainsi des autres..

Donc, en ajoutant une constante quelconque K à ces intégrations, l'équation deviendra

$$P\,\delta y + Q\,d\,\delta y - dQ\,\delta y + \ldots + K + \int(N - dP + d^2Q - \ldots)\,\delta y = 0.$$

Comme toutes les différentielles de δy ont disparu de dessous le signe $\int$, cette partie n'est plus susceptible d'aucune réduction. Ainsi, pour vérifier l'équation indépendamment des variations δy, il faudra d'abord égaler à zéro le coefficient des δy sous le signe, ce qui donnera l'équation

$$N - dP + d^2Q - \ldots = 0,$$

laquelle devra avoir lieu indéfiniment pour toutes les valeurs de x et y comprises entre les limites données.

Cette équation est, en d'autres termes, celle qu'Euler a trouvée le premier pour le maximum ou le minimum de la formule intégrale $\int Z\,dx$. Euler fait $\frac{dy}{dx} = p$, $\frac{dp}{dx} = q$, ..., et il suppose Z fonction de x, y, p, q, ..., telle qu'on ait par la différentiation

$$dZ = M\,dx + N\,dy + P\,dp + Q\,dq + \ldots.$$

Il fait ensuite varier l'ordonnée y de la ligne infiniment petite $n\nu$; et, en regardant la formule $\int Z\,dx$ comme l'aire d'une nouvelle courbe dont Z serait l'ordonnée, il trouve pour la valeur différentielle de cette aire, la formule

$$\left(N - \frac{dP}{dx} + \frac{d^2Q}{dx^2} - \ldots \right) n\nu,$$

d'où il tire l'équation

$$N - \frac{dP}{dx} + \frac{d^2Q}{dx^2} - \ldots = 0,$$

qui coïncide avec la précédente.

Notre méthode donne de plus l'équation déterminée

$$(P - dQ + \ldots)\,\delta y + Q\,d\,\delta y + \ldots + K = 0,$$

laquelle doit avoir lieu dans les deux limites entre lesquelles la formule $\int Z\,dx$ doit être un maximum ou un minimum.

Désignons par y_0, P_0, Q_0, ... les valeurs de y, P, Q, ... à la première limite où x est par exemple égal à a, et par y_1, P_1, Q_1, ... leurs valeurs à l'autre limite où x serait égal à b; on aura ainsi les deux équations

$$(P_0 - dQ_0 + \ldots)\,\delta y_0 + Q_0\,d\,\delta y_0 + \ldots + K = 0,$$

$$(P_1 - dQ_1 + \ldots)\,\delta y_1 + Q_1\,d\,\delta y_1 + \ldots + K = 0.$$

La première donnera la valeur de la constante K, laquelle étant substituée dans la seconde, donne

$$(P_1 - dQ_1 + \ldots)\, \delta y_1 + Q_1\, d\, \delta y_1 + \ldots$$
$$- (P_0 - dQ_0 - \ldots)\, \delta y_0 - Q_0\, d\, \delta y_0 - \ldots = o,$$

équation qui reste encore à vérifier pour la solution complète du problème.

Si les valeurs de y_0 et y_1, ainsi que celles de $\dfrac{dy_0}{dx}$, $\dfrac{dy_1}{dx}$, $\ldots$, sont censées données, leurs variations seront nulles, et tous les termes de l'équa-
tion s'en iront d'eux-mêmes; c'est le cas de l'Analyse d'Euler.

Si toutes ces valeurs ou seulement quelques-unes sont indéterminées,
ou s'il y a entre elles des relations données par la nature du problème,
alors, après avoir effacé les variations qui doivent être nulles et réduit
les autres au plus petit nombre possible, il faudra faire disparaître les
variations restantes en égalant leurs coefficients à zéro; ce qui donnera autant d'équations auxquelles on satisfera par le moyen des constantes arbitraires que les différentes intégrations introduiront dans
l'équation du problème. [*Voir* là-dessus le deuxième et le quatrième
Volume des *Mémoires de Turin* ([1]), et les différents Ouvrages de Calcul
intégral où cette théorie est exposée.]

([1]) *OEuvres de Lagrange*, t. I, p. 335, et t. II, p. 37.

LEÇON VINGT-DEUXIÈME.

(Continuation de la Leçon précédente.)

MÉTHODE DES VARIATIONS, DÉDUITE DE LA CONSIDÉRATION DES FONCTIONS.

La méthode des variations, fondée sur l'emploi et la combinaison des caractéristiques d et δ qui répondent à des différentiations différentes, ne laissait rien à désirer; mais cette méthode ayant, comme le Calcul différentiel, la supposition des infiniment petits pour base, il était nécessaire de la présenter sous un autre point de vue pour la lier au Calcul des fonctions : c'est ce que j'ai déjà fait dans la *Théorie des Fonctions;* mais je vais reprendre ici cet objet, pour le traiter d'une manière plus directe et plus complète.

Lorsqu'une fonction donnée de plusieurs variables et de leurs dérivées ne satisfait pas aux conditions que nous avons trouvées dans la Leçon précédente, elle ne peut pas avoir une fonction primitive, à moins qu'il n'y ait des relations établies entre ces variables, de manière qu'il n'y reste qu'une seule variable indéterminée; et les questions *de maximis et de minimis* dont il s'agit ici consistent à trouver des relations telles que la fonction primitive qui en résultera soit un maximum ou un minimum entre des limites données, c'est-à-dire entre des valeurs données de la variable qui demeurera indéterminée.

On voit d'abord que cette question dépend nécessairement de ce que la fonction primitive ne puisse avoir lieu sans une relation entre les variables; car si elle pouvait être une fonction déterminée des différentes variables et de leurs dérivées, elle ne serait plus susceptible que des maxima ou minima du genre ordinaire, relativement à chacune des variables et de leurs dérivées considérées comme des variables particulières.

Considérons donc une fonction quelconque de x, y, y', y'', ..., que nous désignerons par V et que nous supposerons n'avoir point de fonction primitive dans l'état où elle est; pour qu'elle en ait une, il faudra supposer $y = \varphi(x)$; et, pour que la fonction primitive qui en résulte, et que nous dénoterons par U, soit un maximum ou un minimum entre des limites données qui répondent à des valeurs données de x, il faudra qu'en faisant varier tant soit peu la fonction $\varphi(x)$, la valeur de la fonction U prise entre ces limites diminue dans le cas du maximum, et augmente dans le cas du minimum.

Supposons que l'expression de y soit, en général, une fonction de x et i, que nous représenterons par $\varphi(x, i)$, et qui soit telle qu'elle devienne $\varphi(x)$ lorsque $i = 0$.

La fonction U deviendra aussi une fonction de x et i, et, pour qu'elle soit un maximum ou un minimum, il faudra qu'en donnant à i une valeur quelconque très petite, et supposant d'ailleurs la composition de la fonction $\varphi(x, i)$ arbitraire par rapport à i, elle ait une valeur moindre dans le cas du maximum, et plus grande dans le cas du minimum que lorsque $i = 0$. Si l'on développe cette fonction suivant les puissances de i, elle deviendra

$$\mathrm{U} + i\dot{\mathrm{U}} + \frac{i^2}{2}\ddot{\mathrm{U}} + \frac{i^3}{2.3}\dddot{\mathrm{U}} + \ldots,$$

en indiquant par des points les fonctions dérivées par rapport à i, dans lesquelles il faut faire, après la dérivation, $i = 0$, comme on l'a vu dans la Leçon IX.

Ainsi l'accroissement de U, à raison de la quantité i, sera exprimé par les termes

$$i\dot{\mathrm{U}} + \frac{i^2}{2}\ddot{\mathrm{U}} + \frac{i^3}{2.3}\dddot{\mathrm{U}} + \ldots,$$

et il faudra pour le maximum que la somme de ces termes ait une valeur négative, et pour le minimum que sa valeur soit positive, i étant une quantité quelconque très petite et indépendante de x.

On a prouvé dans la Leçon citée qu'on peut toujours donner à i une valeur assez petite pour que le premier terme $i\dot{U}$ surpasse la somme de tous les suivants; d'où il suit qu'alors l'accroissement de U aura le même signe que le terme $i\dot{U}$; mais il est visible que ce terme change de signe avec la quantité i qui n'y est qu'à la première dimension; donc il est impossible que l'accroissement de U soit constamment positif ou négatif en donnant à i des valeurs quelconques très petites, à moins que le premier terme $i\dot{U}$ du développement de U ne disparaisse, ce qui donne d'abord la condition $\dot{U}=o$, qui est, comme l'on voit, commune aux maxima et aux minima.

Cette condition étant remplie, l'accroissement de U se réduira à

$$\frac{i^2}{2}\ddot{U} + \frac{i^3}{2.3}\dddot{U} + \dots,$$

et, par un raisonnement semblable à celui que nous venons de faire, on pourra prouver aussi que le premier terme $\frac{i^2}{2}\ddot{U}$ devra être positif ou négatif pour que la variation soit positive ou négative; mais, ce terme étant multiplié par le carré de i, il est clair que son signe sera indépendant de i et ne dépendra que de celui de la quantité $\ddot{U}$, laquelle devra donc être toujours négative dans le cas du maximum, et positive dans le cas du minimum; ce qui contient le caractère qui distingue les maxima des minima.

Telle est la théorie générale des maxima et minima que nous avons cru devoir rappeler ici pour ne rien laisser à désirer.

Dans les questions ordinaires, la quantité U, qui doit être un maximum ou un minimum, est une fonction donnée de x, et les dérivées $\dot{U}, \ddot{U}, \dots$ sont prises par rapport à x; alors l'équation $\dot{U}=o$ devient $U'=o$, et donne la valeur de x; ensuite le signe de U'' distingue le maximum du minimum.

Dans les questions dont il s'agit ici, la fonction U n'est donnée que par sa fonction dérivée V; la fonction $\varphi(x)$ est l'inconnue, et les dérivées $\dot{U}, \ddot{U}, \dots$ sont censées prises par rapport à la quantité i qu'on suppose contenue dans la fonction $\varphi(x, i)$. Ainsi la difficulté consiste à déduire ces dérivées de la fonction donnée V.

Or, y étant $\varphi(x)$, lorsque $\varphi(x)$ devient $\varphi(x, i)$, y deviendra

$$y + i\dot{y} + \frac{i^2}{2}\ddot{y} + \frac{i^3}{2 \cdot 3}\dddot{y} + \dots,$$

en dénotant, comme plus haut, par des points les fonctions dérivées par rapport à i, dans lesquelles on fait ensuite $i = o$, de sorte que ces fonctions deviennent de simples fonctions de x, qui peuvent même avoir une valeur quelconque, parce que la composition de la fonction $\varphi(x, i)$ est supposée arbitraire par rapport à i.

Ainsi, en prenant les fonctions dérivées par rapport à x, il est clair que y' deviendra pareillement

$$y' + i\dot{y}' + \frac{i^2}{2}\ddot{y}' + \dots,$$

et y'' deviendra de même

$$y'' + i\dot{y}'' + \frac{i^2}{2}\ddot{y}'' + \dots,$$

et ainsi de suite.

Faisant ces substitutions à la place des quantités y, y', y'', … dans la fonction donnée V et développant ensuite les puissances de i, cette fonction deviendra

$$V + i\dot{V} + \frac{i^2}{2}\ddot{V} + \frac{i^3}{2 \cdot 3}\dddot{V} + \dots;$$

et, par la théorie des fonctions dérivées exposée dans les premières Leçons, il est facile de conclure que la quantité $\dot{V}$, qui, étant multipliée par i, forme le premier terme du développement, sera la fonction dérivée de V, en supposant x constant et y, y', y'', … des variables indépendantes, dont les fonctions dérivées soient respectivement $\dot{y}$, $\dot{y}'$, $\dot{y}''$, …. De même $\ddot{V}$ sera sa fonction dérivée du second ordre, prise relativement aux mêmes variables, et en supposant que $\ddot{y}$, $\ddot{y}'$, $\ddot{y}''$, … soient les fonctions secondes de y, y', y'', …, et ainsi de suite.

Nous appellerons en général *variations* du premier ordre, du second, etc., ces dérivées marquées par des points et relatives à la quantité i, dans lesquelles cette quantité est supposée nulle. Ainsi $\dot{y}$ sera la variation du premier ordre de y, $\dot{y}'$ sera la dérivée ordinaire de cette variation, $\ddot{y}$ sera la variation du second ordre de y, et ainsi de suite. De même, $\dot{V}$, $\ddot{V}$, ... seront les variations du premier ordre, du second ordre, etc., de V; et $\dot{U}$, $\ddot{U}$, ... seront aussi les variations du premier ordre, du second ordre, etc., de U. Et pour former ces variations, on suivra les mêmes règles que pour les fonctions dérivées ordinaires.

Ainsi, en faisant

$$V = f(x, y, y', y'', \ldots),$$

on aura, suivant la notation employée dans ces Leçons,

$$\dot{V} = \dot{y} f'(y) + \dot{y}' f'(y') + \dot{y}'' f'(y'') + \ldots.$$

Il est visible que cette fonction $\dot{V}$ est la même chose que celle que nous avons désignée par $\overset{1}{V}$ au commencement de la Leçon précédente, en changeant seulement $\dot{y}$ en ω, parce que nous avons supposé alors que l'accroissement de y était représenté simplement par $i\omega$.

Maintenant, puisque U est supposé la fonction primitive de V en y faisant $y = \varphi(x)$, quelle que soit la fonction $\varphi(x)$, elle le sera aussi en faisant $y = \varphi(x, i)$. Dans ce cas, nous avons vu que U devient

$$U + i\dot{U} + \frac{i^2}{2}\ddot{U} + \ldots,$$

et V devient

$$V + i\dot{V} + \frac{i^2}{2}\ddot{V} + \ldots,$$

de sorte que, comme i peut être une quantité quelconque, il faudra que les variations $\dot{U}$, $\ddot{U}$, ... soient respectivement aussi les fonctions primitives des variations $\dot{V}$, $\ddot{V}$, ...; ainsi on aura

$$\dot{U}' = \dot{V}, \quad \ddot{U}' = \ddot{V}, \quad \ldots.$$

La condition du maximum ou minimum consiste donc en ce que la fonction primitive de $\dot{V}$ soit nulle, quelle que soit la valeur de $\dot{y}$. Or si, pour plus de simplicité, on représente la valeur de $\dot{V}$ par la formule

$$N\dot{y} + P\dot{y}' + Q\dot{y}'' + R\dot{y}''' + \ldots,$$

et qu'on emploie relativement aux dérivées de $\dot{y}$ les transformations qu'on a enseignées au commencement de la Leçon précédente, relativement aux dérivées de ω dans l'expression de $\overset{1}{\dot{V}}$, et dont l'objet est de réduire à des fonctions dérivées exactes tous les termes qui contiennent des dérivées de $\dot{y}$, on aura cette transformée

$$\dot{V} = (N - P' + Q'' - R''' + \cdots)\dot{y}$$
$$+ (P\dot{y})' - (Q'\dot{y})' + (R''\dot{y})' - \cdots$$
$$+ (Q\dot{y}')' - (R'\dot{y}')' + \cdots$$
$$+ (R\dot{y}'')' - \cdots$$
$$\cdots\cdots\cdots\cdots$$

où l'on voit que tous les termes, à l'exception de ceux qui forment la première ligne, sont des fonctions dérivées exactes, de sorte que leurs fonctions primitives sont connues et déterminées, quelle que soit la quantité $\dot{y}$; au contraire, les termes de la première ligne étant tous multipliés par $\dot{y}$ ne peuvent avoir de fonction primitive, à moins qu'on ne donne à la variation $\dot{y}$ des valeurs particulières. Donc, comme cette variation doit demeurer indéterminée, il sera impossible que la fonction primitive de $\dot{V}$ devienne nulle, à moins que la première ligne de l'expression de $\dot{V}$ ne disparaisse, ce qui donnera l'équation indépendante de $\dot{y}$,

$$N - P' + Q'' - R''' + \cdots = 0.$$

C'est l'équation qui contient la relation nécessaire entre les variables x et y pour l'existence du maximum ou minimum, et que nous appellerons *équation générale* du maximum ou minimum. En Géométrie, c'est l'équation de la courbe qui jouit de la propriété de maximum ou minimum. Il est facile de voir que cette équation sera en général de l'ordre $2n$, si la fonction proposée V est de l'ordre n, c'est-à-dire si elle contient la dérivée $y^{(n)}$; de sorte que son équation primitive en x et y contiendra $2n$ constantes arbitraires.

La première ligne de la valeur de $\dot{V}$ ayant disparu, on aura, en prenant la fonction primitive de $\dot{V}$,

$$\dot{U} = (P - Q' + R'' - \ldots)\dot{y}$$
$$+ (Q - R' + \ldots)\dot{y}'$$
$$+ (R - \ldots)\dot{y}''$$
$$\ldots\ldots\ldots\ldots$$
$$+ K,$$

la quantité K étant une constante arbitraire.

Cette fonction ayant maintenant une valeur déterminée, pour que cette valeur soit nulle entre les limites données, il faudra que la différence des valeurs qui répondent à ces limites soit nulle.

Désignons par $\dot{U}_0$ et $\dot{U}_1$ les valeurs de $\dot{U}$ qui répondent à la première et à la seconde limite, dans lesquelles x aura des valeurs données, et représentons de la même manière les valeurs des autres quantités dans ces limites; on aura cette équation particulière aux limites $\dot{U}_1 - \dot{U}_0 = 0$, savoir :

$$\left.\begin{array}{l}(P_1 - Q_1' + R_1'' - \ldots)\dot{y}_1 \\ + (Q_1 - R_1' + \ldots)\dot{y}_1' \\ + (R_1 - \ldots)\dot{y}_1'' \\ \ldots\ldots\ldots\ldots\ldots \\ - (P_0 - Q_0' + R_0'' - \ldots)\dot{y}_0 \\ - (Q_0 - R_0' + \ldots)\dot{y}_0' \\ - (R_0 - \ldots)\dot{y}_0'' \\ \ldots\ldots\ldots\ldots\ldots \end{array}\right\} = 0,$$

à laquelle on devra satisfaire comme aux équations pour les maxima et minima du genre ordinaire; et les conditions qui en résulteront serviront à déterminer les constantes arbitraires que la valeur de y en x pourra admettre.

Si les valeurs de y, y', y'', … étaient supposées données aux deux limites, alors il est visible que les variations $\dot{y}_0$, $\dot{y}_0'$, $\dot{y}_0''$, … et $\dot{y}_1$, $\dot{y}_1'$, $\dot{y}_1''$, … seraient nulles à la fois; par conséquent l'équation, ayant lieu d'elle-même, ne donnerait aucune condition à remplir.

Si au contraire aucune de ces valeurs n'était donnée, alors il fau-

drait égaler séparément à zéro tous les coefficients de ces mêmes variations, ce qui donnerait autant d'équations relatives à chacune des deux
limites.

Mais il arrive le plus souvent que les valeurs de y et de ses dérivées
aux deux limites ne sont ni toutes données ni toutes arbitraires, mais
qu'il y a entre elles des relations données par la nature du problème.
Alors il faudra, par le moyen de ces relations, réduire les variations
$\dot{y}$, $\dot{y}'$, $\dot{y}''$, ... dans les deux limites au plus petit nombre possible, et
égaler à zéro les coefficients de celles qui demeureront indéterminées.

L'équation générale

$$N - P' + Q'' - \ldots = 0,$$

que nous venons de trouver pour le maximum ou minimum de la fonction primitive de V, est, comme l'on voit, la même que celle que nous
avons trouvée dans la Leçon précédente pour l'existence de cette fonction, indépendamment d'aucune relation entre les variables.

On voit maintenant la raison de cette identité des formules par la
conformité des opérations analytiques dans les deux cas.

Il est d'ailleurs évident que, lorsque la fonction V est d'elle-même
une dérivée exacte, sa fonction primitive est une fonction déterminée
de x, y, y', y'', ..., qui doit alors être rapportée aux deux limites, de
manière que l'équation

$$N - P' + Q'' - \ldots = 0$$

ne doit plus donner de relation entre x et y, et par conséquent doit
se vérifier d'elle-même.

C'est par cette considération qu'Euler a trouvé le premier cette même
équation, ou plutôt l'équation équivalente

$$N - \frac{dP}{dx} + \frac{d^2Q}{dx^2} - \ldots = 0$$

pour la condition de l'intégrabilité de la formule Z dx. Condorcet a
observé ensuite que, si la formule $\int Z\,dx$ était intégrable, il fallait que
la variation $\delta \int Z\,dx$ le fût aussi; et de là il a conclu que les équations

de condition pour l'intégrabilité devaient être les mêmes que les équations entre les variables pour les maxima et minima. Notre analyse ne doit rien laisser à désirer sur cet objet.

Nous avons supposé jusqu'ici que la variation de x était nulle; c'est ce qui a toujours lieu lorsque les limites sont fixes; mais, comme dans la plupart des cas les limites sont variables, il est bon de voir ce que doit donner la variation de x.

Pour cela, il suffit de considérer que, la fonction U étant censée une fonction de x, si l'on fait croître x de $i\dot{x}$, l'accroissement de U sera, comme on l'a vu dans les premières Leçons,

$$i\dot{x}\,\mathrm{U}' + \frac{i^2\dot{x}^2}{2}\,\mathrm{U}'' + \ldots$$

Or $\mathrm{U}' = \mathrm{V}$ par l'hypothèse; donc

$$\mathrm{U}'' = \mathrm{V}', \quad \mathrm{U}''' = \mathrm{V}'',$$

et ainsi de suite.

Donc, pour avoir l'accroissement de U dans ce cas, il suffira d'ajouter respectivement aux variations $\dot{\mathrm{U}}$, $\ddot{\mathrm{U}}$, ... les termes $\dot{x}\mathrm{V}$, $\dot{x}^2\mathrm{V}'$, ... Ainsi, comme $\dot{\mathrm{V}} = \dot{\mathrm{U}}'$, il faudra ajouter à la valeur de $\dot{\mathrm{V}}$ trouvée dans l'hypothèse où x ne varie pas le terme $(\mathrm{V}\dot{x})'$.

Mais, comme la variation de x influe aussi sur celle de y en tant que cette quantité est fonction de x, il faudra, dans ce cas, retrancher de celle-ci ce qui est dû à la variation de x, dont nous venons de déterminer l'effet total sur les variations de U.

En effet, on a vu ci-dessus que, y étant $\varphi(x)$, lorsque $\varphi(x)$ devient $\varphi(x, i)$, y devient $y + i\dot{y} + \frac{i^2}{2}\ddot{y} + \ldots$. Or, x devenant en même temps $x + i\dot{x}$, y devient par là

$$y + i\dot{x}y' + \frac{i^2\dot{x}^2}{2}y'' + \ldots$$

De la même manière, y, qui est aussi fonction de x, deviendra

$$\dot{y} + i\dot{x}y' + \frac{i^2\dot{x}^2}{2}\dot{y}'' + \ldots,$$

et $\ddot{y}$ deviendra

$$\ddot{y} + i\dot{x}\ddot{y}' + \frac{i^2\dot{x}^2}{2}\ddot{y}'' + \ldots$$

Donc l'accroissement total de y sera exprimé par

$$i(\dot{y} + \dot{x}y') + \frac{i^2}{2}(\ddot{y} + 2\dot{x}\dot{y}' + \dot{x}^2y'') + \ldots,$$

où l'on voit que $\dot{y} + \dot{x}y'$, $\ddot{y} + 2\dot{x}\dot{y}' + \dot{x}^2y''$, ... sont les variations totales de y, dans le cas où l'on a égard à la variation $\dot{x}$ de x.

Désignant, pour un moment, ces variations par $(\dot{y})$, $(\ddot{y})$, ..., pour les distinguer des variations $\ddot{y}$, $\dot{y}$, ... qui ont lieu lorsque $\dot{x}$ est nul, on aura

$$\dot{y} + \dot{x}y' = (\dot{y}), \quad \ddot{y} + 2\dot{x}\dot{y}' + \dot{x}^2y'' = (\ddot{y}), \quad \ldots;$$

donc

$$\dot{y} = (\dot{y}) - \dot{x}y',$$

et, prenant les dérivées par rapport à x,

$$\dot{y}' = [(\dot{y}) - \dot{x}y']', \quad \dot{y}'' = [(\dot{y}) - \dot{x}y']'', \quad \ldots.$$

Ce sont les valeurs qu'il faudra substituer à la place de $\dot{y}$, $\dot{y}'$, $\dot{y}''$, ... dans la variation $\dot{V}$ prise en regardant x comme invariable. Donc, si l'on a égard à la variation de x, l'expression de $\dot{V}$ trouvée ci-dessus deviendra, en mettant simplement $\dot{y}$ au lieu de $(\dot{y})$,

$$N(\dot{y} - y'\dot{x}) + P(\dot{y} - y'\dot{x})' + Q(\dot{y} - y'\dot{x})'' + R(\dot{y} - y'\dot{x})''' + \ldots + (V\dot{x})'.$$

Ainsi les termes de la transformée, qui seront multipliés par les variations $\dot{y}$ et $\dot{x}$, sans être des dérivées exactes, seront simplement

$$(N - P' + Q'' - R''' + \ldots)(\dot{y} - y'\dot{x}),$$

d'où l'on voit que l'équation générale

$$N - P' + Q'' - R''' + \ldots = 0,$$

trouvée d'après la seule variation de y, satisfait en même temps à la variation de x. Donc cette variation n'influera que sur l'équation aux limites $\dot{U}_1 - \dot{U}_0 = o$, dans laquelle il faudra ajouter à la valeur de $\dot{U}$ le terme $V\dot{x}$, et y changer $\dot{y}$ en $\dot{y} - y'\dot{x}$.

On peut parvenir au même résultat d'une manière moins simple, mais plus directe, en considérant immédiatement les variations de x et de ses dérivées.

Pour cela, il faut d'abord dépouiller la fonction V de la supposition de $x' = 1$, pour pouvoir tenir compte des variations de x', x'', ..., ce qui se fait en substituant, comme on l'a vu dans les Leçons précédentes, $\dfrac{y'}{x'}$ au lieu de y', $\dfrac{\left(\dfrac{y'}{x'}\right)'}{x'}$ au lieu de y'', et ainsi de suite, en multipliant la fonction V par x' pour qu'elle puisse être la fonction dérivée de U.

Soit, pour abréger,

$$\frac{y'}{x'} = p, \quad \frac{p'}{x'} = q, \quad \frac{q'}{x'} = r, \quad \ldots;$$

il faudra dans V substituer p, q, r, ... à la place de y', y'', y''', ...; moyennant quoi cette quantité deviendra fonction de y, p, q, ..., et l'on aura la dérivée

$$V' = M x' + N y' + P p' + Q q' + R r' + \ldots,$$

qui se réduit à

$$V' = (M + N p + P q + Q r + R s + \ldots) x',$$

et la variation

$$\dot{V} = M \dot{x} + N \dot{y} + P \dot{p} + Q \dot{q} + R \dot{r} + \ldots.$$

Ainsi tout consiste à trouver les valeurs des variations p, q, r, ... Or, p étant $= \dfrac{y'}{x'}$, on aura

$$\dot{p} = \frac{\dot{y}'}{x'} - \frac{y'\dot{x}'}{x'^2} = \frac{\dot{y}' - p\dot{x}'}{x'} = \frac{(\dot{y} - p\dot{x})' + p'\dot{x}}{x'} = \frac{(\dot{y} - p\dot{x})'}{x'} + q\dot{x},$$

à cause de $\dfrac{p'}{x'} = q$.

X.

On peut faire ici $x' = 1$, et l'on aura simplement

$$\dot{p} = (\dot{y} - p\dot{x})' + q\dot{x}.$$

De même, q étant $= \dfrac{p'}{x'}$, on aura

$$\dot{q} = \frac{\dot{p'}}{x'} - \frac{p'\dot{x'}}{x'^2} = \frac{\dot{p'} - q\dot{x'}}{x'} = \frac{(\dot{p} - q\dot{x})' + q'\dot{x}}{x'} = \frac{(\dot{p} - q\dot{x})'}{x'} + r\dot{x}.$$

Mais la valeur de $\dot{p}$ donne

$$\dot{p} - q\dot{x} = (\dot{y} - p\dot{x})';$$

donc, faisant cette substitution, et supposant $x' = 1$, ce qui est permis ici, il viendra

$$\dot{q} = (\dot{y} - p\dot{x})'' + r\dot{x}.$$

On trouvera de la même manière

$$\dot{r} = (\dot{y} - p\dot{x})''' + s\dot{x},$$

et ainsi de suite.

Par ces substitutions, la variation $\dot{V}$ deviendra

$$(M + Pq + Qr + Rs + \ldots)\dot{x} + N\dot{y} + P(\dot{y} - p\dot{x})' + Q(\dot{y} - p\dot{x})'' + R(\dot{y} - p\dot{x})''' + \ldots$$
$$= (M + Np + Pq + Qr + Rs + \ldots)\dot{x}$$
$$+ N(\dot{y} - p\dot{x}) + P(\dot{y} - p\dot{x})' + Q(\dot{y} - p\dot{x})'' + R(\dot{y} - p\dot{x})''' + \ldots.$$

Or on a trouvé ci-dessus

$$M + Np + Pq + Qr + \ldots = \frac{V'}{x'};$$

d'ailleurs $p = \dfrac{y'}{x'}$; donc, faisant ces substitutions et supposant ici $x' = 1$, on aura simplement

$$\dot{V} = V'\dot{x} + N(\dot{y} - y'\dot{x}) + P(\dot{y} - y'\dot{x})' + Q(\dot{y} - y'\dot{x})'' + R(\dot{y} - y'\dot{x})''' + \ldots.$$

C'est la valeur complète de la variation de $\dot{V}$, déduite des variations de x et de y et de leurs dérivées.

Mais on a vu qu'il faut mettre Vx' à la place de V; donc on aura $\dot{V}x' + V\dot{x}'$ à substituer à la place de $\dot{V}$ dans les formules données plus haut; donc, mettant ici la valeur de V qu'on vient de trouver, et observant que

$$\mathrm{V}'\dot{x} + \mathrm{V}\dot{x}' = (\mathrm{V}\,\dot{x})',$$

on aura, en faisant $x' = 1$, le même résultat auquel on est parvenu ci-dessus par une autre voie.

Au reste, en regardant la quantité V comme une fonction de x, y et de leurs dérivées x', x'', ..., y', y'', ..., on pourra traiter les variations de x comme on a fait celles de y.

Dans ce cas, la fonction V étant représentée par

$$f(x, x', x'', \ldots, y, y', y'', \ldots),$$

on trouverait les termes

$$\dot{x}\,f'(x) + \dot{x}'\,f'(x') + \dot{x}''\,f'(x'') + \ldots$$

à ajouter à la variation $\dot{\mathrm{V}}$; et, en désignant ces termes par la formule

$$n\dot{x} + p\dot{x}' + q\dot{x}'' + r\dot{x}''' + \ldots,$$

on parviendrait, par des opérations relatives à la variation $\dot{x}$ et analogues à celles qu'on a employées pour la variation $\dot{y}$, à la transformée

$$(n - p' + q'' - r''' + \ldots)\dot{x}.$$

De sorte que la partie de la valeur de $\dot{\mathrm{V}}$ qui ne serait pas une dérivée exacte serait

$$(\mathrm{N} - \mathrm{P}' + \mathrm{Q}'' - \mathrm{R}''' + \ldots)\dot{y} + (n - p' + q'' - r''' + \ldots)\dot{x}.$$

Lorsque y est censée une fonction de x, et qu'on peut par conséquent faire $x' = 1$, nous venons de voir que la variation simultanée de x et de y donne, pour la partie de $\dot{\mathrm{V}}$ qui n'est pas une dérivée exacte, la formule

$$(\mathrm{N} - \mathrm{P}' + \mathrm{Q}'' - \mathrm{R}''' + \ldots)(\dot{y} - y'\dot{x}).$$

Il faut donc alors que la formule précédente coïncide avec celle-ci, et que l'on ait par conséquent

$$n - p' + q'' - r''' + \ldots = -y'(\mathrm{N} - \mathrm{P}' + \mathrm{Q}'' - \mathrm{R}''' + \ldots).$$

D'où l'on voit que l'équation

$$n - p' + q'' - r''' + \ldots = 0,$$

que donnerait la variation de x, est toujours équivalente à l'équation

$$N - P' + Q'' - R''' + \ldots = 0$$

qui provient de la variation de y.

En effet, nous avons déjà trouvé par une autre voie, dans la Leçon précédente, que ces équations ont toujours lieu à la fois.

Un des avantages du calcul des variations est de pouvoir faire varier indistinctement les indéterminées x ou y et leurs différentielles; et l'identité des équations du maximum ou minimum, déduites de l'une et de l'autre de ces variations, a été un des premiers résultats de ce calcul auquel les anciennes méthodes n'auraient pu conduire. Mais les démonstrations qu'on en a données dans le second et le quatrième Volume des *Mémoires de Turin* ([1]) sont moins directes que celle qui se déduit des formules qui représentent cette double variation, et que nous venons d'exposer d'après Euler. *Voyez* le Tome III de son *Calcul intégral*.

Considérons maintenant le problème dans toute sa généralité, et d'abord, soit, comme ci-dessus,

$$V = f(x, y, y', y'', y''', \ldots);$$

on aura

$$N = f'(y), \qquad P = f'(y'), \qquad Q = f'(y''), \qquad R = f'(y'''), \qquad \ldots$$

Soit, de plus, pour abréger,

$$Y = f'(y) - [f'(y')]' + [f'(y'')]'' - [f'(y''')]''' + \ldots,$$

$$\overset{\text{\tiny i}}{Y} = f'(y') - [f'(y'')]' + [f'(y''')]'' - \ldots,$$

$$\overset{\text{\tiny i i}}{Y} = f'(y'') - [f'(y''')]' + \ldots$$

$$\overset{\text{\tiny i i i}}{Y} = f'(y''') - \ldots,$$

$$\ldots \ldots \ldots \ldots \ldots$$

La variation $\dot{V}$, dans le cas où x ne varie pas, sera

$$\dot{V} = Y\dot{y} + (\overset{\scriptscriptstyle 1}{Y}\dot{y})' + (\overset{\scriptscriptstyle 11}{Y}\dot{y}') + (\overset{\scriptscriptstyle 111}{Y}\dot{y}'')' + \ldots,$$

où les termes qui ne sont pas sous la forme de fonctions dérivées doivent s'évanouir, ce qui donne d'abord, comme on l'a vu, l'équation générale $Y = o$.

Ensuite, à cause de $\dot{V} = \dot{U}'$, on aura la variation de U,

$$\dot{U} = \overset{\scriptscriptstyle 1}{Y}\dot{y} + \overset{\scriptscriptstyle 11}{Y}\dot{y}' + \overset{\scriptscriptstyle 111}{Y}\dot{y}'' + \ldots,$$

et l'équation aux limites sera

$$\dot{U}_1 - \dot{U}_0 = o.$$

Si l'on veut que x varie en même temps que y, on changera y en $\dot{y} - y'\dot{x}$, et l'on ajoutera à $\dot{U}$ le terme $V\dot{x}$.

Supposons, en second lieu, que la fonction proposée contienne une troisième variable z, avec ses fonctions dérivées z', z'', ...; on fera, relativement à cette variable, des opérations analogues à celles qu'on a employées pour la variable y, et la valeur de V, en supposant x invariable, se trouvera composée de deux parties semblables, l'une relative à $\dot{y}$, l'autre relative à $\dot{z}$.

Ainsi, en supposant

$$V = f(x, y, y', y'', \ldots, z, z', z'', \ldots),$$

e' conservant les expressions de Y, $\overset{\scriptscriptstyle 1}{Y}$, $\overset{\scriptscriptstyle 11}{Y}$, ..., on fera, de plus,

$$Z = f'(z) - [f'(z')]' + [f'(z'')]'' - [f'(z''')]''' + \ldots,$$
$$\overset{\scriptscriptstyle 1}{Z} = f'(z') - [f'(z'')]' + [f'(z''')]'' - \ldots,$$
$$\overset{\scriptscriptstyle 11}{Z} = f'(z'') - [f'(z''')]' + \ldots,$$
$$\overset{\scriptscriptstyle 111}{Z} = f'(z''') - \ldots,$$
$$\ldots\ldots\ldots\ldots\ldots,$$

et l'on aura sur-le-champ

$$\dot{V} = Y\dot{y} + Z\dot{z} + (\overset{\scriptscriptstyle 1}{Y}\dot{y})' + (\overset{\scriptscriptstyle 11}{Y}\dot{y}')' + (\overset{\scriptscriptstyle 111}{Y}\dot{y}'')' + \ldots + (\overset{\scriptscriptstyle 1}{Z}\dot{z})' + (\overset{\scriptscriptstyle 11}{Z}\dot{z}')' + (\overset{\scriptscriptstyle 111}{Z}\dot{z}'')' + \ldots.$$

Les termes $Y\dot{y} + Z\dot{z}$, qui ne sauraient être des fonctions dérivées exactes, tant que $\dot{y}$ et $\dot{z}$ ont des valeurs arbitraires, doivent être détruits, ce qui donnera d'abord l'équation générale

$$Y\dot{y} + Z\dot{z} = 0,$$

à laquelle on satisfera de différentes manières, suivant que les variables y et z seront indépendantes l'une de l'autre, ou qu'elles seront liées entre elles par des relations données.

On aura ensuite, en prenant les fonctions primitives, à cause de $\dot{V} = \dot{U}'$, l'équation

$$\dot{U} = \overset{\scriptstyle I}{Y}\dot{y} + \overset{\scriptstyle II}{Y}\dot{y}' + \overset{\scriptstyle III}{Y}\dot{y}'' + \ldots + \overset{\scriptstyle I}{Z}\dot{z} + \overset{\scriptstyle II}{Z}\dot{z}' + \overset{\scriptstyle III}{Z}\dot{z}'' + \ldots;$$

c'est la valeur qu'il faudra substituer dans l'équation aux limites

$$\dot{U}_1 - \dot{U}_0 = 0.$$

Si l'on veut que x varie aussi, on changera $\dot{y}$ et $\dot{z}$ en $\dot{y} - y'\dot{x}$, $\dot{z} - z'\dot{x}$, et l'on ajoutera à $\dot{U}$ le terme $V\dot{x}$.

Reprenons l'équation $Y\dot{y} + Z\dot{z} = 0$. S'il n'y a aucune relation donnée par les conditions du problème entre x et y, leurs variations seront indépendantes l'une de l'autre, et l'on ne pourra vérifier l'équation dont il s'agit qu'en faisant séparément

$$Y = 0, \quad Z = 0,$$

deux équations qui serviront à déterminer y et z en fonctions de x.

Mais, si les variables y et z étaient liées par une équation de condition entre x, y, z, que nous représenterons par

$$F(x, y, z) = 0,$$

il faudrait tirer de cette équation la valeur de z en x et y, et la substituer dans l'expression de V; mais, pour faire usage de l'équation $Y\dot{y} + Z\dot{z} = 0$, il suffit d'avoir le rapport entre les variations $\dot{y}$ et $\dot{z}$; et pour cela, il n'y a qu'à considérer que, la relation entre les quantités x, y, z devant subsister aussi dans l'état varié, l'équation

$F(x, y, z) = o$ devra avoir lieu aussi en y mettant $x + i\dot{x}$ au lieu de x, et $y + i\dot{y} + \dfrac{i^2}{2} \ddot{y} + \ldots$, $z + i\dot{z} + \dfrac{i^2}{2} \ddot{z} + \ldots$ au lieu de y et z, quelle que soit la quantité i. D'où et de ce qui a été démontré dans les premières Leçons, il est facile de conclure que les dérivées de cette équation, relatives aux variations de x, y, z, devront avoir lieu aussi. De sorte que l'équation de condition $F(x, y, z) = o$ donnera les équations variées

$$\dot{F}(x, y, z) = o, \qquad \ddot{F}(x, y, z) = o, \qquad \ldots$$

Or, en regardant x comme invariable, on a

$$\dot{F}(x, y, z) = \dot{y}\, F'(y) + \dot{z}\, F'(z),$$

puisque l'algorithme des variations est le même que celui des dérivées. Ainsi on aura l'équation

$$\dot{y}\, F'(y) + \dot{z}\, F'(z) = o,$$

d'où l'on tire le rapport de $\dot{y}$ à $\dot{z}$, lequel, étant ensuite substitué dans l'équation $Y\dot{y} + Z\dot{z} = o$ du maximum ou minimum, donnera celle-ci

$$Y\, F'(z) - Z\, F'(y) = o,$$

qui, étant combinée avec l'équation de condition $F(x, y, z) = o$, servira à déterminer les valeurs de y et z en x.

Nous avons supposé dans le calcul précédent que x ne variait pas. Si l'on voulait tenir compte des variations de x, on aurait, à la place de l'équation $Y\dot{y} + Z\dot{z} = o$, celle-ci

$$Y(\dot{y} - y'\dot{x}) + Z(\dot{z} - z'\dot{x}) = o.$$

Or l'équation de condition $F(x, y, z) = o$ donnerait d'un côté l'équation dérivée

$$F'(x) + y'\, F'(y) + z'\, F'(z) = o,$$

et de l'autre l'équation variée

$$\dot{x}\, F'(x) + \dot{y}\, F'(y) + \dot{z}\, F'(z) = o;$$

substituant dans celle-ci la valeur de $F'(x)$, tirée de la précédente, on aura

$$(\dot{y} - y'\dot{x})\, F'(y) + (\dot{z} - z'\dot{x})\, F'(z) = 0.$$

Et cette équation, combinée avec l'équation ci-dessus, donnera également l'équation

$$Y\, F'(z) - Z\, F'(y) = 0.$$

On voit par là, en général, que la variation de x, $\dot{x}$ n'influe que sur l'équation aux limites, et nullement sur l'équation générale du maximum ou minimum.

Supposons maintenant, pour embrasser le problème dans toute son étendue, que l'équation de condition entre x, y, z contienne aussi les dérivées de y et de z et soit en général de la forme

$$F(x, y, y', y'', \ldots, z, z', z'', \ldots) = 0;$$

on tirera de là l'équation variée

$$\dot{F}(x, y, y', y'', \ldots, z, z', z'', \ldots) = 0,$$

laquelle, en n'ayant égard qu'aux variations de y, z, se développera ainsi :

$$\dot{y}\, F'(y) + \dot{y}'\, F'(y') + \dot{y}''\, F''(y'') + \ldots + \dot{z}\, F'(z) + \dot{z}'\, F'(z') + \dot{z}''\, F'(z'') + \ldots = 0.$$

Comme les dérivées de $\dot{z}$ ne paraissent dans cette équation que sous la forme linéaire, il est possible d'en déduire l'expression de $\dot{z}$, en employant la méthode des multiplicateurs et prenant successivement les fonctions primitives; mais de cette manière on entre dans des calculs longs et compliqués, et il est beaucoup plus simple d'employer les multiplicateurs, de la manière dont on a usé dans la *Mécanique analytique*, qui est toute fondée sur le calcul des variations.

On se contentera donc de multiplier le premier membre de cette équation par un coefficient indéterminé λ, et de l'ajouter à l'expression précédente de la variation $\dot{V}$, en ayant soin en même temps de transformer tous les nouveaux termes de manière que les fonctions dérivées des variations $\dot{y}$ et $\dot{z}$ ne se trouvent que dans des fonctions dérivées exactes, comme on l'a pratiqué à l'égard des termes de la valeur de $\dot{V}$. On aura ainsi une nouvelle expression de $\dot{V}$, dans laquelle on pourra maintenant traiter les variations de y et de z comme indépendantes, à raison de l'indéterminée λ.

Soient, pour abréger,

$$(Y) = \lambda\,F'(y) - [\lambda\,F'(y')]' + [\lambda\,F'(y'')]'' - \ldots,$$
$$(\overset{\scriptstyle'}{Y}) = \lambda\,F'(y') - [\lambda\,F'(y'')]' + \ldots,$$
$$(\overset{\scriptstyle''}{Y}) = \lambda\,F'(y'') - \ldots,$$
$$\ldots\ldots\ldots\ldots\ldots\ldots;$$
$$(Z) = \lambda\,F'(z) - [\lambda\,F'(z')]' + [\lambda\,F'(z'')]'' - \ldots,$$
$$(\overset{\scriptstyle'}{Z}) = \lambda\,F'(z') - [\lambda\,F'(z'')]' + \ldots,$$
$$(\overset{\scriptstyle''}{Z}) = \lambda\,F'(z'') - \ldots,$$
$$\ldots\ldots\ldots\ldots\ldots\ldots.$$

Les termes à ajouter à l'expression de la variation $\dot{V}$ seront

$$(Y)\dot{y} + (Z)\dot{z}$$
$$+ [(\overset{\scriptstyle'}{Y})\dot{y}]' + [(\overset{\scriptstyle''}{Y})\dot{y}']' + \ldots$$
$$+ [(\overset{\scriptstyle'}{Z})\dot{z}]' + [(\overset{\scriptstyle''}{Z})\dot{z}']' + \ldots.$$

Donc, puisqu'on peut maintenant regarder les variations $\dot{y}$ et $\dot{z}$ comme indépendantes, on aura d'abord, par les principes posés ci-dessus, les deux équations générales du maximum ou minimum

$$Y + (Y) = 0, \qquad Z + (Z) = 0,$$

entre lesquelles il faudrait éliminer l'indéterminée λ, et l'équation résultante, combinée avec l'équation de condition, donnera les valeurs de y et z en x.

Ensuite la variation $\dot{U}$ deviendra

$$\dot{U} = [\overset{\scriptstyle'}{Y} + (\overset{\scriptstyle'}{Y})]\dot{y} + [\overset{\scriptstyle''}{Y} + (\overset{\scriptstyle''}{Y})]\dot{y}' + \ldots$$
$$+ [\overset{\scriptstyle'}{Z} + (\overset{\scriptstyle'}{Z})]\dot{z} + [\overset{\scriptstyle''}{Z} + (\overset{\scriptstyle''}{Z})]\dot{z}' + \ldots,$$

X.

valeur qu'on substituera dans l'équation aux limites

$$\dot{U}_1 - \dot{U}_0 = o.$$

Si l'on veut avoir égard en même temps à la variation de x, on ajou-tera à $\dot{U}$ le terme $V\dot{x}$, et l'on changera les quantités $\dot{y}$, $\dot{z}$ et leurs dé-rivées en $\dot{y} - y'\dot{x}$, $\dot{z} - z'\dot{x}$, et dans les dérivées de celles-ci.

Il faudrait, à la rigueur, dans ce cas, ajouter à la valeur de $\dot{V}$ le terme $\lambda[\dot{x}\,F(x, y, \ldots)]'$, d'après les formules trouvées plus haut pour la valeur complète de la variation de $x'\,F(x, y, \ldots)$. Ce terme se transforme en $[\lambda\dot{x}\,F(x, y, \ldots)]' - \lambda'\dot{x}\,F(x, y, \ldots)$; mais il dispa-rait ici en vertu de l'équation $F(x, y, \ldots) = o$. Il faudrait néanmoins le conserver si l'équation de condition n'était donnée que par l'équa-tion variée $\dot{F}(x, y, \ldots) = o$.

Dans l'équation aux limites, on pourra regarder aussi les variations $\dot{x}$, $\dot{y}$ et $\dot{z}$, ainsi que leurs dérivées, comme indépendantes, à moins que la nature du problème ne donne aussi des conditions particulières aux limites.

Supposons, par exemple, que l'on ait une ou plusieurs équations de condition entre les quantités x, y, y', y'', $\ldots$, z, z', z'', $\ldots$, rap-portées aux deux limites, c'est-à-dire entre les quantités x_0, y_0, y'_0, y''_0, $\ldots$, z_0, z'_0, z''_0, $\ldots$, x_1, y_1, y'_1, y''_1, $\ldots$, z_1, z'_1, z''_1, $\ldots$, et que le maximum ou minimum ne doive avoir lieu que parmi les fonc-tions qui, prises entre les limites données, satisfont à ces conditions; il faudra que les mêmes équations subsistent dans l'état varié, c'est-à-dire en y mettant $x + i\dot{x}$, $y + i\dot{y} + \dfrac{i^2}{2}\ddot{y} + \ldots$, $z + i\dot{z} + \dfrac{i^2}{2}\ddot{z} + \ldots$ à la place de x, y, z; par conséquent on aura aussi les variations de ces équations, comme nous l'avons déjà vu plus haut.

Désignons par

$$\Phi(x_0, y_0, y'_0, \ldots, z_0, z'_0, \ldots, x_1, y_1, y'_1, \ldots, z_1, z'_1, \ldots) = o$$

une de ces équations de condition; elle donnera l'équation variée

$$\dot{x}_0\,\Phi'(x_0) + \dot{y}_0\,\Phi'(y_0) + \dot{z}_0\,\Phi'(z_0) + \dot{y}'_0\,\Phi'(y'_0) + \ldots$$
$$+ \dot{x}_1\,\Phi'(x_1) + \dot{y}_1\,\Phi'(y_1) + \dot{z}_1\,\Phi'(z_1) + \dot{y}'_1\,\Phi'(y'_1) + \ldots = o.$$

On multipliera cette équation et les autres semblables par des coefficients indéterminés α, β, ..., et on les ajoutera à l'équation des limites données ci-dessus, après quoi on pourra traiter toutes les variations

$$\dot{x}_0,\ \dot{x}_1,\ \dot{y}_0,\ \dot{y}'_0,\ \dot{y}''_0,\ \ldots,\ \dot{y}_1,\ \dot{y}'_1,\ \dot{y}''_1,\ \ldots,\ \dot{z}_1,\ \dot{z}'_1,\ \dot{z}''_1,\ \ldots$$

comme indépendantes, et égaler à zéro chacun de leurs coefficients, ce qui donnera autant d'équations particulières aux limites qu'il y aura de ces variations. On satisfera ensuite à ces équations par le moyen des coefficients arbitraires α, β, ... et des constantes arbitraires qui entreront dans les expressions de y, z en x.

A l'égard des variations $\dot{z}_0$, $\dot{z}'_0$, ..., $\dot{z}_1$, $\dot{z}'_1$, ..., il est bon de remarquer que, la fonction z étant donnée par une équation dérivée, si cette équation est de l'ordre n par rapport à z, les valeurs de z, z', z'', ..., $z^{(n-1)}$, correspondantes à une valeur donnée de x, seront arbitraires et devront être déterminées par les conditions du problème. Ainsi, en rapportant ces valeurs à la première limite, il faudra regarder les quantités z_0, z'_0, ..., $z_0^{(n-1)}$ comme des fonctions données de x_0, y_0, y'_0, ...; donc les variations $\dot{z}_0$, $\dot{z}'_0$, ... seront aussi données en fonctions de x_0, y_0, y'_0, ..., multipliées par les variations $\dot{x}_0$, $\dot{y}_0$, $\dot{y}'_0$, ... Alors les variations $\dot{z}_1$, $\dot{z}'_1$, $\dot{z}''_1$, ..., qui se rapportent à la seconde limite, seront absolument indéterminées, et il faudra les faire évanouir en égalant leurs coefficients à zéro.

On pourrait demander que la fonction z donnée par l'équation de condition fût elle-même un maximum ou un minimum. Il n'y aurait alors qu'à supposer $U = z$, et par conséquent $V = z'$.

On aurait donc dans ce cas

$$f'(y) = 0, \quad f'(y') = 0, \quad \ldots, \quad f'(z) = 0, \quad f'(z') = 1, \quad f'(z'') = 0, \quad \ldots$$

Donc

$$Y = 0, \quad \overset{1}{Y} = 0, \quad \ldots, \quad Z = 0, \quad \overset{1}{Z} = 1, \quad \overset{11}{Z} = 0, \quad \ldots,$$

Les équations générales du maximum ou minimum seraient donc simplement

$$(Y) = 0, \quad (Z) = 0,$$

On aurait ensuite

$$\dot{U} = (\overset{\shortmid}{Y})\dot{y} + (\overset{\shortparallel}{Y})\dot{y}' + \ldots + [\mathrm{I} + (\overset{\shortmid}{Z})]\dot{z} + (\overset{\shortparallel}{Z})\dot{z}' + \ldots$$

L'équation $(Z) = o$ servira à déterminer la variable λ, et l'équation $(Y) = o$, combinée avec l'équation donnée $F(x, y, y', \ldots, z, z', \ldots) = o$, donnera la valeur de y en x. Soit $z^{(n)}$ la plus haute dérivée de z qui entre dans cette équation; l'équation $(Z) = o$ sera linéaire et de l'ordre n, par rapport à λ; la valeur de λ contiendra donc autant de constantes arbitraires et linéaires aussi, qui serviront à faire évanouir les variations $\dot{z}_1$, $\dot{z}'_1$, $\ldots$ dans l'équation des limites; les variations $\dot{z}_0$, $\dot{z}'_0$, $\ldots$ étant censées données par la nature du problème, comme nous venons de le remarquer.

Il faudra donc déterminer ces constantes de manière que l'on ait

$$\mathrm{I} + (\overset{\shortmid}{Z}_1) = o, \qquad (\overset{\shortparallel}{Z}_1) = o, \qquad (\overset{\shortmid\shortmid\shortmid}{Z}_1) = o, \qquad \ldots,$$

et l'on remplira ces conditions en faisant simplement

$$\lambda_1 = o, \qquad \lambda'_1 = o, \qquad \ldots, \qquad \lambda_1^{(n-1)} = o,$$

et de plus

$$\lambda^{(n)}\, F'\big(z^{(n)}\big)_1 + \mathrm{I} = o.$$

Ceci revient à la solution donnée dans le Tome IV des *Mémoires de Turin* ([1]).

En général, soit V une fonction quelconque des variables x, y, z, t, $\ldots$ et de leurs dérivées d'un ordre quelconque, à l'exception de x, dont la dérivée soit supposée l'unité; et soient $L = o$, $M = o$, $\ldots$ des équations de condition entre ces variables et leurs dérivées, dont le nombre ne surpasse pas celui des variables diminué de deux unités, afin qu'il reste des relations indéterminées entre les mêmes variables.

Le problème *de maximis et minimis*, dont il s'agit ici, consiste à déterminer ces relations de manière que la fonction primitive de V devienne un maximum ou un minimum entre des limites données, correspondantes à des valeurs données de x.

([1]) *OEuvres de Lagrange*, t. II, p. 37.

Pour le résoudre de la manière la plus générale, on cherchera les variations des fonctions V, L, M, ..., dues aux variations de y, z, t, ..., et désignant ces variations par $\dot{V}$, $\dot{L}$, $\dot{M}$, ..., on considérera la formule

$$\dot{V} + \lambda \dot{L} + \mu \dot{M} + \ldots,$$

dans laquelle λ, μ, ... sont supposées des variables indéterminées.

On fera sur cette formule les transformations enseignées plus haut, par lesquelles les fonctions dérivées des variations $\dot{y}$, $\dot{z}$, $\dot{t}$, ... ne paraissent plus que dans des termes qui sont des fonctions dérivées exactes. Elle deviendra ainsi de la forme

$$
\begin{aligned}
&Y\dot{y} + Z\dot{z} + T\dot{t} + \ldots \\
&+ (\overset{\scriptstyle I}{Y}\dot{y} + \overset{\scriptstyle II}{Y}\dot{y}' + \overset{\scriptstyle III}{Y}\dot{y}'' + \ldots)' \\
&+ (\overset{\scriptstyle I}{Z}\dot{z} + \overset{\scriptstyle II}{Z}\dot{z}' + \overset{\scriptstyle III}{Z}\dot{z}'' + \ldots)' \\
&+ (\overset{\scriptstyle I}{T}\dot{t} + \overset{\scriptstyle II}{T}\dot{t}' + \overset{\scriptstyle III}{T}\dot{t}'' + \ldots)' \\
&+ \ldots \ldots \ldots \ldots \ldots \ldots
\end{aligned}
$$

Et l'on aura d'abord les équations générales

$$Y = 0, \quad Z = 0, \quad T = 0, \quad \ldots,$$

qui, étant combinées avec les équations de condition

$$L = 0, \quad M = 0, \quad \ldots,$$

serviront à déterminer les variables y, z, t, ..., λ, μ, ...

Ensuite, faisant

$$
\begin{aligned}
(\dot{U}) = &\overset{\scriptstyle I}{Y}\dot{y} + \overset{\scriptstyle II}{Y}\dot{y}' + \overset{\scriptstyle III}{Y}\dot{y}'' + \ldots \\
&+ \overset{\scriptstyle I}{Z}\dot{z} + \overset{\scriptstyle II}{Z}\dot{z}' + \overset{\scriptstyle III}{Z}\dot{z}'' + \ldots \\
&+ \overset{\scriptstyle I}{T}\dot{t} + \overset{\scriptstyle II}{T}\dot{t}' + \overset{\scriptstyle III}{T}\dot{t}'' + \ldots \\
&\ldots \ldots \ldots \ldots \ldots \ldots,
\end{aligned}
$$

on aura l'équation aux limites $(\dot{U}_1) - (\dot{U}_0) = 0$, à laquelle on devra satisfaire, indépendamment des variations $\dot{y}$, $\dot{y}'$, ..., $\dot{z}$, $\dot{z}'$, ...

Et, pour tenir compte de la variation de x, il n'y aura qu'à changer $\dot{y}$, $\dot{z}$, $\dot{\imath}$ en $\dot{y} - y'\dot{x}$, $\dot{z} - z'\dot{x}$, $\dot{\imath} - t'\dot{x}$, et ajouter à la valeur de $(\dot{U})$ le terme $V\dot{x}$.

Comme la nature du problème peut fournir aussi des équations de condition entre les variables x, y, z, t, ..., rapportées à ces limites, désignons par $A = 0$, $B = 0$, ... ces équations de condition, de manière que A, B, ... soient des fonctions données de x_0, x_1, y_0, y_1, y'_0, y'_1, ...

On formera les équations variées $\dot{A} = 0$, $\dot{B} = 0$, ..., dues aux variations de chacune des quantités x_0, x_1, y_0, y_1, y'_0, y'_1, ..., on ajoutera ces équations multipliées par les coefficients indéterminés α, β, ... à l'équation aux limites.

On aura ainsi l'équation

$$(\dot{U}_1) - (\dot{U}_0) + \alpha\dot{A} + \beta\dot{B} + \ldots = 0,$$

dans laquelle on égalera séparément à zéro le coefficient de chacune des variations dont il s'agit.

Ces formules servent à répondre à toutes les questions où l'on cherche des maxima ou minima absolus. Voyons aussi comment on y peut rappeler les questions où l'on ne demande que des maxima ou minima relatifs, c'est-à-dire dans lesquelles la fonction primitive d'une fonction donnée ne doit être un maximum ou un minimum entre des limites assignées, qu'autant que les fonctions primitives d'autres fonctions données auront des valeurs données entre les mêmes limites.

Soit u la fonction donnée dont la fonction primitive doit avoir une valeur déterminée entre les limites assignées. Supposons que s soit cette fonction primitive, en sorte que l'on ait l'équation $s' - u = 0$. La condition dont il s'agit consiste en ce que la quantité $s_1 - s_0$ doit avoir une valeur donnée; par conséquent, sa variation devra être nulle, ce qui donne l'équation aux limites $\dot{s}_1 - \dot{s}_0 = 0$.

Pour introduire cette condition dans la solution générale du problème *de maximis et minimis*, je regarde l'équation $s' - u = 0$ comme une équation de condition, et je la traite comme les équations de condition $L = o$, $M = o$, ... Je multiplie par un coefficient variable et indéterminé σ la variation $\dot{s} - \dot{u}$, et j'ajoute à la formule générale $\dot{V} + \lambda\dot{L} + \dots$; j'ai

$$\dot{V} + \sigma(\dot{s} - \dot{u}) + \lambda\dot{L} + \mu\dot{M} + \dots.$$

Le terme $\sigma\dot{s}$ se transforme en ceux-ci : $(\sigma s)' - \sigma' s$; et, comme ces termes sont les seuls qui contiennent la variable s, la variation s donnera d'abord l'équation $\sigma' = o$, d'où l'on tire $\sigma = a$, a étant une constante arbitraire.

Ensuite l'autre partie $(\sigma s)'$, qui est une dérivée exacte, donnera dans l'expression de (U) le terme σs, et dans l'équation aux limites les termes $a(s_1 - s_0)$, à cause de $\sigma = a$. Mais on a, par les conditions du maximum ou minimum relatif, $s_1 - s_0 = o$. Donc la valeur de (U) ne recevra aucun changement.

Il n'y aura donc que la variation $- a\dot{u}$ qui devra être ajoutée à la formule générale, ce qui revient à substituer à la place de la fonction V la fonction $V - au$, et à chercher les conditions du maximum ou minimum absolu de la fonction primitive de $V - au$, a étant une constante quelconque arbitraire.

On trouverait de la même manière que si la fonction primitive de V ne devait être qu'un maximum ou minimum relatif, en supposant que les fonctions primitives de u et de v aient des valeurs déterminées, la question se réduirait au maximum ou minimum absolu de la fonction primitive de $V - au - bv$, a et b étant des constantes arbitraires.

Ce résultat s'accorde, comme l'on voit, avec celui qu'Euler avait trouvé par la considération des variations des ordonnées successives dans les courbes.

Telles sont les formules générales pour la solution des problèmes *de maximis et minimis* qui dépendent de la méthode des variations, et l'on voit que ces formules s'étendent à tous les cas; mais dans chaque cas particulier, au lieu d'y appliquer ces formules, il sera quelquefois préférable d'opérer directement sur les fonctions proposées, en suivant la marche que nous venons de tracer.

Quant à la manière de distinguer les maxima des minima, et même de s'assurer de leur existence, nous avons vu qu'elle dépend des variations du second ordre ; mais nous n'entrerons pas dans un détail qui nous mènerait trop loin ; on peut voir d'ailleurs ce que nous avons dit là-dessus dans la *Théorie des fonctions* (¹). Nous remarquerons seulement qu'en prenant la variation du second ordre de la fonction V, il sera inutile d'avoir égard aux variations du second ordre de la variable y, parce que, les termes affectés de $\ddot{y}$, $\ddot{y}'$, … dans l'expression de $\ddot{V}$ étant les mêmes que ceux affectés de $\dot{y}$, $\dot{y}'$ dans $\dot{V}$, ces termes doivent disparaître par les conditions du maximum ou minimum, quelle que soit la valeur de $\dot{y}$ ou de $\ddot{y}$. Ainsi on aura, pour la variation du second ordre, les mêmes formules que dans l'endroit cité, en changeant seulement aussi $\dot{y}$ en ω, et par conséquent les mêmes résultats.

Pour ne rien laisser à désirer sur cette matière, nous dirons encore un mot des *maxima* et *minima* qui dépendent des fonctions de plusieurs variables. La première question de ce genre a été résolue par la méthode des variations, dans le second Volume des *Mémoires de Turin* (²). Il s'agissait de trouver, parmi toutes les surfaces courbes qui sont terminées par le même périmètre, celle qui est la plus petite possible ; problème qui est, par rapport aux surfaces, ce que les problèmes dont on vient de traiter sont par rapport aux lignes.

En nommant z l'ordonnée perpendiculaire aux deux abscisses x et y, et qui est censée fonction de ces deux-ci, et désignant par des traits séparés par une virgule fonctions dérivées de z, prises par rapport à x et y, comme on l'a fait dans la Leçon XIX, la grandeur ou la quadrature de la surface est exprimée par la double fonction primitive de la formule

$$\sqrt{1 + (z')^2 + z'')^2},$$

prise d'abord par rapport à une seule des variables x, y, et ensuite par rapport à l'autre, en substituant pour la première sa valeur donnée par l'équation du contour de la surface. Ainsi le problème con-

(¹) *OEuvres de Lagrange*, t. IX.
(²) *OEuvres de Lagrange*, t. I, p. 335.

siste à trouver la fonction z de x et y, qui rendra cette double fonction primitive un maximum ou un minimum.

Pour le rendre plus général, nous supposerons qu'on demande de rendre un maximum ou un minimum la double fonction primitive d'une fonction donnée de x, y, z, z', z'', z''', z'''', ...

Désignons cette fonction par V, de manière que l'on ait

$$V = f(x, y, z, z', z'', z''', z'''', z''''', \ldots),$$

et soit U la double fonction primitive de V, qui doit devenir un maximum ou un minimum. Il faudra, par les principes établis ci-dessus, que sa variation $\dot{U}$ soit nulle. Or, $U'' = V$; donc, prenant les variations, $\dot{U}'' = \dot{V}$. Si l'on dénote de même par des traits placés au bas les fonctions primitives, ainsi qu'on l'a indiqué dans la Leçon XIII, on pourra passer de l'équation précédente à celle-ci qui est inverse, $\dot{U} = \dot{V}_{,,}$, par laquelle on voit que le problème consiste à rendre nulle la double fonction primitive de la variation $\dot{V}$.

Or on a, en prenant les variations de z et de ses dérivées,

$$\dot{V} = \dot{z}f'(z) + \dot{z}'f'(z') + \dot{z}''f'(z'') + \dot{z}'''f'(z''') + \dot{z}''''f'(z'''') + \dot{z}'''''f'(z''''') + \ldots,$$

formule que nous représenterons, pour plus de simplicité, par

$$\dot{V} = L\dot{z} + M\dot{z}' + N\dot{z}'' + P\dot{z}''' + Q\dot{z}'''' + R\dot{z}''''' + \ldots.$$

On fera dans cette formule les transformations employées plus haut, par lesquelles les dérivées de la variation $\dot{z}$ ne se trouvent que dans des termes qui sont des dérivées exactes.

Ainsi le terme $M\dot{z}''$ se changera en $(M\dot{z})'' - M''\dot{z}$, le terme $N\dot{z}''$ se changera en $(N\dot{z})'' - N''\dot{z}$, et ainsi des autres, en conservant la position des virgules qui séparent les traits relatifs aux variables x et y.

De cette manière on aura la transformée

$$\dot{V} = (L - M'' - N'' + P'' + Q''' + R'' + \ldots)\dot{z}$$
$$+ (M\dot{z} + P\dot{z}'' - P'\dot{z} + Q\dot{z}'' + \ldots)''$$
$$+ (N\dot{z} + R\dot{z}'' - R'\dot{z} - Q''\dot{z} + \ldots)'',$$
$$+ \ldots\ldots\ldots\ldots\ldots\ldots\ldots\ldots\ldots$$

X. 54

On voit d'abord ici qu'il est impossible que la double fonction primitive de $\dot{V}$ devienne nulle, quelle que soit la variation z, à moins que les termes affectés simplement de z ne disparaissent; ce qui donne d'abord l'équation générale du maximum ou minimum

$$L - M'' - N'' + P''' + Q''' + R''' + \ldots = 0.$$

La première ligne de l'expression de $\dot{V}$ étant effacée, si l'on prend maintenant les doubles fonctions primitives de part et d'autre, on aura

$$\dot{U} = (M\dot{z} + P\dot{z}'' - P''\dot{z} + Q\dot{z}')''$$
$$+ (N\dot{z} + R\dot{z}'' - R''\dot{z} - Q''\dot{z})''.$$

Comme il n'y a plus ici que des fonctions primitives simples, chacune d'elles se rapporte uniquement à une des variables x, y, en regardant l'autre de ces variables comme déterminée par l'équation qui donne la courbe des limites entre lesquelles le maximum ou minimum doit avoir lieu.

Le cas le plus simple est lorsque le contour de la surface représentée par l'équation en x, y, z est supposé tout à fait donné et invariable. Alors les variations de z et de ses dérivées sont nulles relativement à la courbe de ce contour, et par conséquent aussi dans toute l'étendue des fonctions primitives simples de la variation $\dot{U}$, et la condition de $\dot{U} = 0$ se trouve remplie d'elle-même.

L'équation du maximum ou minimum sera donc, en substituant les valeurs de L, M, ...,

$$f'(z) - [f'(z'')]' - [f'(z'')]' + [f'(z''')]'' + [f'(z''')]''' + [f'(z''')]''' + \ldots = 0,$$

qu'on voit être du genre de celles que nous avons considérées dans les Leçons XIX et XX, et dont les équations primitives contiennent des fonctions arbitraires.

Les cas plus compliqués se résoudront par des considérations analogues à celles que nous avons faites sur les problèmes où l'on ne cherche que des fonctions d'une variable.

Pour donner maintenant quelques applications des méthodes et des formules que nous venons d'exposer, nous prendrons d'abord le problème le plus simple de ce genre, qui consiste à trouver la ligne la plus courte entre des termes donnés. En supposant que la ligne cherchée soit toute dans un même plan, et prenant x, y pour ses coordonnées, la longueur de la ligne sera exprimée en général par la fonction primitive de l'expression $\sqrt{1+y'^2}$, qui, étant représentée par V ou $f(x,y,y')$, donnera

$$f'(y)=0,\quad f'(y')=\frac{y'}{\sqrt{1+y'^2}}.$$

Ainsi l'équation générale du maximum ou minimum sera

$$-\left(\frac{y'}{\sqrt{1+y'^2}}\right)'=0.$$

Ensuite on aura

$$\dot{U}=\frac{y'}{\sqrt{1+y'^2}}\dot{y},$$

et l'équation aux limites sera

$$\dot{U}_1-\dot{U}_0=0.$$

L'équation générale donne tout de suite

$$\frac{y'}{\sqrt{1+y'^2}}=\text{const.};$$

d'où l'on tire

$$y'=b,\quad\text{et de là}\quad y=bx+c,$$

b et c étant deux constantes arbitraires; ce qui est l'équation générale de la ligne-droite.

Si les deux extrémités de la ligne étaient données, on aurait $\dot{y}_0=0$ et $\dot{y}_1=0$; par conséquent l'équation aux limites aurait lieu sans aucune condition.

En général, l'équation aux limites se réduira à

$$a(\dot{y}_1-\dot{y}_0)=0,$$

où $a=\dfrac{b}{\sqrt{1+b^2}}$; de sorte que, si la ligne cherchée devait être terminée des deux côtés ou d'un seul par des lignes perpendiculaires à l'axe des x, les variations $\dot{y}_0$, $\dot{y}_1$ seraient toutes les deux, ou une seulement, arbitraires : dans l'un et l'autre cas, l'équation aux limites donnerait $a = 0$, et par conséquent $b = 0$; ce qui réduit la ligne la plus courte à une droite parallèle à l'axe.

Si la ligne la plus courte devait être terminée de part et d'autre par deux lignes données droites ou courbes, il faudrait alors tenir compte dans l'équation aux limites des variations de x et y à la fois. Il faudra donc mettre dans l'expression de $\dot{U}$, $\dot{y} - y'\dot{x}$ à la place de $\dot{y}$, et y ajouter le terme $V\dot{x}$. On aura ainsi

$$\dot{U} = \frac{y'}{\sqrt{1+y'^2}}(\dot{y} - y'\dot{x}) + \dot{x}\sqrt{1+y'^2}$$

et, réduisant,

$$\dot{U} = \frac{y'\dot{y} + \dot{x}}{\sqrt{1+y'^2}}.$$

L'équation aux limites étant $\dot{U}_1 - \dot{U}_0 = 0$, si l'on suppose que les deux limites soient indépendantes l'une de l'autre, on aura séparément $\dot{U}_0 = 0$ et $\dot{U}_1 = 0$; et par conséquent

$$y'_0\dot{y}_0 + \dot{x}_0 = 0, \quad y'_1\dot{y}_1 + \dot{x}_1 = 0.$$

Soit maintenant

$$\Phi(x,y) = 0$$

l'équation de la ligne qui forme la première limite; elle donnera l'équation variée

$$\dot{x}\,\Phi'(x) + \dot{y}\,\Phi'(y) = 0;$$

mais elle donne aussi l'équation dérivée

$$\Phi'(x) + y'\,\Phi'(y) = 0;$$

de sorte que la combinaison de ces deux équations produira celle-ci

$$\dot{y} - y'\dot{x} = 0.$$

Il faut remarquer, à l'égard de cette équation, que les variations $\dot{x}$, $\dot{y}$

sont censées les mêmes que celles que nous avons désignées ci-dessus par $\dot{x}_0$, $\dot{y}_0$, parce que ce sont les variations des coordonnées x, y à la première limite; mais la dérivée y' n'est pas la même que la dérivée y'_0, quoiqu'elles se rapportent toutes les deux au même point; car celle-ci se rapporte à la ligne la plus courte, et exprime la tangente de l'angle que la tangente à cette ligne fait avec l'axe; au lieu que l'autre se rapporte à la ligne qui sert de limite, et exprime de même la tangente de l'angle que la tangente à cette ligne fait avec le même axe. Nous désignerons cette dérivée par (y'), et, appliquant le chiffre 0 au bas de chaque lettre pour la rapporter à la première limite, l'équation précédente deviendra

$$\dot{y}_0 - (y')_0 \dot{x}_0 = 0.$$

Telle est l'équation de condition qui doit avoir lieu entre les variations $\dot{y}_0$ et $\dot{x}_0$; ainsi, substituant dans l'équation

$$y'_0 \dot{y}_0 + \dot{x}_0 = 0$$

de la première limite la valeur de $\dot{y}_0$ tirée de l'équation précédente, on aura

$$[y'_0 (y')_0 + 1] \dot{x} = 0,$$

et par conséquent

$$y'_0 (y')_0 + 1 = 0.$$

Or, y'_0 et $(y')_0$ étant les tangentes de deux angles, on sait que la tangente de la différence de ces angles est exprimée par la formule $\frac{y'_0 - (y')_0}{1 + y'_0 (y')_0}$; donc, puisque ici le dénominateur devient nul, et par conséquent la tangente infinie, il s'ensuit que la différence des deux angles dont il s'agit sera égale à un angle droit.

D'où il est aisé de conclure que les deux lignes, celle qui doit être la plus courte et celle qui forme sa première limite, doivent se couper à angles droits.

Et, comme l'équation à la seconde limite est tout à fait semblable à l'équation pour la première, on trouvera nécessairement le même résultat relativement à la seconde limite; c'est-à-dire que la ligne la plus courte devra aussi couper à angles droits la ligne qui formera la seconde limite.

On satisfera à ces conditions par le moyen des équations

$$y'_0 (y')_0 + 1 = 0 \quad \text{et} \quad y'_1 (y')_1 + 1 = 0$$

et des constantes arbitraires b, c, ce qui n'a aucune difficulté.

Supposons maintenant, pour donner plus de généralité au problème, qu'on demande la ligne la plus courte, sans la condition qu'elle doive être toute dans le même plan; en prenant x, y, z pour les trois coordonnées, dont deux y et z sont censées fonction de la troisième x, on aura la fonction $\sqrt{1 + y'^2 + z'^2}$, dont la primitive exprimera la longueur de la ligne cherchée et devra par conséquent être un minimum.

Faisant donc

$$V = \sqrt{1 + y'^2 + z'^2},$$

on aura

$$\dot{V} = \frac{y'\dot{y}' + z'\dot{z}'}{V},$$

formule qui, par les principes établis, se transforme en celle-ci

$$\dot{V} = -\left(\frac{y'}{V}\right)' \dot{y} - \left(\frac{z'}{V}\right)' \dot{z} + \left(\frac{y'}{V} \dot{y}\right)' + \left(\frac{z'}{V} \dot{z}\right)';$$

d'où l'on tire, pour l'équation générale du minimum,

$$\left(\frac{y'}{V}\right)' \dot{y} + \left(\frac{z'}{V}\right)' \dot{z} = 0,$$

et ensuite, pour l'équation aux limites,

$$\dot{U} = \frac{y'\dot{y} + z'\dot{z}}{V} \quad \text{et} \quad \dot{U}_1 - \dot{U}_0 = 0.$$

Supposons d'abord que la ligne la plus courte ne soit assujettie à aucune condition dans toute son étendue; il faudra alors que les variations $\dot{y}$ et $\dot{z}$ demeurent indéterminées, ce qui donnera les deux équations

$$\left(\frac{y'}{V}\right)' = 0, \quad \left(\frac{z'}{V}\right)' = 0,$$

d'où l'on tire

$$\frac{y'}{V} = a, \quad \frac{z'}{V} = b,$$

a et b étant des constantes arbitraires; et comme $V = \sqrt{1 + y'^2 + z'^2}$, il s'ensuit que y' et z' auront des valeurs constantes qui, étant désignées par c et d, donneront tout de suite

$$y = cx + m, \quad z = dx + n,$$

m et n étant aussi des constantes arbitraires.

Ces deux équations font voir que la ligne cherchée est une droite dont la position est arbitraire.

Il faut maintenant considérer l'équation aux limites, laquelle, si l'on suppose les deux limites indépendantes l'une de l'autre, se partage tout de suite en ces deux-ci

$$\dot{U}_0 = o, \quad \dot{U}_1 = o,$$

savoir,

$$y'_0 \dot{y}_0 + z'_0 \dot{z}_0 = o, \quad y'_1 \dot{y}_1 + z'_1 \dot{z}_1 = o,$$

équations qui auront lieu d'elles-mêmes, si les deux extrémités de la ligne sont supposées données de position, parce qu'alors les variations des ordonnées y et z seront nulles dans ces deux points.

Mais, si la ligne la plus courte doit être comprise entre deux lignes données, alors il faudra, comme nous l'avons fait plus haut, tenir compte des variations des coordonnées x, y, z à l'une et à l'autre de ses extrémités.

Pour cela, il faudra d'abord ajouter à la valeur de $\dot{U}$ le terme $\dot{V}x$, et y changer en même temps $\dot{y}$ et $\dot{z}$ en $\dot{y} - y'\dot{x}$, $\dot{z} - z'\dot{x}$. On aura ainsi, à cause de $V^2 = 1 + y'^2 + z'^2$, après les réductions,

$$\dot{U} = \frac{\dot{x} + y'\dot{y} + z'\dot{z}}{V},$$

et les deux équations aux limites $\dot{U}_0 = o$, $\dot{U}_1 = o$ deviendront

$$\dot{x}_0 + y'_0 \dot{y}_0 + z'_0 \dot{z}_0 = o,$$

$$\dot{x}_1 + y'_1 \dot{y}_1 + z'_1 \dot{z}_1 = o.$$

Supposons que la première limite soit une courbe dont les deux équations soient

$$\Phi(x,y) = 0, \quad \Psi(x,z) = 0;$$

la première de ces équations donnera, comme nous l'avons vu plus haut, l'équation variée

$$\dot{y}_0 - (y')_0 \dot{x}_0 = 0,$$

et la seconde donnera de même

$$\dot{z}_0 - (z')_0 \dot{x}_0 = 0.$$

Tirant de ces deux équations les valeurs de $\dot{y}_0$ et $\dot{z}_0$ et les substituant dans la première des deux équations ci-dessus, on aura

$$[1 + y'_0 (y')_0 + z'_0 (z')_0] \dot{x}_0 = 0,$$

et, comme la variation x_0 doit demeurer indéterminée, il en résultera cette équation de condition pour la première limite

$$1 + y'_0 (y')_0 + z'_0 (z')_0 = 0,$$

à laquelle on satisfera par le moyen d'une des constantes arbitraires c, d, l'autre devant être indéterminée par l'équation de condition de la seconde limite, laquelle sera de même

$$1 + y'_1 (y')_1 + z'_1 (z')_1 = 0.$$

Mais, si l'on veut savoir ce que ces équations représentent, il n'y a qu'à se rappeler que, dans la théorie du contact des courbes, on démontre qu'en regardant les dérivées de y'_0 et z'_0 comme constantes, les deux équations

$$y = y'_0 x + \mu, \quad z = z'_0 x + \nu,$$

où μ et ν sont aussi des constantes par rapport à x et y, représentent la ligne droite qui touche la courbe de la première limite; et que de la même manière les deux équations

$$y = (y')_0 x + \pi, \quad z = (z')_0 x + \rho$$

représentent la ligne droite qui touche au même point la ligne la plus courte, π et ρ étant aussi des constantes par rapport à x et y.

Or, dans l'application de l'Analyse à la Géométrie, on démontre que les deux droites représentées par ces équations, si elles se coupent, font entre elles un angle dont le cosinus est

$$\frac{1 + y_0' (y')_0 + z_0' (z')_0}{\sqrt{1 + y_0'^2 + z_0'^2} \; \sqrt{1 + (y')_0^2 + (z')_0^2}}$$

(*voyez* les feuilles de *l'Analyse* de Monge). Donc puisque, dans le cas présent, le numérateur de cette expression devient nul, il s'ensuit que l'angle des deux droites sera droit; par conséquent, il faudra que la ligne la plus courte coupe à angles droits la courbe qui forme la première limite.

On parviendra de la même manière à une conclusion semblable pour l'autre limite. D'où il résulte que la ligne la plus courte qu'on puisse mener entre deux courbes quelconques est toujours la droite qui coupera ces courbes à angle droit. Ce théorème est connu depuis longtemps et se démontre de différentes manières; mais aucune n'est aussi directe que celle que fournit l'analyse précédente.

Mais, si, au lieu d'une simple ligne, il y avait une surface pour servir de limite à la ligne la plus courte, désignant par

$$\Phi(x, y, z) = 0,$$

la surface de la première limite, elle donnerait cette équation variée

$$\dot{x}_0 \, \Phi'(x) + \dot{y}_0 \, \Phi'(y) + \dot{z}_0 \, \Phi'(z) = 0,$$

qu'il faudrait combiner avec l'équation de la première limite trouvée ci-dessus,

$$\dot{x}_0 + y_0' \dot{y}_0 + z_0' \dot{z}_0 = 0.$$

Substituant dans l'équation précédente la valeur de $\dot{x}_0$ tirée de celle-ci, on aura

$$[\Phi'(y) - y_0' \, \Phi'(x)] \dot{y}_0 + [\Phi'(z) - z_0' \, \Phi'(x)] \dot{z}_0 = 0,$$

d'où, à cause que les variations $\dot{y}_0$, $\dot{z}_0$ doivent demeurer indéterminées, on tire ces deux-ci :

$$\Phi'(y) - y_0' \, \Phi'(x) = 0, \quad \Phi'(z) - z_0' \, \Phi'(x) = 0,$$

X.

auxquelles il faudra satisfaire par deux des constantes arbitraires de la ligne la plus courte.

On trouvera deux équations semblables pour la seconde limite, si elle est aussi formée par une surface donnée.

Pour voir maintenant ce que signifient ces équations, on remarquera que l'équation de la surface

$$\Phi(x, y, z) = 0$$

donne la dérivée

$$x'\,\Phi'(x) + y'\,\Phi'(y) + z'\,\Phi'(z) = 0,$$

dont la primitive, en regardant les coefficients de x', y', z' comme constants, savoir

$$x\,\Phi'(x) + y\,\Phi'(y) + z\,\Phi'(z) + \alpha = 0,$$

représente le plan tangent à cette surface, comme on le sait par la théorie des courbes, α étant une constante arbitraire par rapport à x, y, z.

Substituons dans cette équation les valeurs de $\Phi'(y)$ et $\Phi'(z)$ tirées des deux équations trouvées ci-dessus; elle deviendra, en la divisant par $\Phi'(x)$ qui est regardée ici comme constante,

$$x + y'_0 y + z'_0 z + \frac{\alpha}{\Phi'(x)} = 0.$$

D'un autre côté, on sait que cette équation représente aussi un plan perpendiculaire à la droite dont les équations seraient

$$y = y'_0 x + \mu, \quad z = z'_0 x + \nu$$

(*voyez* les feuilles citées), les quantités y'_0 et z'_0 étant regardées ici comme constantes, ainsi que μ et ν. Donc, puisque ces équations sont celles de la tangente à l'extrémité de la ligne la plus courte, que nous regardons en général comme une courbe quelconque, il s'ensuit que les deux équations données plus haut expriment que la ligne la plus courte doit rencontrer la surface donnée à angles droits.

Et, comme la même conclusion aurait lieu aussi pour l'autre limite, si elle était formée par une surface, il en résulte que la ligne la plus courte entre deux surfaces données sera encore la droite qui rencontre ces surfaces à angles droits.

Jusqu'ici nous n'avons cherché que la ligne la plus courte parmi toutes les lignes possibles qu'on peut mener entre des points, ou des lignes, ou des surfaces données; problème que la simple Géométrie peut résoudre, parce qu'on sait que dans un plan la ligne la plus courte est la ligne droite. Mais, si l'on demande en général la ligne la plus courte sur une surface quelconque donnée, le problème dépend alors essentiellement de la méthode des variations, et les formules trouvées ci-dessus s'y appliquent avec la même facilité.

Soit

$$F(x, y, z) = 0$$

l'équation de la surface donnée; elle donnera l'équation variée

$$\dot{y}\, F'(y) + \dot{z}\, F'(z) = 0,$$

laquelle étant combinée avec l'équation générale du maximum ou minimum trouvée plus haut,

$$\left(\frac{y'}{V}\right)' \dot{y} + \left(\frac{z'}{V}\right)' \dot{z} = 0,$$

produit celle-ci

$$\left(\frac{y'}{V}\right)' F'(z) - \left(\frac{z'}{V}\right)' F'(y) = 0$$

pour l'équation de la ligne la plus courte sur la surface donnée. Ensuite on aura l'équation aux limites

$$\dot{U}_1 - \dot{U}_0 = 0,$$

dans laquelle on a en général

$$\dot{U} = \frac{y'\dot{y} + z'\dot{z}}{V};$$

et, si l'on veut avoir égard aussi à la variation de x, on aura

$$\dot{U} = \frac{\dot{x} + y'\dot{y} + z'\dot{z}}{V},$$

comme on l'a trouvé plus haut.

Il faudrait ici substituer pour $\dot{z}$ sa valeur tirée de l'équation variée

$$\dot{x}\,F'(x) + \dot{y}\,F'(y) + \dot{z}\,F'(z) = 0.$$

Mais, en faisant abstraction de la surface, l'expression précédente de Ü conduit directement aux mêmes conclusions qu'on a trouvées plus haut relativement aux limites, c'est-à-dire que la ligne la plus courte tracée sur la surface donnée devra aussi couper à angles droits les courbes qui lui serviront de limites.

À l'égard de la nature de la ligne la plus courte sur une surface, elle jouit d'une propriété particulière et caractéristique, par laquelle on peut la déterminer indépendamment de la considération du minimum ; c'est que ses rayons osculateurs sont tous perpendiculaires à la surface. En effet, il est clair que cette ligne doit être celle suivant laquelle se dirigera un fil tendu sur la surface donnée, et il est facile de concevoir, en même temps, que le fil tendu ne peut être en équilibre qu'autant que la pression résultante de la tension, et dont la direction est suivant le rayon osculateur, sera perpendiculaire à la surface. Pour voir comment la propriété dont il s'agit résulte de l'équation trouvée pour la ligne la plus courte, nous remarquerons d'abord que l'équation du plan tangent à la surface représentée par l'équation

$$F(x, y, z) = 0$$

est, comme on l'a vu plus haut,

$$x\,F'(x) + y\,F'(y) + z\,F'(z) + \alpha = 0,$$

les fonctions $F'(x)$, $F'(y)$, $F'(z)$ étant regardées comme constantes, ainsi que la quantité α.

Nous remarquerons ensuite que, si l'on représente par

$$x + A y + B z + C = 0$$

l'équation du plan du cercle osculateur d'une ligne à double courbure, il faut que cette équation et ses deux dérivées, prime et seconde, aient lieu en prenant les coordonnées x, y, z du plan pour celles de la courbe donnée, et en regardant dans la formation des dérivées les coefficients A, B, C comme constants; c'est ce qui résulte de la théorie du contact des courbes exposée dans la *Théorie des Fonctions* (¹).

On aura donc ainsi les deux équations dérivées, dans lesquelles $x' = 1$,

$$1 + Ay' + Bz' = 0, \quad Ay'' + Bz'' = 0.$$

La dernière donne $B = -\dfrac{Ay''}{z''}$, et, cette valeur étant substituée dans la précédente, on aura

$$A = \frac{z''}{z'y'' - y'z''}, \quad B = -\frac{y''}{z'y'' - y'z''}.$$

Nous remarquerons de plus qu'il suffit que le plan du cercle osculateur soit perpendiculaire au plan tangent à la surface, pour que le rayon osculateur soit perpendiculaire à la surface, parce que ce rayon est nécessairement perpendiculaire à la courbe tracée sur la surface.

Or on démontre encore dans l'application de l'Analyse à la Géométrie (*voyez* les feuilles déjà citées) que la condition pour que deux plans représentés par les équations

$$x F'(x) + y F'(y) + z F'(z) + \alpha = 0,$$
$$x + Ay + Bz + C = 0$$

se coupent à angles droits, est renfermée simplement dans l'équation

$$F'(x) + A F'(y) + B F'(z) = 0.$$

L'équation de la surface
$$F(x, y, z) = 0$$

donne aussi l'équation dérivée

$$F'(x) + y' F'(y) + z' F'(z) = 0,$$

d'où l'on tire

$$F'(x) = -y' F'(y) - z' F'(z).$$

Cette valeur, substituée dans l'équation précédente, donnera celle-ci

$$(A - y') F'(y) + (B - z') F'(z) = 0,$$

(¹) *OEuvres de Lagrange*, t. IX.

laquelle, en substituant les valeurs de A et B trouvées ci-dessus, devient

$$[z'' - y'(z'y'' - y'z'')]\,F'(y) - [y'' + z'(z'y'' - y'z'')]\,F'(z) = 0.$$

Or, si l'on divise le coefficient de $F'(y)$ dans cette équation par $V'^{\frac{3}{2}}$, V étant $\sqrt{1 + y'^2 + z'^2}$, on a la dérivée de $\dfrac{z'}{V}$, et de même le coefficient de $F'(z)$ divisé par $V^{\frac{3}{2}}$ devient la dérivée de $\dfrac{y'}{V}$, comme il est facile de s'en assurer par le calcul. Donc, en divisant toute l'équation par $V^{\frac{3}{2}}$, elle pourra se mettre sous la forme

$$\left(\frac{z'}{V}\right)' F'(y) - \left(\frac{y'}{V}\right)' F'(z) = 0,$$

qui est la même que celle de l'équation que nous avons trouvée pour la ligne la plus courte.

Clairaut a remarqué le premier, dans les *Mémoires de l'Académie des Sciences* de 1733, que, quelle que soit la figure de la Terre, la ligne qu'on y tracerait en plantant continuellement des piquets perpendiculaires à l'horizon, de manière qu'ils soient effacés les uns par les autres, comme on l'a pratiqué dans la description de la perpendiculaire à la méridienne de Paris, aurait la propriété d'être la ligne la plus courte entre tous ses points. Ainsi la détermination de cette ligne dépend de l'équation générale qu'on vient de trouver.

En supposant que la Terre soit un sphéroïde de révolution, si l'on prend l'axe des x pour l'axe de la Terre, dont le centre soit l'origine des coordonnées, et qu'on nomme r l'ordonnée de la courbe des méridiens, on aura

$$r = \sqrt{y^2 + z^2}.$$

Donc, si

$$F(x, r) = 0$$

est l'équation de cette courbe, elle deviendra celle de la surface du sphéroïde, en y substituant $\sqrt{y^2 + z^2}$ pour r; et, à cause de $r' = \dfrac{yy' + zz'}{r}$,

on aura

$$F'(y) = \frac{y}{r} F'(r), \quad F'(z) = \frac{z}{r} F'(r),$$

de sorte que l'équation de la ligne la plus courte sur le sphéroïde deviendra

$$\left(\frac{y'}{V}\right)' z - \left(\frac{z'}{V}\right)' y = 0,$$

laquelle est du second ordre, mais dont la primitive du premier ordre est

$$\frac{zy' - rz'}{V} = a,$$

a étant une constante quelconque. Cette équation, combinée avec l'équation $F(x, r) = 0$, suffira pour construire la courbe.

Ce problème est traité avec beaucoup de détails dans le quatrième Volume des Ouvrages de Jean Bernoulli.

Le problème de la ligne la plus courte conduit naturellement à celui de la surface de la moindre étendue. Nous avons déjà vu plus haut que l'on a alors

$$V = \sqrt{1 + (z')^2 + (z'')^2},$$

d'où l'on tire la variation

$$\dot{V} = \frac{z' \dot{z}' + z'' \dot{z}''}{V},$$

laquelle étant comparée à la formule

$$L\dot{z} + M\dot{z}' + N\dot{z}''$$

donne

$$L = 0, \quad M = \frac{z'}{V}, \quad N = \frac{z''}{V};$$

et de là résulte l'équation générale

$$\left(\frac{z'}{V}\right)' + \left(\frac{z''}{V}\right)'' = 0.$$

Cette équation, en effectuant les dérivations indiquées, se réduit à

$$V(z'' + z'''') - (z'V' + z''V'') = 0;$$

or, en prenant successivement les dérivées par rapport à x et à y, on trouve

$$VV' = z'_1 z'' + z' z'_{,1},$$

$$VV_1 = z'_1 z'_{,1} + z'_1 z'';$$

de sorte qu'en multipliant l'équation précédente par V, et substituant les valeurs de V^2, VV'_1, VV_1, on aura après les réductions

$$[1 + (z'_1)^2] z'' - 2 z'_1 z' z'_{,1} + [1 + (z')^2] z'_1' = 0.$$

Et, si l'on aime mieux employer la notation proposée à la fin de la Leçon XIX, on aura, pour l'équation de la moindre surface,

$$\left[1 + \left(\frac{z'}{x'}\right)^2\right]\left(\frac{z''}{y'^2}\right) - 2\left(\frac{z'}{x'}\right)\left(\frac{z'}{y'}\right)\left(\frac{z''}{x'y'}\right) + \left[1 + \left(\frac{z'}{y'}\right)^2\right]\left(\frac{z''}{x'^2}\right) = 0.$$

Monge et Legendre ont trouvé, par des méthodes ingénieuses, l'équation primitive de cette équation du second ordre; mais la forme sous laquelle elle se présente la rend peu susceptible d'applications utiles. (*Voyez* les *Mémoires de l'Académie des Sciences* de 1787.)

Pour donner encore un autre exemple, nous reprendrons le problème si connu de la brachistochrone, ou ligne de la plus vite descente; mais nous la considérerons dans un milieu résistant comme une fonction quelconque de la vitesse.

Soient les abscisses x dirigées verticalement de haut en bas, et par conséquent les ordonnées y horizontales. Si l'on nomme g la force constante de la gravité, z le carré de la vitesse et $\varphi(z)$ la fonction de la vitesse qui est proportionnelle à la résistance, les principes de la Mécanique donnent l'équation

$$z' - 2g + 2\varphi(z)\sqrt{1 + y'^2} = 0$$

pour la détermination de z; et le temps, qui doit être un maximum ou un minimum, est exprimé par la fonction primitive de l'expression

$$\frac{\sqrt{1 + y'^2}}{\sqrt{z}}.$$

En comparant ces formules aux formules générales, on aura

$$V = \frac{\sqrt{1+y'^2}}{\sqrt{z}} = f(x, y, y', z);$$

et la fonction $F(x, y, y', z, z', \ldots)$, qui, étant égalée à zéro, donne l'équation de condition, sera

$$z' - 2g + 2\varphi(z)\sqrt{1+y'^2}.$$

On aura donc

$$\dot{V} = \frac{y'\dot{y}'}{\sqrt{1+y'^2}\sqrt{z}} - \frac{\dot{z}\sqrt{1+y'^2}}{2z^{\frac{3}{2}}}.$$

Et de là

$$f'(y') = \frac{y'}{\sqrt{1+y'^2}\sqrt{z}}, \quad f'(z) = -\frac{\sqrt{1+y'^2}}{2z^{\frac{3}{2}}}.$$

Ensuite on aura l'équation variée

$$\dot{z}' + 2z\,\varphi'(z)\sqrt{1+y'^2} + 2\varphi(z)\frac{y'\dot{y}'}{\sqrt{1+y'^2}} = 0,$$

et par conséquent

$$F'(y') = 2\varphi(z)\frac{y'}{\sqrt{1+y'^2}},$$

$$F'(z) = 2\varphi'(z)\sqrt{1+y'^2}, \quad F'(z') = 1.$$

De là on aura

$$Y = -\left(\frac{y'}{\sqrt{1+y'^2}\sqrt{z}}\right)', \qquad \dot{Y} = \frac{y'}{\sqrt{1+y'^2}\sqrt{z}},$$

$$Z = -\frac{\sqrt{1+y'^2}}{2z^{\frac{3}{2}}}, \qquad \dot{Z} = 0,$$

$$(Y) = -\left[2\lambda\,\varphi(z)\frac{y'}{\sqrt{1+y'^2}}\right]', \quad (\dot{Y}) = 2\lambda\,\varphi(z)\frac{y'}{\sqrt{1+y'^2}},$$

$$(Z) = 2\lambda\,\varphi'(z)\sqrt{1+y'^2} - \lambda', \quad (\dot{Z}) = \lambda.$$

D'après ces valeurs, on aura les équations générales

$$Y + (Y) = 0, \quad Z + (Z) = 0,$$

X.

et l'équation aux limites

$$\dot{U}_1 - \dot{U}_0 = o,$$

en faisant

$$\dot{U} = [\dot{Y} + (\dot{Y})]\dot{y} + [\dot{Z} + (\dot{Z})]\dot{z};$$

et, si l'on veut tenir compte de la variation de x, on aura

$$\dot{U} = [\dot{Y} + (\dot{Y})](\dot{y} - y'\dot{x}) + [\dot{Z} + (\dot{Z})](\dot{z} - z'\dot{x}) + \frac{\sqrt{1 + y'^2}}{\sqrt{z}}\,\dot{x}.$$

Les deux équations générales se réduisent à celles-ci :

$$\left(\frac{y'}{\sqrt{1 + y'^2}\sqrt{z}}\right)' + \left[2\lambda\,\varphi(z)\,\frac{y'}{\sqrt{1 + y'^2}}\right]' = o,$$

$$-\frac{\sqrt{1 + y'^2}}{2\,z^{\frac{3}{2}}} + 2\lambda\,\varphi'(z)\sqrt{1 + y'^2} - \lambda' = o,$$

dont la première a pour primitive

$$\frac{y'}{\sqrt{1 + y'^2}\sqrt{z}} + 2\lambda\,\varphi(z)\,\frac{y'}{\sqrt{1 + y'^2}} = \frac{1}{\sqrt{a}},$$

a étant une constante arbitraire.

Il faudra substituer dans celle-ci la valeur de λ tirée de la seconde; ensuite il faudra éliminer z par le moyen de l'équation de condition

$$z' - 2g + 2\varphi(z)\sqrt{1 + y'^2} = o,$$

et l'équation résultante en y et x sera celle de la courbe cherchée.

Comme z représente le carré de la vitesse et que l'équation en z est du premier ordre, la valeur de z, tirée de l'équation primitive de celle-ci, contiendra une constante arbitraire qui dépendra de la vitesse initiale imprimée au mobile.

On peut donc regarder la valeur de z, à la première limite, comme une fonction donnée des coordonnées initiales x et y. Ainsi, dénotant cette fonction par la caractéristique Δ, on aura la condition

$$z_0 = \Delta(x_0, y_0).$$

Le cas du vide n'a aucune difficulté; car, en faisant $\varphi(z) = 0$, on aura l'équation

$$\frac{y'}{\sqrt{1+y'^2}\,\sqrt{z}} = \text{const.} = \frac{1}{\sqrt{a}},$$

où λ n'entre pas.

Ensuite on a

$$z' - 2g = 0, \quad \text{d'où l'on tire } z = 2gx + b.$$

En rapportant cette équation à la première limite, on a

$$z_0 = 2gx_0 + b, \quad \text{d'où} \quad b = z_0 - 2gx_0.$$

Ainsi la valeur complète de z sera

$$z = 2g(x - x_0) + z_0.$$

Or l'équation en y' donne

$$y' = \sqrt{\frac{z}{a-z}},$$

équation qui, par la substitution de la valeur de z, devient celle de la cycloïde ordinaire.

Soit, pour abréger,

$$t = \frac{1}{\sqrt{z}} + 2\lambda\,\varphi(z);$$

le problème général dépendra de ces trois équations du premier ordre,

$$\frac{ty'}{\sqrt{1+y'^2}} = \frac{1}{\sqrt{a}},$$

$$\lambda' - \left[2\lambda\,\varphi'(z) - \frac{1}{2z^{\frac{3}{2}}}\right]\sqrt{1+y'^2} = 0,$$

$$z' - 2g + 2\varphi(z)\sqrt{1+y'^2} = 0.$$

Si l'on prend la dérivée de t, on a

$$t' = -z'\left[\frac{1}{2z^{\frac{3}{2}}} - 2\lambda\varphi'(z)\right] + 2\lambda'\,\varphi(z),$$

d'où l'on tire

$$\frac{1}{2.z^{\frac{3}{2}}} - 2\lambda\,\varphi'(z) = \frac{2\lambda'\,\varphi(z) - t'}{z'};$$

cette valeur étant substituée dans la seconde équation ci-dessus, on aura

$$\lambda' + \frac{2\lambda'\,\varphi(z) - t'}{z'}\sqrt{1+y'^2} = 0;$$

mais la troisième donne

$$z' = 2g - 2\varphi(z)\sqrt{1+y'^2};$$

substituant cette valeur dans la dernière équation après l'avoir multi-pliée par z', elle se réduira à

$$2g\lambda' - t'\sqrt{1+y'^2} = 0.$$

Or on a

$$t'\sqrt{1+y'^2} = \left(t\sqrt{1+y'^2}\right)' - \frac{ty'y''}{\sqrt{1+y'^2}},$$

et la première équation donne

$$\frac{ty'}{\sqrt{1+y'^2}} = \frac{1}{\sqrt{a}};$$

donc l'équation qu'on vient de trouver deviendra

$$2g\lambda' - \left(t\sqrt{1+y'^2}\right)' + \frac{y''}{\sqrt{a}} = 0,$$

dont la primitive est

$$2g\lambda - t\sqrt{1+y'^2} + \frac{y'}{\sqrt{a}} = b;$$

et, si l'on substitue encore ici pour t sa valeur $\frac{\sqrt{1+y'^2}}{y'\sqrt{a}}$ tirée de la pre-mière équation, on aura

$$2g\lambda = \frac{1}{y'\sqrt{a}} + b.$$

Ainsi l'on a la valeur de λ qu'on substituera dans l'expression de t de la première équation; et il ne s'agira plus que de combiner cette équa-tion avec la troisième pour en éliminer z.

Considérons maintenant l'équation aux limites

$$\dot{U}_1 - \dot{U}_0 = 0;$$

supposons, ce qui est le cas le plus ordinaire, que les deux limites soient indépendantes l'une de l'autre; on aura séparément

$$\dot{U}_0 = 0, \quad \dot{U}_1 = 0.$$

Or, en faisant dans l'expression de $\dot{U}$ donnée plus haut les substitutions nécessaires, on a

$$\dot{U} = \left[\frac{1}{\sqrt{z}} + 2\lambda\,\varphi(z)\right] \frac{y'}{\sqrt{1+y'^2}} (\dot{y} - y'\dot{x}) + \lambda(\dot{z} - z'\dot{x}) + \frac{\sqrt{1+y'^2}}{\sqrt{z}}\dot{x}.$$

Cette expression, en mettant pour z' sa valeur $2g - 2\varphi(z)\sqrt{1+y'^2}$ et réduisant, devient

$$U = \left(\frac{t}{\sqrt{1+y'^2}} - 2g\lambda\right)\dot{x} + \frac{ty'}{\sqrt{1+y'^2}}\dot{y} + \lambda\dot{z},$$

où t est mis pour $\frac{1}{\sqrt{z}} + 2\lambda\,\varphi(z)$, comme on l'a employé ci-dessus, de sorte qu'en substituant encore à la place de t sa valeur donnée par la première équation, on aura plus simplement

$$\dot{U} = \left(\frac{1}{y'\sqrt{a}} - 2g\lambda\right)\dot{x} + \frac{\dot{y}}{\sqrt{a}} + \lambda\dot{z}.$$

Cette valeur de $\dot{U}$ devra donc être nulle aux deux limites.

Pour la première limite, nous avons vu ci-dessus que l'on a en général $z_0 = \Delta(x_0, y_0)$; donc, prenant les variations, on aura

$$\dot{z}_0 = \dot{x}_0\,\Delta'(x_0) + \dot{y}_0\,\Delta'(y_0),$$

de sorte que l'équation $U_0 = 0$ donnera celle-ci :

$$\left[\frac{1}{y'_0\sqrt{a}} - 2g\lambda_0 + \Delta'(x_0)\,\lambda_0\right]\dot{x}_0 + \left[\frac{1}{\sqrt{a}} + \Delta'(y_0)\,\lambda_0\right]\dot{y}_0 = 0.$$

Pour la seconde limite, on aura aussi $U_1 = 0$, équation dans laquelle, la variation $\dot{z}$ demeurant indéterminée, il faudra la faire évanouir en égalant à zéro son coefficient λ_1. Ainsi l'on aura la condition $\lambda_1 = 0$, qui servira à déterminer la constante arbitraire b de la valeur de λ trouvée plus haut. Cette condition donne

$$\frac{1}{y'_1 \sqrt{a}} + b = 0,$$

d'où l'on tire

$$b = -\frac{1}{y'_1 \sqrt{a}};$$

de sorte que l'expression complète de λ sera

$$2g\lambda = \frac{1}{\sqrt{a}}\left(\frac{1}{y'} - \frac{1}{y'_1}\right),$$

d'où l'on aura

$$2g\lambda_0 = \frac{1}{\sqrt{a}}\left(\frac{1}{y'_0} - \frac{1}{y'_1}\right),$$

valeur qu'il faudra substituer dans l'équation à la première limite.

A l'égard de l'équation de la seconde limite, elle sera simplement, à cause de $\lambda_1 = 0$,

$$\frac{\dot{x}_1}{y'_1} + \dot{y}_1 = 0, \quad \text{savoir} \quad \dot{x}_1 + y'_1 \dot{y}_1 = 0.$$

Cette équation est tout à fait semblable à celle que nous avons trouvée dans le premier exemple, et d'où nous avons conclu que la ligne la plus courte devait couper à angles droits la ligne qui forme la seconde limite. Ainsi la même conclusion doit avoir lieu pour la ligne de la plus vite descente, quelle que soit la loi de la résistance du milieu.

Revenons à la première limite. En substituant dans l'équation de cette limite pour λ_0 sa valeur, elle devient

$$\left[\frac{1}{y'_1} + \frac{\Delta'(x_0)}{2g}\left(\frac{1}{y'_0} - \frac{1}{y'_1}\right)\right]\dot{x}_0 + \left[1 + \frac{\Delta'(y_0)}{2g}\left(\frac{1}{y'_0} - \frac{1}{y'_1}\right)\right]\dot{y}_0 = 0.$$

Maintenant, si l'on désigne par (y'_0) la dérivée de l'ordonnée y de la courbe qui forme la première limite, on aura, comme on l'a vu dans le premier exemple, l'équation $\dot{y}_0 - (y'_0)\dot{x}_0 = 0$. Donc, si l'on substitue

dans l'équation précédente, au lieu de $\dot{y}_0$, sa valeur $(y_0')\dot{x}_0$, la varia‑
tion $\dot{x}_0$ demeurera arbitraire, et il faudra vérifier l'équation en égalant
à zéro le coefficient de $\dot{x}_0$, ce qui donnera

$$\frac{1}{y_1'} + \frac{\Delta'(x_0)}{2g}\left(\frac{1}{y_0'} - \frac{1}{y_1'}\right) + \left[1 + \frac{\Delta'(y_0)}{2g}\left(\frac{1}{y_0'} - \frac{1}{y_1'}\right)\right](y_0') = 0,$$

équation à laquelle on satisfera par le moyen d'une des constantes
arbitraires.

Supposons, ce qui est le cas le plus simple, que la vitesse initiale
$\sqrt{z_0}$ soit donnée indépendamment du lieu de départ; on aura alors
$z_0 = $ à une constante; donc

$$\Delta(x_0, y_0) = \text{const.},$$

et par conséquent

$$\Delta'(x_0) = 0, \quad \Delta'(y_0') = 0,$$

et l'équation précédente deviendra

$$\frac{1}{y_1'} + (y_0') = 0, \quad \text{savoir} \quad 1 + y_1'(y_0') = 0.$$

Dans cette équation, (y_0') exprime la tangente de l'angle que fait
avec l'axe des x la tangente à la courbe de la première limite, dans le
point où elle est rencontrée par la ligne de la plus vite descente, et y_1'
exprime la tangente de l'angle que fait avec le même axe la tangente à
cette même ligne au point de la seconde limite; et il suit de cette
équation, comme nous l'avons vu dans le premier exemple, que la dif‑
férence de ces deux angles doit être égale à un angle droit. Donc il
faudra que la tangente à la courbe de la première limite soit perpendi‑
culaire à la tangente à la ligne de la plus vite descente au point de la
seconde limite; et, comme nous avons déjà vu que cette tangente doit
être perpendiculaire à celle de la courbe de la seconde limite, on en
conclura que, dans le cas dont il s'agit, la courbe de la plus vite descente
devra rencontrer les deux courbes des limites dans des points où les
tangentes soient parallèles entre elles.

Mais, si l'on veut que la vitesse initiale soit toujours celle que le corps acquerrait en tombant d'un même point donné, nommant h la hauteur de ce point au-dessus de l'axe horizontal des ordonnées y, on aura $h + x_0$ pour la hauteur due à la vitesse initiale dont z_0 est le carré; et les principes de la Mécanique donneront

$$z_0 = 2g(h + x_0).$$

Donc

$$\Delta(x_0, y_0) = 2g(h + x_0),$$

et de là

$$\Delta'(x_0) = 2g, \quad \Delta'(y_0) = 0,$$

ce qui réduira l'équation de la première limite à celle-ci :

$$\frac{1}{y_0'} + (y_0') = 0, \quad \text{savoir} \quad 1 + y_0'(y')_0 = 0,$$

laquelle montre, comme on l'a vu dans le premier exemple, que la ligne de la plus vite descente doit couper aussi à angles droits la ligne qui forme la première limite.

On avait trouvé ces mêmes résultats pour la ligne de la plus vite descente dans le vide. (*Voyez* le quatrième Volume des *Mémoires de Turin* (¹) et les *Mémoires de l'Académie des Sciences* pour les années 1767 et 1768. L'analyse précédente fait voir que les conditions relatives aux limites sont indépendantes de la résistance.

Si, au lieu de la courbe de la plus vite descente, on demandait celle où la vitesse acquise serait un maximum, il faudrait rendre la quantité z un maximum, et l'on aurait le cas où nous avons vu que les équations générales se réduisent simplement à $(Y) = 0$, $(Z) = 0$, savoir

$$\left[2\lambda \varphi(z) \frac{y'}{\sqrt{1 + y'^2}} \right]' = 0,$$

$$2\lambda \varphi'(z) \sqrt{1 + y'^2} - \lambda' = 0,$$

(¹) *OEuvres de Lagrange*, t. II, p. 37.

équations qu'il faut combiner avec l'équation en z

$$z' - 2g - 2\varphi(z)\sqrt{1 + y'^2} = 0.$$

La première a pour primitive

$$2\lambda\varphi(z)\frac{y'}{\sqrt{1 + y'^2}} = \frac{1}{\sqrt{a}};$$

et, si l'on opère sur ces trois équations comme on l'a fait dans le cas précédent, on parviendra de la même manière à l'équation

$$2g\lambda = \frac{1}{y'\sqrt{a}} + b,$$

qui donne la valeur de λ; ensuite les deux dernières équations ci-dessus donneront la vitesse $\sqrt{z}$, et la fonction y en x, d'où dépend la fonction cherchée.

A l'égard des limites, on aura dans le cas dont il s'agit, en faisant varier à la fois x, y, z,

$$U = (\overset{1}{Y})(\dot{y} - y'\dot{x}) + (\overset{1}{Z})(\dot{z} - z'\dot{x}) + z'\dot{x},$$

formule qui, en substituant les valeurs de $(\overset{1}{Y})$, $(\overset{1}{Z})$ et de z', et réduisant, devient

$$\dot{U} = \left[\frac{2\lambda\varphi(z)}{\sqrt{1 + y'^2}} - 2g\lambda\right]\dot{x} + 2\lambda\,\varphi(z)\frac{y'}{\sqrt{1 + y'^2}}\dot{y} + (\lambda + 1)\dot{z}.$$

Et, si l'on substitue encore dans celle-ci les valeurs de $2g\lambda$ et de $2\lambda\varphi(z)$ tirées des deux dernières équations primitives, on aura enfin

$$\dot{U} = -b\dot{x} + \frac{1}{\sqrt{a}}\dot{y} + (\lambda + 1)\dot{z}_0;$$

de sorte que les deux équations aux limites $\dot{U}_0 = 0$ et $\dot{U}_1 = 0$ deviendront

$$-b\dot{x}_0 + \frac{1}{\sqrt{a}}\dot{y}_0 + (\lambda_0 + 1)\dot{z}_0 = 0,$$

$$-b\dot{x}_1 + \frac{1}{\sqrt{a}}\dot{y}_1 + (\lambda_1 + 1)\dot{z}_1 = 0.$$

X. 57

La vitesse initiale, dont z_0 est le carré, doit être donnée; si on la suppose indépendante du lieu du départ, z_0 sera une quantité constante dont la variation sera par conséquent nulle; donc $\dot z_0 = 0$. Alors la première équation se réduira à

$$- b\dot x_0 + \frac{1}{\sqrt a}\dot y_0 = 0.$$

Pour la seconde, comme rien ne détermine la valeur de z_1, il faudra que son coefficient soit nul, et qu'il donne $\lambda_1 + 1 = 0$ et $\lambda_1 = -1$, condition par laquelle on déterminera la valeur de la constante arbitraire b.

Cette équation deviendra ainsi

$$- b\dot x_1 + \frac{1}{\sqrt a}\dot y_1 = 0$$

Si les deux points extrêmes de la courbe étaient donnés, les variations de x_0, y_0, x_1, y_1 seraient nulles, et les deux équations seraient satisfaites d'elles-mêmes.

Mais, si la question est de trouver la ligne par laquelle le corps partant d'une courbe donnée, et arrivant à une autre courbe donnée, acquiert la plus grande vitesse, nommant, comme plus haut, (y'_0) et (y'_1) les tangentes des angles que les tangentes à ces courbes font avec l'axe aux deux extrémités de la ligne cherchée, on aura, ainsi qu'on l'a vu dans le premier exemple,

$$\dot y_0 - (y'_0)\dot x_0 = 0 \quad \text{et} \quad \dot y_1 - (y'_1)\dot x_1 = 0;$$

et ces équations, étant combinées avec les deux précédentes, donneront

$$(y'_0) = b\sqrt a \quad \text{et} \quad (y'_1) = b\sqrt a;$$

d'où l'on peut conclure que les tangentes aux deux courbes des limites doivent être parallèles entre elles, comme dans la courbe de la plus vite descente.

Ces exemples peuvent suffire pour montrer l'usage de nos formules générales, et surtout des équations aux limites qui n'étaient pas connues avant le Calcul des variations, et sans lesquelles on n'aurait que des solutions incomplètes.

FIN DU TOME DIXIÈME.

TABLE DES MATIÈRES

DU TOME DIXIÈME.

QUAI DES GRANDS-AUGUSTINS, 55, A PARIS.

Envoi franco, contre mandat de poste ou valeur sur Paris, dans tous les pays faisant partie de l'Union postale.

EXTRAIT DU CATALOGUE
DE LA
LIBRAIRIE GAUTHIER-VILLARS,
SUCCESSEUR DE MALLET-BACHELIER,
IMPRIMEUR-LIBRAIRE

Du Bureau des Longitudes; — des Observatoires de Paris, Montsouris, Bordeaux, Marseille, Nice et Toulouse;
Du Bureau Central Météorologique; — de l'École Polytechnique; de l'École Centrale des Arts et Manufactures;
du Dépôt des Fortifications; — de la Société Météorologique; — du Comité international des Poids et Mesures; etc

ABEL (Niels-Henrik). — Œuvres complètes d'Abel. Nouvelle édition, publiée aux frais de l'État norvégien, par *L. Sylow* et *S. Lie.* 2 beaux volumes in-4; 1881. 30 fr.

ANDRÉ et ANGOT. — Origine du ligament noir dans les passages de Vénus et de Mercure, et moyen de l'éviter. In-4, avec 2 belles planches; 1881. 3 fr. 50 c.

ANDRÉ et RAYET, Astronomes adjoints de l'Observatoire de Paris, et ANGOT, Professeur de Physique au Lycée Fontanes. — L'Astronomie pratique et les Observatoires en Europe et en Amérique, depuis le milieu du XVIIe siècle jusqu'à nos jours. In-18 jésus, avec belles figures dans le texte et planches en couleur.

Ire PARTIE : *Angleterre;* 1874......... 4 fr. 50 c.
IIe PARTIE : *Ecosse, Irlande et Colonies anglaises ;* 1874..................... 4 fr. 50 c.
IIIe PARTIE : *Amérique du Nord;* 1877... 4 fr. 50 c.
IVe PARTIE : *Amérique du Sud et Météorologie américaine;* 1881............. 3 fr.
Ve PARTIE : *Italie;* 1878 .... 4 fr. 50 c.

ANNALES SCIENTIFIQUES DE L'ÉCOLE NORMALE SUPÉRIEURE, publiées sous les auspices du Ministre de l'Instruction publique, par un *Comité de Rédaction* composé des *Maîtres de Conférences* in-4, avec figures dans le texte et planches sur cuivre (¹).

1re Série, 7 volumes, années 1864 à 1870. 150 fr.
2e Série, 12 volumes, années 1872 à 1883. 250 fr.
La 3e Série, commencée en 1884, paraît, chaque mois, par numéro contenant 4 à 5 feuilles in-4, avec figures dans le texte et planches.

En outre, les *Annales* font paraître, depuis 1877, suivant les ressources dont dispose le Recueil, des numéros supplémentaires contenant soit des thèses d'un mérite exceptionnel, soit des travaux dont la publication présente un certain caractère d'urgence, et qui ne peuvent trouver place dans les numéros en cours d'impression. Les numéros supplémentaires ont une pagination spéciale et vien-

nent se classer, dans le Volume, à la suite des douze numéros mensuels.

L'abonnement est annuel et part du 1er janvier.

Prix de l'abonnement pour un an (12 *numéros*) :
Paris............................ 30 fr.
Départements et Union postale........ 35 fr.
Autres pays..................... 40 fr.

ANNALES DE L'OBSERVATOIRE DE PARIS, fondées par *Le Verrier,* et publiées par l'Amiral *Mouchet,* Directeur. Partie théorique, tomes I à XVII. In-4, avec planches ; 1855-1883.

Les Tomes I à X et les Tomes XII, XIII, XV à XVII se vendent séparément. 27 fr.
Le Tome XI (1876) et le Tome XIV (1877) comprennent deux *Parties* qui se vendent séparément. 20 fr.
Le Tome XVIII est *sous presse.*

ANNALES DE L'OBSERVATOIRE DE PARIS, fondées par *U.-J. Le Verrier,* et publiées par l'Amiral *Mouchez,* directeur. Observations. Tomes I à XXXV, années 1800 à 1880. 35 volumes in-4 (en tableaux); 1858 à 1883. Chaque Volume se vend séparément. 40 fr.

ANNALES DU BUREAU DES LONGITUDES. Travaux faits à l'Observatoire astronomique de Montsouris, et Mémoires divers ; Tome I. In-4, avec une planche sur acier donnant la vue de l'Observatoire; 1877. (*Rare.*) 40 fr.
Tome II. In-4; 1883. 25 fr.
Tome III. In-4; 1883. 25 fr.

ANNALES DE L'OBSERVATOIRE ASTRONOMIQUE, MAGNÉTIQUE ET MÉTÉOROLOGIQUE DE TOULOUSE. Tome I, renfermant les travaux exécutés de 1873 à la fin de 1878, sous la direction de *F. Tisserand,* ancien Directeur de l'Observatoire de Toulouse, Membre de l'Institut, etc.; publié par *Baillaud,* Directeur de l'Observatoire, Doyen de la Faculté des Sciences de Toulouse. In-4, avec planche; 1881. 30 fr.
Le Tome II est *sous presse.*

ANNALES DE L'OBSERVATOIRE IMPÉRIAL DE RIO-DE-JANEIRO. Tome I. In-4, avec 19 planches et 27 fig. dans le texte; 1882. 30 fr.

(¹) On peut se procurer l'une des Séries ou les deux au moyen de payements mensuels de 20 fr.

In-4° carré; DD.

ANNALES DU BUREAU CENTRAL MÉTÉOROLOGIQUE DE FRANCE, publiées par *Mascart*, Directeur.

I. — Études des orages en France. Mémoires divers.

ANNÉE 1878. Grand in-4, avec 37 pl.; 1879. 15 fr.
ANNÉE 1879. Grand in-4, avec 20 pl.; 1880. 15 fr.
ANNÉE 1880. Grand in-4, avec 39 pl.; 1881. 15 fr.
ANNÉE 1881. Grand in-4, avec 40 pl.; 1883. 15 fr.

II. — Bulletin des Observations françaises. Revue climatologique.

ANNÉE 1878. Grand in-4, avec 40 pl.; 1880. 15 fr.
ANNÉE 1879. Grand in-4, avec 41 pl.; 1880. 15 fr.
ANNÉE 1880. Grand in-4, avec 40 pl.; 1881. 15 fr.
ANNÉE 1881. Grand in-4, avec 40 pl.; 1883. 15 fr.

III. — Pluies en France. Observations publiées avec la coopération du Ministère des Travaux publics et le concours de l'Association scientifique.

ANNÉE 1877. Grand in-4, avec 5 pl.; 1880. 15 fr.
ANNÉE 1878. Grand in-4, avec 5 pl.; 1880. 15 fr.
ANNÉE 1879. Grand in-4, avec 7 pl.; 1881. 15 fr.
ANNÉE 1880. Grand in-4, avec 7 pl., 1881. 15 fr.
ANNÉE 1881. Grand in-4, avec 5 pl.; 1883. 15 fr.

IV. — Météorologie générale.

ANNÉE 1878. In-pl., avec 6 pl.; 1879.   15 fr.
ANNÉE 1879. In-4, avec 38 pl.; 1880.   15 fr.
ANNÉE 1880. In-pl., avec 15 pl.; 1881.   25 fr.
ANNÉE 1881. Grand in-4, avec 224 pl.; 1883. 25 fr.

Voir Bureau central.

ANNUAIRE DE L'OBSERVATOIRE MÉTÉOROLOGIQUE DE MONTSOURIS pour 1884; Météorologie, Agriculture, Hygiène (contenant le résumé des travaux de l'Observatoire durant l'année 1883). 13ᵉ année. In-18 de 602 pages, avec figures et diagrammes dans le texte, et 8 Cartes en couleur (1 Carte hypsométrique de Paris, 7 Cartes indiquant la mortalité sous l'action des maladies aiguës de la poitrine, de la fièvre typhoïde, du choléra, etc.)   Broché :   2 fr. »

                       Cartonné :   2 fr. 5o c.

La Météorologie est envisagée, à Montsouris, spécialement au double point de vue de l'Agriculture et de l'Hygiène.

Au point de vue de l'Agriculture, l'Annuaire contient une série de Tableaux à l'usage des agriculteurs; le relevé des observations météorologiques anciennes faites à Paris depuis 1735, et permettant d'apprécier les variations annuelles du climat du nord de la France depuis cette époque; des Notices comprenant l'examen des divers éléments climatériques qui influent sur la marche des cultures, l'époque des récoltes et leur rendement, et l'indication des instruments simples qu'il importe d'observer pour arriver à la prévision d s dates et de la valeur de ces récoltes; l'application à des cultures spéciales; les Tableaux résumés des observations météorologiques de 1882, comparés aux résultats économiques de l'année agricole écoulée; enfin, le résultat des études continuées depuis plusieurs années dans le but de mesurer la somme des éléments de fertilité que l'atmosphère et ses pluies fournissent aux cultures, et le volume d'eau que ces dernières peuvent consommer utilement.

Au point de vue de l'Hygiène, l'Annuaire contient le résumé des résultats des recherches poursuivies à Montsouris, par la Chimie et par le microscope: sur les produits accidentels, gazeux, minéraux ou de nature organique que l'on rencontre habituellement dans l'air, dans le sol et dans les eaux qui découlent de l'un et de l'autre; sur ceux que les agglomérations urbaines y développent; et, notamment, sur l'influence que les irrigations à l'eau d'égout exercent sur l'atmosphère, sur le sol et les eaux, comme sur les produits de la terre.

L'Annuaire de Montsouris contient les *Notices* suivantes : *Magnétisme terrestre*: *Sur les variations de direction de la force magnétique à Montsouris, et sur le déplacement des heures tropiques qui règlent les mouvements de l'aiguille horizontale;* par LÉON DESCROIX. — *Météorologie appliquée à l'hygiène et à l'agriculture;* par L.-H. MARIÉ-DAVY et FERDINAND MARIÉ-DAVY. — *Analyse de l'air, des eaux météoriques, des eaux d'égout et des eaux courantes;* par ALBERT LÉVY. — *Moisissures et bactéries atmosphériques;* par le Dᵣ MIQUEL.

ANNUAIRE pour l'an 1882, publié par le Bureau des Longitudes; contenant les Notices suivantes: *Aperçu historique sur le développement de l'Astronomie;* par FAYE. — *Notice sur les planètes intramercurielles;* par F. TISSERAND. — *Note sur la photographie de la comète b de 1881;* par J. JANSSEN. In-18 de 808 pages, avec la Carte des courbes d'égale déclinaison magnétique et une planche photoglyptique de la comète. 1 fr. 5o c.

ANNUAIRE pour l'an 1883, publié par le Bureau des Longitudes; contenant les Notices suivantes : *Sur la figure des comètes;* par FAYE, Membre de l'Institut. — *Les Méthodes en Astronomie;* par JANSSEN. — *La prochaine éclipse totale de Soleil du 6 mai 1883;* par JANSSEN. In-18, de 857 pages, avec figures dans le texte et Carte des courbes d'égale déclinaison magnétique en France. 1 fr. 5o c.

ANNUAIRE pour l'an 1884, publié par le Bureau des Longitudes; contenant les Notices suivantes : *Les grands fléaux de la nature : famines, inondations et déluges, volcans, tremblements de terre, tempêtes, trombes et tornados;* par FAYE, Membre de l'Institut. — *Mission en Océanie pour l'observation de l'éclipse totale de Soleil du 6 mai 1883,* par JANSSEN, de l'Institut. In-18 de 910 pages, avec figures dans le texte et planche photoglyptique de l'éclipse totale de Soleil.

                  Broché.   1 fr. 5o c.
                  Cartonné.   2 fr. »

Pour recevoir l'Annuaire franco par la poste, dans tous les pays faisant partie de l'Union postale, ajouter 35 c.

AOUST (l'Abbé), Professeur à la Faculté des Sciences de Marseille. — Analyse infinitésimale des courbes tracées sur une surface quelconque. In-8; 1869.   7 fr.

AOUST (l'Abbé). — Analyse infinitésimale des courbes planes, contenant la résolution d'un grand nombre de problèmes choisis, à l'usage des candidats à la licence. In-8, avec 80 fig. dans le texte; 1873.   8 fr. 5o c.

AOUST (l'Abbé). — Analyse infinitésimale des courbes dans l'espace. In-8, avec 40 fig. dans le texte; 1876. 11 fr.

ARAGO (F.). — Œuvres complètes. 17 volumes in-8, avec nombreuses figures.   127 fr. 5o c.

On vend séparément :

Astronomie populaire. 4 volumes, avec un portrait d'Arago et 362 figures, dont 80 gravées sur acier et 282 gravées sur bois.   3o fr.

Notices biographiques. 3 volumes, avec une Introduction aux *OEuvres d'Arago*, par A. DE HUMBOLDT.   22 fr. 5o c.

Notices scientifiques. 5 volumes, avec 35 figures sur bois.   37 fr. 5o c.

Voyages scientifiques. 1 volume.   7 fr. 5o c.

Mémoires scientifiques. 2 volumes, avec 53 figures sur bois.   15 fr.

Mélanges, 1 volume.   7 fr. 5o c.

Tables analytiques. 1 volume d'environ 900 pages, précédé du Discours prononcé aux funérailles d'Arago et d'une Notice chronologique sur ses OEuvres. 7 fr. 5o c.

ASTRONOMICAL PAPERS, prepared for the use of the *American Ephemeris* and *Nautical Almanac,* under the direction of *Simon Newcomb,* Professor United States Navy superintendent. Grand in-4. Tome I; 1882. 20 fr.

ATLAS DES ANNALES DE L'OBSERVATOIRE DE PARIS. Iʳᵉ, IIᵉ, IIIᵉ, IVᵉ, Vᵉ, VIᵉ, VIIᵉ, VIIIᵉ et IXᵉ LI-VRAISONS, comprenant 54 cartes écliptiques.
Chaque livraison, composée de 6 cartes, se vend séparément. .... 12 fr.

ATLAS MÉTÉOROLOGIQUE DE L'OBSERVATOIRE DE PARIS, publié avec le concours de l'*Association scientifique de France*. Tome VIII, année 1876. Un volume in-folio oblong de texte, et un Atlas même format contenant 56 cartes ; 1877. 20 fr.
Pour les *Atlas* des années précédentes, *voir* le Catalogue général.

BABINET, Membre de l'Institut (Académie des Sciences) — Études et Lectures sur les Sciences d'observation et leurs applications pratiques. 8 vol. in-12.
Chaque Volume se vend séparément. 2 fr. 50 c.

BABINET, Membre de l'Institut, et HOUSEL, Professeur de Mathématiques. — Calculs pratiques appliqués aux Sciences d'observation. In-8, avec 75 figures dans le texte; 1857. 6 fr.

BACHET, sieur de MÉZIRIAC.—Problèmes plaisants et délectables qui se font par les nombres. 4ᵉ éd., revue, simplifiée et augmentée par *A. Labosne*. Petit in-8, caractères elzévirs, titre en deux couleurs; 1879.
Tirage sur papier vélin........... 6 fr.
Tirage sur papier vergé........... 8 fr.

BADOUREAU (A.), Ingénieur des Mines. — Géométrie. Mémoire sur les figures isoscèles. (Extrait du *Journal de l'École Polytechnique*, XLIXᵉ Cahier). Grand in-4; 1881. 3 fr.

BELLANGER (C.-A.), Professeur d'Hydrographie. — Petit Catéchisme de Machine à vapeur, à l'usage des candidats aux grades de la marine de commerce et de toutes les personnes qui veulent acquérir sur ce sujet des connaissances élémentaires. 3ᵉ édition. Petit in-8, avec Atlas de 6 planches. 3 fr.

BENOIT (P.-M.-N.). — La Règle à Calcul expliquée, ou Guide du Calculateur à l'aide de la Règle logarithmique à tiroir. Fort volume in-12 avec pl. 5 fr.

BENOIT (P.-M.-N.). — Guide du Meunier et du Constructeur de Moulins. 1ʳᵉ *Partie :* Construction des moulins. 2ᵉ *Partie :* Meunerie. 2 vol. in-8 de 916 pages, avec 22 planches contenant 638 figures; 1863. 12 fr.

BERRY (C.), Lieutenant de vaisseau.—Théorie complète des occultations, à l'usage spécial des officiers de Marine et des astronomes. Publication approuvée par le Bureau des Longitudes, et autorisée par le Ministre de la Marine. In-4, avec figures; 1880. 6 fr.

BERTHELOT (M.), Membre de l'Institut, Président de la Commission des substances explosives. — Sur la force des matières explosives, d'après la Thermochimie. 2 beaux vol. gr. in-8 avec figures; 1883. 30 fr.
Cet Ouvrage contient le résultat des expériences faites par l'auteur depuis treize ans. Il les a groupées à l'aide d'une théorie générale, fondée sur la seule connaissance des métamorphoses chimiques et des chaleurs de formation des composés qui y concourent. On y trouve la mesure de toutes ces quantités de chaleur, l'étude de l'onde explosive, celle de la fixation électrique de l'azote, la classification des explosifs et l'examen spécial des plus importants; l'histoire de l'origine de la poudre, suivie par des Tables et des Index développés, termine l'Ouvrage.

BERTHELOT (M.), Membre de l'Institut, COULIER, Pharmacien principal de l'armée, et D'ALMEIDA, Professeur de Physique au Lycée Henri IV. — Vérification de l'aréomètre de Baumé. In-8; 1873. 2 fr.

BERTHELOT (M.). — Leçons sur les Méthodes générales de synthèse en Chimie organique. In-8; 1864. 8 fr.

BERTRAND (J.), Membre de l'Institut. — Traité de Calcul différentiel et de Calcul intégral.
CALCUL DIFFÉRENTIEL. In-4; 1864........... (*Rare*.)
CALCUL INTÉGRAL (*Intégrales définies et indéfinies*). In-4 de 720 p., avec 88 fig. dans le texte; 1870... (*Rare*.)
Le troisième et dernier Volume, CALCUL INTÉGRAL (*Équations différentielles*), est en préparation.

BIEHLER, Directeur des Études à l'École préparatoire du Collège Stanislas. — Sur la théorie des Équations (Thèse d'Algèbre). In-4; 1879. 5 fr.

BIEHLER. — Sur les équations linéaires. In-8; 1880. 1 fr. 25 c.

BIEHLER (Ch.). — Théorie des points singuliers dans les courbes algébriques. In-8, avec fig.; 1882. 1 fr. 75 c.

BIEHLER (Ch.). — Sur la construction d'une courbe algébrique autour d'un de ses points. In-8; 1883. 1 fr.

BILLET, Professeur de Physique à la Faculté des Sciences de Dijon. — Traité d'Optique physique. 2 forts vol. in-8, avec 14 pl. composées de 337 fig.; 1858–1859. 15 fr.

BIOT, Membre de l'Académie des Sciences. — Traité élémentaire d'Astronomie physique. 3ᵉ édition, corrigée et augmentée. 5 vol. in-8, avec 94 planches; 1857. 40 fr.

BJERKNES, professeur à Christiania. — Phénomènes hydrodynamiques inversement analogues à ceux de l'électricité et du magnétisme. (Compte rendu par BERTIN.) In-8, avec figures; 1882. 1 fr.

BLAS (C.), Professeur à l'Université de Louvain, et MIEST, Ingénieur. — Essai d'application de l'électrolyse à la Métallurgie, avec un procédé nouveau pour le traitement électrolytique des minerais sulfurés et l'extraction des métaux et du soufre. Grand in-8; 1882. 2 fr.

BLÉTRY (Frères). — Manuel de l'Inventeur. 4ᵉ édit. In-12. 1 fr.

BOILEAU (P.), Correspondant de l'Institut. — Notions nouvelles d'Hydraulique, concernant principalement les tuyaux de conduite, les canaux et les rivières. 2ᵉ édit., revue et augmentée par l'Auteur. In-4; 1881. 8 fr. 50 c.

BONNAMI (H.), Conducteur des Ponts et Chaussées. — Manuel de l'opérateur au tachéomètre, suivi d'une Note sur l'emploi de l'instrument dans l'application des tracés. In-8, avec 19 figures dans le texte; 1883. 3 fr.

BORDAS-DEMOULIN. — Le Cartésianisme, ou la véritable rénovation des Sciences, Ouvrage couronné par l'Institut; suivi de la *Théorie de la substance* et de celle *de l'infini*. 2ᵉ édition. In-8; 1874. 8 fr.

BOSET, Professeur de Mathématiques supérieures à l'Athénée royal de Namur. — Traité de Géométrie analytique à deux dimensions, précédé des *Éléments de la Trigonométrie rectiligne et sphérique*. In-8°, avec 322 figures dans le texte; 1878. 12 fr.

BOSET. — Traité élémentaire d'Algèbre. In-8; 1880. 7 fr. 50 c.

BOUCHARLAT (J.-L.). — Théorie des courbes et des surfaces du second ordre, ou Traité complet d'application de l'Algèbre à la Géométrie. 3ᵉ édition, revue, corrigée et augmentée de Notes et des Principes de la Trigonométrie rectiligne. In-8, avec pl.; 1845. 8 fr.

BOUCHARLAT (J.-L.). — Éléments de Calcul différentiel et de Calcul intégral. 8ᵉ édition, revue et annotée par *Laurent*, Répétiteur à l'École Polytechnique. In-8, avec planches; 1881. 8 fr.

BOUCHARLAT (J.-L.). — Éléments de Mécanique. 4ᵉ édition. 1 volume in-8, avec 10 planches; 1861. 8 fr.

BOUR (Edm.), Ingénieur des Mines. — Cours de Méca-

nique et Machines, professé à l'École Polytechnique.
Cinématique. In-8, avec Atlas de 30 planches in-4 gravées sur cuivre; 1865.   10 fr.

Statique et travail des forces dans les machines à l'état de mouvement uniforme, publié par *Phillips,* Professeur de Mécanique à l'École Polytechnique, avec la collaboration de *Collignon* et *Kretz.* In-8, avec Atlas de 8 planches contenant 106 figures; 1868.   6 fr.

Dynamique et Hydraulique, avec 125 figures dans le texte; 1874.   7 fr. 50 c.

BOURDAIS (Jules), Ingénieur. — Traité pratique de la résistance des matériaux appliquée à la construction des ponts, des bâtiments, des machines, précédé de Notions sommaires d'Analyse et de Mécanique, suivi de Tables numériques donnant les moments d'inertie de plus de 500 sections de poutres différentes. In-8, avec planches.   6 fr.

BOURDON, ancien Examinateur d'admission à l'École Polytechnique. — Éléments d'Arithmétique. 36ᵉ édit. In-8; 1878. (*Adopté par l'Université.*)   4 fr.

BOURDON. — Application de l'Algèbre à la Géométrie, comprenant la Géométrie analytique à deux et à trois dimensions. 9ᵉ édit., revue et annotée par *Darboux.* In-8, avec pl.; 1880. (*Adopté par l'Université.*)   9 fr.

BOURDON. — Éléments d'Algèbre, avec Notes de *Prouhet.* 15ᵉ éd. In-8; 1877. (*Adopté par l'Univ.*) 8 fr.

BOURDON. — Trigonométrie rectiligne et sphérique. 2ᵉ éd., revue et annotée par *Brisse.* In-8, avec figures dans le texte; 1877. (*Adopté par l'Université.*)   3 fr.

BOUSSINGAULT, Membre de l'Institut. — Agronomie, Chimie agricole et Physiologie. 2ᵉ édition. 6 volumes in-8, avec planches sur cuivre et figures dans le texte : 1860-1861-1864-1868-1874-1884.   32 fr.

Chacun des tomes III et IV se vend séparément. 5 fr.
Les tomes V, VI et VII se vendent séparément. 6 fr.
Le tome VIII est sous presse.

BOUSSINGAULT. — Études sur la transformation du fer en acier par la cémentation. In-8; 1875.   4 fr.

BOUTY, Professeur de Physique au Lycée Saint-Louis. — Théorie des Phénomènes électriques (*Théorie du potentiel*). In-8, avec figures dans le texte et une planche; 1878.   2 fr. 50 c.

BOUTY. — Notes sur les progrès récents de la Physique. In-8, avec 58 belles figures; 1882.   1 fr. 50 c.

BRAHY (Ed.), Docteur ès Sciences physiques et mathématiques. — Exercices méthodiques de Calcul différentiel. 1 vol. in-8; 1867.   4 fr.

BREITHOF (N.), Professeur à l'Université de Louvain, Membre des Académies royales des Sciences de Madrid, de Lisbonne, etc. — Traité de Géométrie descriptive 2ᵉ édition, 3 volumes grand in-8, avec trois Atlas.

Chaque Volume se vend séparément :

Tome I. — Projections diédriques et projections cotées. *Point, Droite et Plan.* Rabattements.—Rotations. — Changements de plan de projection. — Nombreux problèmes et exercices. Grand in-8, avec Atlas in-4 de 32 planches. 2ᵉ édition; 1880-1881.   9 fr.

Tome II. — Surfaces courbes. Génération et représentation. — Plans tangents. — Sections planes. — Intersections. — Surfaces de raccordement. — Surfaces canaux. — Nombreux problèmes et exercices. — Recueil de questions et d'épreuves proposées dans les concours d'admission aux Grandes Écoles nationales de France. Grand in-8 de 333 pages, avec Atlas in-4 de 42 planches. 2ᵉ édition; 1883.   12 fr.

Les tomes I et II sont à l'usage des candidats à l'École Polytechnique, à l'École Centrale, aux élèves de ces

Écoles, aux élèves des Universités, des Écoles des Beaux-Arts, des Collèges et Athénées.

Tome III. — **Projections axonométriques.** — **Projections obliques et Projections centrales.** *Point, Droite* et *Plan.* — Rabattements. — Nombreux problèmes et exercices. (À l'usage des élèves des Écoles Polytechniques, des Écoles supérieures des Arts et Manufactures, des Écoles Normales des Sciences, etc.). Grand in-8, avec Atlas in-8 de 30 planches. 2ᵉ édition; 1883.   9 fr.

BREITHOF (N.). — Applications de Géométrie descriptive.

Tome I. — **Les perspectives rapides.** Représentation des corps et des surfaces. — Perspective des ombres. — Nombreuses applications. (À l'usage des élèves des Écoles Polytechniques, des Écoles des Arts et Manufactures, etc.). Grand in-4, lithographié, avec 75 figures dans le texte; 1879.   5 fr.

Tome II. — **Perspective linéaire.** (*Sous presse.*)

BREITHOF (N.). — Traité de perspective cavalière. — Méthode conventionnelle de dessin présentant les avantages de la perspective linéaire et ceux de la méthode des projections orthogonales, à l'usage des Officiers du génie, des Ingénieurs, Architectes, Conducteurs de travaux, Chefs d'atelier, Appareilleurs, Tailleurs de pierre, etc.; des Académies et Écoles de dessin, Écoles industrielles, Écoles des Arts et Métiers, etc. Grand in-8, avec Atlas de 8 planches in-4; 1881.   3 fr. 75 c.

BRENET (Michel). — Histoire de la symphonie à orchestre, *depuis ses origines jusqu'à Beethoven inclusivement* (Ouvrage couronné par la Société des Compositeurs de musique). Petit in-8, caractères elzévirs, titre en deux couleurs; 1882.   3 fr.

BRESSE, Membre de l'Institut, Professeur de Mécanique à l'École des Ponts et Chaussées. — Cours de Mécanique appliquée professé à l'École des Ponts et Chaussées.

Iʳᵉ Partie : *Résistance des matériaux et stabilité des constructions.* In-8, avec figures dans le texte. 3ᵉ édition, revue et beaucoup augmentée; 1880.   13 fr.

IIᵉ Partie : *Hydraulique.* In-8, avec figures dans le texte et une planche. 3ᵉ édition; 1879.   10 fr.

IIIᵉ Partie : *Calcul des moments de flexion dans une poutre à plusieurs travées solidaires.* In-8, avec figures dans le texte et Atlas in-folio de 24 planches sur cuivre; 1865.   16 fr.

Chaque Partie se vend séparément.

BREWER (Dʳ). — La Clef de la Science, ou *Explication vraie des faits et des phénomènes des sciences physiques.* 6ᵉ édition, revue, transformée et considérablement augmentée, par l'*Abbé Moigno.* In-18 jésus, VIII-704 p.; 1881.   4 fr. 50 c.

BRIOT (Ch.), Professeur à la Faculté des Sciences de Paris. — Théorie des fonctions abéliennes. Un beau volume in-4; 1879.   15 fr.

BRIOT (Ch.). — Essais sur la Théorie mathématique de la Lumière. In-8, avec fig. dans le texte; 1864. 4 fr.

BRIOT (Ch.). — Théorie mécanique de la chaleur. 2ᵉ édition, publiée par Mascart, Professeur au Collège de France, Directeur du Bureau central météorologique. In-8, avec fig. dans le texte; 1883......... 7 fr. 50 c

BRIOT (Ch.) et **BOUQUET.** — Théorie des fonctions elliptiques. 2ᵉ édition. In-4, avec figures; 1875. 30 fr.

BRISSE (Ch.), Professeur de Mathématiques spéciales au lycée Fontanes, Professeur de Géométrie descriptive à l'École des Beaux-Arts, Répétiteur de Géométrie descriptive et de Stéréotomie à l'École Polytechnique. — Cours de Géométrie descriptive.

Iʳᵉ Partie, à l'usage des élèves des classes de Mathématiques élémentaires. Grand in-8, avec figures dans le texte; 1882. 5 fr.

IIᵉ Partie, à l'usage des élèves des classes de Mathématiques spéciales. Grand in-8, avec nombreuses figures dans le texte et planches d'épures. (Sous presse.)

BRISSE (Ch.). — Cours de Géométrie descriptive, à l'usage des candidats à l'École de Saint-Cyr. Grand in-8, avec figures dans le texte. (Sous presse.)

BRISSE (Ch.). — Cours de Géométrie descriptive, professé à l'École des Beaux-Arts. Grand in-8, avec figures dans le texte; 1882. 5 fr.

BROCH (Dʳ O.-J.), Professeur de Mathématiques à l'Université royale de Christiania. — Traité élémentaire des fonctions elliptiques. In-8; 1867. 6 fr.

BROCH (Dʳ O.-J.). — Table des Carrés des nombres; arrangée d'après la méthode des Tables de logarithmes. In-4. Édition stéréotypée; tirage de 1881. 2 fr.

BROCH (Dʳ O.-J.). — Tableau des Carrés. 50 c.

BROWN (Henry-T.). — Cinq cent et sept mouvements mécaniques. Traduit de l'anglais par Henri Stevart, ingénieur. Petit in-4° cartonné percaline, avec 507 fig. dans le texte; 1880. 3 fr.

BUFFETEAU (Th.). — Exposé sommaire de la situation des chemins de fer devant l'État, le Commerce et l'Industrie. Grand in-8; 1882. 3 fr.

BULLETIN DES SCIENCES MATHÉMATIQUES ET ASTRONOMIQUES, rédigé par Darboux, Hoüel et Tannery, avec la collaboration de André, Battaglini, Beltrami, Bougaief, Brocard, Günther, Harnack, Laisant, Lampe, Lespiault, Mansion, Radau, Rayet, Weyr, etc., sous la direction de la Commission des Hautes Études. (Membres : Bouquet, Darboux, Hermite, J.-A. Serret, Tisserand, Philippon secrétaire.) IIᵉ Série. Tome VIII (en deux Parties); 1884.

Ce Bulletin mensuel, fondé en 1870, a formé par an, jusqu'en 1872, un volume grand in-8 (Tomes I, II, III). — A partir de cette époque, jusqu'en décembre 1876, le Journal s'est composé de 2 volumes grand in-8 par an (1 volume par semestre, avec Tables). Les Tomes I à XI, 1870 à 1876, composent la Iʳᵉ Série.

La IIᵉ Série, qui a commencé en janvier 1877, continue à paraître chaque année en deux Parties ayant une pagination spéciale et pouvant se relier séparément. La première Partie contient : 1° Comptes rendus de Livres et Analyses de Mémoires; 2° Traductions de Mémoires importants et peu répandus, Réimpression d'Ouvrages rares et Mélanges scientifiques. La deuxième Partie contient : Revue des Publications périodiques et académiques.

Les abonnements sont annuels et partent de janvier.

Prix pour un an (12 numéros) :
Paris.......................... 18 fr.
Départements et Union postale...... 20 fr.
Autres pays.................... 24 fr.

La Iʳᵉ Série, Tomes I à XI, 1870 à 1876, se vend 90 fr.
Chaque année de cette Iʳᵉ Série se vend séparément. 15 fr.

BULLETIN ASTRONOMIQUE, publié sous les auspices de l'Observatoire de Paris, par F. Tisserand, membre de l'Institut, avec la collaboration de G. Bigourdan, O. Callandreau et R. Radau.

Les abonnements sont annuels et partent de janvier.

Prix pour un an (12 numéros) :
Paris.......................... 16 fr.
Départements et Union postale...... 18 fr.
Autres pays.................... 20 fr.

In-4° carré; DD.

BULLETIN DE LA SOCIÉTÉ INTERNATIONALE DES ÉLECTRICIENS.

Ce Bulletin paraît chaque année, en dix ou douze numéros, formant un beau volume de 30 feuilles environ, grand in-8 jésus.

Les abonnements sont annuels et partent de janvier.

Prix pour un an :
Paris........................ 25 fr.
Départements et Union postale. 27 fr.
Autres pays .... 30 fr.
Prix du numéro : 2 fr. 50 c.

BUREAU CENTRAL MÉTÉOROLOGIQUE DE FRANCE. — Instructions météorologiques, suivies de Tables diverses pour la réduction des observations. 2ᵉ édition In-8, avec belles figures dans le texte; 1881. 2 fr. 50 c.

BUREAU INTERNATIONAL DES POIDS ET MESURES : Procès-verbaux des Séances. In-8 :
Années 1875-1876. 2 fr.
Années 1877 à 1882. Chaque année. 5 fr.

Travaux et Mémoires du Bureau international des Poids et Mesures, publiés par le Directeur du Bureau. Grand in-4.
Tome I, avec figures dans le texte et 2 planches 1881. 30 fr.
Tome II, avec figures dans le texte et 3 planches; 1883. 30 fr.

CABANIÉ, Charpentier, Professeur du Trait de Charpente, de Mathématiques, etc. — Charpente générale théorique et pratique. 2 volumes in-folio avec planches. 2ᵉ édition. (Port non compris.) 50 fr.
On vend séparément : le tome Iᵉʳ, Bois droit. 25 fr. le tome II, Bois croche. 25 fr.

CAHOURS (Auguste), Professeur à l'École Polytechnique. — Traité de Chimie générale élémentaire. Leçons professées à l'École Centrale des Arts et Manufactures et à l'École Polytechnique. (Autorisé par décision ministérielle.)
Chimie inorganique. 4ᵉ édition. 3 volumes in-18 jésus avec plus de 200 figures et 8 planches; 1878. 15 fr.
Chaque Volume se vend séparément. 6 fr.
Chimie organique. 3ᵉ édition, 3 volumes in-18 jésus avec figures ; 1874-1875. 15 fr.
Chaque Volume se vend séparément. 6 fr.

CAMPOU (de), Professeur au Collège Rollin. — Théorie des quantités négatives. In-8, avec figures; 1879. 1 fr. 50 c.

CARNOT. — Réflexions sur la métaphysique du Calcul infinitésimal. 5ᵉ édition. In-8; 1882. 4 fr.

CARNOT (Sadi), ancien Élève de l'École Polytechnique. — Réflexions sur la puissance motrice du feu et sur les machines propres à développer cette puissance. In-4, suivi d'une Notice biographique sur Sadi Carnot, par Carnot, Sénateur, et de Notes inédites de Sadi Carnot sur les Mathématiques, la Physique et autres sujets. 2ᵉ édition, contenant un beau portrait de Sadi Carnot et un fac-simile; 1878. 6 fr.

CARNOY, Professeur à l'Université de Louvain. — Cours de Géométrie analytique. 2 volumes grand in-8, avec figures dans le texte.
On vend séparément :
Géométrie plane; 3ᵉ édition, 1880. 10 fr.
Géométrie de l'espace; 3ᵉ édition, 1882. 11 fr.

CARVALLO (Jules), Ancien élève de l'École Polytechnique. — Théorie des nombres parfaits. (Dédié aux élèves de Mathématiques spéciales). In-8; 1883. 1 fr.

CATALAN (E.), ancien Élève de l'École Polytechnique. — Manuel des Candidats à l'École Polytechnique.

1.

Tome I : Algèbre, Trigonométrie, Géométrie analytique à deux dimensions. In-18, avec 167 fig.; 1857. 5 fr.
Tome II: Géométrie analytique à trois dimensions. Mécanique. In-18 avec 139 fig. dans le texte; 1858. 4 fr.
Chaque Volume se vend séparément.

CATALAN (E.). — Traité élémentaire des Séries. Grand in-8, avec figures; 1860. 5 fr.

CATALAN (E.). — Cours d'Analyse de l'Université de Liège. *Algèbre, Calcul différentiel, Ire Partie du Calcul intégral.* 2e édition, revue et augmentée. In-8, avec figures dans le texte; 1879. 12 fr.

CAUCHY (A.).— Œuvres complètes d'Augustin Cauchy, publiées sous la direction scientifique de l'Académie des Sciences et sous les auspices du Ministre de l'Instruction publique, avec le concours de *Valson* et *Collet*, docteurs ès sciences. 26 volumes in-4.
Ire Série. — Mémoires, Notes et Articles extraits des Recueils de l'Académie des Sciences. 11 volumes in-4.
IIe Série. — Mémoires extraits de divers Recueils, Ouvrages classiques, Mémoires publiés en corps d'Ouvrage, Mémoires publiés séparément. 15 volumes in-4.

VOLUMES PARUS (Ire Série).
Tome I, 1882 (*Théorie de la propagation des ondes à la surface d'un fluide pesant, d'une profondeur indéfinie.* — *Mémoire sur les intégrales définies.*) 25 fr.
Tome IV, 1884 (*Extraits des Comptes rendus de l'Académie des Sciences*). 25 fr.

SOUSCRIPTION.
Le Tome V (prix 25 fr), qui paraîtra en Janvier 1885, est mis en souscription. Le prix de ce Tome est réduit, pour les souscripteurs qui feront leur versement avant le 31 août 1884, à 20 fr.
(Les anciens souscripteurs, qui désirent continuer leur souscription sans avoir à se préoccuper des dates d'apparition des divers Tomes de la Collection, n'auront qu'à envoyer, lorsqu'ils recevront un Volume, la somme de 20 fr. pour leur souscription au Volume suivant; et celui-ci leur sera expédié franco dès son apparition.)
Il vient d'être décidé que les Tomes de la IIe Série se publieront concurremment avec ceux de la Ire Série. Le premier volume des *Anciens Exercices de Mathématiques* (Tome VI de la IIe Série) sera prochainement mis en souscription.

EXTRAIT DE L'AVERTISSEMENT.
« L'Académie des Sciences a décidé la publication des Œuvres de Cauchy et l'a confiée aux Membres de la Section de Géométrie. Cette publication comprendra, dans une première Série, les Mémoires extraits des Recueils de l'Académie, et, dans une seconde Série, les Mémoires publiés dans divers Recueils, les Leçons de l'École Polytechnique, l'Analyse algébrique, les anciens et les nouveaux Exercices d'Analyse et de Physique mathématique, enfin les Mémoires séparés.
» Pour répondre à un désir souvent exprimé, l'Académie a voulu publier immédiatement, à la suite du présent Volume, les articles insérés dans les *Comptes rendus* de 1836 à 1857, que leur dispersion rend si difficiles à retrouver, et dont la réunion fera comme une œuvre nouvelle où revivra le génie du grand Géomètre et qui ajoutera encore à l'éclat de son nom. Leur reproduction sera faite en suivant l'ordre chronologique, sans notes ni commentaires, mais après avoir été revue avec le plus grand soin, pour les corrections indispensables, par les Membres de la Section de Géométrie, auxquels ont été adjoints MM. Valson et Collet...
» En entreprenant cette publication des Œuvres de Cauchy, l'Académie n'a pas été guidée seulement par le désir de faire une œuvre utile à la Science; elle a pensé rendre, à un de ses plus illustres Membres, un hommage qui témoignerait mieux que tout autre monument funèbre de son respect pour sa mémoire.... »

Nota. — Les volumes ne sont pas publiés d'après leur classement numérique; on suit l'ordre qui paraît intéresser le plus les lecteurs. La *Table détaillée* des volumes qui composeront les deux Séries est envoyée sur demande.

CAUCHY (le Baron Aug.), Membre de l'Académie des Sciences. — Sa Vie et ses Travaux, par *Valson*, Professeur à la Faculté des Sciences de Grenoble, avec une Préface de M. *Hermite*, Membre de l'Académie des Sciences. 2 vol. in-8; 1868. 8 fr.

CAVAIGNAC (G.), Député. — L'État et les tarifs de chemins de fer. Grand in-8; 1882. 1 fr. 25 c.

CAZIN, Docteur ès Sciences, ancien Professeur au Lycée Fontanes, et ANGOT, Agrégé de l'Université, Docteur ès Sciences. — Traité théorique et pratique des piles électriques. *Mesure des constantes des piles. Unités électriques. Description et usage des différentes espèces de piles.* In-8, avec 105 belles figures dans le texte; 1881. 7 fr. 50 c.

CHARLON (H.). — Théorie mathématique des Opérations financières. 2e édition. Grand in-8, avec Tables numériques relatives aux emprunts par obligations, Tables numériques relatives aux calculs d'intérêts composés et d'annuités, et Tables logarithmiques de Fedor Thoman relatives aux calculs d'intérêts composés et d'annuités; 1878. 12 fr. 50 c.

CHARLON (H.). — Théorie élémentaire des Opérations financières. Grand in-8, avec Tables; 1880. 6 fr. 50 c.

CHASLES. — Traité des Sections coniques, faisant suite au Traité de Géométrie supérieure. *Première Partie.* In-8, avec 5 planches gravées sur cuivre, et contenant 133 figures; 1865. 9 fr.

CHASLES.— Aperçu historique sur l'origine et le développement des méthodes en Géométrie, particulièrement de celles qui se rapportent à la Géométrie moderne, suivi d'un *Mémoire de Géométrie sur deux principes généraux de la Science, la Dualité et l'Homographie.* Seconde édition, conforme à la première. Un beau volume in-4 de 850 pages; 1875. (*Rare.*)

CHASLES. — Traité de Géométrie supérieure. Deuxième édition. Un beau volume grand in-8, avec 12 planches; 1880. 24 fr.

CHAVANNES (R.). — Théorie élémentaire des machines magnéto-électriques et dynamo-électriques. *Étude des rendements et de la construction de ces machines.* In-8, avec 2 planches; 1881. 1 fr. 75 c.

CHEVALLIER et MÜNTZ. — Problèmes de Mathématiques, avec leurs solutions développées, à l'usage des Candidats au Baccalauréat ès Sciences et aux Écoles du Gouvernement. In-8, lithographié; 1872. 4 fr.

CHEVALLIER et MÜNTZ. — Problèmes de Physique, avec leurs solutions développées, à l'usage des Candidats au Baccalauréat ès Sciences et aux Écoles du Gouvernement. 2e édition. In-8; 1884. (*Sous presse.*)

CHEVILLARD, Professeur à l'École des Beaux-Arts. — Leçons nouvelles de Perspective. 2e édit. In-8, avec Atlas in-4 de 32 planches gravées sur acier; 1878. 12 fr.

CHEVREUL (E.-E.), Membre de l'Institut. — De la Baguette divinatoire, du Pendule dit *explorateur* et des Tables tournantes. In-8; 1854. 3 fr.

CHOQUET, Docteur ès Sciences. — Traité d'Algèbre. (*Autorisé.*) In-8; 1856. 7 fr. 50 c.

CHORON (L.), Ingénieur des Ponts et Chaussées.— Étude sur le régime général des chemins de fer. Grand in-8; 1881. 3 fr.

CLAUSEL, Ingénieur des constructions navales. — Étude

SUCCESSEUR DE MALLET-BACHELIER.

sur le rivetage; formules générales permettant de déterminer les proportions rationnelles des joints rivés. Applications diverses et Calculs numériques. 1 volume lithographié, grand in-4° de VIII-131 pages, avec figures et 13 Tableaux; 1882. 15 fr.

CLAUSIUS (R.), Professeur à l'Université de Bonn, Correspondant de l'Institut de France. — De la fonction potentielle et du potentiel; traduit de l'allemand, sur la 2° édition, par *F. Folie*. In-8; 1870. 4 fr.

CLEBSCH (Alfred). — Leçons sur la Géométrie, recueillies et complétées par *Ferdinand Lindemann*, Professeur à l'Université de Fribourg en Brisgau, et traduites par *Adolphe Benoist*, Docteur en droit. 3 vol. grand in-8°, avec figures dans le texte; 1879-1880-1883.

TOME I. — *Traité des sections coniques et Introduction à la théorie des formes algébriques.* 12 fr.
TOME II. — *Courbes algébriques en général et courbes du troisième ordre.* 14 fr.
TOME III. — *Intégrales abéliennes et Connexes.* 16 fr.

COLLIN (J.). — Traité d'Algèbre élémentaire, à l'usage des candidats au Baccalauréat ès Sciences et aux Écoles du Gouvernement. In-8°; 1882. 5 fr.

COMBEROUSSE (Charles de), Ingénieur, Professeur à l'École Centrale des Arts et Manufactures, et au Conservatoire des Arts et Métiers. — Cours de Mathématiques, à l'usage des Candidats à l'École Polytechnique, à l'École Normale supérieure et à l'École centrale des Arts et Manufactures. 5 vol. in-8, avec fig. dans le texte et planches.

Chaque Volume se vend séparément :
TOME Ier. — *Arithmétique* et *Algèbre élémentaire* (avec 38 figures dans le texte). 3° édition; 1884. 10 fr.
On vend à part :
Arithmétique. 4 fr.
Algèbre élémentaire. 6 fr.
TOME II. — *Géométrie élémentaire, plane et dans l'espace; Trigonométrie rectiligne et sphérique,* avec 499 figures dans le texte. 2° édition; 1882. 12 fr.
On vend à part :
Géométrie élémentaire, plane et dans l'espace. 7 fr.
Trigonométrie rectiligne et sphérique, suivie de Tables des valeurs des lignes trigonométriques naturelles. 5 fr.
TOME III. — *Algèbre supérieure.* 2° édition. (Sous presse.)
TOME IV. — *Géométrie analytique, plane et dans l'espace; Éléments de Géométrie descriptive.* 2° édit. (Sous presse.)
TOME V. — *Éléments de Géométrie supérieure, Notions sur la résolution des problèmes.* 2° édition. (En préparation.)

COMBEROUSSE (Ch. de), Ingénieur civil, Professeur de Mécanique à l'École Centrale, Ancien Élève et Membre du Conseil de l'École. — Histoire de l'École Centrale des Arts et Manufactures, depuis sa fondation jusqu'à ce jour. Un beau volume grand in-8, orné de 4 planches à l'eau-forte, tirées sur chine; 1879. 12 fr.

COMMINES DE MARSILLY (de). — Recherches mathématiques sur les lois fondamentales du monde physique. In-8 ; 1865. 1 fr. 50.

COMMINES DE MARSILLY (de). — Recherches mathématiques sur les lois de la matière. In-4; 1868. 9 fr.

COMMINES DE MARSILLY (de), Ancien Élève de l'École Polytechnique. — Les lois de la matière. Essais de Mécanique moléculaire. In-4; 1884. 9 fr.

COMOY, Inspecteur général des Ponts et Chaussées en retraite, Commandeur de la Légion d'honneur. — Étude pratique sur les marées fluviales, et notamment sur le mascaret; *Application aux travaux de la partie maritime des fleuves*. Vol. grand in-8, avec figures dans le texte et Atlas de 10 planches; 1881. 15 fr.

COMPAGNON (P.-F.), ancien Professeur de l'Université.

— Éléments de Géométrie. Cet Ouvrage est surtout destiné aux jeunes gens qui se préparent aux Écoles du Gouvernement. 2° édit. In-8, avec fig.; 1876.
Broché. 7 fr.
Cartonné. 7 fr. 75 c.

COMPAGNON (P.-F.). — Abrégé des Éléments de Géométrie. Cet Ouvrage s'adresse particulièrement aux Élèves des différentes classes de Lettres et aux candidats au Baccalauréat ès Lettres et ès Sciences, ou aux Élèves de l'Enseignement secondaire spécial. 2° édition. In-8, avec figures ; 1876. (*Autorisé par le Conseil supérieur de l'Enseignement secondaire spécial.*)
Broché. 4 fr. 50 c.
Cartonné. 5 fr. 25 c.

COMPAGNON (P.-F.). — Questions proposées sur les Éléments de Géométrie, divisées en Livres, Chapitres et paragraphes, et contenant quelques indications *Sur la manière de résoudre certaines questions.* In-8, avec figures dans le texte; 1877. 5 fr.

COMPOSITIONS données aux examens de licence ès Sciences mathématiques. Grand in-8 ; 1884. 1 fr. 50 c.

CONNAISSANCE DES TEMPS ou des mouvements célestes à l'usage des Astronomes et des Navigateurs, publiée par le Bureau des Longitudes pour l'an 1885. Grand in-8 de plus de 850 pages, avec cartes.
Prix : Broché. 4 fr. »
Cartonné. 4 fr. 75 c.
Pour recevoir l'Ouvrage franco dans les pays de l'Union postale, ajouter 1 fr.
Depuis le Volume pour l'an 1879, la *Connaissance des Temps* ne contient plus d'*Additions*, et son prix a été abaissé à 4 fr. Les Mémoires qui composaient autrefois les *Additions* sont publiés dans les Annales du Bureau des Longitudes et de l'Observatoire astronomique de Montsouris. (*Voir* Annales.)

CONSOLIN (B.), Professeur du Cours de Voilerie à Brest. — Manuel du Voilier, revu et publié par ordre du Ministre de la Marine. Grand in-8 sur jésus, de 528 pages et 11 planches ; 1859. 12 fr.

CONSOLIN (B.). — Méthode pratique de la Coupe des voiles des navires et embarcations, suivie de Tables graphiques. In-12, avec 3 planches ; 1863. 3 fr.

CONSOLIN (B.). — L'Art de voiler les embarcations, suivi d'un Aide-Mémoire de Voilerie. In-12, avec une grande planche; 1866. 2 fr.

CORNAGLIA, Ingénieur en chef du Génie civil italien. — De la propagation verticale des ondes dans les liquides. In-4, avec fig. dans le texte; 1882. 2 fr. 50 c.

COSSON, Membre de l'Institut. — Sur le projet de création en Algérie et en Tunisie d'une mer intérieure. In-4, avec carte; 1882. 2 fr. 50

COURTIN, Ingénieur en chef au chemin de fer de l'État, Professeur à l'École des Mines de Mons. — Éléments de la Théorie mécanique de la Chaleur, contenant les formules nouvelles pour le calcul des machines à air chaud, des machines à air comprimé et des machines à vapeur. In-8° de 166 pages et un Tableau hors texte; 1882. 6 fr.

CREMONA et BELTRAMI. — Collectanea mathematica, nunc primum edita cura et studio *L. Cremona* et *E. Beltrami*, in memoriam Dominici Chelini. Un beau volume in-8, avec un portrait de Chelini et un fac-simile du testament inédit de Nicolò Tartaglia ; 1881. 25 fr.

CROOKES (William). — Sur la viscosité des gaz très raréfiés. In-8, avec fig. dans le texte; 1882. 2 fr.

CROULLEBOIS, Professeur à la Faculté des Sciences de Besançon. — Théorie des lentilles épaisses. *Interpré-*

tation géométrique et Exposition analytique des résultats de Gauss. In-8; 1882.   3 fr. 5o c.

CULLEY (R.-S.). — **Manuel de Télégraphie pratique.** Traduit de l'anglais (7ᵉ édition), et augmenté de *Notes sur les appareils Breguet, Hughes, Meyer et Baudot, sur les transmissions pneumatiques et téléphoniques,* par HENRI BERGER, ancien Élève de l'École Polytechnique, Directeur-Ingénieur des lignes télégraphiques, et PAUL BARDONNAUT, ancien Élève de l'École Polytechnique, Directeur des postes et des télégraphes. Un beau volume grand in-8, avec plus de 200 figures dans le texte et 7 planches; 1882.   Broché.   18 fr.
Cartonné à l'anglaise.   20 fr.

DARBOUX, Maître de conférences à l'École Normale supérieure. — **Mémoire sur l'équilibre astatique et sur l'effet que peuvent produire des forces de grandeurs et de directions constantes appliquées en des points déterminés d'un corps solide quand ce corps change de position dans l'espace.** Grand in-8; 1877.   3 fr.

DARBOUX, Professeur à la Sorbonne. — **Sur le problème de Pfaff.** Grand in-8; 1882.   2 fr.

DARBOUX. — **Sur les différentielles des fonctions de plusieurs variables indépendantes.** Grand in-8; 1882.   1 fr. 5o c.

DARCY. — **Recherches expérimentales relatives au mouvement des eaux dans les tuyaux.** In-4, avec 12 planches; 1857.   15 fr.

DAUGE (F.), Professeur ordinaire à la Faculté des Sciences de Gand. — **Leçons de Méthodologie mathématique.** — Grand in-4, lithographié; 1883.   12 fr.

DAVANNE. — **Les Progrès de la Photographie.** Résumé comprenant les perfectionnements apportés aux divers procédés photographiques pour les épreuves négatives et les épreuves positives, les nouveaux modes de tirage des épreuves positives par les impressions aux poudres colorées et par les impressions aux encres grasses. In-8; 1877.   6 fr. 5o c.

DECANTE, Lieutenant de vaisseau. — **Tables du cadran solaire azimutal pour tous les points situés entre les cercles polaires.** *Variation automatique. Détermination instantanée du relèvement vrai. Contrôle de la route.* 2 vol. in-8; 1882.   5 fr.
Cet Ouvrage a été approuvé par le Comité hydrographique et autorisé par le Ministre de la Marine et des Colonies.

DECHARME. — **Formes vibratoires des bulles de liquide glycérique.** In-8, avec figures dans le texte; 1880.   1 fr. 5o c.

DELAISTRE (L.), Professeur de Dessin général. — **Cours complet de Dessin linéaire, gradué et progressif,** contenant la Géométrie pratique, élémentaire et descriptive; l'Arpentage, le Levé des Plans et le Nivellement; le Tracé des Cartes géographiques, des Notions sur l'architecture; le Dessin industriel; la Perspective linéaire et aérienne; le Tracé des ombres et l'étude du Lavis.
Atlas cartonné, in-4 oblong, contenant 60 planches et 70 pages de texte. 3ᵉ édit., revue et corrigée; 1880. 15 fr.
Ouvrage donné en prix, par la Société d'Encouragement pour l'Industrie nationale, aux CONTREMAITRES des Établissements industriels, et choisi par le Ministre de l'Instruction publique pour les Bibliothèques scolaires.

DELAMBRE, Membre de l'Institut. — **Traité complet d'Astronomie théorique et pratique.** 3 vol. in-4, avec planches; 1814.   40 fr.

DELAMBRE. — **Histoire de l'Astronomie ancienne.** 2 vol. in-4 avec planches; 1817.   25 fr.

DELAMBRE. — **Histoire de l'Astronomie du moyen âge.** 1 vol. in-4, avec planches; 1819.   (*Rare.*)

DELAMBRE. — **Histoire de l'Astronomie moderne.** 2 vol. in-4, avec planches; 1821.   3o fr.

DELAMBRE. — **Histoire de l'Astronomie au XVIIIᵉ siècle;** publiée par *Mathieu,* Membre de l'Académie des Sciences. In-4, avec planches; 1827.   20 fr.

DELISLE (A.), Examinateur pour l'admission à l'École Navale, et **GERONO,** Professeur de Mathématiques. — **Géométrie analytique.** In-8, avec planches; 1854. 5 fr.

DELISLE et GERONO. — **Éléments de Trigonométrie rectiligne et sphérique.** 7ᵉ édition. In-8, avec planches; 1876.   3 fr. 5o c.

DENFER, chef des travaux graphiques de l'École Centrale des Arts et Manufactures. — **Album de Serrurerie,** conforme au Cours de Constructions civiles professé à l'École Centrale par E. MULLER, et contenant *l'emploi du fer dans la maçonnerie et dans la charpente en bois, la charpente en fer, les ferrements des menuiseries en bois, la menuiserie en fer, les grosses fontes et articles divers de quincaillerie.* Gr. in-4, contenant 100 belles planches lith.; 1872.   13 fr.

DE SELLE, Professeur à l'École Centrale. — **Cours de Minéralogie et de Géologie.** 2 forts vol. grand in-8º.
TOME I. — *Phénomènes actuels, Minéralogie.* Grand in-8, avec Atlas de 147 planches; 1878.   25 fr.
TOME II. — *Géologie.*   (*Sous presse.*)

D'ÉTROYAT (Ad.). — **De la carène du navire et de l'Échelle de solidité.** In-4, avec 5 planches; 1865. 4 fr.

DEVILLEZ (A.), Directeur et Professeur de constructions civiles à l'École provinciale d'Industrie et des Mines du Hainaut. — **Éléments de constructions civiles.** *Art de bâtir. Composition des édifices. Vade-mecum de construction,* à l'usage de l'entrepreneur, du constructeur et du propriétaire qui veut faire bâtir ou restaurer ses propriétés. 4ᵉ tirage, 2 vol. in-8, dont un Atlas de 214 dessins; 1882.   16 fr.

DIEN et FLAMMARION. — **Atlas céleste,** comprenant toutes les Cartes de l'ancien Atlas de Ch. Dien, rectifié, augmenté et enrichi de 5 Cartes nouvelles relatives aux principaux objets d'études astronomiques, par G. Flammarion, avec une *Instruction* détaillée pour les diverses Cartes de l'Atlas. In-folio, cartonné avec luxe, de 31 planches gravées sur cuivre, dont 4 doubles. 4ᵉ édition; 1883.

Prix { En feuilles, dans une couverture imprimée.. 40 fr.
{ Cartonné avec luxe, toile pleine............ 45 fr.

Les Cartes composant cet Atlas sont les suivantes :
A. Constellations de l'hémisphère céleste boréal (*Carte double*).
B. Constellations de l'hémisphère céleste austral (*Carte double*).
1. Petite Ourse, Dragon, Céphée, Cassiopée, Persée.
2. Andromède, Cassiopée, Persée, Triangle.
3. Girafe, Cocher, Lynx, Téléscope.
4. Grande Ourse, Petit Lion.
5. Chevelure de Bérénice, Lévriers, Bouvier, Couronne boréale.
6. Dragon, Carré d'Hercule, Lyre, Cercle mural.
7. Hercule, Ophiuchus, Serpent, Taureau de Pohlatowski, Écu de Sobieski.
8. Cygne, Lézard, Céphée.
9. Aigle et Antinoüs, Dauphin, Petit Cheval, Renard, Oie, Flèche Pégase.
10. Bélier, Taureau (Pléiades, Hyades, Mouche).
11. Gémeaux, Cancer, Petit Chien.
12. Lion, Sextant, Tête de l'Hydre.
13. Vierge.
14. Balance, Serpent, Hydre.
15. Scorpion, Ophiuchus, Serpent, Loup.
16. Sagittaire, Couronne australe.
17. Capricorne, Verseau, Poisson austral.
18. Poissons, Carré de Pégase.
19. Baleine, Atelier du Sculpteur.
20. Éridan, Lièvre, Colombe, Harpe, Sceptre, Laboratoire.
21. Orion, Licorne.
22. Grand Chien, Navire, Boussole.
23. Hydre, Coupe, Corbeau, Sextant, Chat.
24. Constellations voisines du pôle austral (*Carte double*).
25. Mouvements propres séculaires des étoiles (*Carte double*).
26. Carte générale des étoiles multiples, montrant leur distribution dans le Ciel (*Carte double*).
27. Étoiles multiples en mouvement relatif certain.
28. Orbites d'étoiles doubles et groupes d'étoiles les plus curieux du Ciel.
29. Les plus belles nébuleuses du Ciel (¹).

(¹) Pour recevoir franco, par poste, dans tous les pays de l'Union

On vend séparément un Fascicule contenant :
Les 5 *Cartes nouvelles*, nᵒˢ 25 à 29 de l'Atlas céleste, par C. Flammarion. Ces Cartes sont renfermées dans une couverture imprimée, avec l'*Instruction* composée pour la nouvelle édition de l'Atlas. 15 fr.

DISLÈRE. — La Guerre d'escadre et la Guerre de côtes. (*Les nouveaux navires de combat.*) Un beau volume grand in-8, avec nombreuses figures, gravées sur bois, dans le texte. 2ᵉ édition, augmentée d'un Appendice par GUICHARD, Ingénieur de la marine; 1883. 7 fr.

DISLÈRE. — Exposé sommaire des expériences faites à Amsterdam sur la résistance des carènes. Grand in-8ᵉ, avec 5 planches; 1878. 2 fr. 50 c.

DISLÈRE. — Note sur la résistance des murailles cuirassées. Grand in-8; 1877. o fr. 75 c.

DOCUMENTS relatifs à la division décimale des angles et du temps; Notes de MM. *d'Abbadie, J. Hoüel, R. Wolf* et *Yvon Villarceau*, extraites des *Comptes rendus de l'Académie des Sciences*. In-4º; 1883. 1 fr. 50 c.

DORMOY (Émile). — Théorie mathématique du jeu de baccarat, avec une Préface par *Francisque Sarcey*. Grand in-8; 1875. 5 fr.

DORMOY (Émile). — Théorie mathématique des assurances sur la vie. Deux volumes grand in-8; 1878. 20 fr.
Chaque volume se vend séparément. 10 fr.

DORMOY (Émile). — Traité du jeu de la bouillotte, avec une Préface par *Francisque Sarcey*. Grand in-8; 1880. 1 fr. 75 c.

DOSTOR (G.), Docteur ès Sciences, Professeur honoraire à la Faculté des Sciences de l'Institut catholique de Paris. — Éléments de la théorie des déterminants, avec application à l'Algèbre, la Trigonométrie et la Géométrie analytique dans le plan et dans l'espace, à l'usage des classes de Mathématiques spéciales. 2ᵉ éd. In-8; 1883. 8 fr.

DOSTOR (G.). — Théorie générale des Polygones étoilés. In-4; 1881. 2 fr.

DUBOIS, Examinateur hydrographe de la Marine. — Les passages de Vénus sur le disque solaire, considérés au point de vue de la détermination de la distance du Soleil à la Terre. In-18 jésus, avec figures. 3 fr. 50

DUBRUNFAUT. — Mémoire sur la saccharification des fécules. In-8; 1882. 5 fr.

DUBRUNFAUT. — Le Sucre dans ses rapports avec la Science, l'Agriculture, l'Industrie, le Commerce, l'Économie publique et administrative, ou *Études faites depuis 1866 sur la question des Sucres*. Deux vol. in-8. 10 fr.
On vend séparément :
Tome I; 1873...................... 5 fr.
Tome II; 1878...................... 5 fr.

DUBRUNFAUT. — L'Osmose et ses Applications industrielles ou Méthodes d'analyse nouvelle appliquées à l'*épuration des sucres et sirops*. In-8; 1873. 5 fr.

DUCOM. — Cours complet d'observations nautiques, avec les notions nécessaires au Pilotage et au Cabotage, augmenté de la puissance des effets des ouragans, typhons, tornados des régions tropicales. 3ᵉ édit.; 1858. 1 vol. in-8. 12 fr.

DUGUET (Ch.), Capitaine d'Artillerie. — Déformation des corps solides. Limite d'élasticité et résistance à la rupture. In-8, avec 103 figures dans le texte; 1881. 6 fr.

---

postale, l'ATLAS *en feuilles*, soigneusement enroulé et enveloppé, ajouter 2 fr.
Les dimensions (0ᵐ,50 sur 0ᵐ,35) de l'ATLAS *cartonné* ne permettant pas de l'expédier par la poste, cet Atlas *cartonné*, dont le poids est de 2 kg,9, sera envoyé aux frais du destinataire, soit par messageries grande vitesse, soit par tout autre mode indiqué.

In-4º carré; DD.

DUHAMEL, Membre de l'Institut. — Éléments de Calcul infinitésimal. 3ᵉ édit., revue et annotée par *J. Bertrand*, Membre de l'Institut. 2 vol. in-8, avec planches; 1874-1876. 15 fr.

DUHAMEL. — Des Méthodes dans les sciences de raisonnement. 5 vol. in-8. 27 fr. 50 c.
Iʳᵉ Partie : *Des Méthodes communes à toutes les sciences de raisonnement*. 2ᵉ édition. In-8; 1875. 2 fr. 50 c.
IIᵉ Partie : *Application des Méthodes à la science des nombres et à la science de l'étendue*. 2ᵉ édition. In-8; 1877. 7 fr. 50 c.
IIIᵉ Partie : *Application de la science des nombres à la science de l'étendue*. 2ᵉ édit. In-8, avec fig.; 1882. 7 fr. 50 c.
IVᵉ Partie : *Application des Méthodes générales à la science des forces*. In-8, avec figures; 1870. 7 fr. 50 c.
Vᵉ Partie : *Essai d'une application des Méthodes à la science de l'homme moral*. 2ᵉ édit. In-8; 1873. 2 fr. 50 c.

DULOS (Pascal), Professeur de Mécanique à l'École d'Arts et Métiers et à l'École des Sciences d'Angers. — Cours de Mécanique, à l'usage des Écoles d'Arts et Métiers et de l'enseignement spécial des Lycées. 5 vol. in-8, avec belles figures gravées sur bois dans le texte; 1875-1876-1877-1879-1882. (*Ouvrage honoré d'une souscription des Ministères de l'Instruction publique, de l'Agriculture et des Travaux publics.*) 37 fr. 50 c.
On vend séparément :
Tome I: *Composition des forces.* — *Équilibre de corps solides.* — *Centre de gravité.* — *Machines simples.* — *Ponts suspendus.* — *Travail des forces.* — *Principe des forces vives.* — *Moments d'inertie.* — *Force centrifuge.* — *Pendule simple et composé.* — *Centre de percussion.* — *Régulateur à force centrifuge.* — *Pendule balistique.* 7 fr. 50.
Tome II : *Résistances nuisibles ou passives.* — *Frottement.* — *Application aux machines.* — *Roideur des cordes.* — *Application du théorème des forces vives à l'établissement des machines.* — *Théorie du volant.* — *Résistance des matériaux.* 7 fr. 50 c.
Tome III : *Hydraulique.* — *Écoulement des fluides.* — *Jaugeage des cours d'eau.* — *Établissement des canaux à régime constant.* — *Récepteurs hydrauliques.* — *Travail des pompes.* — *Bélier hydraulique.* — *Vis d'Archimède.* — *Moulins à vent.* 7 fr. 50 c.
Tome IV : *Thermodynamique.* — *Machines à vapeur.* — *Principaux types de machines à vapeur.* — *Chaudières à vapeur.* — *Machines à air chaud et à gaz.* — *Calcul des volants.* — *Appareils dynamométriques.* 9 fr. 50 c.
Tome V. — *Distribution de la vapeur dans les cylindres.* — *Mouvement des tiroirs.* — *Distributions simples.* — *Distributions à deux tiroirs.* — *Diagrammes rectangulaires.* — *Diagrammes polaires.* — *Application aux détentes les plus usuelles.* 5 fr. 50 c.

DUMAS, Secrétaire perpétuel de l'Académie des Sciences. — Études sur le Phylloxera et sur les Sulfocarbonates. In-8, avec planche; 1876. 3 fr.

DUMAS, Secrétaire perpétuel de l'Académie des Sciences. — Leçons sur la Philosophie chimique professées au Collège de France en 1836, recueillies par *Bineau*. 2ᵉ édition. In-8; 1878. 7 fr.

DU MONCEL (Th.), Ingénieur électricien de l'Administration des Lignes télégraphiques. — Traité théorique et pratique de Télégraphie électrique, à l'usage des employés télégraphistes, des ingénieurs, des constructeurs et des inventeurs. Vol. in-8 de 642 pages, avec 156 figures dans le texte et 3 planches sur cuivre; imprimé sur carré fin satiné; 1864. 10 fr.

DU MONCEL (Th.). — Exposé des Applications de l'Électricité. *Technologie électrique.* 3ᵉ édition, entièrement

I..

refondue; 5 volumes grand in-8 cartonnés, avec nombreuses figures et planches; 1872–1878.   72 fr.
On vend séparément :
Tome V : 672 pages, 3 pl. et 169 fig. Cartonné.   16 fr
                                  Broché...   14 fr.

DU MONCEL (Th.). — Détermination des éléments de construction des Électro-aimants, *suivant les applications auxquelles on veut les soumettre.* 2ᵉ édition. In-18 ; 1882.   2 fr.

DUPLAIS (aîné). — Traité de la fabrication des liqueurs et de la distillation des alcools, suivi du *Traité de la fabrication des eaux et boissons gazeuses.* 4ᵉ édition, revue et augmentée par *Duplais jeune.* 2 vol. in-8, avec 15 planches. 2ᵉ tirage ; 1882.   16 fr.

DUPRÉ (Ath.), Doyen de la Faculté des Sciences de Rennes. — Théorie mécanique de la Chaleur. In-8, avec figures dans le texte; 1869.   8 fr.

DUPUY DE LOME, Membre de l'Institut. — L'Aérostat à hélice. Note sur l'aérostat construit pour le compte de l'État. In-4, avec 9 grandes planches gravées sur acier; 1872.   6 fr. 50 c.

DURUTTE (le Comte C.), Compositeur, ancien Élève de l'École Polytechnique. — Esthétique musicale. Résumé élémentaire de la Technie harmonique et Complément de cette Technie, suivi de l'*Exposé de la loi de l'enchaînement dans la mélodie, dans l'harmonie et dans leur concours,* et précédé d'une *Lettre* de Ch. Gounod, *Membre de l'Institut.* Un beau volume in-8 ; 1876.   10 fr.

EBELMEN. — Chimie, Céramique, Géologie, Métallurgie. Ouvrage revu et corrigé par *Salvétat.* 3 forts vol. in-8, avec fig. dans le texte (2ᵉ tirage); 1861.   15 fr.

ÉCOLE CENTRALE. — Cinquantième Anniversaire de la fondation de l'École Centrale des Arts et Manufactures. *Compte rendu de la fête des 20 et 21 juin 1879.* Grand in-8; 1879.   3 fr.

ÉCOLE CENTRALE. — Portefeuille des travaux de vacances des élèves, *publiés par la Direction de l'École.* Année 1881. Un Volume de texte in-8, et un Atlas de 50 planches in-folio; 1882.   25 fr.
Les 6 années antérieures (1875–1880), dont il ne reste que quelques exemplaires, se vendent séparément.   25 fr.
La collection complète des 7 années 1875-1881.   140 fr.
Cette collection sur la *Mécanique,* la *Construction,* la *Métallurgie* et la *Chimie industrielle* a été réunie par la Direction de l'École Centrale dans le but de fournir à ses Ingénieurs des renseignements et des modèles pour l'établissement de leurs projets. Elle donne, par ses plans cotés et ses textes explicatifs, une grande quantité de documents puisés aux sources mêmes, dans les grands chantiers et dans les usines les plus importantes. Aussi, cette collection, qui n'avait pas été mise jusqu'à ce jour à la disposition du public, est-elle appelée à rendre de sérieux services aux Ingénieurs, aux Constructeurs et aux Directeurs d'usines. La Table des planches est envoyée franco sur demande.

ENDRÈS (E.), Inspecteur général honoraire des Ponts et Chaussées. — Manuel du Conducteur des Ponts et Chaussées, d'après le dernier *Programme officiel des examens.* Ouvrage indispensable aux Conducteurs et Employés secondaires des Ponts et Chaussées et des Compagnies de Chemins de fer, aux Gardes-Mines, aux Gardes et Sous-Officiers de l'Artillerie et du Génie, aux Agents voyers et à tous les Candidats à ces emplois. 6ᵉ édition, *conforme au Programme du 7 septembre 1880.* 3 volumes in-8.   27 fr.
On vend séparément :
Tome Iᵉʳ, *Partie théorique,* avec 386 figures dans le texte ; et Tome II, *Partie pratique,* avec 301 figures dans

le texte et 4 planches d'instruments dessinés et gravés d'après les meilleurs modèles. 2 vol. in-8 ; 1880.   18 fr.
Tome III, *Applications.* Ce dernier volume est consacré à l'exposition des doctrines spéciales qui se rattachent à l'*Art de l'ingénieur* en général et au service des Ponts et Chaussées en particulier. In-8, avec 236 figures dans le texte ; 1881.| 9 fr.

ERMEL. — *Voir* Fernique.

EVERETT, Professeur de Philosophie naturelle au Queen's College de Belfast. — Unités et constantes physiques. Ouvrage traduit de l'anglais par Jules Raynaud, Docteur ès sciences, Professeur à l'École supérieure de Télégraphie, avec le concours de *Thévenin, de la Touanne* et *Massin,* sous-ingénieurs des télégraphes. In-18 jésus; 1882.   4 fr.

EXPÉRIENCES faites à l'Exposition d'électricité par Allard, Le Blanc, Joubert, Potier et Tresca. — *Méthodes d'observations. — Machines et lampes à courant continu, à courants alternatifs. — Bougies électriques. — Lampe à incandescence. — Accumulateur. — Transport électrique du travail. — Machines diverses.* — In-8 avec planches; 1883.   3 fr.

FAA DE BRUNO (le Chevalier Fr.), Docteur ès Sciences, Professeur de Mathématiques à l'Université de Turin. — Théorie des formes binaires. Un fort volume in-8 ; 1876.   16 fr.

FAA DE BRUNO (le Chevalier Fr.). — Traité élémentaire du Calcul des Erreurs, avec des Tables stéréotypées. Ouvrage utile à ceux qui cultivent les Sciences d'observation. In-8; 1869.   4 fr.

FAA DE BRUNO (le Chevalier Fr.). — Théorie générale de l'élimination. Grand in-8 ; 1859.   3 fr. 50 c.

FABRE (C.) — Aide-Mémoire de Photographie pour 1884, 9ᵉ année. In-8, avec spécimen.
                Prix : Broché.   1 fr. 75 c.
                     Cartonné.   2 fr. 25 c.
Les volumes des années précédentes de l'*Aide-Mémoire,* sauf 1879, 1880, 1881 et 1883 se vendent aux mêmes prix.

FATON (le P.). — Traité d'Arithmétique théorique et pratique, en rapport avec les nouveaux *Programmes* d'enseignement, terminé par une petite Table de Logarithmes. Chaque théorie est suivie d'un choix d'Exercices gradués de calcul et d'un grand nombre de Problèmes. 10ᵉ édition, revue et corrigée. In-12; 1884. (*Autorisé par décision ministérielle.*) Broché.   2 fr. 75 c.
                            Cartonné.   3 fr. 10 c.

FATON (le P.). — Premiers éléments d'Arithmétique. 7ᵉ édition. In-12 ; 1881. Broché.   1 fr. 50 c.
                            Cartonné.   1 fr. 85 c.

FAURE (H.), Chef d'escadron d'Artillerie — Théorie des indices. In-8 ; 1878.   5 fr.

FAVARO (Antonio), Professeur à l'Université royale de Padoue. — Leçons de Statique graphique, traduites de l'italien par Paul Terrier, Ingénieur des Arts et Manufactures. 3 beaux volumes grand in-8, avec nombreuses figures, se vendant séparément.
Iʳᵉ Partie : *Géométrie de position* ; 1879.   7 fr.
IIᵉ Partie : *Calcul graphique.*   (*Sous presse.*)
IIIᵉ Partie : *Statique graphique;* Théorie et applications.   (*Sous presse.*)

FAYE (H.,) Membre de l'Institut et du Bureau des Longitudes. — Cours d'Astronomie nautique. In-8, avec figures dans le texte; 1880.   10 fr.

FAYE (H.). — Cours d'Astronomie de l'École Polytechnique. 2 beaux volumes grand in-8 avec nombreuses figures et Cartes dans le texte.

Iʳᵉ Partie : *Astronomie sphérique.* — *Géodésie et Géo-graphie mathématique;* 1881. 12 fr. 50 c.
IIᵉ Partie : *Astronomie solaire.* — *Théorie de la Lune.* — *Navigation;* 1883. 14 fr.

FERNIQUE (A.), Chef des travaux graphiques, Répétiteur du Cours de construction de machines à l'École centrale des Arts et Manufactures. — Album d'Éléments et organes de machines, composé et dessiné d'après le Cours professé par *F. Ermel,* et suivi de planches relatives aux machines soufflantes, d'après des documents fournis par *Jordan.* 2ᵉ édition, revue et corrigée. Portefeuille oblong contenant 19 planches de texte explicatif ou Tableaux, et 102 planches de dessins cotés; 1882. 16 fr.

FINANCE (Ch.), Professeur au collège de Saint-Dié. — Arithmétique, à l'usage des Élèves des Écoles normales primaires, des Collèges, des Lycées et des Pensions, comprenant les matières exigées *pour le brevet d'instituteur et pour l'admission aux Écoles des Arts et Métiers.* Nouvelle édition. In-12, 1874. 2 fr. 50 c.

FINANCE (Ch.). — Arithmétique à l'usage des écoles primaires, des classes élémentaires des collèges, des lycées et des pensions. Nouvelle éd. In-18 cartonné; 1875. 1 fr.

FLAMMARION (Camille), Astronome. — Catalogue des Étoiles doubles et multiples en mouvement relatif certain, comprenant *toutes les observations* faites sur chaque couple depuis sa découverte et les *résultats conclus* de l'étude des mouvements. Grand in-8; 1878. 8 fr.

FLAMMARION (Camille). — Études et Lectures sur l'Astronomie. In-12 avec fig. et cartes; tomes I à IX; 1867 à 1880
Chaque volume se vend séparément. 2 fr. 50 c.

FLAMMARION (Camille). — L'Astronomie, Revue mensuelle d'Astronomie populaire, de Météorologie et de Physique du globe, donnant l'exposé permanent des découvertes et des progrès réalisés dans la connaissance de l'Univers; publiée par Camille Flammarion, avec le concours des principaux Astronomes français et étrangers. La *Revue* paraît le 1ᵉʳ de chaque mois, par numéros de 40 pages, avec nombreuses figures. Elle est publiée annuellement en volume, à la fin de chaque année.

PRIX DE L'ABONNEMENT :
Paris : 12 fr. — Départements : 13 fr. — Étranger : 14 fr.
Prix du numéro : 1 fr. 20 c.
PRIX DES ANNÉES PARUES :
Tome Iᵉʳ, 1882 (10 nᵒˢ, avec 134 figures). — Broché. 10 fr.
Relié avec luxe. 14 fr.
Tome II, 1883 (12 nᵒˢ, avec 172 figures). — Broché. 12 fr.
Relié avec luxe. 16 fr.

La Revue a pour but de tenir tous les amis de la Science au courant des découvertes et des progrès réalisés dans l'étude générale de l'Univers. Elle donne, au jour le jour, le tableau vivant des conquêtes rapides et grandioses de la plus belle et de la plus vaste des Sciences, l'état du ciel et les observations les plus intéressantes à faire, soit à l'œil nu, soit à l'aide d'instruments de moyenne puissance. Chaque numéro est illustré de nombreuses figures explicatives sur les grands phénomènes célestes. Absolument correcte au point de vue scientifique, la Revue est néanmoins populaire, et ses rédacteurs suivent la voie de M. Camille Flammarion qui a toujours su présenter la Science sous une forme agréable; aussi peut-on dire que sa lecture est aussi intéressante pour les gens du monde que pour les savants. Cette publication forme la suite naturelle de l'*Astronomie populaire* et des *Étoiles.*
Un numéro est envoyé gratuitement, comme spécimen.

FLAMMARION (Camille). — Astronomie populaire. *Description générale du Ciel.* Un volume grand in-8, il-

lustré de 300 figures, planches en chromolithographie, Cartes célestes, etc.; 1881. (Ouvrage couronné par l'Académie française, et adopté par le Ministre de l'Instruction publique pour les Bibliothèques populaires.)
Broché : 12 fr. — Cartonné : 16 fr. — Relié : 17 fr.

FLAMMARION (Camille). — Les étoiles et les curiosités du ciel. *Description complète du ciel visible à l'œil nu et des objets célestes les plus faciles à observer.* Un volume grand in-8, illustré de 400 gravures, chromolithographies, Cartes célestes, etc.; 1882.
Broché : 10 fr. — Cartonné : 14 fr. — Relié : 15 fr.

FLYE SAINTE-MARIE, Capitaine d'Artillerie. — Études analytiques sur la théorie des parallèles. In-8, avec 8 planches; 1871. 5 fr.

FONVIELLE (W. de). — La Prévision du temps. In-18 jésus; 1878. 1 fr. 50 c.

FOUCAULT (Léon), Membre de l'Institut. — Recueil des travaux scientifiques de Léon Foucault, publié par Mme Vᵉ Foucault, sa mère, mis en ordre par Gariel, Ingénieur des Ponts et Chaussées, Professeur agrégé de Physique à la Faculté de Médecine de Paris, et précédé d'une Notice sur les OEuvres de L. Foucault, par J. Bertrand, Secrétaire perpétuel de l'Académie des Sciences. Un beau volume in-4, avec un Atlas de même format contenant 19 planches sur cuivre; 1878. 30 fr

FRANCŒUR (L.-B.). — Uranographie ou Traité élémentaire d'Astronomie, à l'usage des personnes peu versées dans les Mathématiques, des Géographes, des Marins, des Ingénieurs, accompagné de planisphères. 6ᵉ édit. 1 vol. in-8. avec pl. : 1853. 10 fr.

FRANCŒUR (L.-B.). — Traité de Géodésie, comprenant la Topographie, l'Arpentage, le Nivellement, la Géomorphie terrestre et astronomique, la Construction des Cartes, la Navigation; augmenté de Notes sur la mesure des bases, par *Hossard,* et d'une Note sur la méthode et les instruments d'observation employés dans les grandes opérations géodésiques ayant pour but la mesure des arcs de méridien et de parallèle terrestres, par le Colonel *Perrier,* Membre de l'Institut et du Bureau des Longitudes. 6ᵉ édition. In-8, avec figures dans le texte et 11 planches; 1879. 12 fr.

FRENET (F.). — Recueil d'Exercices sur le Calcul infinitésimal. Ouvrage destiné aux Candidats à l'École Polytechnique et à l'École Normale, aux Élèves de ces Écoles et aux personnes qui se préparent à la licence ès Sciences mathématiques. 4ᵉ édition. In-8, avec figures dans le texte; 1882. 8 fr.

FREYCINET (Charles de), Sénateur, Ingénieur en chef des Mines. — De l'Analyse infinitésimale. Étude sur la métaphysique du haut calcul. 2ᵉ édition, revue et corrigée par l'Auteur. In-8, avec fig.; 1881. 6 fr.

FREYCINET (Charles de), Chef de l'exploitation des chemins de fer du Midi. — Des Pentes économiques en Chemins de Fer. Recherches sur les dépenses des rampes. In-8; 1861. 6 fr.

GALEZOWSKI (Joseph). — Tables des annuités, calculées d'après la méthode logarithmique de *Fédor Thoman* et précédées d'une instruction sur l'emploi de cette méthode. In-8; 1880. 2 fr.

GALOPIN-SCHAUB, Docteur ès sciences. — Théorie des approximations numériques. *Notions de calcul approximatif.* In-12; 1884. 1 fr. 50 c.

GARRIGOU-LAGRANGE. — Observation sur le mouvement et le choc des systèmes invariables. Grand in-8; 1883. 1 fr.

GÉRARDIN (H.), Ingénieur en chef des Ponts et Chaussées. — Théorie des moteurs hydrauliques. Application et travaux exécutés pour l'alimentation du canal de l'Aisne à la Marne par les machines. In-8, avec Atlas in-folio roisin de 25 planches ; 1872. 20 fr.

GERMAIN (M¹¹ᵉ Sophie). — Mémoire sur l'emploi de l'épaisseur dans la théorie des surfaces élastiques. Mémoire posthume. In-4; 1880. 3 fr.

GILBERT (Ph.), professeur à l'Université catholique de Louvain. — Cours de Mécanique analytique. *Partie élémentaire.* 2ᵉ édit. Grand in-8, avec fig.; 1882. 9 fr. 50 c.

GILBERT (Ph.). — Cours d'Analyse infinitésimale. *Partie élémentaire.* 2ᵉ édition. Grand in-8; 1878. 9 fr. 50 c.

GILBERT (Ph.). — Preuves mécaniques de la rotation de la Terre. Grand in-8; 1883. 1 fr. 50 c.

GILBERT (Ph.). — Mémoire sur l'application de la méthode de Lagrange à divers problèmes du mouvement relatif. In-8, avec figures; 1883. 3 fr. 50 c.

GINOT-DESROIS (M¹¹ᵉ). — Planisphère mobile, au moyen duquel on peut apprendre l'Astronomie seul et sans le secours des Mathématiques. 7ᵉ éd., 1847; sur carton. 4 fr.

GINOT-DESROIS (M¹¹ᵉ). — Planisphère astronomique ou Calendrier astronomique perpétuel, donnant le quantième des mois, les jours de la semaine, les phases de la Lune, la place du Soleil dans l'écliptique pour un jour donné, le lever, le passage au méridien, le coucher de ces astres et des étoiles, ainsi que les principales éclipses de Soleil visibles à Paris depuis 1858 jusqu'en 1874, dans l'ordre de leur grandeur et dimension. 2ᵉ éd.; 1861; sur carton, avec une brochure in-8 donnant la description et les usages du Calendrier perpétuel. 5 fr.

GIRARD (Aimé), Professeur de Chimie industrielle au Conservatoire des Arts et Métiers. — Mémoire sur l'hydrocellulose et ses dérivés. In-8, avec une belle planche en héliogravure; 1881. 2 fr. 50 c.

GIRARD (Aimé), Professeur de Chimie industrielle au Conservatoire des Arts et Métiers. — La fabrication de la bière (Rapport au jury de l'Exposition universelle de Vienne). Grand in-8; 1876. 1 fr. 50 c.

GIRARD (L.-D.), Ingénieur civil. — Hydraulique. Utilisation de la force vive de l'eau appliquée à l'industrie. — Critique de la théorie connue et exposé d'une théorie nouvelle. In-4, avec Atlas de 13 planches; 1863. 8 fr.

GIRARD (L.-D.). — Chemin de fer glissant, nouveau système de locomotion à propulsion hydraulique. In-4, avec Atlas de 6 planches in-plano ; 1864. 8 fr.

GIRARD (L.-D.). — Élévation d'eau pour l'alimentation des villes et distribution de force à domicile.
Nᵒ 1. Grand in-4, avec fig. dans le texte; 1868. 3 fr.
Nᵒ 2. Grand in-4 (Texte seul); 1869. 2 fr. 50 c.
Le prospectus détaillé des Ouvrages de L.-D. GIRARD *est envoyé à eux personnes qui en font la demande par lettre affranchie.* (La librairie Gauthier-Villars vient d'acquérir la propriété de tous les ouvrages de L.-D. Girard, et en a diminué les prix de vente.)

GRAËFF (A.), Ancien Vice-Président du Conseil général des Ponts et Chaussées. — Traité d'Hydraulique, précédé d'une introduction sur les *principes généraux de la Mécanique.*
Tome I. — Partie théorique; 1882.
Tome II. — Partie pratique; 1882.
Tome III. — Notes, tables numériques et planches;1883.
3 beaux volumes grand in-8; 1882-1883. Broché. 50 fr.
Relié demi-chagrin. 62 fr.
L'Auteur, après avoir fait l'historique des progrès de la science de l'Hydraulique, et passé en revue les principes généraux de la Mécanique sur lesquels il devra s'appuyer, divise le premier volume (*Théorie*) en deux parties : l'une traitant le mouvemeut permanent ou à débit constant, le

seul dont on s'occupe dans l'ancienne Hydraulique, et l'autre le mouvement non permanent ou à débit variable qui constitue l'Hydraulique nouvelle. La même division a été adoptée pour le Tome II. Dans le Tome III ont été placés des Notes et un Recueil de Tables numériques pour les calculs de l'Hydraulique. Cet important Ouvrage devra être consulté par tous les Ingénieurs et les Géomètres s'occupant d'Hydraulique.

GUÉBHARD (A.), Docteur en médecine, Préparateur de Physique à la Faculté de Médecine de Paris. — Effets des variations de la pression extérieure sur l'organisme. In-4°, avec 31 figures dans le texte; 1883. (*Thèse.*) 5 fr.

GRANDEAU (L.) et TROOST (L.). — Traité pratique d'analyse chimique, par F. WÖHLER, Associé étranger de l'Institut de France. Édition française, publiée avec le concours de l'Auteur. 1 volume in-18 jésus, avec 76 figures dans le texte et une planche; 1866. 4 fr. 50 c.

HABICH, Directeur de l'École des Constructions civiles et des Mines, à Lima. — Études cinématiques. In-8, avec figures dans le texte; 1879. 4 fr.

HALLAUER (O.). — Expériences sur le rendement des moteurs à vapeur, faites sur les machines Woolf verticales à balancier, sur les machines Woolf horizontales et sur les machines verticales Compound de la Marine française. Grand in-8, avec 4 planches; 1878. 3 fr.

HALLAUER (O.). — Étude expérimentale comparée sur les moteurs à un et à deux cylindres. *Influence de la détente.* Grand in-8; 1879. 2 fr. 50 c.

HALLAUER (O.). — Analyses expérimentales comparées sur les machines fixes et les machines marines. Grand in-8; 1880. 2 fr. 50 c.

HALLAUER (O.). — Étude critique sur les essais de moteurs à vapeur. Grand in-8; 1881. 1 fr. 25 c.

HALLAUER (O.). — Moteurs à vapeur. — Étude pratique sur l'échappement et la compression de la vapeur dans les machines. Grand in-8; 1883. 1 fr. 50

HALLAUER (O.). — *Voir* Hirn et Hallauer.

HALPHEN, Répétiteur à l'École Polytechnique. — Sur les invariants différentiels. In-4; 1878. 3 fr.

HARNACK (Axel). — Théorie de la série de Fourier. Grand in-8; 1883. 2 fr.

HATON DE LA GOUPILLIÈRE (J.-N.). — Traité des Mécanismes, renfermant la théorie géométrique des organes et celle des résistances passives. In-8, avec 16 pl. gravées sur cuivre; 1864. 10 fr.

HENRY (Charles), Bibliothécaire à la Bibliothèque de l'Université de France. — Les deux plus anciens traités d'Algorisme et de Géométrie. Grand in-4; 1882. (Extrait du *Bulletin des Sciences mathém. et astron.*) 2 fr.

HERMITE (Ch.), Membre de l'Institut. — Cours d'Analyse de l'École Polytechnique. PREMIÈRE PARTIE, contenant le *Calcul différentiel* et les *Premiers principes du Calcul intégral.* In-8, avec fig. dans le texte; 1873. 14 fr. *La* IIᵉ PARTIE *contiendra la fin du Calcul intégral.*

HERMITE (Ch.) — Sur la fonction exponentielle. In-4; 1874. 2 fr. 50 c.

HIRN (G.-A.), Correspondant de l'Institut. — Théorie mécanique de la Chaleur. Première Partie et seconde Partie.
Iʳᵉ PARTIE. — *Exposition analytique et expérimentale de la Théorie mécanique de la Chaleur.* 3ᵉ édition, entièrement refondue. In-8, grand raisin, avec figures dans le texte. Tome I; 1875. 12 fr.
Tome II; 1876. 12 fr.

II° Partie (formant Ouvrage séparé). — *Conséquences philosophiques et métaphysiques de la Thermodynamique.* Analyse élémentaire de l'Univers. In-8, grand raisin; 1868. 10 fr.

HIRN (G.-A.). — **Mémoire sur la Thermodynamique.** In-8, avec 2 planches; 1867. 5 fr.

HIRN (G.-A.). — **Note sur les variations de la capacité calorifique de l'eau, vers le maximum de densité.** In-4; 1870. 1 fr.

HIRN (G.-A.). — **Mémoire sur les conditions d'équilibre et sur la nature probable des anneaux de Saturne.** In-4, avec planches; 1872. 4 fr.

HIRN (G.-A.). — **Mémoire sur les propriétés optiques de la flamme des corps en combustion et sur la température du Soleil.** In-8; 1873. 1 fr. 25 c

HIRN (G.-A.). — **Théorie analytique élémentaire du Planimètre Amsler.** Grand in-8, avec planches; 1875. 2 fr. 50 c.

HIRN (G.-A.). — **La Musique et l'Acoustique.** *Aperçu général sur leur rapport et sur leurs dissemblances* (Extrait de la *Revue d'Alsace*). Grand in-8; 1878. 2 fr. 50 c.

HIRN (G.-A.). — **Étude sur une classe particulière de tourbillons,** qui se manifestent, sous de certaines conditions spéciales, *dans les liquides.* Analogie entre le mécanisme de ces tourbillons et celui des trombes. In-8, avec 3 planches; 1878. 2 fr. 50 c.

HIRN (G.-A.). — **Réflexions critiques sur les expériences concernant la chaleur humaine.** In-4; 1879. 75 c.

HIRN (G.-A.). — **Notice sur la mesure des quantités d'électricité.** In-4; 1879. 60 c.

HIRN (G.-A.). — **Explication d'un paradoxe d'Hydrodynamique.** Grand in-8; 1881. 1 fr.

HIRN (G.-A.). — **Recherches expérimentales sur la relation qui existe entre la résistance de l'air et sa température.** *Conséquences physiques et philosophiques qui découlent de ces expériences.* Grand in-4, avec 4 planches; 1882. 6 fr.

HIRN (G.-A.). — **Remarques relatives à une critique de M. G. Zeuner.** In-4; 1883. 60 c.

HIRN (G.-A.). — **La conservation de l'énergie solaire.** *Réponse à une Notice critique de M. Siemens.* In-4; 1883. 60 c.

HIRN (G.-A.). — **Actinomètre totaliseur absolu.** In-4; 1884. 60 c.

HIRN (G.-A.) et HALLAUER (O.). — **Thermodynamique appliquée.** Réfutation d'une critique de M. G. Zeuner, *concernant les travaux des ingénieurs alsaciens sur les machines à vapeur.* Grand in-8; 1882. 2 fr.

— Réfutation d'une seconde critique de M. G. Zeuner. Grand in-8; 1883. 2 fr.

HOMMEY, Capitaine de frégate en retraite. — **Tables d'angles horaires.** 2 vol. grand in-8 en tableaux. 15 fr.

HOÜEL (J.), Professeur de Mathématiques à la Faculté des Sciences de Bordeaux. — **Cours de Calcul infinitésimal.** Quatre beaux volumes grand in-8, avec figures dans le texte; 1878-1879-1880-1881.

On vend séparément :

Tome I...................... 15 fr.
Tome II..................... 15 fr.
Tome III.................... 10 fr.
Tome IV..................... 10 fr.

HOÜEL (J.). — **Tables de Logarithmes à cinq décimales,** pour les nombres et les lignes trigonométriques, suivies des Logarithmes d'addition et de soustraction

In-4° carré; DD.

ou Logarithmes de Gauss et de diverses Tables usuelles. Nouvelle édition, revue et augmentée. Grand in-8; 1884. (*Autorisé par décision ministérielle.*) 2 fr.

HOÜEL (J.). — **Recueil de formules et de Tables numériques.** 3° édit., grand in-8; 1884. 4 fr. 50 c.

HOÜEL (J.). — **Essai critique sur les principes fondamentaux de la Géométrie élémentaire** ou Commentaire sur les XXXII premières propositions des Éléments d'Euclide. In-8, avec fig. 2° édit.; 1883. 2 fr. 50 c.

HOÜEL (J.). — **Sur le développement de la fonction perturbatrice,** suivant la forme adoptée par Hansen dans la théorie des petites planètes. In-8; 1875. 3 fr.

HOÜEL (J.). — **Considérations élémentaires sur la généralisation successive de l'idée de quantité dans l'Analyse mathématique,** suivies de *Remarques sur l'enseignement de la Trigonométrie.* Grand in-8; 1883. 2 fr.

HOUZEAU (J.-C.), Directeur de l'Observatoire de Bruxelles. — **Vade-mecum de l'Astronome.** Grand in-8, de 1172 pages; 1882. 25 fr.

IMBARD. — **De la Mesure du Temps, et Description de la Méridienne verticale portative du Temps vrai et du Temps moyen pour régler les pendules et les montres,** etc. 2° édition. In-18, avec pl.; 1857. 1 fr.

INSTITUT DE FRANCE. — **Comptes rendus hebdomadaires des Séances de l'Académie des Sciences.**

Ces Comptes rendus paraissent régulièrement tous les dimanches, en un cahier de 32 à 40 pages, quelquefois de 80 à 120. L'abonnement est annuel, et part du 1er janvier.

Prix de l'abonnement pour un an :
Pour Paris. 20 fr. || Pour les départements. 30 fr.
Pour l'Union postale. 34 fr.

La *Collection complète,* de 1835 à 1883, forme 97 volumes in-4. 727 fr. 50 c.

Chaque année, sauf 1844, 1845, 1870, 1873, 1874, 1875 et 1878 à 1883, *se vend séparément.* 15 fr.

— **Table générale des Comptes rendus des Séances de l'Académie des Sciences,** par ordre de matières et par ordre alphabétique de noms d'auteurs. 2 volumes in-4, savoir:

Tables des tomes I à XXXI (1835-1850). In-4, 1853. 15 fr.
Tables des tomes XXXII à LXI (1851-1865). In-4, 1870. 15 fr.

— **Supplément aux Comptes rendus des Séances de l'Académie des Sciences.**
Tomes I et II, 1856 et 1861, *séparément.* 15 fr.

INSTITUT DE FRANCE. — **Mémoires de l'Académie des Sciences.** In-4; tomes I à XLII; 1816 à 1883.
Chaque Volume, à l'exception des Tomes ci-après indiqués, *se vend séparément.* 15 fr.
Le Tome XXXIII, avec Atlas, *se vend séparément.* 25 fr.
Les Tomes VI et XXI ne se vendent pas séparément.

— **Mémoires présentés par divers savants à l'Académie des Sciences,** et imprimés par son ordre, 2° série. In-4, tomes I à XXVII; 1827-1879.
Chaque volume, à l'exception des tomes I à IX, *se vend séparément.* 15 fr.

— **Tables générales des Travaux contenus dans les Mémoires de l'Académie des Sciences et dans les Mémoires présentés par divers savants,** publiées par les Secrétaires perpétuels. Ces Tables générales comprennent pour chacune des Collections (*Mémoires de l'Académie* et *Mémoires présentés par divers savants*) les Tables par volumes, par noms d'auteurs et par ordre de matières. 2 volumes in-4, savoir:
Tables générales des travaux contenus dans les Mémoires de l'Académie. I° Série, tomes I à XIV (an VI-1815), et II° Série, tomes I à XL (1816-1878); 1881. 6 fr.

Tables générales des travaux contenus dans les Mémoires présentés par divers Savants à l'Académie. Ire Série, tomes I et II (1806-1811), et IIe Série, tomes I à XXV (1827-1877); 1881.   2 fr. 50 c.

INSTITUT DE FRANCE. — Recueil de Mémoires, Rapports et Documents relatifs à l'observation du passage de Vénus sur le Soleil, en 1874.

Tome I. — 1re Partie. *Procès-verbaux des séances tenues par la Commission.* In-4; 1877.   12 fr. 50 c.

— 2e Partie, avec Supplément. *Mémoires divers.* In-4, avec 7 planches, dont 3 en chromolithographie; 1876.   12 fr. 50 c.

Tome II. — 1re Partie. *Mission de Pékin.* Rapport de M. *Fleuriais.* — *Mission de Saint-Paul* (Astronomie). Rapport de M. *Mouchez.* In-4, avec 26 planches, dont 13 chromolith. et 2 photoglypties; 1878.   25 fr.

— 2e Partie. *Mission de Saint-Paul* (Météorologie, Géologie, etc.). Rapports de M. le Dr *Rochefort* et de M. *Ch. Vélain.* — *Mission du Japon.* Rapports de MM. *Janssen, Tisserand, Delacroix* et *Picard.* — *Mission de Saïgon.* Rapport de M. *Héraud.* — *Mission de Nouméa.* Rapport de M. *André.* In-4, avec figures dans le texte, et 36 planches, dont 5 chromolith. et 8 photoglypties; 1882.   25 fr.

Tome III. — 1re Partie. *Mission de l'île Campbell.* Rapport de M. *Bouquet de la Grye.* In-4 avec 6 pl.; 1882.   12 fr. 50 c.

— 2e Partie. *Mission de l'île Campbell. Histoire naturelle.* Rapport de M. *H. Filhol.* In-4.   (*Sous presse.*)

— 3e Partie. *Mesures des plaques photographiques,* publiées sous la direction de M. *Fizeau,* par MM. *Cornu, Baille, Mercadier, Gariel* et *Angot.* In-4 avec 2 pl.; 1882.   12 fr. 50 c.

INSTITUT DE FRANCE. — Mémoires relatifs à la nouvelle maladie de la vigne, présentés par divers savants à l'Académie des Sciences. (*Voir,* pour le détail de ces *Mémoires,* le Catalogue général, ou le Prospectus spécial qui est envoyé sur demande.)

La Librairie Gauthier-Villars a seule, depuis le 1er janvier 1877, le dépôt des diverses publications de l'Académie des Sciences.

INSTRUCTION sur les paratonnerres. *Voir* Pouillet et Gay-Lussac.

JACQUIER, Professeur de l'Université, Membre du Conseil supérieur de l'Instruction publique. — **Problèmes de Physique, de Mécanique, de Cosmographie et de Chimie,** à l'usage des Candidats aux Baccalauréats ès Sciences, au Baccalauréat de l'Enseignement spécial et aux Écoles du Gouvernement. In-8, avec figures dans le texte; 1884.

JAMIN (J.), Membre de l'Institut, Professeur de Physique à l'École Polytechnique; et **BOUTY,** professeur au Lycée Saint-Louis. — **Cours de Physique de l'École Polytechnique.** 3e édition, augmentée et entièrement refondue. 4 forts vol. in-8 de 3560 pages, avec 1450 fig. dans le texte et 13 planches sur acier, dont 2 en couleur; 1878-1883. (*Autorisé par décision ministérielle.*) Prix de l'Ouvrage complet, en 4 volumes.   67 fr.

On vend séparément :

Tome I. — 15 fr.

(*) 1er fascicule. — *Instruments de mesure. Hydrostatique ;* avec 148 fig. dans le texte et 1 planche.   5 fr.

2e fascicule. — *Actions moléculaires;* avec 91 figures dans le texte.   4 fr.

3e fascicule. — *Gravitation universelle. Électricité statique;* avec 110 fig. dans le texte et 1 planche.   6 fr.

Tome II. — Chaleur. — 12 fr.

(*) 1er fascicule. — *Thermométrie. Dilatations;* avec 84 figures dans le texte.   5 fr.

2e fascicule. — *Calorimétrie. Théorie mécanique de* la chaleur. *Conductibilité;* avec 89 fig. dans le texte et 2 planches.   7 fr.

Tome III. — Acoustique; Optique. — 20 fr.

1er fascicule. — *Acoustique;* avec 122 figures dans le texte.   4 fr.

(*) 2e fascicule. — *Optique géométrique;* avec 139 fig. dans le texte et 3 planches.   4 fr.

3e fascicule. — *Étude des radiations lumineuses, chimiques et calorifiques. Optique physique;* avec 226 fig. dans le texte et 5 planches, dont 2 planches de spectres en couleur.   12 fr.

Tome IV. — Électricité dynamique; Magnétisme. — 20 fr.

1er fascicule. — *La pile. Phénomènes électrothermiques et électrochimiques;* avec 154 figures dans le texte et 1 planche.   6 fr.

2e fascicule. — *Les aimants. Magnétisme. Électromagnétisme. Induction;* avec 230 fig. dans le texte.   9 fr.

3e fascicule. — *Applications de l'électricité. Complément* sur les principales découvertes faites pendant la publication de l'ouvrage. *Table générale par noms d'auteurs,* et *Table générale des matières par ordre alphabétique;* avec 55 fig. dans le texte.   5 fr.

(*) Le 1er fascicule du Tome I, le 1er fascicule du Tome II et le 2e fascicule du Tome III correspondent à l'ancien programme des examens pour l'admission à l'École Polytechnique, et présentent encore aujourd'hui la partie de la Physique qui mérite d'être étudiée avec le plus de soin pour la préparation aux examens. Les élèves de Mathématiques spéciales qui posséderont ces trois fascicules auront ainsi entre les mains le commencement d'un grand Traité qu'ils pourront compléter ultérieurement, si, suivant l'étude de la Physique, ils se préparent à la Licence ou entrent dans une des grandes Écoles du Gouvernement.

JAMIN. — Appendice au Cours de Physique de l'École Polytechnique : *Thermométrie, Dilatation, Optique géométrique, Problèmes et Solutions;* rédigé conformément au nouveau programme d'admission à l'École Polytechnique. In-8 de VIII-214 pages, avec 132 belles figures dans le texte; 1879.   3 fr. 50 c.

JAMIN (J.). — Petit Traité de Physique, à l'usage des Établissements d'Instruction, des aspirants aux Baccalauréats et des candidats aux Écoles du Gouvernement. Nouveau tirage, augmenté de *Notes sur les progrès récents de la Physique,* par Bouty. In-8, avec 746 figures dans le texte et un spectre; 1882.   9 fr.

JONQUIÈRES (E. de), Lieutenant de vaisseau. — Mélanges de Géométrie pure. In-8, avec planches; 1856. 5 fr.

JORDAN (Camille), Ingénieur des Mines. — Traité des Substitutions et des Équations algébriques. In-4; 1870.

JORDAN (Camille), Membre de l'Institut, Professeur à l'École Polytechnique. — Cours d'Analyse de l'École Polytechnique. 3 volumes in-8, avec figures dans le texte, se vendant séparément :

Tome I. — Calcul différentiel; 1882.   11 fr.

Tome II. — Calcul intégral (*Intégrales définies et indéfinies*); 1883.   12 fr.

Tome III. — Calcul intégral (*Équations différentielles. — Calcul des variations.* — *Développements divers.* — *Problèmes*).   (*Sous presse.*)

JOUBERT (le P.), Professeur à l'École Sainte-Geneviève. — Sur les équations qui se rencontrent dans la théorie de la transformation des fonctions elliptiques. In-4; 1876.   5 fr.

JOUBERT (J.), Professeur de Physique au Collège Rollin. — Étude sur les machines magnéto-électriques. In-4; 1881.   2 fr. 50 c.

JOUFFRET (E.), Chef d'escadron d'Artillerie. — Intro-

duction à la Théorie de l'énergie. Petit in-8 ; 1883.
3 fr. 50 c.

JOURNAL DE L'ÉCOLE POLYTECHNIQUE, publié par le Conseil d'instruction de cet établissement. 53 cahiers in-4, avec fig. et pl. 1000 fr.
Le LIII⁰ Cahier, qui vient de paraître, se vend 12 fr.
Il contient : Solution de quelques questions se rapportant aux ponts suspendus ; par *H. Resal.* — Développement sur un point de la théorie de la rotation des corps solides ; par *H. Resal.* — Sur la loi de Dulong et Petit ; par *J. Moutier.* — Sur une famille de courbes que l'on rencontre dans les transmissions de mouvement et sur leur application dans les machines ; par *H. Léauté.* — Quelques développements sur les équations différentielles linéaires à coefficients constants et sur la théorie des fractions rationnelles ; par *Picquet.* — Mémoire sur les surfaces enveloppes de sphères ; par *Léon Lecornu.* — Sur les raies telluriques qu'on observe dans le spectre solaire au voisinage des raies D ; par *A. Cornu.* — Exposition analytique de la théorie des surfaces ; par *Ch. Brisse.*
Le LIV⁰ Cahier est sous presse.

JOURNAL DE MATHÉMATIQUES PURES ET APPLI-QUÉES, ou Recueil mensuel de Mémoires sur les diverses parties des Mathématiques, fondé en 1836 et publié jusqu'en 1874 par *J. Liouville.* — A partir de 1875, le *Journal de Mathématiques* est publié par *H. Resal*, Membre de l'Institut, avec la collaboration de plusieurs savants (¹).
1ʳᵉ Série, 20 volumes in-4, années 1836 à 1855 (au lieu de 600 francs). 400 fr.
Chaque volume pris séparément (au lieu de 30 fr.) 25 fr.
2ᵉ Série, 19 volumes in-4, année 1856 à 1874 (au lieu de 570 fr.) 380 fr.
Chaque volume pris séparément, au lieu de 30 fr., 25 fr.
La 3ᵉ Série, commencée en 1875, continue de paraître chaque mois par cahier de 32 à 48 pages. L'abonnement est annuel, et part du 1ᵉʳ janvier.
Prix de l'abonnement pour un an :

Paris........................... 30 fr.
Départements et Union postale........... 35 fr.
Autres pays..................... 40 fr.
— **Table générale des 20 volumes composant la 1ʳᵉ Série.** In-4. 3 fr. 50 c.
— **Table générale des 19 volumes composant la 2ᵉ Série.** In-4. 3 fr. 50 c.

JOURNAL DE PHYSIQUE THÉORIQUE ET APPLI-QUÉE, fondé par *d'Almeida* et publié par MM. *E. Bouty, A. Cornu, E. Mascart, A. Potier*, avec la collaboration de plusieurs savants. Grand in-8, mensuel. 2ᵉ Série, t. III.
Paris et Union postale.................. 14 fr.
Autres pays........................ 15 fr.

JULIEN (Stanislas), Membre de l'Institut. — Histoire et Fabrication de la Porcelaine chinoise. Ouvrage traduit du chinois, accompagné de Notes et Additions par *Salvétat*, et augmenté d'un Mémoire sur la Porcelaine du Japon. Grand in-8, avec 14 pl., figures gravées sur bois, et une carte de la Chine ; 1856. 6 fr.

JULLIEN (A.), Licencié ès Sciences mathématiques et physiques. — Méthode nouvelle pour l'enseignement de la Géométrie descriptive (Perspective et Reliefs). La Méthode se compose d'un Cours élémentaire et d'une Collection de Reliefs, qui se vendent séparément, savoir :
Cours élémentaire de Géométrie descriptive, conforme au programme du Baccalauréat ès Sciences. 3ᵉ édition. In-18 jésus avec figures et 143 planches intercalées dans le texe ; 1882. Cartonné. 3 fr. 50 c.

Collection de Reliefs à pièces mobiles se rapportant aux questions principales du Cours élémentaire :
Petite boîte, comprenant 30 reliefs, avec 118 pièces métalliques pour monter les reliefs. (*Port non compris.*) 10 fr.
Grande boîte, comprenant les mêmes reliefs tout montés. (*Port non compris.*) 15 fr.

KIAËS, Chef des travaux graphiques à l'École Polytechnique et ancien Élève de cette École. — Arithmétique élémentaire, approuvée par le Ministre de la Guerre pour l'enseignement des caporaux et sapeurs dans les Écoles régim. du Génie. 2ᵉ édit. In-12 cart. ; 1874. 1 fr. 20 c.

KIAËS. — Traité d'Arithmétique, approuvé par le Ministre de la Guerre pour l'enseignement des sous-officiers dans les Écoles régim. du Génie, 2ᵉ édit. In-12 ; 1884.
Broché. 2 fr. 75 c.
Cartonné. 3 fr. 10 c.

LABOSNE. — Instruction sur la Règle à calcul, contenant les applications de cet instrument au calcul des expressions numériques, à la résolution des équations du deuxième et du troisième degré, et aux principales questions de Trigonométrie. In-8 ; 1872. 2 fr.

LACOMBE. — Nouveau manuel de l'escompteur, du banquier, du capitaliste et du financier, ou Nouvelles Tables de calculs d'intérêts simples, avec le calendrier de l'escompteur. Nouvelle édition, précédée d'une *Instruction sur les Calculs d'intérêts et l'usage des Tables*, par LAAS D'AGUEN, éditeur des Tables de Violeine, et terminée par un Exposé des lois sur les intérêts, les rentes, les effets de commerce, les chèques, etc., par B., Docteur en Droit. Un fort vol. in-18 jésus, 1877. 6 fr.

LACROIX.—Éléments de Géométrie, suivis de *Notions sur les courbes usuelles.* 22ᵉ édition, revue par *Prouhet.* In-8, avec 220 figures dans le texte ; 1884. (*Autorisé par décision ministérielle.*) 4 fr.

LACROIX. — Éléments d'Algèbre. 24ᵉ édit., revue par *Prouhet.* In-8 ; 1879. 6 fr.

LACROIX. — Complément des Éléments d'Algèbre. 7ᵉ édition. In-8 ; 1863. 4 fr.

LACROIX. — Traité élémentaire de Trigonométrie rectiligne et sphérique, et d'Application de l'Algèbre à la Géométrie. In-8, avec planches ; 1863. 11ᵉ édition, revue et corrigée. 4 fr.

LACROIX. — Introduction à la connaissance de la sphère. 4ᵉ édition. In-8, avec planches ; 1872. *Ouvrage choisi par S. Exc. le Ministre de l'Instruction publique pour les Bibliothèques scolaires.* 1 fr. 25 c.

LACROIX. — Traité élémentaire de Calcul différentiel et de Calcul intégral. 9ᵉ édition, revue et augmentée de Notes par *Hermite* et *J.-A. Serret*, Membres de l'Institut. 2 vol. in-8 avec pl. ; 1881. 15 fr.

LACROIX. — Traité élémentaire du Calcul des Probabilités. 4ᵉ édition. In-8, avec planches ; 1864. 5 fr.

LACROIX. — Introduction à la Géographie mathématique et critique et à la Géographie physique. In-8, avec planches ; 1847.

LA GOURNERIE (de), Membre de l'Institut. — Traité de Géométrie descriptive. In-4, publié en trois *Parties* avec Atlas ; 1873-1880-1864. 30 fr.
Chaque Partie se vend séparément. 10 fr.
La Iʳᵉ PARTIE (2ᵉ édition) contient tout ce qui est exigé pour l'*admission à l'École Polytechnique.* Elle est suivie d'un *Supplément* contenant la solution de deux problèmes et des figures cavalières pour l'explication des constructions les plus difficiles.
La IIᵉ PARTIE (2ᵉ édition) et la IIIᵉ PARTIE sont le développement du *Cours de Géométrie descriptive* professé à l'*École Polytechnique.*

(¹) On peut se procurer l'une des Séries ou les deux Séries au moyen de payements mensuels de 40 fr.

LA GOURNERIE (de). — Traité de Perspective linéaire. In-4, avec Atlas de 40 planches in-folio dont 8 doubles. 2ᵉ édition, entièrement revue; 1884.   25 fr.

LA GOURNERIE (de). — Recherches sur les surfaces réglées tétraédrales symétriques, avec des Notes par *Arthur Cayley*. In-8; 1867.   6 fr.

LA GOURNERIE (de). — Études économiques sur l'exploitation des chemins de fer. Grand in-8; 1880.
                    4 fr. 5o c.

LAGRANGE. — Mécanique analytique. 3ᵉ édition, revue, corrigée et annotée par *J. Bertrand*. 2 vol. in-4; 1853.
                    (*Rare.*)

LAGRANGE. — Œuvres complètes de Lagrange, pu-bliées par les soins de *Serret*, Membre de l'Institut, sous les auspices du MINISTRE DE L'INSTRUCTION PUBLIQUE. In-4, avec un beau portrait de Lagrange, gravé sur cuivre par *Ach. Martinet*.

La Iʳᵉ Série comprend tous les *Mémoires* imprimés dans les *Recueils des Académies de Turin, de Berlin et de Paris*, ainsi que les *Pièces diverses* publiées séparé-ment. Cette Série forme 7 volumes (Tomes I à VII; 1867-1877), qui se vendent séparément.   3o fr.
La IIᵉ Série, qui est en cours de publication, se com-pose de 7 vol., qui renferment les Ouvrages didactiques, la Correspondance et les Mémoires inédits; savoir :
Tome VIII : *Résolution des équations numéri-ques;* 1879.   18 fr.
Tome IX : *Théorie des fonctions analytiques;* 1881.   18 fr.
Tome X : *Lecons sur le calcul des fonctions;* 1884.   18 fr.
Tome XI : *Mécanique analytique* (1ʳᵉ PARTIE). (*Sous pr.*)
Tome XII : *Mécanique analytique* (2ᵉ PARTIE). (*Sous pr.*)
Tome XIII : *Correspondance inédite de Lagrange et d'Alembert,* publiée d'après les manuscrits autographes et annotée par *Ludovic Lalanne*. In-4; 1882.   15 fr.
Tome XIV : *Correspondance avec divers Sa-vants, et Mémoires inédits*. In-4.   (*Sous presse.*)
Le tome XIII contient des Lettres inédites qui sont pu-bliées d'après les manuscrits autographes de d'Alembert et de Lagrange conservés à la Bibliothèque de l'Institut de France. Dans le Tome XIV, on donnera, entre autres, la Correspondance inédite de Lagrange avec Condorcet, Euler, Laplace, etc. Il sera précédé d'une Notice destinée à com-pléter celle que l'on doit à Delambre, et qui a été repro-duite en tête du premier Volume de la Collection.

LAGUERRE. — Notes sur la résolution des équations numériques. In-8; 1880.   2 fr.

LAISANT (C.-A.), Député, Docteur ès Sciences, ancien Élève de l'École Polytechnique. — Introduction à la méthode des quaternions. In-8, avec fig.; 1881. 6 fr.

LALANDE. — Tables de Logarithmes pour les Nombres et les Sinus à CINQ DÉCIMALES ; revues par le baron *Reynaud*. Nouvelle édition, augmentée de *Formules pour la Résolution des Triangles,* par *Bailleul,* typographe. In-18; 1881. (*Autorisé par décision du Ministre de l'In-struction publique.*)   2 fr.
Cartonné.   2 fr. 40 c.

LALANDE. — Tables de Logarithmes, étendues à SEPT DÉCIMALES, par *F.-C.-M. Marie,* précédées d'une In-struction par le baron *Reynaud*. Nouvelle édition, aug-mentée de *Formules pour la Résolution des Triangles,* par *Bailleul,* typographe. In-12; 1883.   3 fr. 5o c.
Cartonné.   3 fr. 9o c.

LAMÉ (G.), Membre de l'Institut. — Leçons sur les fonc-tions inverses des transcendantes et les Surfaces isothermes. In-8, avec figures dans le texte ; 1857. 5 fr.

LAMÉ (G.). — Leçons sur les Coordonnées curvilignes et leurs diverses applications. In-8, avec figures dans le texte; 1859.   5 fr.

LAMÉ (G.) — Leçons sur la Théorie mathématique de l'élasticité des corps solides. 2ᵉ édition. In-8, avec pl.; 1866. (*Rare.*)   25 fr.

LAMÉ (G.). — Leçons sur la théorie analytique de la chaleur. In-8, avec fig. dans le texte; 1861. 6 fr. 5o c.

LANGLOIS (Marcellin), Professeur de Physique au Col-lège de Châteaudun. — Du mouvement atomique. *Rotation des atomes sur des surfaces moléculaires sphé-riques.* (Dédié à M. Wurtz.)
Iʳᵉ PARTIE. — *Thermodynamique.* Grand in-8; 1881.
                    2 fr.
IIᵉ PARTIE. — *Thermodynamique. Acoustique. Mou-vement électrique. Phénomènes chimiques.* Grand in-8; 1883.   4 fr.

LAPLACE. — Œuvres complètes de Laplace, publiées sous les auspices de l'ACADÉMIE DES SCIENCES, par les *Se-crétaires perpétuels,* avec le concours de *Puiseux,* Mem-bre de l'Institut, et de *J. Houël,* professeur à la Faculté des Sciences de Bordeaux. Nouvelle édition, avec un beau portrait de Laplace, gravé sur cuivre par *Tony Goutière*. In-4; 1878-188 .

Extrait de l'Avertissement.
« L'Académie, sur le Rapport de la Section d'Astronomie et de la Commission administrative, après avoir pris con-naissance des conditions dans lesquelles devait s'accomplir le travail et des soins dont il était entouré, a décidé, dans sa séance du 16 juillet 1877, que la nouvelle édition serait publiée sous ses auspices et sous sa responsabilité. »
Les éditions précédentes, qui sont devenues très rares, ne contenaient que 7 volumes, savoir : *Traité de Méca-nique céleste* (5 volumes), *Exposition du système du Monde* et *Théorie analytique des probabilités.* La nouvelle édition comprendra de plus 6 volumes renfermant tous les autres Mémoires de Laplace, dont la dissémination dans de nom-breux Recueils académiques et périodiques rendait jusqu'à ce jour l'étude si difficile.

TRAITÉ DE MÉCANIQUE CÉLESTE. Tomes I à V (1878-1882).
Tirage sur papier vergé, au chiffre de Laplace; 5 vol. in-4.   9o fr.
Tirage sur papier de Hollande, au chiffre de Laplace (à petit nombre) ; 5 vol. in-4.   120 fr.
Les volumes du *Traité de Mécanique céleste* ne se ven-dent plus séparément, sauf le tome V (papier vergé, au chiffre de Laplace) dont le prix est de   20 fr.
EXPOSITION DU SYSTÈME DU MONDE. Tome VI (1884).
Tirage sur papier vergé, au chiffre de Laplace.   2o fr.
Tirage sur papier de Hollande, au chiffre de La-place.   25 fr.
Le Tome VII (*Théorie des probabilités*) est sous presse.

LAPLACE. — Essai philosophique sur les Probabilités. 6ᵉ édition. In-8; 1840.   5 fr.

LAPLACE. — Précis de l'Histoire de l'Astronomie. 2ᵉ édition. In-8; 1863.   3 fr.

LAQUIÈRE, ancien Élève de l'Ecole Polytechnique. — Géométrie de l'Échiquier; Solution régulière du pro-blème d'Euler sur la marche du cavalier; Considera-tions numériques sur une série de solutions semi-régu-lières. Grand in-8; 1880.   2 fr.

LAQUIÈRE, ancien élève de l'École Polytechnique. — Loi des hasards, ou *Loi fondamentale de la théorie des pro-babilités appliquée aux Sciences expérimentales.* Grand in-8; 1882.   1 fr. 5o c.

L'ASTRONOMIE. — Revue mensuelle. (*Voir* FLAMMARION.)

LAURENT (A.), Correspondant de l'Institut. — Méthode de Chimie, précédée d'un *Avis au Lecteur,* par *Biot*. In-8, avec figures; 1854.   8 fr.

LAURENT (H.), Répétiteur à l'École Polytechnique. — Traité d'Algèbre, à l'usage des Candidats aux Écoles du

Gouvernement. 3ᵉ édition, revue et mise en harmonie avec les derniers Programmes. 3 vol. in-8.

Iʳᵉ Partie : ALGÈBRE ÉLÉMENTAIRE, à l'usage des *Classes de Mathématiques élémentaires*. In-8; 1879. 4 fr.

IIᵉ Partie : ANALYSE ALGÉBRIQUE, à l'usage des *Classes de Mathématiques spéciales*. In-8; 1881. 4 fr.

IIIᵉ Partie : THÉORIE DES ÉQUATIONS, à l'usage des *Classes de Mathématiques spéciales*. In-8; 1881. 4 fr.

LAURENT (H.). — Théorie élémentaire des Fonctions elliptiques. In-8, avec fig. dans le texte; 1882. 3 fr. 50 c.

LAURENT (H.). — Traité de Mécanique rationnelle à l'usage des Candidats à l'Agrégation et à la Licence. 2ᵉ édit. 2 vol. in-8 avec figures; 1878. 12 fr.

LAURENT (H.). — Traité du Calcul des Probabilités. In-8; 1873. 7 fr. 50 c.

LAURENT (H.).—Théorie des résidus. In-8; 1866. 4 fr.

LÉAUTÉ (H.). Docteur ès Sciences, Ingénieur des Manufactures de l'État. — Théorie générale des transmissions par câbles métalliques. — *Règles pratiques*. In-4, avec figures dans le texte; 1882. 10 fr.

LE COINTE (I.-L.-A.). — Solutions développées de 300 Problèmes qui ont été proposés dans les compositions mathématiques pour l'admission au grade de Bachelier ès Sciences dans diverses Facultés de France. In-8, avec figures dans le texte; 1865. 6 fr.

LECOINTRE (E.), Ingénieur de la Marine en retraite, officier de la Légion d'honneur.—La Campagne de Moïse pour la sortie d'Egypte, avec Préface de l'Abbé *Moigno*, relative à un projet de recherche de l'armée de Pharaon engloutie dans la mer Rouge. In-8, avec une carte de l'Isthme de Suez; 1883. 2 fr. 50 c.

LECOQ DE BOISBAUDRAN. — Spectres lumineux, Spectres prismatiques et en longueurs d'onde, destinés aux recherches de Chimie minérale. Grand in-8, avec atlas contenant 29 belles planches sur acier; 1874. 20 fr.

LEFÉBURE DE FOURCY, Examinateur pour l'admission à l'Ecole Polytechnique. — Leçons d'Algèbre. 9ᵉ édition. In-8; 1880. 7 fr. 50 c.

LEFÉBURE DE FOURCY. — Leçons d'Algèbre à *l'usage des classes de Mathématiques élémentaires*; 1870. 4 fr.50 c.

LEFÉBURE DE FOURCY. — Éléments de Trigonométrie, contenant la Trigonométrie rectiligne, la Trigonométrie sphérique et quelques applications à l'Algèbre. 12ᵉ édition. In-8, avec planche; 1879. 2 fr.

LEFÉBURE DE FOURCY. — Leçons de Géométrie analytique, comprenant la Trigonométrie rectiligne et sphérique, les lignes et les surfaces des deux premiers ordres. 9ᵉ édition. In-8, avec planches; 1871. 7 fr. 50 c.

LEFÉBURE DE FOURCY. — Traité de Géométrie descriptive, précédé d'une Introduction qui renferme la Théorie du plan et de la ligne droite considérée dans l'espace. 8ᵉ édition. 2 vol. in-8, dont un composé de 32 planches; 1881. 10 fr.

LEFÈVRE. — Abrégé du nouveau traité de l'Arpentage, ou Guide pratique et mémorial de l'Arpenteur, particulièrement destiné aux personnes qui n'ont point étudié la Géométrie. Gros volume in-12, avec 18 pl., dont une coloriée. 7 fr.

LEFORT (F.), Inspecteur général des Ponts et Chaussées. — Sur les bases des calculs de stabilité des ponts à tabliers métalliques. Ouvrage approuvé par l'Académie des Sciences et honoré d'une souscription du Ministre des Travaux publics. In-4, avec 4 grandes planches; 1876. 4 fr.

LEFORT (F.). — Tables des surfaces de déblai et de remblai, des largeurs d'emprise et des longueurs des talus, relatives à un chemin de fer à deux voies ou à une *Route de 10 mètres* de largeur entre fossés, pour des cotes sur l'axe de 0ᵐ à 15ᵐ et pour des déclivités sur le profil transversal de 0ᵐ à 0ᵐ,25. Gr. in-8 jés.; 1861. 3 fr.

MÊMES TABLES relatives à une *Route de 8 mètres*. Grand in-8 sur jésus; 1863. 3 fr.

MÊMES TABLES relatives à un chemin de fer à une voie ou à une *Route de 6 mètres*, etc. Grand in-8 sur jésus; 1862. 3 fr.

LEHAGRE, Chef de bataillon du Génie. — Cours de Topographie, professé à l'Ecole d'application de l'Artillerie et du Génie. Grand in-8 jésus :

Iʳᵉ PARTIE : *Instruments et procédés de Lever (Planimétrie, Altimétrie, Dessin topographique)*. 2ᵉ édition, revue, corrigée et augmentée. Avec 312 figures dans le texte; 1881. 15 fr.

IIᵉ PARTIE : *Méthodes de Levers (Levers à grande échelle; Levers d'une grande étendue; Levers de reconnaissance)*. Avec 9 modèles de carnets pour les différents levers, et 22 grandes planches, dont 3 en couleur; 2ᵉ édition. (Sous presse.)

IIIᵉ PARTIE : *Opérations trigonométriques; Lever de la triangulation; Nivellement*. Avec 12 modèles de carnets pour l'enregistrement des observations, 8 types de calculs de triangulation et 12 grandes planches; 1880. 12 fr.

LEMONNIER, Docteur ès sciences, Prof. au Lycée Henri IV. — Mémoire sur l'élimination. In-4; 1879. 6 fr.

LEONELLI. — Supplément logarithmique, précédé d'une NOTICE SUR L'AUTEUR, par *J. Hoüel*, Professeur de Mathématiques pures à la Faculté des Sciences de Bordeaux. 2ᵉ édition. In-8; 1876. 4 fr.

LEPRIEUR, Trésorier de l'École Polytechnique. — Répertoire de l'École Polytechnique de 1855 à 1865, faisant suite au *Répertoire de Marielle*. In-8; 1867. 3 fr.

LEROY (C.-F.-A.), ancien Professeur à l'École Polytechnique et à l'École Normale supérieure. — Traité de Géométrie descriptive, suivi de la *Méthode des plans cotés et de la Théorie des engrenages cylindriques et coniques*. 11ᵉ édition, revue et annotée par *Martelet*. In-4, avec Atlas de 71 pl.; 1881. 16 fr.

LEROY (C.-F.-A.). — Traité de Stéréotomie, comprenant les Applications de la Géométrie descriptive à la Théorie des Ombres, la Perspective linéaire, la Gnomonique, la Coupe des Pierres et la Charpente. 9ᵉ édition, revue et annotée par *E. Martelet*, ancien élève de l'École Polytechnique, professeur de Géométrie descriptive à l'École centrale des Arts et Manufactures. In-4, avec Atlas de 74 pl. in-folio; 1883. 26 fr.

LE TELLIER (le Dʳ). — Nouveau système de Sténographie. In-8 raisin, avec 37 pl.; 1869. 2 fr. 50 c.

LEVY (Maurice), Ingénieur des Ponts et Chaussées, Docteur ès Sciences. — La Statique graphique et ses *Applications aux Constructions*. Un beau volume grand in-8, avec un Atlas même format, comprenant 24 planches doubles; 1874. (Rare.)

LEVY (Maurice). — Unités électriques. In-8; 1882. 1 fr. 50 c.

LIAGRE (J.-B.-J.), Lieutenant-Général, Secrétaire perpétuel de l'Académie Royale de Belgique. — Calcul des probabilités et Théorie des erreurs, avec des applications aux Sciences d'observation en général et à la Géodésie en particulier. 2ᵉ édition, revue par le capitaine *C. Peny*, professeur à l'École militaire. In-8; 1879. 10 fr.

LIONNET (E.), Agrégé de l'Université, examinateur suppléant d'admission à l'École Navale. — Éléments d'Arithmétique. 3ᵉ édition. In-8; 1857. (*Autorisé par l'Université*.) 4 fr.

LIONNET (E.). — **Algèbre élémentaire.** 3ᵉ édition. In-8;
1868.   4 fr.

LŒWY (M.). — **Éphémérides des étoiles de culmina-
tion lunaire et de longitude.** Publication du Bureau
des Longitudes. In-4 en tableaux :
    Année 1883......................... 3 fr.
    Année 1884......................... 3 fr.

LONCHAMPT(A.). — **Recueil des principaux Problèmes**
posés dans les examens pour l'*École Polytechnique* et
pour l'*École Centrale des Arts et Manufactures*, ainsi que
dans les conférences des *Écoles préparatoires* les plus
importantes de Paris. Énoncés et Solutions. 1 volume
lithographié, grand in-8 jésus; 1865.   8 fr.

LONCHAMPT (A.), Préparateur aux baccalauréats ès Lettres et ès Sciences, et aux Écoles du Gouvernement.

— **Recueil de Problèmes** tirés des *compositions données
à la Sorbonne*, de 1853 à 1875-1876, pour les *Baccalauréats ès Sciences*, suivis des compositions de Mathématiques élémentaires, de Physique, de Chimie et de
Sciences naturelles, données aux *Concours généraux* de
1846 à 1875-1876, et de *types d'examens* du baccalauréat
ès Lettres et des baccalauréats ès Sciences. 2ᵉ édition.
In-18 jésus, avec fig. dans le texte et planches; 1876-1877 :
Iʳᵉ PARTIE : **Arithmétique. — Algèbre. — Trigonomé-
trie.**   *Questions.* 1 fr. »
                                            Solutions. 1 fr. 80 c.
IIᵉ PARTIE : **Géométrie.**   *Questions.* 1 fr. »
                                            Atlas.   60 c.
                                            Solutions. 2 fr. 80 c.
IIIᵉ PARTIE : **Approximations numériques** (THÉORIE ET
APPLICATIONS). — **Maxima et minima** (THÉORIE ET QUESTIONS).
— **Courbes usuelles, Géométrie descriptive, Cosmo-
graphie, Mécanique.** *Théorie* et *Questions.* 1 fr. 50 c.
                                            Solutions. 1 fr. 50 c.
IVᵉ PARTIE : **Physique. — Chimie.** (Les *Solutions* sont
précédées d'un *Précis sur la résolution des Problèmes de
Physique*, par H. BERTOT, ancien Élève de l'École Poly-
technique).   *Questions.* 1 fr. »
                                            Solutions. 2 fr. 50 c.

LOOMIS (Elias), Professeur de Philosophie naturelle à
l'*Yale College* (Etats-Unis). — **Mémoires de Météorologie dynamique**; exposé des résultats de la discussion
des Cartes du temps des Etats-Unis ainsi que d'autres
documents. Traduit de l'anglais par *H. Brocard*, ancien élève de l'Ecole Polytechnique, Capitaine du génie.
Grand in-8, avec figures et 18 planches; 1880.   3 fr.

LOVE (G.-H.). — **Étude sur la constitution moléculaire des corps,** *sur les lois des volumes moléculaires,
des chaleurs spécifiques et des dilatations*; précédée d'une
Introduction sur la *définition de la Loi et celle de la
Force.* In-8, avec 2 pl.; 1883.   5 fr.

LOYAU (Achille), Ingénieur des Arts et Manufactures.
— Album de charpentes en bois, renfermant différents
types de *planchers, pans de bois, combles, échafaudages,
ponts provisoires,* etc. Grand in-4, contenant 120 planches de dessins cotés; 1873.   25 fr.

LUCAS (Édouard), Professeur de Mathématiques spéciales
au Lycée Saint-Louis. — **Récréations mathématiques.**
Tome I. — *Les Traversées.* — *Les Ponts.* — *Les Labyrin-
thes.* — *Les Reines.* — *Le Solitaire.* — *La Numération.*
— *Le Baguenaudier.* — *Le Taquin;* 1882.
Tome II. — *Qui perd gagne.* — *Les Dominos.* — *Les
Marelles.* — *Le Parquet.* — *Le Casse-tête.* — *Les Jeux
de demoiselles.* — *Le Jeu icosien d'Hamilton.* 1883.
Deux vol., petit in-8, caractères elzévirs, titres en deux
couleurs; chaque volume se vend séparément :
    Tirage sur papier vélin.   7 fr. 50 c.
    Tirage sur papier hollande.   12 fr. »

MADAMET, Ingénieur de la Marine, Sous-directeur de

l'Ecole d'application du Génie maritime. — **Résistance
des matériaux.** *Notions générales.* — *Traction.* — *Compression.* — *Glissement.* Grand in-8, avec 4 planches;
1881.   3 fr.

MADAMET. — Traité et Aide-Mémoire des déviations
des compas. 1 vol. grand in-8, suivi de Tables numériques, et d'un Atlas du même format contenant 16 pl. ;
1882.   10 fr.

MAINDRON (E.). — **Les fondations de prix à l'Académie des Sciences.** LES LAURÉATS DE L'ACADÉMIE (1714-
1880). In-4; 1881.   8 fr.

MAHISTRE, Professeur à la Faculté de Lille. — L'art de
tracer les Cadrans solaires, à l'usage des Instituteurs
et des personnes qui savent manier la règle et le compas. (*Approuvé par le Conseil de l'Instruction publique.*)
4ᵉ édit. In-18, avec fig. dans le texte; 1884. 1 fr. 25 c.

MAHISTRE. — **Cours de Mécanique appliquée.** In-8,
avec 211 figures dans le texte; 1858.   8 fr.

MANNHEIM (A.), Lieutenant-Colonel d'Artillerie, Professeur à l'École Polytechnique. — **Cours de Géométrie
descriptive de l'École Polytechnique,** comprenant les
ÉLÉMENTS DE LA GÉOMÉTRIE CINÉMATIQUE. Grand in-8, illustré de 249 figures dans le texte; 1880.   17 fr.

MANNHEIM (A.). — **Premiers éléments de la Géométrie descriptive.** In-8°; 1882.   1 fr. 25 c.

MANSION (P.). — **Éléments de la théorie des déterminants,** avec de nombreux exercices. 4ᵉ éd. In-8; 1883. 3 fr.

MANSION (P.), Professeur à l'Université de Gand.
Introduction à la Théorie des Déterminants, avec de
nombreux exercices à l'usage des Établissements d'Instruction moyenne. 2ᵉ édition. In-8; 1882.   1 fr.

MANSION (P.). — **Précis de la Théorie des fonctions
hyperboliques.** Grand in-8; 1884.   1 fr.

MARIE. — **Géométrie stéréographique,** ou *Relief des po-
lyèdres, pour faciliter l'étude des corps,* avec 25 planches
gravées et découpées de manière à reconstituer les po-
lyèdres. In-8.   5 fr.

MARIE (Maximilien), Répétiteur de Mécanique et Exa-
minateur d'admission à l'École Polytechnique. —
Histoire des Sciences mathématiques et physiques.
Petit in-8, caractères elzévirs, titre en deux couleurs.
  TOME I. — 1ʳᵉ Période. De *Thalès à Aristarque.* —
    2ᵉ Période. D'*Aristarque à Hipparque.* — 3ᵉ Période.
    D'*Hipparque à Diophante;* 1883.   6 fr.
  TOME II. — 4ᵉ Période. De *Diophante à Copernic.* —
    5ᵉ Période. De *Copernic à Viète;* 1883.   6 fr.
  TOME III. — 6ᵉ Période. De *Viète à Copernic.* — 7ᵉ Pé-
    riode. De *Kepler à Descartes;* 1883.   6 fr.
  TOME IV. — 8ᵉ Période. De *Descartes à Cavalieri.* —
    9ᵉ Période. De *Cavalieri à Huygens.*   6 fr.
Les autres périodes paraîtront successivement, en 2 ou
3 vol. analogues aux tomes précédents (*Huygens à Newton,
Newton à Euler, Euler à Lagrange, Lagrange à Laplace,
Laplace à Fourier, Fourier à Arago, Arago à Abel* et aux
géomètres contemporains).

MARIE (Maximilien). — **Théorie des fonctions des
variables imaginaires.** 3 volumes grand in-8, de 280
à 300 pages; 1874-1875-1876.   20 fr.
Chaque volume se vend séparément   8 fr.

MARIELLE. — **Répertoire de l'École Polytechnique
depuis l'époque de sa création en 1794 jusqu'en 1855**
inclusivement. (*Voir* LEPRIEUR, page 17, pour la
suite du Répertoire.) In-8; 1855.   5 fr.

MARINE A L'EXPOSITION UNIVERSELLE DE 1878
(La). — Ouvrage publié par ordre de M. le Ministre de
la Marine et des Colonies. 2 beaux volumes grand in-8,
avec 102 figures dans le texte, et 2 Atlas in-plano contenant 161 planches; 1879.   80 fr.

MARRE (A.). — Le Triparty en la Science des nombres, par maistre Nicolas Chuquet, Parisien, publié d'après le manuscrit, fonds français, n° 1346 de la Bibliothèque Nationale de Paris, et précédé d'une Notice. Extrait du *Bullettino di Bibliografia e di Storia delle Scienze matematiche e fisiche*, t. XIII. In-4°; 1881. Rome. 18 fr.

MARRE (A.). — Problèmes numériques faisant suite et servant d'application au Triparty en la Science des nombres de Nicolas Chuquet, Parisien. In-4; 1881. Rome. 3 fr.

MARTIN (Adolphe), Docteur ès Sciences. — Sur une méthode d'autocollimation directe des objectifs astronomiques et son application à la mesure des indices de réfraction des verres qui les composent; Remarques sur l'emploi du sphéromètre. In-4; 1880. 1 fr. 25 c.

MASCART. — *Voir* Moureaux.

MASTAING (de), Professeur à l'École Centrale des Arts et Manufactures. — Cours de Mécanique appliquée à la résistance des matériaux. Leçons professées à l'École Centrale de 1862 à 1872 par Mastaing et rédigées par *Courtès-Lapeyrat,* Ingénieur des Arts et Manufactures, répétiteur du Cours. Grand in-8, avec nombreuses figures dans le texte et planche; 1874. 15 fr.

MATHÉSIS, *Recueil mathématique à l'usage des Ecoles spéciales et des Etablissements d'instruction moyenne,* publié par *P. Mansion* et *J. Neuberg.* Grand in-8, mensuel. T. IV; 1884.
Paris, France et Etranger : 9 fr.

MATHIEU (Émile), Professeur à la Faculté des Sciences de Nancy. — Théorie de la capillarité. In-4; 1883. 10 fr.

MATHIEU (Émile). — Dynamique analytique. In-4; 1878. 15 fr.

MATHIEU (Émile). — Cours de Physique mathématique. In-4; 1873. 15 fr.

MAXWELL (James Clerk). — Traité élémentaire d'Électricité, précédé d'une *Notice sur ses travaux en Électricité,* par *William Garnett.* Traduit de l'anglais par Gustave Richard, Ingénieur civil des Mines. In-8, avec figures dans le texte; 1884.

MEISSAS (N.). — Tables pour servir aux Études et à l'exécution des chemins de fer, ainsi que dans tous les travaux où l'on fait usage du cercle et de la mesure des angles. 2° édition; 1867. Broché. 8 fr.
Cartonné. 9 fr.

MELSENS, Membre de l'Académie Royale des Sciences, de Belgique. — Balistique expérimentale. *Expériences sur le passage des projectiles à travers les milieux résistants, sur l'écoulement des solides et sur la résistance de l'air au mouvement des projectiles.* Grand in-8, avec 1 planche; 1882. 1 fr. 25 c.

MÉMORIAL DE L'ARTILLERIE, rédigé par les soins du Comité de l'Artillerie. Volume in-8, avec Atlas cartonné de 24 planches (n° VIII); 1867. 12 fr.
Ce volume contient l'historique des modifications successives introduites dans l'organisation du personnel et dans le matériel de l'Artillerie, par suite de l'adoption des *bouches à feu rayées.*

MÉMORIAL DE L'OFFICIER DU GÉNIE, rédigé par les soins du Comité des Fortifications, avec l'approbation du Ministre de la Guerre. In-8, avec planches et nombreuses figures dans le texte.
Chaque volume, à partir du N° 21, se vend séparément. 7 fr. 50 c.
Les N°ˢ 21 (1873), 22 (1874), 23 (1874), 24 (1875), 25 (1876), sont en vente. Le N° 26 est sous presse.
Pour recevoir *franco,* ajouter 70 c. par volume.

MILNE EDWARDS, Membre de l'Institut, doyen de la Faculté des Sciences, Président de l'Association scientifique de France. — Nouvelles Causeries scientifiques, ou *Notes adressées aux Membres de l'Association à l'occasion de l'Exposition internationale de 1878.* In-8; 1880. (Se vend au profit de l'Association.) 6 fr.

MIQUEL (P.), Docteur ès Sciences, Docteur en médecine, Attaché à l'Observatoire de Montsouris. — Les Organismes vivants de l'atmosphère. Étude sur les semences aériennes des moisissures et des bactéries, sur les procédés usités pour récolter, compter et cultiver ces deux classes de microbes et sur l'application de ces recherches à l'hygiène générale des villes et des asiles hospitaliers. Un beau volume grand in-8, avec 86 figures dans le texte et 2 planches en taille-douce; 1883. 9 fr. 50 c.
Quelques exemplaires pour bibliophiles ont été tirés sur papier vélin, *format in-4.* 20 fr.

MOIGNO (l'Abbé). — Leçons de Mécanique analytique, rédigées principalement d'après les méthodes d'*Augustin Cauchy* et étendues aux travaux les plus récents. Statique. In-8, avec planches; 1868. 12 fr.

MOIGNO (l'Abbé). — Calcul des Variations, rédigé en collaboration avec Lindelöf. In-8; 1861. 6 fr.

MOIGNO (l'Abbé). — Actualités scientifiques. Volumes in-18 jésus, ou petit in-8 se vendant séparément :

PREMIÈRE SÉRIE.

1° Analyse spectrale des Corps célestes; par *Huggins.* (*Sous presse.*)

2° Calorescence. — Influence des couleurs; par *Tyndall.* 1 fr. 50 c.

3° La Matière et la Force; par *Tyndall.* 1 fr. 50 c.

4° Impossibilité du nombre actuellement infini. — La Science dans ses rapports avec la Foi; par l'abbé *Moigno.* 1 fr.

5° Sept Leçons de Physique générale; par *A. Cauchy.* 1 fr. 50 c.

6° Physique moléculaire; par l'Abbé *Moigno.* (*Épuisé.*)

7° Chaleur et Froid; par *Tyndall.* (*Sous presse.*)

8° Sur la radiation; par *Tyndall.* 1 fr. 25 c.

9° Sur la force de combinaison des atomes; par *Hofmann.* 1 fr. 25 c.

10° Faraday inventeur; par *Tyndall.* 2 fr.

11° Saccharimétrie optique, chimique et mélassimétrique; par l'Abbé *Moigno.* 3 fr. 50 c.

12° La Science anglaise, son bilan en 1868 (réunion à Norwich); par l'Abbé *Moigno.* 3 fr. 50 c.

13° Mélanges de Physique et de Chimie pures et appliquées; par *Frankland, Graham, Macquorn-Rankine, Perkin, Sainte-Claire Deville, Tyndall.* 3 fr. 50 c.

14° Les Aliments; par *Letheby.* 3 fr.

15° Constitution de la Matière; par le P. *Leray.* (*Épuisé.*)

16° Esquisse historique de la Théorie dynamique de la Chaleur; par *Tait.* 3 fr. 50 c.

17° Théorie du Vélocipède. — Sur les lois de l'écoulement de la vapeur; par *Macquorn-Rankine.* 1 fr. 25 c.

18° Les Métamorphoses chimiques du Carbone; par *Odling.* 2 fr.

19° Programme d'un cours en sept leçons sur les phénomènes et les théories électriques; par *Tyndall.* 1 fr. 50 c.

20° Géologie des Alpes et du tunnel des Alpes; par *Elie de Beaumont* et *Sismonda.* 2 fr.

21° La Science anglaise, son bilan en 1869 (réunion à Exeter). 3 fr. 50 c.

22° La Lumière; par *Tyndall.* 2 fr.

23° Les agents explosifs modernes et leurs applications; par l'Abbé *Moigno.* 2 fr.

24° Religion et Patrie, vengées de la fausse science et de l'envie haineuse; par l'Abbé *Moigno*. 1 fr. 5o c,

25° Éléments de Thermodynamique; par *J. Moutier*.
(*Épuisé.*)

26° Sur la force de la Poudre et des matières explosibles; par *Berthelot*.   3 fr. 5o c.

27° Sursaturation des solutions gazeuses; par *Tomlinson*.   2 fr.

28° Optique moléculaire. Effets de précipitation, de décomposition, d'illumination produits par la lumière; par l'Abbé *Moigno*.   2 fr. 5o c.

29° L'Architecture du monde des atomes, avec 100 fig. dans le texte; par *Gaudin*.   5 fr.

30° Étude sur les éclairs, avec figures dans le texte; par *P. Perrin*.   2 fr. 5o c.

31° Manuel pratique militaire des chemins de fer, avec nomb. fig.; par le capitaine *Issalène*. 2 fr. 5o c.

32° Instruction sur les Paratonnerres; par *Pouillet* et *Gay-Lussac*; avec 58 fig. et planche. 2 fr. 5o c.

33° Tables barométriques et hypsométriques pour le calcul des hauteurs, précédées d'une *Instruction*; par *R. Radau*. (Nouveau tirage.)   1 fr. 25 c.

34° Les passages de Vénus sur le disque solaire, avec figures; par *Edm. Dubois*.   3 fr. 5o c.

35° Manuel élémentaire de Photographie au collodion humide, avec figures; par *Dumoulin*. 1 fr. 5o

36° Problèmes plaisants et délectables qui se font par les nombres; par *Bachet, sieur de Méziriac*. 4ᵉ éd., revue par *Labosne*. Un joli vol., petit in-8 elzévir, titre en deux couleurs.   6 fr.

37° La Chaleur considérée comme un mode de mouvement; par *Tyndall*. 2ᵉ édition française, avec nombreuses figures; 1881. 2ᵉ tirage.   8 fr.

38° L'Astronomie pratique et les Observatoires en Europe et en Amérique, depuis le milieu du XVIIᵉ siècle jusqu'à nos jours; par *André* et *Rayet*, astronomes, et *Angot*, professeur de Physique au Lycée Fontanes; avec belles figures dans le texte et planches en couleur.

    Iʳᵉ PARTIE : *Angleterre*.   4 fr. 5o c.

    IIᵉ PARTIE : *Ecosse, Irlande et Colonies anglaises*.   4 fr. 5o c.

    IIIᵉ PARTIE : *Amérique du Nord*.   4 fr. 5o c.

    IVᵉ PARTIE : *Amérique du Sud*, et Météorologie américaine.   3 fr.

    Vᵉ PARTIE : *Italie*.   4 fr. 5o c.

39° Méthodes chimiques pour la recherche des falsifications, l'essai, l'analyse des matières fertilisantes; par *Ferdinand Jean*.   (*Épuisé.*)

40° Premières Leçons de Photographie, avec figures; par *Perrot de Chaumeux*.   1 fr. 5o c.

41° Les Mines dans la guerre de campagne. — Exposé des divers procédés d'inflammation des mines et des pétards de rupture. — Emploi de préparations pyrotechniques et emploi de l'électricité, avec 51 fig. dans le texte; par le capit. *Picardat*. 2 fr. 5o c.

42° Essai sur une manière de représenter les quantités imaginaires dans les constructions géométriques, par *R. Argand*. 2ᵉ édition, précédée d'une préface par *J. Hoüel*.   5 fr.

43° Essai sur les piles; par *A. Callaud*. 2ᵉ édition, avec 2 planches. (Ouvrage couronné par la Société des Sciences de Lille.)   2 fr. 5o c.

44° Matière et Éther; Indication d'une méthode pour établir les propriétés de l'Éther, par *Kretz*, Ingénieur en chef des Manufactures de l'État. 1 fr. 5o c.

45° L'Unité dynamique des forces et des phénomènes de la nature, ou l'Atome tourbillon; par *F. Marco*, Professeur au Lycée Cavour, à Turin.
2 fr. 5o c.

46° Physique et Physique du Globe. Divers Mémoires de *Tyndall*, *Carpenter*, *Ramsay*, *Raphaël de Rossi*, *Félix Plateau*. Traduit par l'Abbé *Moigno*.
2 fr. 5o c.

47° La grande pyramide, pharaonique de nom, humanitaire de fait; ses merveilles, ses mystères et ses enseignements; par *Piazzi Smyth*, Astronome royal d'Écosse. Traduit de l'anglais par l'Abbé *Moigno*.   (*Épuisé.*)

48° La Foi et la Science; par l'Abbé Moigno.   3 fr.

49° Les insuccès en Photographie; causes et remèdes, suivis de la retouche des clichés et du gélatinage des épreuves; par *Cordier*. 4ᵉ édit.   1 fr. 75 c.

50° La Photolithographie, son origine, ses procédés, ses applications; par *C. Fortier*. Petit in-8, orné de planches, fleurons, culs-de-lampe, etc., obtenus au moyen de la Photolithographie.   3 fr. 5o c.

51° Procédé au Collodion sec; par *F. Boivin*. 2ᵉ édit., augmentée des formulaires de Th. Sutton, des tirages aux poudres inertes (procédé au charbon). ainsi que de notions pratiques sur la Photolithographie, l'électrogravure et l'impression à l'encre grasse.   1 fr. 5o c.

52° Les Pandynamomètres de torsion et de flexion. *Théorie et application;* avec 2 grandes planches, par *G.-A. Hirn*.   2 fr.

53° Notice sur les Aréomètres employés dans l'industrie, le commerce et les sciences, avec figures dans le texte; par *Baserga*, constructeur d'instruments.   1 fr. 5o c.

54° Manuel du Magnanier, application des théories de PASTEUR à l'éducation des vers à soie; par *L. Roman*. Un beau volume, avec nombreuses figures ombrées dans le texte et 6 planches en couleur.   4 fr. 5o c.

55° Les Couleurs reproduites en Photographie; Historique, théorie et pratique; par *Eug. Dumoulin*.
1 fr. 5o c.

56° Progrès récents de l'Astronomie stellaire ; par *R. Radau*.   1 fr. 5o c.

57° Les Observatoires de montagne (avec figures dans le texte); par *R. Radau*.   1 fr. 5o c.

58° Les poussières de l'air, avec figures dans le texte et 4 planches; par *Gaston Tissandier*. 2 fr. 25 c.

59° Traité pratique de Photographie au charbon, complété par la description de divers *Procédés d'impressions inaltérables* (*Photochromie et tirages photomécaniques*); par *Léon Vidal*. 3ᵉ éd., avec une pl. spécimen de Photochromie et 2 pl. spécimens d'impressions à l'encre grasse.   4 fr. 5o c.

60° Le procédé au gélatino-bromure, suivi d'une *Note* de MILSOM *sur les clichés portatifs* et de la traduction des *Notices* de R. KENNETT et Rév. H.-G. PALMER, avec fig.; par *H. Odagir*.   1 fr. 5o c.

61° La Science des nombres d'après la tradition des siècles; Explication de la table de Pythagore, par l'Abbé *Marchand*.   3 fr.

62° La Lumière et les climats; par *R. Radau*. 1 fr. 75 c.

63° Les Radiations chimiques du Soleil; par *R. Radau*.
1 fr. 5o c.

64° L'Actinométrie; par *R. Radau*.   2 fr.

65° Traité pratique complet d'impressions photographiques aux encres grasses, de phototypographie et de photogravure; par *Moock*. 2ᵉ éd. 3 fr.

66° La Spectroscopie, avec nombreuses gravures dans le texte; par *Cazin*.   2 fr. 75 c.

67° Formulaire pratique de la Photographie aux sels d'argent; par *Huberson*.   1 fr. 5o c.

68° Leçons sur l'Électricité, par *Tyndall*; traduit de l'anglais par *Francisque Michel*.   2 fr. 75 c.

69° Traité élémentaire et pratique de Photographie au charbon; par *Aubert*. 2ᵉ édit.   1 fr. 5o c.

70° La prévision du temps; par *W. de Fonvielle*.
1 fr. 5o c.

71° La Photographie et ses applications scientifiques; par *R. Radau*.   1 fr. 75 c.

72° L'Ozone; ce qu'il est, ses propriétés physiques et chimiques, son existence et son rôle dans la nature; par l'Abbé *Moigno*.   3 fr. 5o c.

73° **Les Microbes organisés** ; leur rôle dans la fermentation, la putréfaction et la contagion ; Mémoires
de Tyndall et Pasteur ; par l'Abbé *Moigno.*
                                            3 fr. 50 c.

74° **Le R. P. Secchi sa Vie, son Observatoire, ses Travaux, ses Écrits** ; ses titres à la gloire, ses
grands Ouvrages ; par l'Abbé *Moigno* ; avec un
portrait et 3 planches.   3 fr. 50 c.

75° **Cartes du temps et Avertissements de tempêtes,**
par *Robert H. Scott*. Traduit de l'anglais par
Zurcher et *Margollé*. Petit in-8, avec 2 planches
et nombreuses figures.   4 fr. 50 c.

76° **La Photographie appliquée à l'Archéologie** : Reproduction des *Monuments, OEuvres d'art, Mobi-
liers, Inscriptions, Manuscrits* ; par *E. Trutat*,
avec cinq photolithographies.   3 fr.

77° **La Photographie des peintres, des voyageurs et
des touristes.** *Nouveau procédé sur papier huilé,*
simplifiant le bagage et facilitant toutes les opérations, avec indication de la manière de construire
soi-même la plupart des instruments nécessaires ;
par *Pélegry* ; avec un spécimen.   1 fr. 75 c.

78° **Comment on observe les nuages pour prévoir le
temps** ; par *André Poëy.* Petit in-8, avec 17 planches
chromolithographiques.   4 fr. 50 c.

79° **Traité pratique de Phototypie ou Impression à
l'encre grasse sur couche de gélatine** ; par *Léon
Vidal* ; avec belles figures dans le texte et spécimens.   8 fr.

80° **Observations météorologiques en ballon** ; Résumé
de vingt-cinq ascensions aérostatiques ; par *Gaston
Tissandier* ; avec fig.   1 fr. 50 c.

81° **Précis de Microphotographie,** par *G. Huberson*,
avec figures dans le texte et une planche en
photogravure.   2 fr.

82° **Constitution intérieure de la Terre** ; par *R. Radau.*   1 fr. 50 c.

83° **Le rôle des vents dans les climats chauds** ; la
pression barométrique et les climats des
hautes régions ; par *R. Radau.*   1 fr. 50 c.

84° **La Photographie sur plaque sèche. — Emulsion
au coton-poudre avec bain d'argent** ; par *Fabre.*
                                            1 fr. 75 c.

85° **La machine de Gramme. — Sa théorie et ses applications,** avec figures ; par *Antoine Bréguet.* 2 fr.

86° **Traité d'analyse chimique complète des potasses
brutes et des potasses raffinées** ; par *Berth.*
                                            1 fr. 50 c.

87° **La Météorologie appliquée à la prévision du
temps.** Leçon faite à l'École supérieure de Télégraphie, par *E. Mascart* ; recueillie par *Moureaux*,
météorologiste au Bureau central ; avec 16 planches en couleur.   2 fr.

88° **Traité pratique de la retouche des clichés photographiques,** suivi d'une méthode très détaillée
d'*émaillage* et de *formules* et *procédés divers* ; par
Piquepé ; avec 2 photoglypties.   4 fr. 50 c.

89° **Notions élémentaires d'analyses chimique quali-
tative** ; par *Th. Swarts* ; avec figures.   1 fr. 50 c.

90° **Le gaz et l'électricité comme agent de chauffage,** par le Dr *Siemens*. Traduit de l'anglais par
Gustave Richard, avec figures   1 fr. 50 c.

91° **Traité pratique de Photoglyptie** ; par *Léon Vidal*.
Avec nombreuses figures dans le texte et 2 planches
photoglyptiques.   7 fr.

92° **Les agents explosifs appliqués dans l'industrie** ;
par *Abel*. Traduit de l'anglais par *Gustave Richard.*   1 fr 50 c.

93° **Récréations mathématiques** ; par *Ed. Lucas*. Deux
jolis volumes, petit in-8 elzévir, titres en deux couleurs. Chaque volume se vend séparément. 7 fr. 50 c.

94° **Les courants atmosphériques d'après les nuages.**
au point de vue de la prévision du temps ; par
André Poëy ; 1882.   2 fr.

95° **Histoire de la symphonie à orchestre** ; par *Michel Brenet*. Un joli volume, petit in-8 elzévir,
titre en deux couleurs ; 1882.   3 fr.

96° **Éléments de construction de machines** ; par
Cauthorn Unwin. Traduit sur la 2e édition anglaise
par *Bocquet*, et suivi d'un Appendice par *Léauté*,
avec 237 fig. dans le texte ; 1882. Broché.   7 fr.
                         Cart. à l'anglaise.   8 fr.

97° **Nouvelle théorie du Soleil ; conservation de
l'énergie solaire** ; par *C.-W. Siemens*. — Recon-
centration de l'énergie de l'Univers ; par *Mac-
quorn Rankine*. Traduit de l'anglais par *G. Richard* ; 1882.   1 fr.

98° **Détermination des éléments de construction
des électro-aimants,** par *du Moncel*, membre de
l'Institut. 2e édition ; 1882.   2 fr.

99° **Traité élémentaire du microscope** ; par *E. Trutat*,
Conservateur du musée d'Histoire naturelle de
Toulouse. Un joli volume petit in-8, avec 171 figures
dans le texte ; 1882.   8 fr.
                   Cartonné à l'anglaise.   9 fr.

100° **Unités et constantes physiques** ; par *Everett*.
Ouvrage traduit de l'anglais par *Jules Reynaud*,
avec le concours de *Thévenin, de la Touanne* et
Massin. In-18 jésus ; 1882.   4 fr.

101° **Traité des impressions photographiques** ; par
Poitevin, suivi d'Appendices par *Léon Vidal*. 2e édition, avec un portrait photographique de Poitevin ;
1883.   5 fr.

102° **Introduction à la théorie de l'énergie** ; par
Jouffret, Chef d'escadron d'artillerie. Petit in-8 ;
1883.   3 fr. 50 c.

103° **La Météorologie nouvelle et la prévision du
temps,** par *Radau* ; 1883.   1 fr. 75 c.

104° **Les vêtements et les habitations dans leurs rapports avec l'atmosphère,** par *Radau* ; 1883.
                                            1 fr. 75 c.

105° **La Platinotypie,** *Nouveau procédé photographique
aux sels de platine* ; par *Pizzighelli* et *Hübl*. Traduit de l'allemand par *Henry Gauthier-Villars* ;
1883.   3 fr. 50 c.

DEUXIÈME SÉRIE.

La Science illustrée. — L'enseignement de tous.

1° **L'Art des projections,** avec 103 figures ; par l'Abbé
Moigno.   2 fr. 50 c.

2° **Photomicrographie** en 100 tableaux pour projections ; texte explicatif avec 29 figures dans le texte ;
par *Girard*.   1 fr. 50 c.

3° **Les Accidents,** secours en l'absence de l'homme de
l'art, avec 36 figures dans le texte ; par *Smée*.
                                           1 fr. 25 c.

4° **L'Anatomie et l'Histologie,** enseignées par les
projections lumineuses ; par le Dr *Le Bon*.   1 fr.

5° **Manuel de Mnémotechnie,** *Application à l'histoire* ;
par l'Abbé *Moigno.*   3 fr.

6° **Le latin pour tous** ; par l'Abbé *Moigno.*   2 fr.

7° **Les Sciences, les Industries, les Arts enseignés
et illustrés** par quatre mille cinq cents photo-
graphies sur verres. — Catalogue des tableaux
et appareils ; par l'Abbé *Moigno.*   1 fr. 50 c.

MOIGNO (l'Abbé). — *Voir Lecointre, Campagne de
Moïse.*

MOLLET (J.). — Gnomonique graphique, ou Méthode
facile pour tracer les cadrans solaires sur toutes
sortes de Plans, en ne faisant usage que de la règle et
du compas. 7e édit. In-8, avec pl. ; 1884.   3 fr. 50 c.

MONCKHOVEN (Dr V.). — Traité général de Photographie, suivi d'un chapitre spécial sur le *gélatino-bromure
d'argent*. Septième édition. Grand in-8, avec planches
et figures intercalées dans le texte ; 1880.   16 fr.

MOUCHOT. — La chaleur solaire et ses applications
industrielles. — Deuxième édition, revue et considérablement augmentée. In-8, avec figures ; 1879.   6 fr.

MOUREAUX (Th.), Météorologiste au Bureau central. — **La Météorologie appliquée à la prévision du temps.** Leçon faite à l'École supérieure de Télégraphie par *E. Mascart*, Directeur du Bureau central météorologique de France, recueillie par *Th. Moureaux*. In-18 avec 16 planches en couleur; 1881.   2 fr.

MOUREY. — **La vraie théorie des quantités négatives et des quantités prétendues imaginaires.** (Dédié aux amis de l'évidence.) 2ᵉ édition. In-12, avec figures dans le texte; 1861.   2 fr. 5o c.

NAUDIER, Docteur en droit, conseiller de préfecture de l'Aube. — **Traité théorique et pratique de la Législation et de la Jurisprudence des Mines, des Minières et des Carrières.** In-8; 1877.   10 fr.

NAUDIN (Laurent), Chimiste. — **Désinfection des alcools mauvais goût par l'électrolyse des flegmes.** 2ᵉ édition. In-18 jésus, avec figures; 1883.   1 fr. 5o c.

NEVEU et HENRY, Ingénieurs de forges. — **Traité pratique du laminage du fer.** In-8, avec 10 Tableaux et un Atlas cartonné de 117 planches; 1881.   4o fr.

NORMAND (J.-A.). — **Navigation stellaire.** In-4; 1883.   3 fr.

NOURY. — **Tarifs d'après le système métrique décimal pour cuber les bois carrés en grume ou ronds, et tous les corps solides quelconques, ainsi que les colis ou ballots, etc.** 3ᵉ édition. In-8; 1877. (*Approuvé par les Ministres de l'Intérieur et de la Marine.*) 4 fr.

NOUVELLES ANNALES DE MATHÉMATIQUES. Journal des Candidats aux Écoles Polytechnique et Normale, rédigé par *Gerono* et *Brisse*. (Publication fondée en 1842 par *Gerono* et *Terquem*, et continuée par *Gerono, Prouhet et Bourget.*) (¹).

1ʳᵉ Série, 20 vol. in-8, années 1842 à 1861.   3oo fr.
   Les tomes I à VII, X et XVI à XX (1842-1848, 1851 et 1857 à 1861) ne se vendent pas séparément. Les autres tomes de la 1ʳᵉ Série se vendent séparément. 15 fr.

2ᵉ Série, 20 vol. in-8, années 1862 à 1881.   3oo fr.
   Les tomes I à III et V à VIII (1862 à 1864 et 1866 à 1869) de la 2ᵉ Série ne se vendent pas séparément. Les autres tomes se vendent séparément.   15 fr.

La 3ᵉ Série, commencée en 1882, continue de paraître chaque mois par cahier de 48 pages.
   Les abonnements sont annuels et partent de janvier.
                Prix pour un an (12 numéros):
Paris....................................... 15 fr.
Départements et Union postale.......... 17 fr.
Autres pays................................. 20 fr.

OGER (F.), Professeur d'Histoire et de Géographie, Maître de Conférences au Collège Sainte-Barbe. — **Géographie de la France et Géographie générale, physique, militaire, historique, politique, administrative et statistique,** *rédigée conformément au Programme officiel*, à l'usage des Candidats aux Écoles du Gouvernement et aux Aspirants aux Baccalauréats ès Lettres et ès Sciences. 8ᵉ édition. In-8; 1883.   3 fr.
   Cet Ouvrage correspond à l'Atlas de Géographie générale du même Auteur.

OGER (F.). — **Atlas de Géographie.**
   Atlas de Géographie générale à l'usage des Lycées, des Collèges, des Institutions préparatoires aux Écoles du gouvernement et de tous les établissements d'Instruction publique. 12ᵉ édition. In-plano cartonné, contenant 33 Cartes coloriées; 1883.   14 fr.
   Atlas géographique et historique à l'usage de la classe de QUATRIÈME. 3ᵉ édition. In-plano cartonné contenant 16 cartes coloriées; 1882.   8 fr. 5o c.
   Atlas géographique et historique à l'usage de la classe

(¹) On peut se procurer l'une des Séries ou les deux séries, au moyen de payements mensuels de 3o fr.

de CINQUIÈME. In-plano cartonné, contenant 18 cartes coloriées; 1875.   8 fr. 5o c.
   Atlas géographique et historique à l'usage de la classe de SIXIÈME. In-plano cartonné, contenant 10 cartes coloriées; 1875.   6 fr.
   Atlas géographique et historique à l'usage des CLASSES ÉLÉMENTAIRES (7ᵉ, 8ᵉ et 9ᵉ). In-plano cartonné, contenant 13 cartes coloriées; 1875.   6 fr.

OGER (F.). — **Cours d'Histoire générale à l'usage des Lycées, des établissements d'instruction publique, des candidats aux Écoles du Gouvernement et aux baccalauréats,** rédigé conformément aux programmes officiels. Classes de troisième, seconde, philosophie.
   I. *Histoire de l'Europe depuis l'invasion des Barbares jusqu'au XIVᵉ siècle.* 2ᵉ édition. In-8; 1875. 3 fr. 5o c.
   II. *Histoire de l'Europe depuis le XIVᵉ jusqu'au milieu du XVIIᵉ siècle.* 2ᵉ édition. In-8; 1875.   3 fr. 5o c.
   III. *Histoire de l'Europe de 1610 à 1848.* 3ᵉ édition; 1875.   6 fr. 5o c.
   — *Histoire de l'Europe de 1848 à 1875.* In-8; 1882. (Appendice au Tome III.)   1 fr.
   IV. *Histoire de l'Europe de 1610 à 1815 (Cours de Rhétorique).* 2ᵉ édition. In-8; 1875.   7 fr. 5o c.

ORTOLAN (J.-A.), mécanicien en chef de la marine. — **Mémorial du mécanicien d'usine et de navigation.** Calculs d'application; Tables et tableaux de résultats pour la construction, les essais et la conduite des machines à vapeur. In-18 de 52o pages, avec plus de 2oo figures dans le texte; 1878. Broché.   4 fr. 5o c.
                                     Cartonné.   5 fr. 5o c.

PARIS (Vice-Amiral), Membre de l'Institut et du Bureau des Longitudes, Conservateur du Musée de Marine. — **Souvenirs de Marine.** — **Collections de plans ou dessins de navires et de bateaux anciens et modernes, existants ou disparus,** *avec les éléments nécessaires à leur construction.* Un bel album relié de 6o pl. in-folio; 1882.   25 fr.

PASQUIER (Ernest), Professeur à l'Université de Louvain. — **Étude des machines à vapeur,** *principalement basée sur les expériences de Hirn et Hallauer.* Grand in-8; 1883.   5 fr.

PASTEUR (L.). — **Études sur la maladie des Vers à soie;** *moyen pratique assuré de la combattre et d'en prévenir le retour.* Deux beaux volumes grand in-8, avec figures dans le texte et 37 planches; 1870. 20 fr.

PASTEUR (L.). — **Études sur la Bière;** *ses maladies, causes qui les provoquent, procédé pour la rendre inaltérable,* avec une THÉORIE NOUVELLE DE LA FERMENTATION. Grand in-8, avec 85 figures dans le texte et 13 planches gravées; 1876.   20 fr.

PASTEUR (L.). — **Examen critique d'un écrit posthume de Claude Bernard sur la fermentation.** In-8; 1879.   5 fr.

PEIGNÉ (M.-A.). — **Conversion des mesures, monnaies et poids de tous les pays étrangers en mesures, monnaies et poids de la France.** In-18 jésus; 1867. 2 fr. 5o c.

PEREIRE (Eugène). — **Tables de l'intérêt composé, des annuités et des rentes viagères.** 3ᵉ édit., augmentée de 8 *Tableaux graphiques.* In-4; 1882. 10 fr.

PERRODIL (GROS de), Ingénieur en chef des Ponts et Chaussées. — **Résistance des matériaux.** — **Résistance des voûtes et arcs métalliques employés dans la construction des ponts.** In-8, avec 2 grandes planches; 1879.   7 fr. 5o c.

PERROTIN, Directeur de l'Observatoire de Nice. — **Visite à divers Observatoires de l'Europe.** In-8; 1881. 2 fr. 5o c.

PETERSEN (Julius), Membre de l'Académie royale danoise des Sciences, professeur à l'École royale polytechnique de Copenhague. — Méthodes et théories pour la résolution des problèmes de constructions géométriques, *avec application à plus de 400 problèmes.* Traduit par O. CHEMIN, Ingénieur des Ponts et Chaussées. Petit in-8, avec figures; 1880.   4 fr.

PETIT (F.). — Traité d'Astronomie pour les gens du monde, avec des *Notes complémentaires* pour les Candidats au Baccalauréat, aux Écoles spéciales et à la Licence ès Sciences mathématiques. 2 volumes in-18 jésus, avec 286 figures dans le texte et une Carte céleste; 1866.   7 fr.

PIARRON DE MONDÉSIR, Ingénieur des Ponts et Chaussées. — Dialogues sur la Mécanique; *Méthode nouvelle* pour l'enseignement de cette Science, résultats scientifiques nouveaux. In-8, avec figures; 1870.   6 fr.

PICART (A.), Docteur ès sciences Mathématiques. — Introduction aux principes mathématiques *des lois générales du monde physique.* In-8; 1882.   3 fr. 50 c.

PIZZIGHELLI et HÜBL. — La Platinotypie. *Exposé théorique et pratique d'un procédé photographique, aux sels de platine permettant d'obtenir rapidement des épreuves inaltérables.* Traduit de l'allemand par *Henry Gauthier-Villars.* In-8; 1883.   3 fr. 50 c.

PLATEAU (J.), Correspondant de l'Institut de France, Professeur à l'Université de Gand. — Statique expérimentale et théorique des liquides soumis aux seules forces moléculaires. 2 vol. grand in-8, d'environ 950 pages, avec figures dans le texte; 1873.   15 fr.

POËY (André), Fondateur de l'Observatoire physique et météorologique de la Havane. — Comment on observe les nuages pour prévoir le temps. 3ᵉ édition, revue et augmentée. Petit in-8, contenant 17 planches chromolithographiques et 3 planches sur bois; 1879. 4 fr. 50 c.

POËY (André). — Les courants atmosphériques d'après les nuages. *Observation de ces courants en vue de la prévision du temps.* Petit in-8; 1882.   2 fr.

POINSOT. — Éléments de Statique, précédés d'une *Notice sur Poinsot,* par J. BERTRAND, Membre de l'Institut. 12ᵉ édition; 1877.   6 fr.

POITEVIN (A.). — Traité des impressions photographiques, suivi d'Appendices relatifs aux procédés de *Photographie négative et positive sur gélatine,* d'Héliogravure, d'Hélioplastie, de Photolithographie, de Phototypie, de *tirage au charbon, d'impressions aux sels de fer,* etc., par LÉON VIDAL. 2ᵉ édition, entièrement revue et complétée. In-18 jésus, avec un portrait phototypique de Poitevin; 1883.   5 fr.

PONCELET, Membre de l'Institut. — Applications d'Analyse et de Géométrie qui ont servi de principal fondement au Traité des Propriétés projectives des figures, suivies d'Additions par *Mannheim* et *Moutard,* anciens Élèves de l'École Polytechnique. 2 vol. in-8, avec figures dans le texte; 1864.   20 fr.
    Chaque volume se vend séparément.   10 fr.

PONCELET. — Traité des Propriétés projectives des figures. Ouvrage utile à ceux qui s'occupent des applications de la Géométrie descriptive et d'opérations géométriques sur le terrain. 2ᵉ édition; 1865-1866. 2 beaux volumes in-4 d'environ 450 pages chacun, avec de nombreuses planches gravées sur cuivre.   40 fr.
    Le second volume se vend séparément.   20 fr.

PONCELET. — Introduction à la Mécanique industrielle, physique ou expérimentale. 3ᵉ édit., publiée par *Kretz,* ingénieur en chef, inspecteur des manufactures de l'État. In-8 de 757 pages, avec 3 pl.; 1870.   12 fr.

PONCELET. — Cours de Mécanique appliquée aux Machines; publié par *Kretz.* 2 volumes in-8.

Iʳᵉ PARTIE: *Machines en mouvement, Régulateurs et transmissions, Résistances passives,* avec 117 figures dans le texte et 2 planches; 1874.   12 fr.
2ᵉ PARTIE: *Mouvement des fluides, Moteurs, Ponts-Levis,* avec 111 figures; 1876.   12 fr.

PORUMBARU, Ingénieur des Mines, Licencié ès sciences. Étude géologique des environs de Craïova, parcours Bucovatzu-Cretzesci. In-4 raisin, avec 10 planches photolithographiées; 1881.   10 fr.

POUILLET et GAY-LUSSAC. — Instruction sur les paratonnerres, adoptée par l'Académie des Sciences. In-18 jésus, avec 58 figures dans le texte et une planche; 1874.   2 fr. 50 c.

PRÉFECTURE DE LA SEINE. — Assainissement de la Seine. Épuration et utilisation des eaux d'égout. 4 beaux volumes in-8 jésus, avec 17 planches, dont 10 en chromolithographie; 1876-1877.   26 fr.
    On vend séparément :
    Les 3 premiers volumes (*Documents administratifs.* — *Enquête.* — *Annexes*).   20 fr.
    Le 4ᵉ volume (*Documents anglais*).   6 fr.

PRESLE (de), ancien élève de l'École Polytechnique. — Traité de Mécanique rationnelle. In-8, avec 95 fig.; 1869.   5 fr.

PUISEUX (V.), Membre de l'Institut. — Mémoire sur l'accélération séculaire du mouvement de la Lune. (Extrait des *Mémoires présentés par divers savants à l'Académie des Sciences.*) In-4; 1873.   5 fr.

PUISSANT. — Traité de Géodésie, ou Exposition des Méthodes trigonométriques et astronomiques, applicables soit à la mesure de la Terre, soit à la confection du canevas des cartes et des plans topographiques. 3ᵉ édit. 2 vol. in-4, avec 13 pl.; 1842. (*Rare.*)   80 fr.

RADAU (R.). — Étude sur les formules d'approximation qui servent à calculer la valeur numérique d'une intégrale définie. In-4; 1881.   3 fr.

RADAU (R.). — Travaux concernant le problème des trois corps et la théorie des perturbations. Grand in-8; 1881.   1 fr. 50 c.

RADAU (R.). — Recherches sur la Théorie des Réfractions astronomiques. In-4; 1882.   5 fr.

REGNAULT (J.-J.) — Traité de Géométrie pratique et d'Arpentage, comprenant les Opérations graphiques et de nombreuses Applications aux Travaux de toute nature, à l'usage des Écoles professionnelles, des Écoles normales primaires, des employés des Ponts et Chaussées, des Agents voyers, etc. 2ᵉ édition, revue et augmentée. In-8, avec 14 pl.; 1860.   5 fr.

REGNAULT (J.-J.). — Cours pratique d'Arpentage, à l'usage des Instituteurs, des Élèves des Écoles primaires, des Propriétaires et des Cultivateurs. In-18 jésus, avec figures dans le texte. 2ᵉ édition; 1870.   1 fr. 50 c.

RESAL (H.), Membre de l'Institut, Professeur à l'École Polytechnique et à l'École des Mines. — Physique mathématique. *Électrodynamique, Capillarité, Chaleur, Électricité, Magnétisme, Élasticité.* In-4; 1884.   15 fr.

RESAL (H.). — Traité de Mécanique générale, comprenant les *Leçons professées à l'École Polytechnique et à l'École des Mines.* 6 vol. in-8, se vendant séparément :

MÉCANIQUE RATIONNELLE.

TOME I : *Cinématique.* — *Théorèmes généraux de la Mécanique.* — *De l'équilibre et du mouvement des corps solides.* — avec 66 fig. dans le texte; 1873. 9 fr. 50 c.
TOME II : *Frottement.* — *Équilibre intérieur des corps.* — *Théorie mathématique de la poussée des terres.* — *Équilibre et mouvements vibratoires des corps isotropes.* — *Hydrostatique.* — *Hydrodynamique.* — *Hydraulique.*

— *Thermodynamique*, suivie de la *Théorie des armes à feu*. In-8, avec 56 figures dans le texte; 1874. 9 fr. 50 c.

MÉCANIQUE APPLIQUÉE (moteurs et machines).

TOME III : *Des machines considérées au point de vue des transformations de mouvement et de la transformation du travail des forces. — Application de la Mécanique à l'Horlogerie.* In-8, avec 213 belles figures dans le texte; 1875.   11 fr.

TOME IV : *Moteurs animés. — De l'eau et du vent considérés comme moteurs. — Machines hydrauliques et élévatoires. — Machines à vapeur, à air chaud et à gaz.* In-8, avec 200 belles figures dans le texte, levées et dessinées d'après les meilleurs types; 1876.   15 fr.

CONSTRUCTION.

TOME V : *Résistance des matériaux. — Constructions en bois. — Maçonneries. — Fondations. — Murs de soutènement. — Réservoirs.* In-8, avec 308 belles figures dans le texte, levées et dessinées d'après les meilleurs types; 1880.   12 fr. 50 c.

TOME VI : *Voûtes droites et biaises, en dôme, etc. — Ponts en bois. — Planchers et combles en fer. — Ponts suspendus. — Ponts-levis. — Cheminées. — Fondations de machines industrielles. — Amélioration des cours d'eau. — Substruction des chemins de fer. — Navigation intérieure. — Ports de mer.* In-8, avec 519 fig. et 5 pl. chromolithographiques; 1881.   15 fr.

RESAL (H.). — Traité élémentaire de Mécanique céleste. In-8, avec planche; 1865.   (*Rare.*)

RESAL (H.). — Traité de Cinématique pure. In-8, avec 78 figures dans le texte; 1862.   6 fr.

RESAL (H.). — Éléments de Mécanique, rédigés d'après les Leçons de Mécanique physique professées à la Faculté des Sciences de Paris par Poncelet. Nouvelle édition, revue et corrigée. In-8, avec planches; 1862.   4 fr. 50 c.

ROCHE (E.), Correspondant de l'Institut, Professeur à la Faculté des Sciences de Montpellier.—Mémoire sur l'état intérieur du globe terrestre. In-4; 1881. 2 fr. 50 c.

ROMAN (L.).—Manuel du Magnanier. *Application des théories de Pasteur à l'éducation des vers à soie.* Un beau volume in-18 jésus, avec nombreuses figures dans le texte et 6 planches en couleur; 1876.   4 fr. 50 c.

ROUCHÉ (Eugène), Professeur à l'École Centrale, Examinateur de sortie à l'École Polytechnique, etc., et COMBEROUSSE (Charles de), Professeur à l'École Centrale et au Conservatoire des Arts et Métiers, etc. — Traité de Géométrie conforme aux Programmes officiels, renfermant un très grand nombre d'Exercices et plusieurs Appendices consacrés à l'exposition des PRINCIPALES MÉTHODES DE LA GÉOMÉTRIE MODERNE. 5ᵉ édition, revue et notablement augmentée. In-8 de XLIX-966 pages, avec 616 figures dans le texte, et 1095 questions proposées; 1883.   16 fr.

Prix de chaque Partie :

Iʳᵉ PARTIE. — *Géométrie plane.*   7 fr.

IIᵉ PARTIE. — *Géométrie de l'espace ; Courbes et Surfaces usuelles.*   9 fr.

ROUCHÉ (Eugène) et COMBEROUSSE (Charles de). — Éléments de Géométrie, entièrement conformes aux derniers programmes d'enseignement des classes de troisième, de seconde, de rhétorique et de philosophie, suivis d'un Complément à l'usage des Élèves de Mathématiques élémentaires et de Mathématiques spéciales, et de *Notions sur le Lever des plans, l'Arpentage et le Nivellement.* 3ᵉ édit., revue et augmentée. In-8 de XXXV-540 pages, avec 464 figures dans le texte et 543 questions proposées et exercices; 1881.   6 fr.

Ces nouveaux Éléments de Géométrie (qu'il ne faut pas confondre avec le Traité de Géométrie des mêmes auteurs) sont entièrement conformes aux derniers programmes officiels. Ils renferment toutes les parties de la géométrie enseignée successivement dans les établisse-

ments d'instruction publique, depuis la classe de troisième jusqu'à celle de Mathématiques spéciales inclusivement, et sont destinés aux élèves appelés à suivre ces différents Cours.

ROUCHÉ (Eugène). — Éléments d'Algèbre, à l'usage des Candidats au Baccalauréat ès Sciences et aux Écoles spéciales. (*Rédigés conformément aux Programmes.*) In-8, avec figures dans le texte; 1857.   4 fr.

SACHSE (Arnold). — Essai historique sur la représentation d'une fonction arbitraire d'une seule variable par une série trigonométrique. Grand in-8 ; 1880.   2 fr. 50 c.

SAINT-EDME, Professeur de Sciences physiques aux Écoles municipales d'Auteuil, Lavoisier, Turgot, et à l'École supérieure du Commerce. — L'Électricité appliquée aux Arts mécaniques, à la Marine, au Théâtre. In-8, avec belles fig. dans le texte; 1871.   4 fr.

SAINT-GERMAIN (de), Professeur de Mécanique à la Faculté des Sciences de Caen, ancien Maître de Conférences à l'École des Hautes Études de Paris. — Recueil d'Exercices sur la Mécanique rationnelle, à l'usage des candidats à la Licence et à l'Agrégation des Sciences mathématiques. In-8, avec figures dans le texte; 1877. 8 fr. 50 c.

SALMON (G.), Professeur au Collège de la Trinité, à Dublin. — Traité de Géométrie analytique à deux dimensions (Sections coniques); traduit de l'anglais par *H. Resal* et *Vaucheret.* 2ᵉ édition française, publiée d'après la 6ᵉ édition anglaise, par *Vaucheret,* ancien Élève de l'École Polytechnique, Lieutenant-Colonel d'Artillerie, Professeur à l'École supérieure de Guerre. In-8; 1884.   12 fr.

SALMON (G.). — Traité de Géométrie analytique (Courbes planes), destiné à faire suite au *Traité des Sections coniques.* Traduit de l'anglais, sur la 3ᵉ édition, par *O. Chemin,* Ingénieur des Ponts et Chaussées, Professeur à l'École des Ponts et Chaussées, et augmenté d'une *Étude sur les points singuliers des courbes algébriques planes* par *G. Halphen.* In-8; 1884. 12 fr.

SALMON (G.). — Traité de Géométrie analytique à trois dimensions. Traduit de l'anglais, sur la quatrième édition, par *O. Chemin,* Ingénieur des Ponts et Chaussées.

Iʳᵉ PARTIE : *Lignes et surfaces du 1ᵉʳ et du 2ᵉ ordre.* In-8, avec figures dans le texte; 1882.   7 fr.

IIᵉ PARTIE : *Théorie générale des lignes et surfaces courbes.* In-8, avec fig. dans le texte.   (*Sous presse.*)

SALVERT (Vicomte de), Docteur ès sciences, Professeur à la Faculté libre des Sciences de Lille. — Mémoire sur la théorie de la courbure des surfaces. Grand in-8; 1881.   3 fr. 50 c.

SALVERT (Vicomte de). — Mémoire sur les Ombilics coniques. Grand in-8; 1883.   2 fr. 50 c.

SALVERT (Vicomte de). — Étude sur le mouvement permanent des fluides. In-4; 1874. (Thèse de Mécanique).   3 fr.

SALVÉTAT (A.), Chef des travaux chimiques à la Manufacture de Sèvres. — Leçons de Céramique, professées à l'École Centrale des Arts et Manufactures. 2 vol. in-18, avec 479 figures dans le texte; 1857.   12 fr.

SALVÉTAT (A.).—Album du cours de Technologie chimique (Céramique. — Couleur, Blanchiment, Teinture et impressions. — Métallurgie). Portefeuille in-4, cartonné de 70 planches doubles; 1874.   25 fr.

SARRAU (Émile), Ingénieur en chef des Poudres et Salpêtres. — Recherches théoriques sur le chargement des bouches à feu, précédées de deux *Mémoires sur une formule monôme des vitesses dans les armes et sur une formule de la pression maximum.* Grand in-8; 1882. 2 fr. 5o c.

SARRAU et VIEILLE. — Étude sur l'emploi des manomètres à écrasement pour la mesure des pressions développées par les substances explosibles. Grand in-8; 1883. 2 fr.

SCHŒNTJES (H.), Docteur ès sciences physiques et mathématiques, Professeur à l'Athénée royal de Gand. — Les Grandeurs électriques et leurs unités. 2ᵉ édition, revue et augmentée. Grand in-8; 1884 4 fr.

SCHRÖN (L.). — Tables de Logarithmes à sept décimales pour les nombres depuis 1 jusqu'à 108 000, et pour les fonctions trigonométriques de 10 en 10 secondes; et Table d'Interpolation pour le calcul des parties proportionnelles; précédées d'une Introduction par J. Hoüel. 2 beaux volumes grand in-8 jésus. Paris; 1883.

PRIX :

	Broché.	Cartonné.
Tables de Logarithmes..........	8 fr.	9 fr. 75 c.
Table d'interpolation...........	2	3 25
Tables de Logarithmes et Table d'interpolation réunies en un seul volume.................	10	11 75

SCOTT (Robert-H.), Directeur du Service météorologique de l'Angleterre. — Cartes du temps et avertissements de tempêtes. Ouvrage traduit de l'anglais par MM. *Zurcher* et *Margollé*. Petit in-8, avec nombreuses figures et 2 planches en couleur; 1879. 4 fr. 5o c.

SECCHI (le P. A.), Directeur de l'Observatoire du Collège Romain, Correspondant de l'Institut de France. Le Soleil. 2ᵉ édition. Deux beaux volumes grand in-8, avec Atlas; 1875-1877. 3o fr.

On vend séparément :

Iʳᵉ PARTIE. Un volume grand in-8, avec 15o figures dans le texte et un Atlas comprenant 6 grandes planches gravées sur acier (I. *Spectre ordinaire du Soleil* et *Spectre d'absorption atmosphérique.* — II. *Spectre de diffraction,* d'après la photographie de M. HENRY DRAPER. — III, IV, V et VI. *Spectre normal du Soleil,* d'après ANGSTRÖM, et *Spectre normal du Soleil, portion ultra-violette,* par M. A. CORNU; 1875. 18 fr.

IIᵉ PARTIE. Un beau volume grand in-8, avec nombreuses figures dans le texte, et 13 planches, dont 12 en couleur (I à VIII. *Protubérances solaires.* — IX. *Type de tache du Soleil.* — X et XI. *Nébuleuses,* etc. — XII et XIII. *Spectres stellaires*); 1877. 18 fr.

SERRET (J.-A.), Membre de l'Institut. — Traité d'Arithmétique, à l'usage des candidats au Baccalauréat ès Sciences et aux Écoles spéciales. 7ᵉ édition, revue et mise en harmonie avec les derniers Programmes officiels par J.-A. Serret et par Ch. de Comberousse, Professeur de Cinématique à l'École Centrale et de Mathématiques spéciales au Collège Chaptal. In-8; 1883 (*Autorisé par décision ministérielle.*)

Broché. 4 fr. 5o c.
Cartonné. 5 fr. 25 c.

SERRET (J.-A.). — Traité de Trigonométrie. 6ᵉ édition, revue et augmentée. In-8 avec fig. dans le texte; 1880. (*Autorisé par décision ministérielle.*) 4 fr.

SERRET (J.-A.). Cours d'Algèbre supérieure. 5ᵉ édition. 2 forts volumes in-8 avec figures. (*Sous presse.*)

SERRET (J.-A.). Cours de Calcul différentiel et intégral. 2ᵉ édit. 2 forts vol. in-8, avec fig.; 1878-1880. 24 fr.

SERRET (Paul). — Théorie nouvelle géométrique et mécanique des lignes à double courbure. In-8, avec 67 figures dans le texte; 1860. 8 fr.

SERRET (Paul). — Géométrie de Direction. APPLICATIONS

DES COORDONNÉES POLYÉDRIQUES. *Propriété de dix points de l'ellipsoïde, de neuf points d'une courbe gauche du quatrième ordre, de huit points d'une cubique gauche.* In-8, avec figures dans le texte; 1869. 1o fr.

SOCIÉTÉ FRANÇAISE DE PHYSIQUE. — Collection de Mémoires sur la Physique, publiés par la Société française de Physique.

Tome I. — *Mémoires de Coulomb* (publiés par les soins de M. Potier). Un beau volume grand in-8, avec figures et planches; 1884. 12 fr.

Tome II. — *Mémoires sur l'Électrodynamique* (publiés par les soins de M. Joubert). Grand in-8. (*Sous presse.*)

SONGAYLO (E.), Examinateur d'admission à l'École centrale des Arts et Manufactures, Chef de travaux graphiques et Répétiteur à la même École, Professeur au collège Chaptal et à l'École Monge. — Traité de Géométrie descriptive. Un volume in-4 de VI-440 pages, et un Atlas, même format, de 72 planches; 1882. 35 fr.

SOUCHON (Abel), Membre adjoint au Bureau des Longitudes, attaché à la rédaction de la *Connaissance des Temps.* — Traité d'Astronomie pratique, comprenant l'exposition du calcul des éphémérides astronomiques et nautiques, d'après les méthodes en usage dans la composition de la *Connaissance des Temps* et du *Nautical Almanac,* avec une Introduction historique et de nombreuses notes. Grand in-8, avec figures; 1883. 15 fr.

SPARRE (le comte Magnus de), Capitaine d'Artillerie. — Sur la détermination géométrique de quelques infiniment petits. Grand in-8, avec figures dans le texte; 1875. 1 fr. 5o c.

SPARRE (le comte Magnus de). — Mouvement des projectiles oblongs dans le cas du tir de plein fouet. Grand in-8, avec 3 planches; 1875. 3 fr.

STURM, Membre de l'Institut. — Cours d'Analyse de l'École Polytechnique, publié, d'après le vœu de l'auteur, par *Prouhet.* 7ᵉ édition, suivie de la Théorie élémentaire des Fonctions elliptiques, par *H. Laurent,* répétiteur à l'École Polytechnique. 2 vol. in-8, avec figures dans le texte; 1884. 14 fr.

STURM. — Cours de Mécanique de l'École Polytechnique, publié, d'après le vœu de l'auteur, par E. *Prouhet.* 5ᵉ édition, revue et annotée par *de Saint-Germain,* Professeur à la Faculté des Sciences de Caen. 2 volumes in-8, avec 189 figures dans le texte; 1883. 14 fr.

TAIT (P.-G.), Professeur de Sciences physiques à l'Université d'Édimbourg. — Traité élémentaire des Quaternions. Traduit sur la 2ᵉ édition anglaise, avec *Additions de l'Auteur et Notes du Traducteur,* par G. PLARR, Docteur ès Sciences mathématiques. Deux beaux volumes grand in-8, avec figures dans le texte, se vendant séparément.

Iʳᵉ Partie : *Théorie. Applications géométriques;* 1882. 7 fr. 5o c.

IIᵉ Partie : *Géométrie des courbes et des surfaces. Cinématique. Applications à la Physique;* 1884. 7 fr. 5o c.

TARNIER, Inspecteur de l'Instruction primaire à Paris. — Éléments de Géométrie pratique, conformes au programme de l'enseignement secondaire spécial (année préparatoire, Sciences) à l'usage des Écoles primaires et des divers établissements scolaires. In-8, avec figures dans le texte, accompagné d'un Atlas in-folio contenant 1 planche typographique et 7 belles planches coloriées gravées sur acier; 1872. Prix du texte broché, avec l'Atlas en feuilles dans une couverture imprimée. 6 fr.

Prix du texte cartonné et de l'Atlas cartonné sur onglets. 8 fr. 75 c.

On vend séparément :
Le texte, broché,   2 fr. 5o c. ;   cartonné,   3 fr. 25 c.
L'Atlas, en feuilles, 3 fr. 5o c. ;   cart. sur ongl., 5 fr. 5o c.

THIERRY fils. — **Méthode graphique et géométrique,** ou le Dessin linéaire appliqué aux arts en général, et en particulier à la projection des ombres, à la pratique de la coupe des pierres, à la perspective linéaire et aux cinq ordres d'Architecture. 2ᵉ éd., revue et corrigée par *C.-F.-M. Marie.* Grand in-8, avec 5o planches ; 1846. (*Ouvrage choisi par le Ministère de l'Instruction publique pour les Bibliothèques scolaires.*)   6 fr.

THOMAN (Fédor). — **Théorie des intérêts composés et des annuités,** suivie de Tables logarithmiques. Ouvrage traduit de l'anglais par l'Abbé *Bouchard,* et précédé d'une préface de *J. Bertrand,* Secrétaire perpétuel de l'Académie des Sciences. (Cette édition française renferme plusieurs Tables inédites de *Fédor Thoman.*) Grand in-8 ; 1878.   1o fr.

TIMMERMANS, Professeur à la Faculté des Sciences de l'Université de Gand. — **Traité de Mécanique rationnelle.** 2ᵉ édit. Grand in-8 ; 1862.   9 fr.

TISSERAND, Correspondant de l'Institut, Directeur de l'Observatoire de Toulouse, ancien Maître de Conférences à l'École des Hautes Études de Paris. — **Recueil complémentaire d'Exercices sur le Calcul infinitésimal,** à l'usage des candidats à la Licence et à l'Agrégation des Sciences mathématiques. (Cet Ouvrage forme une suite naturelle à l'excellent *Recueil d'Exercices* de FRENET.) In-8, avec figures dans le texte ; 1877.   7 fr. 5o c.

TISSOT (A.), Examinateur d'admission à l'École Polytechnique. — **Mémoire sur la représentation des surfaces et les projections des Cartes géographiques,** suivi d'un *Complément* et de *Tableaux numériques* relatifs à la déformation produite par les divers systèmes de projection. In-8 ; 1881.   9 fr.

TRESCA. — *Voir* **Expériences faites à l'Exposition d'Électricité,** page 1o.

TRUTAT (E.), Conservateur du Musée d'Histoire naturelle de Toulouse. — **Traité élémentaire du microscope.** Un joli volume petit in-8, avec 171 figures dans le texte ; 1882.   Broché. 8 fr.
                                                     Cartonné. 9 fr.

TYNDALL (John). — **La Chaleur,** considérée comme *un mode de mouvement.* 2ᵉ édition française traduite sur la 4ᵉ édition anglaise, par l'Abbé *Moigno.* Un fort volume in-18 jésus, avec figures ; 1881. (2ᵉ tirage.) 8 fr.

TYNDALL (John). — **Leçons sur l'Électricité,** professées en 1875-1876 à l'Institution royale ; Ouvrage traduit de l'anglais par *Francisque Michel.* In-18, avec 58 figures dans le texte ; 1878.   2 fr. 75 c.

TZAUT et MORF, Professeurs à l'École industrielle cantonale à Lausanne. — **Exercices et Problèmes d'Algèbre** (*Première Série*) ; Recueil gradué renfermant plus de 3800 Exercices sur l'Algèbre élémentaire jusqu'aux équations du premier degré inclusivement. In-12 ; 1877. 3 fr.
— Réponses aux Exercices et Problèmes *de la première Série.* In-12 ; 1877.   2 fr.

TZAUT (S.). — **Exercices et problèmes d'Algèbre** (*Deuxième série*) ; Recueil gradué renfermant plus de 6200 exercices sur l'Algèbre élémentaire, depuis les équations du premier degré exclusivement jusqu'au binôme de Newton et aux déterminants inclusivement. In-12 ; 1881.
— Réponses aux Exercices et Problèmes *de la deuxième Série.* In-12 ; 1881.   3 fr. 75 c.

UNWIN (W.-Cauthorne), Professeur de Mécanique au Collège Royal Indien des Ingénieurs civils. — **Éléments de construction de machines,** ou *Introduction aux*

principes qui régissent les dispositions et les proportions des organes des machines, contenant une collection de formules pour les constructeurs de machines. Traduit de l'anglais, avec l'approbation de l'Auteur, sur la deuxième édition, par BOCQUET, ancien Élève de l'École Centrale, Chef des travaux à l'École municipale d'apprentis de la Villette (Paris) ; et augmenté d'un *Appendice sur les transmissions par les câbles métalliques, sur le tracé des engrenages et sur les régulateurs ;* par LÉAUTÉ, Répétiteur du cours de Mécanique à l'École Polytechnique. In-18 jésus, illustré de 237 figures dans le texte ; 1882.   Broché.   7 fr.
                                 Cartonné à l'anglaise.   8 fr.

VALÉRIUS (B.), Docteur ès Sciences. — **Traité théorique et pratique de la fabrication du fer et de l'acier,** accompagné d'un *Exposé des améliorations dont elle est susceptible,* principalement en Belgique. — 2ᵉ édition originale française, publiée d'après le manuscrit de l'Auteur, et augmentée de plusieurs articles par H. VALÉRIUS, Professeur à l'Université de Gand. Un volume grand in-8, de 880 pages, texte compacte, avec un Atlas in-folio de 45 planches gravées (dont deux doubles) ; 1875. 75 fr.

VALÉRIUS (H.), Professeur à l'Université de Gand. — **Les applications de la Chaleur,** avec un exposé des meilleurs systèmes de chauffage et de ventilation. 3ᵉ édition. Grand in-8, avec 122 figures dans le texte et 14 planches ; 1879.   18 fr.

VALLÈS (F.), Inspecteur général des Ponts et Chaussées. — **Des formes imaginaires en Algèbre.**
Iʳᵉ PARTIE : *Leur interprétation en abstrait et en concret.* In-8 ; 1869.   5 fr.
IIᵉ PARTIE : *Intervention de ces formes dans les équations des cinq premiers degrés.* Grand in-8, lithographié ; 1873.   6 fr.
IIIᵉ PARTIE : *Représentation à l'aide de ces formes des directions dans l'espace.* In-8 ; 1876.   5 fr.

VASSAL (le major Vladimir), ancien Ingénieur. — **Nouvelles Tables** donnant avec cinq décimales les logarithmes vulgaires et naturels des nombres de 1 à 10 800, et des fonctions circulaires et hyperboliques pour tous les degrés du quart de cercle de minute en minute. Un beau vol. in-4° ; 1872.   12 fr.

VÉLAIN (Ch.), Docteur ès Sciences, Maître de Conférences à la Sorbonne. — **Les Volcans.** Grand in-8, avec nombreuses figures dans le texte ; 1884.

VIDAL (l'Abbé). — **L'Art de tracer les cadrans solaires par le calcul,** et le mètre à la main, mis à la portée des ouvriers et de ceux qui ne savent faire que l'addition et la soustraction. In-8, avec 2 planches ; 1875. 2 fr. 5o c.

VIEILLE (J.), Inspecteur général de l'Instruction publique. — **Éléments de Mécanique,** rédigés conformément au Progr. du nouveau plan d'études des Lycées. 4ᵉ édit. ; 1 vol. in-8, avec 146 fig. dans le texte ; 1882. 4 fr. 5o c.

VINCENT, Répétiteur de Chimie industrielle à l'École Centrale. — **Carbonisation des bois en vases clos et utilisation des produits dérivés.** Grand in-8, avec belles figures gravées sur bois ; 1873.   5 fr.

VIOLEINE (A.-P.). — **Nouvelles Tables pour les calculs d'Intérêts composés, d'Annuités et d'Amortissement.** 3ᵉ édition, revue et augmentée par *Laas d'Aguen,* gendre de l'Auteur. In-4 ; 1881.   15 fr.

VIOLLE, Professeur à la Faculté de Lyon. — **Sur la radiation solaire.** In-8 ; 1879.   2 fr.

WEIERSTRASS. — **Remarques sur quelques points de la théorie des fonctions analytiques.** Traduction publiée avec l'autorisation de l'auteur, par J. TANNERY. Grand in-8 ; 1882.   1 fr. 5o c.

WEIERSTRASS. — **Recherches sur les fonctions** 2 *r fois* périodiques de *r* variables. Lettre de M. Weierstrass à M. C.-W. Borchardt. Traduction publiée, avec l'autorisation de l'auteur, par J. MOLK. Gr. in-8; 1882.   60 c.

WITZ (Aimé), Docteur ès Sciences, Ingénieur des Arts et Manufactures, Professeur aux Facultés catholiques de Lille. — Cours de manipulations de Physique, *préparatoire à la Licence*. Un beau volume in-8, avec 166 figures dans le texte; 1883.   12 fr.

WITZ (Aimé). — Etude sur les moteurs à gaz tonnant. In-8, avec fig. dans le texte et pl.; 1884.   2 fr. 50 c.

YVON VILLARCEAU, membre de l'Institut, et AVED DE MAGNAC, lieutenant de vaisseau.—Nouvelle navigation astronomique. (L'heure du premier méridien est déterminée par l'emploi seul des chronomètres). Théorie et Pratique. Un beau volume in-4, avec planche; 1877. 20 fr.

On vend séparément :

   THÉORIE, par *Yvon Villarceau*.   10 fr.
   PRATIQUE, par *Aved de Magnac*.   12 fr.

ZEUNER.—Théorie mécanique de la Chaleur, avec ses APPLICATIONS AUX MACHINES. 2e édition, entièrement refondue, avec fig. dans le texte et tableaux. Ouvrage traduit de l'allemand et augmenté d'un *Appendice* comprenant les travaux postérieurs à la publication du texte allemand, en particulier les importantes Recherches de M. Zeuner sur les propriétés de la vapeur d'eau surchauffée par *M. Arnthal*. Un fort volume in-8; 1869.   10 fr.

CATALOGUE DE PHOTOGRAPHIE.

Abney (le capitaine), Professeur de Chimie et de Photographie à l'École militaire de Chatham. — *Cours de Photographie*. Traduit de l'anglais par LÉONCE ROMMELAER. 3e éd. Gr. in-8, avec planche photoglyptique; 1877. 5 fr.

Aide-Mémoire de Photographie pour 1884, publié sous les auspices de la Société photographique de Toulouse, par M. C. FABRE. Neuvième année, contenant de nombreux renseignements sur les procédés rapides à employer pour portraits dans l'atelier, les émulsions au coton-poudre, à la gélatine, etc. In-18, avec fig. dans le texte et spécimen.
   Prix : Broché............... 1 fr. 75 c.
         Cartonné............... 2 fr. 25 c.
   Les volumes des années précédentes, sauf 1879, 1880, 1881 et 1883, se vendent aux mêmes prix.

Annuaire Photographique, par *A. Davanne*. 2 vol. in-18, années 1867 et 1868. Chaque volume se vend séparément :
   Prix : Broché............... 1 fr. 75.

Aubert. — *Traité élémentaire et pratique de Photographie au charbon*. 2e édition. In-18 jésus; 1882.   1 fr. 50 c.

Audra. — *Le gélatino-bromure d'argent*. In-18 jésus; 1883.   1 fr. 75 c.

Blanquart-Evrard. — *Intervention de l'art dans la Photographie*. In-12, avec une planche; 1864. 1 fr. 50 c.

Boivin (F.). — *Procédé au collodion sec*. 3e édition, augmentée du formulaire de Th. Sutton, des tirages aux poudres inertes (procédé au charbon), ainsi que de notions pratiques sur la Photographie, l'Electrogravure et l'Impression à l'encre grasse. In-18 jés.; 1883. 1 fr 50 c.

Bulletin de la Société française de Photographie. Grand in-8, mensuel. 30e année; 1884.
   Prix pour un an : Paris et les départements.   12 fr.
             Étranger.   15 fr.

Bulletin de l'Association belge de Photographie. Grand in-8, mensuel, 11e année; 1884.
   Prix pour un an : France et Union postale.   27 fr.
   Les volumes des années précédentes se vendent séparément.   25 fr.

Chardon (Alfred). — *Photographie par émulsion sèche au bromure d'argent pur* (Ouvrage couronné par le Ministre de l'Instruction publique et par la Société française de Photographie). Gr. in-8, avec fig.; 1877.   4 fr. 50 c.

Chardon (Alfred). — *Photographie par émulsion sensible, au bromure d'argent et à la gélatine*. Grand in-8, avec figures; 1880.   3 fr. 50 c.

Clément (R.).—*Méthode pratique pour déterminer exactement le temps de pose en Photographie*, applicable à tous les procédés et à tous les objectifs, indispensable pour l'usage des nouveaux procédés rapides. In-8; 1880.   1 fr. 50 c.

Cordier (V.). — *Les insuccès en Photographie; causes et remèdes*. 4e édit. avec fig. Nouveau tirage. In-18 jésus; 1883.   1 fr. 75 c.

Davanne. — *La Photographie. Traité théorique et pratique.* 2 volumes grand in-8.   (*Sous presse.*)

Davanne.— *Les Progrès de la Photographie*. Résumé comprenant les perfectionnements apportés aux divers procédés photographiques pour les épreuves négatives et les épreuves positives, les nouveaux modes de tirage des épreuves positives par les impressions aux poudres colorées et par les impressions aux encres grasses. In-8; 1877.   6 fr. 50 c.

Derosne (Ch.). — *La Photographie pour tous*. Traité élémentaire des nouveaux procédés. Orné d'une phototypie. Grand in-8; 1882.   3 fr.

Ducos du Hauron (H. et L.).— *Traité pratique de la Photographie des couleurs* (Héliochromie). Description des moyens d'exécution récemment découverts. In-8; 1878.   3 fr.

Dumoulin. — *Manuel élémentaire de Photographie au collodion humide*. In-18 jésus, avec figures.   1 fr. 50 c.

Dumoulin. — *Les Couleurs reproduites en Photographie*. Historique, théorie et pratique. In-18 jésus. 1 fr. 50 c.

Eder (Dr), Membre de l'Institut polytechnique de Vienne. — *Théorie et pratique du procédé au gélatino-bromure d'argent*. Traduction française de la 2e édition allemande par H. COLARD et O. CAMPO, membres de l'association belge de Photographie. Grand in-8, avec portrait de l'auteur et 58 fig. dans le texte; 1883.   5 fr.

Fabre (G.). — *La Photographie sur plaque sèche. Émulsion au coton-poudre avec bain d'argent*. In-18 jésus; 1880.   1 fr. 75 c.

Fortier (G.).— *La Photolithographie, son origine, ses procédés, ses applications*. Petit in-8, orné de planches, fleurons, culs-de-lampe, etc., obtenus au moyen de la Photolithographie; 1876.   3 fr. 50 c.

Geymet. — *Traité pratique de Photographie* (Éléments complets, Méthodes nouvelles, Perfectionnements), suivi d'une Instruction sur le *procédé au gélatinobromure*. 3e édition. In-18 jésus; 1884.   (*Sous presse.*)

Geymet. — *Traité pratique de Photolithographie et de Phototypie*. 2e tirage. In-18 jésus; 1882.   5 fr.

Geymet. — *Traité pratique de gravure héliographique et de galvanoplastie*. 2e tirage. In-18 jésus; 1882.   4 fr.

Geymet. — *Traité pratique des émaux photographiques. Secrets* (tours de main, formules, palette complète, etc.) *à l'usage du photographe émailleur sur plaques et sur porcelaines*. 2e édition (second tirage). In-18 jésus; 1882.   5 fr.

Geymet. — *Procédé au gélatinobromure*. In-18 jésus; 1882.   1 fr. 50 c.

Hannot (le capitaine), Chef du service de la Photographie

à l'Institut cartographique militaire de Belgique. — *Exposé complet du procédé photographique à l'émulsion* de M. Warnercke, lauréat du Concours international pour le meilleur procédé au collodion sec rapide, institué par l'Association belge de Photographie en 1876. In-18 jésus; 1880.   1 fr. 50 c.

Huberson. — *Formulaire de la Photographie aux sels d'argent.* In-18 jésus; 1878.   1 fr. 50 c.

Huberson. — *Précis de Microphotographie.* In-18 jésus, avec figures dans le texte et une planche en photogravure; 1879.   2 fr.

Journal de l'Industrie photographique, *Organe de la Chambre syndicale de la Photographie.* Grand in-8, mensuel. 5ᵉ année; 1884.
> Prix pour un an : Paris, France, Étranger.   7 fr.

Monckhoven (Dᵣ Van). — *Traité général de Photographie,* suivi d'un chapitre spécial sur le *gélatino-bromure d'argent.* 7ᵉ édition. Grand in-8, avec planches et figures intercalées dans le texte; 1880.   16 fr.

Moock. — *Traité pratique complet d'impressions photographiques aux encres grasses et de phototypographie et photogravure.* 2ᵉ édition, beaucoup augmentée. In-18 jésus; 1877.   3 fr.

Odagir (H.). — *Le Procédé au gélatino-bromure,* suivi d'une Note de M. Milsom sur les clichés portatifs et de la traduction des Notices de M. Kennett et du Rév. G. Palmer. In-18 jésus, avec figures dans le texte. Nouveau tirage; 1883.   1 fr. 50 c.

O'Madden (le Chevalier C.). — *Le Photographe en voyage.* Emploi du gélatino-bromure. — Installation en voyage. Bagage photographique. In-18; 1882.   1 fr.

Pélegry, Peintre amateur, Membre de la Société photographique de Toulouse. — *La Photographie des peintres, des voyageurs et des touristes. Nouveau procédé sur papier huilé,* simplifiant le bagage et facilitant toutes les opérations, avec indication de la manière de construire soi-même les instruments nécessaires. In-18 jésus, avec un spécimen; 1879.   1 fr. 75 c.

Perrot de Chaumeux (L.). — *Premières Leçons de Photographie.* 4ᵉ édition, revue et augmentée. In-18 jésus, avec figures; 1882.   1 fr. 50 c.

Phipson (le Dᵣ). — *Le Préparateur photographe,* ou Traité de Chimie à l'usage des photographes et des fabricants de produits photographiques. In-12, avec fig.; 1864. 3 fr.

Pierre Petit (Fils). — *La Photographie artistique.* Paysages. Architecture. Groupes et Animaux. In-18 jésus; 1883.   1 fr. 25 c.

Pierre Petit (Fils). — *Manuel pratique de Photographie.* In-18 jésus, avec figures dans le texte; 1883.   1 fr. 50 c.

Pierre Petit (Fils). — *La Photographie industrielle.* Vitraux et émaux. Positifs microscopiques. Projections. Agrandissements. Linographie. Photographie des infiniment petits. Imitations de la nacre, de l'ivoire, de l'écaille. Éditions photographiques. Photographie à la lumière électrique, etc. In-18 jésus; 1883.   2 fr. 25 c

Piquepé (P.). — *Traité pratique de la Retouche des clichés photographiques,* suivi d'une *Méthode très détaillée d'émaillage* et de *Formules et Procédés divers.* In-18 jésus, avec deux photoglypties; 1881.   4 fr. 50 c.

Pizzighelli et Hübl. — *La Platinotypie.* Exposé théorique et pratique d'un procédé photographique aux sels de platine, permettant d'obtenir rapidement des épreuves inaltérables. Traduit de l'allemand par Henry Gauthier-Villars. In-8, avec une planches pecimen; 1883.   3 fr. 50 c.

Poitevin (A.). — *Traité des impressions photographiques;* suivi d'Appendices relatifs aux procédés usuels *de Photographie négative et positive sur gélatine, d'héliogra-*

---

vure, d'hélioplastie, de photolithographie, de phototypie, de tirage au charbon, d'impressions aux sels de fer, etc., par M. Léon Vidal. In-18 jésus, avec un portrait phototypique de Poitevin. 2ᵉ édition, entièrement revue et complétée; 1883.   5 fr.

Radau (R.). — *La Lumière et les climats.* In-18 jésus; 1877.   1 fr. 75 c.

Radau (R.). — *Les radiations chimiques du Soleil.* In-18 jésus; 1877.   1 fr. 50 c.

Radau (R.). — *Actinométrie.* In-18 jésus; 1877.   2 fr.

Radau (R.). — *La Photographie et ses applications scientifiques.* In-18 jésus; 1878.   1 fr. 75 c.

Rodrigues (J.-J.), Chef de la Section photographique et artistique (Direction générale des travaux géographiques du Portugal). — *Procédés photographiques et méthodes diverses d'impressions aux encres grasses,* employés à la Section photographique et artistique. Grand in-8; 1879.   2 fr. 50 c.

Roux (V.), Opérateur au Ministère de la Guerre.— *Manuel opératoire pour l'emploi du procédé au gélatino-bromure d'argent.* Revu et annoté par M. Stéphane Geoffray. In-18; 1881.   1 fr. 75 c.

Roux (V.). — *Traité pratique de la transformation des négatifs en positifs servant à l'héliogravure et aux agrandissements.* In-18; 1881.   1 fr.

Russel (C.). — *Le Procédé au Tannin,* traduit de l'anglais par M. Aimé Girard. 2ᶜ éd. In-18 jésus, avec fig. 2 fr.

Spiller (A.). — *Douze leçons élémentaires de Chimie photographique.* Traduit de l'anglais par M. Hector Colard. Grand in-8; 1883.   2 fr.

Trutat (E.). — *La Photographie appliquée à l'Archéologie;* Reproduction des *Monuments, OEuvres d'art, Mobilier, Inscriptions, Manuscrits.* In-18 jésus, avec cinq photolithographies; 1879.   2 fr. 50 c.

Trutat (E.). — *Traité pratique de Photographie sur papier négatif par l'emploi de couches de gélatinobromure d'argent étendues sur papier.* In-18 jésus, avec figures dans le texte et 2 planches spécimens; 1883.   3 fr.

Vidal (Léon), Officier de l'Instruction publique, Professeur à l'École nationale des Arts décoratifs. — *Traité pratique de Photographie au charbon,* complété par la description de divers *Procédés d'impressions inaltérables (Photochromie et tirages photomécaniques).* 3ᵉ édition. In-18 jésus, avec une planche spécimen de Photochromie et 2 planches spécimens d'impression à l'encre grasse; 1877.   4 fr. 50 c.

Vidal (Léon). — *Traité pratique de Phototypie,* ou *Impression à l'encre grasse sur couche de gélatine.* In-18 jésus, avec belles figures sur bois dans le texte et spécimens; 1879.   8 fr.

Vidal (Léon). — *Traité pratique de Photoglyptie,* avec et sans presse hydraulique. In-18 jésus, avec 2 planches photoglyptiques hors texte et nombreuses gravures dans le texte; 1881.   7 fr.

Vidal (Léon). — *Photomètre négatif,* avec une Instruction. Renfermé dans un étui cartonné.   5 fr.

Vidal (Léon). — *Manuel du touriste photographe.* 2 volumes in-18 jésus, avec nombreuses figures dans le texte.   (Sous presse.)

Vidal (Léon). — *Calcul des temps de pose et Tables photométriques,* pour l'appréciation des temps de pose nécessaires à l'impression des épreuves négatives à la chambre noire, en raison de l'intensité de la lumière, de la distance focale, de la sensibilité des produits, du diamètre du diaphragme et du pouvoir réducteur moyen des objets à reproduire. 2ᵉ édition. In-18 jésus, avec tables; 1884.   2 fr. 50 c.

(Mars 1884.)

---

www.ingramcontent.com/pod-product-compliance
Lightning Source LLC
Chambersburg PA
CBHW031620210326
41599CB00021B/3234